Modernisierung kleiner und mittlerer Unternehmen

Für Herrn Mayer
den Master des Networking!
Herzlichen Dank für die
hervorragende Partnerschaft
über viele Jahre
Thomas [illegible]

Uwe Dombrowski • Christoph Herrmann
Thomas Lacker • Sabine Sonnentag
Herausgeber

Modernisierung kleiner und mittlerer Unternehmen

Ein ganzheitliches Konzept

Springer

GEFÖRDERT VOM

Bundesministerium
für Bildung
und Forschung

Univ.-Prof. Dr.-Ing. Uwe Dombrowski
TU Braunschweig
Institut für Fabrikbetriebslehre und
Unternehmensforschung
Langer Kamp 19
38106 Braunschweig
Deutschland
u.dombrowski@tu-bs.de

PD Dr.-Ing. Christoph Herrmann
TU Braunschweig
Institut für Werkzeugmaschinen und
Fertigungstechnik
Langer Kamp 19 b
38106 Braunschweig
Deutschland
c.hermann@tu-bs.de

Dipl.-Ing. Thomas Lacker
Introbest GmbH & Co. KG
Höhenstr. 17
70736 Fellbach
Deutschland
lacker@introbest.de

Prof. Dr. Sabine Sonnentag
Universität Konstanz
FB Psychologie
Universitätsstraße 10
78464 Konstanz
Deutschland
sabine.sonnentag@uni-konstanz.de

ISBN 978-3-540-92926-0 e-ISBN 978-3-540-92927-7

DOI 10.1007/978-3-540-92927-7

Bibliografische Information der Deutschen Nationalbibliothek
Die Deutsche Nationalbibliothek verzeichnet diese Publikation in der Deutschen Nationalbibliografie; detaillierte bibliografische Daten sind im Internet über http://dnb.d-nb.de abrufbar.

Einbandgestaltung: WMXDesign GmbH, Heidelberg

Gedruckt auf säurefreiem Papier

9 8 7 6 5 4 3 2 1

springer.de

Vorwort

Kleine und mittlere Unternehmen (KMU) stellen in Deutschland mit etwa 70% den wesentlichen Anteil aller deutschen Arbeitsplätze bereit. Spielte sich der Wettbewerb für KMU bis vor wenigen Jahren noch überwiegend regional ab, so hat die rasante Entwicklung und Ausweitung der Informations- und Kommunikationstechnologien den Wettbewerb heute weitgehend internationalisiert. KMU in Deutschland befinden sich in einem internationalen Wettbewerb, der eine immer schnellere Entwicklung und Verbesserung der eigenen Wettbewerbsfähigkeit erfordert.

Das Bundesministerium für Bildung und Forschung (BMBF) fördert mit dem Rahmenprogramm „Forschung für die Produktion von morgen" kooperative vorwettbewerbliche Forschungsvorhaben zur Stärkung der Produktion in Deutschland. Dadurch sollen produzierende Unternehmen besser in die Lage versetzt werden, auf Veränderungen rasch zu reagieren und den erforderlichen Wandel aktiv mitzugestalten.

Mit den Verbundprojekten aus dem im Jahr 2003 ausgeschriebenen Wettbewerb *„Integrierte Modernisierung von Organisation und Führung produzierender Unternehmen"* sollten Lücken und Defizite ausgeglichen werden, die durch die bisherige Umsetzung einzelner Lösungsbausteine zur Gestaltung von Organisation und Führung in Unternehmen, wie z.B. für Teamarbeit, Fließfertigung, Just-in-Time, kontinuierliche Verbesserung (KVP) oder Qualitätsmanagement (TQM), entstanden sind. Obwohl diese Bausteine jeweils unterschiedliche Schwachpunkte der Unternehmen betrachteten und Verbesserungen in einigen Zielgrößen mit sich brachten, verhinderten Unkompatibilität der einzelnen Lösungen und fehlende langfristige Unternehmensstrategien positive Gesamteffekte.

Das vorliegende Buch präsentiert die Ergebnisse des *Verbundprojekts „Produktions- und Organisationsflexibilisierung im Life Cycle - ProfiL"*. Die besondere Zielgruppe sind Kleinunternehmen. In dem Projekt ging es u.a. darum, theoretische und in der Praxis angewendete Produktions- und Organisationsmethoden auf ihre Umsetzbarkeit in KMU zu überprüfen und neue KMU-gerechte Methoden daraus abzuleiten.

In enger Kooperation zwischen sechs Kleinunternehmen und drei Forschungsinstituten wurde im Verbundprojekt ProfiL ein ganzheitliches Konzept entwickelt, das die Besonderheiten kleiner Unternehmen berücksichtigt und einen Handlungsrahmen für einen umfassenden Modernisierungsprozess bereit stellt. Dabei setzt das entwickelte Konzept auf eine Durchgängigkeit von der Unternehmensstrategie bis hin zur Gestaltung und Lenkung einzelner Maßnahmen. Die Konzentration auf eine strategische Ausrichtung von Maßnahmen zur Modernisierung erlaubt dabei eine zielgerichtete Verbesserung der Wettbewerbsfähigkeit von KMU und stellt somit einen Beitrag zur Stärkung der deutschen Wirtschaft dar.

Die Entwicklungsarbeiten wurden durchgeführt:

- von wissenschaftlicher Seite von zwei Instituten der Technischen Universität Braunschweig, dem Institut für Fabrikbetriebslehre und Unternehmensforschung (IFU) und dem Institut für Werkzeugmaschinen und Fertigungstechnik (IWF) sowie der Universität Konstanz, Fachbereich Psychologie,
- von zwei Softwareanbietern, die zum einen ein angepasstes Kennzahlen– und ERP-System und zum anderen ein Softwaretool zur Unterstützung von Modernisierungsprozessen in KMU entwickelt haben und
- von vier kleinen Unternehmen der Elektronikbranche aus Baden-Württemberg, die das entwickelte Konzept miterarbeitet, erprobt und validiert haben.

Unser Dank gilt den ProfiL-Partnern für ihre erfolgreiche Arbeit, ihr Engagement und die kooperative Zusammenarbeit. Ganz besonders möchten wir uns bei den Koordinatoren des Verbundprojektes, Herrn Thomas Lacker, Firma IntrObest und Herrn Dr. Christoph Herrmann, TU Braunschweig, IWF, für das professionelle Projektmanagement bedanken.

Wir hoffen, dass das vorliegende *Buch „Modernisierung kleiner und mittlerer Unternehmen"* nicht nur die erprobten Ergebnisse und die sich daraus ableitenden Wirtschaftlichkeitspotenziale und Erfolgsfaktoren bekannt macht, sondern auch anderen Unternehmern Mut macht und sie dazu anregt, bei sich im Unternehmen einen integrierten und evolutionären Modernisierungsprozess in Gang zu setzen. Dabei sollen die dargestellten Methoden und Instrumente methodisch und konzeptionell unterstützen und die Erfahrungsberichte der beteiligten ProfiL-Industriepartner die Umsetzung in die betriebliche Praxis erleichtern.

Karlsruhe, im Dezember 2008
Christiane Peters
Helmut Mense

GEFÖRDERT VOM

Bundesministerium
für Bildung
und Forschung

BETREUT VOM

Projektträger
Forschungszentrum
Karlsruhe (PTKA)

Projektträger Forschungszentrum Karlsruhe
Forschungszentrum Karlsruhe GmbH

Weitere Informationen zum Verbundprojekt ProfiL und zum BMBF-Rahmenkonzept „Forschung für die Produktion von morgen" sind im Internet unter www.profil-kmu.de bzw. www.produktionsforschung.de verfügbar.

Herausgeber und Autoren

Herausgeber

Univ.-Prof. Dr.-Ing. Uwe Dombrowski
Univ.-Prof. Dr.-Ing. Uwe Dombrowski, nach 12-jähriger Tätigkeit in leitenden Positionen der Medizintechnik- und Automobilbranche erfolgte 2000 die Berufung zum Universitätsprofessor an die Technische Universität Braunschweig und die Ernennung zum Geschäftsführenden Leiter des Instituts für Fabrikbetriebslehre und Unternehmensforschung (IFU).

PD Dr.-Ing. Christoph Herrmann
PD Dr.-Ing. Christoph Herrmann ist Vorstandsmitglied des Instituts für Werkzeugmaschinen und Fertigungstechnik der Technischen Universität Braunschweig und Abteilungsleiter der Abteilung Produkt- und Life-Cycle-Management am Institut für Werkzeugmaschinen und Fertigungstechnik der Technischen Universität Braunschweig.

Prof. Dr. Sabine Sonnentag
Prof. Dr. Sabine Sonnentag ist Hochschullehrerin für Arbeits- und Organisationspsychologie an der Universität Konstanz. Forschungsschwerpunkte sind: Stress am Arbeitsplatz, Erholung, Leistung und Proaktives Handeln bei der Arbeit.

Dipl.-Ing. Thomas Lacker
Dipl-Ing. Thomas Lacker ist geschäftsführender Gesellschafter der Introbest GmbH & Co KG. Er studierte Elektrotechnik und Computer Science an der Universität Stuttgart und an der Northwestern University in Evanston/Illinois, USA. Nach einer 10-jährigen Industriekarriere bei Hewlett-Packard im internationalen Marketing gründete er 1995 die Firma Introbest mit dem Ziel, als Electronic Manufacturing Services Dienstleister (EMS) insbesondere den kleineren mittelständischen Unternehmen effiziente und hochwertige Fertigungskapazitäten vor Ort zur Verfügung zu stellen. Er ist überzeugt von der Leistungsfähigkeit kleiner Unternehmen und den Vorteilen von Netzwerken und Kooperationen. Er hat an mehreren Bundesforschungsprojekten teilgenommen und diese teilweise als Industriekoordinator geleitet. Er ist außerdem Mitglied im Leitungskreis Baden-Württemberg des Deutschen Netzwerks für Wirtschaftsethik (DNWE).

Autoren

Dipl.-Wirtsch.-Ing. Lars Bergmann

Dipl.-Wirtsch.-Ing. Lars Bergmann ist wissenschaftlicher Mitarbeiter in der Abteilung Produkt- und Life-Cycle-Management am Institut für Werkzeugmaschinen und Fertigungstechnik der Technischen Universität Braunschweig. Er war Mitarbeiter im BMBF Forschungsprojekt ProfiL. Seine Arbeitsschwerpunkte sind Produktions- und Organisationsmanagement, Lean Production, Life Cycle Management, Kybernetik und Systems Engineering.

Dipl.-Ing. Isabel Crespo

Dipl.-Ing. Isabel Crespo ist wissenschaftliche Mitarbeiterin am Institut für Fabrikbetriebslehre und Unternehmensforschung der Technischen Universität Braunschweig und war Mitarbeiterin im BMBF Forschungsprojekt ProfiL. Ihre Arbeitsschwerpunkte sind Produktionsmanagement, Unternehmensorganisation, Implementierung von Lean Management und Lean Production insbesondere im Bereich KMU.

Dipl.-Ing. (FH) Jürgen Fleischmann

Dipl. Ing. (FH) Jürgen Fleischmann ist Geschäftsführer der Fleischmann UNITRO Störmeldesysteme Backnang, Deutschland.

Hans Kozó

Hans Kozó ist geschäftsführender Gesellschafter der Syslog GmbH in Ingersheim. Syslog entwickelt und vertreibt ERP- und CRM-Systeme für KMU im produzierenden Gewerbe. Schwerpunkte sind Lösungen im Maschinen- und Anlagenbau, sowie im Fahrzeugbau.

Michael Lacker

Michael Lacker ist seit 1988 Geschäftsführer mittelstandsgeprägter Unternehmen in der Leiterplattenbranche. Er nahm ab 1987 an insgesamt drei Forschungsprojekten teil, die sich schwerpunktmäßig mit Organisationsentwicklung und Veränderungen in mittelständischen, hochtechnologischen Unternehmen beschäftigen. Des Weiteren ist er Geschäftsführer eines Consultingunternehmens für Mitarbeitereinsatzoptimierung.

Dipl.-Ing. Uwe Lesta

Dipl.-Ing. Uwe Lesta ist Microsoft Certified Professional (MCP) und leitet die Entwicklung von Konfigurationssystemen und Internetanwendungen bei der SBS-Softwaresysteme GmbH in Braunschweig.

Stefan Portmann
Stefan Portmann ist Mitgründer und geschäftsführender Gesellschafter der PR-Tronik GmbH in Karlsbad-Ittersbach.

Dipl.-Psych. Anne Spychala
Dipl.-Psych. Anne Spychala war wissenschaftliche Mitarbeiterin im Arbeitsbereich Arbeits- und Organisationspsychologie des Fachbereiches Psychologie der Universität Konstanz und Mitarbeiterin im BMBF Forschungsprojekt ProfiL. Sie ist heute Assistentin im Institut für Führung und Personalmanagement der Universität St. Gallen und Consultant in der energy factory St. Gallen AG.

Inhaltsverzeichnis

Teil 1: Integrierte Modernisierung in KMU

1 Einleitung

Christoph Herrmann

Veränderungen unserer Umwelt, wie z.B. die Globalisierung und Dynamisierung der Absatz- und Beschaffungsmärkte, führen zu einer steigenden Komplexität in unternehmerischen Entscheidungssituationen. Die Dynamik der Veränderungen erfordert eine immer schnellere Anpassung der Unternehmen an ihre Umwelt (Malik 2006). Die aktive Gestaltung dieser notwendigen Anpassungen in Form des unternehmerischen Wandels wird damit zu einer entscheidenden Fähigkeit von Unternehmen (Westkämper 2002). Insbesondere für kleine und mittlere Unternehmen (KMU) stellen die rasant steigenden Anforderungen an die Anpassungsfähigkeit – auch aufgrund vielschichtiger KMU-spezifischer Faktoren (wie z.B. eine fehlende oder nur lückenhaft formulierte Unternehmensstrategie, fehlende Methodenkompetenz, etc.) – die zentrale Herausforderung für die Zukunft dar. Da KMU in der Regel in die Zulieferketten größerer Unternehmen eingebunden sind, werden zudem die Anpassungsanforderungen der großen Unternehmen an die kleinen und mittleren Unternehmen weitergegeben. Erfolgt die Anpassung von KMU an die zeitlichen, qualitativen oder kostenbezogenen Anforderungen ihrer Kunden nur langsam oder in unzureichendem Maße, verlieren KMU im Verlaufe der Zeit ihre Wettbewerbs- und damit ihre Überlebensfähigkeit (Gomez u. Hahn 1994).

Die unternehmensinterne Verantwortung für die Gestaltung von Veränderungen im Sinne des Wandels und der Modernisierung kleiner und mittlerer Unternehmen trägt die Geschäftsführung dieser Unternehmen. Vor dem Hintergrund einer Vielzahl inhabergeführter kleiner und mittlerer Unternehmen kommt diese Aufgabe somit in vielen Fällen dem Eigentümer bzw. den Eigentümern des Unternehmens zu (Pfohl u. Arnold 2006). Diese Verantwortung erfordert von der Geschäftsführung Entscheidungen und zielgerichtete Maßnahmen im Hinblick auf die Gestaltung des Unternehmens (mittel- bis langfristige Perspektive) und die Lenkung von Aktivitäten (operatives Management). Der Entwicklung im Sinne einer fortlaufenden Anpassung und Modernisierung des Unternehmens kommt eine entscheidende Rolle zu.

Vor diesem Hintergrund ist ein wesentliches Ziel von Forschungs- und Entwicklungsaktivitäten im Feld der Mittelstandforschung, Instrumente und Werk-

zeuge zur Unterstützung und Professionalisierung von Entscheidungen in kleinen und mittleren Unternehmen zu entwickeln. Damit sollen die notwendigen Anpassungs- und Modernisierungsprozesse in kleinen und mittleren Unternehmen systematisch gefördert und entwickelt werden. Das Bundesministerium für Bildung und Forschung (BMBF) fördert im Rahmen von Verbundprojekten die Entwicklung neuer Konzepte zur Unterstützung der Modernisierung kleiner und mittlerer Unternehmen. Im Rahmen des vom BMBF geförderten und vom Forschungszentrum Karlsruhe (PTKA) koordinierten Verbundprojektes „Produktions- und Organisationsflexibilisierung im Life Cycle – ProfiL" wurde in Zusammenarbeit mit sechs kleinen Unternehmen und drei Forschungsinstituten ein Konzept zur Unterstützung der Modernisierung kleiner und mittlerer Unternehmen entwickelt.
Das im Verbundprojekt ProfiL entwickelte Konzept zur Unterstützung der Modernisierung kleiner und mittlerer Unternehmen basiert auf einer ganzheitlichen Sichtweise von KMU, indem es eine system- und lebenszyklusorientierte Perspektive einnimmt (Herrmann et al. 2007b). Die Systemperspektive unterstützt dabei die Berücksichtigung von Wechselwirkungen der Systemelemente und fördert damit das Verständnis von den Funktionsmechanismen in Unternehmen. Durch die lebenszyklusorientierte Perspektive wird insbesondere dem Faktor der Zeitlichkeit Rechnung getragen, indem die Lebensphasen von Produkten, Prozessen und Technologien, aber auch von organisatorischen Lösungen betrachtet werden. Damit ermöglicht das „ProfiL-Konzept" die zielgerichtete und ganzheitliche Analyse kleiner und mittlerer Unternehmen sowie die Ableitung relevanter Handlungsfelder unter Berücksichtigung möglicher Wechselwirkungen und unerwünschter Nebeneffekte. Das ProfiL-Konzept fokussiert explizit die normative, strategische und die operative Ebene (Entwicklung, Gestaltung, Lenkung) in KMU und fördert so die Vernetzung operativer Verbesserungsmaßnahmen mit den strategischen Zielen des Unternehmens und den normativen Grundlagen der Führung und Kommunikation (Herrmann et al. 2006a). Ein wesentliches Merkmal des ProfiL-Konzeptes besteht in der Verknüpfung von Analysewerkzeugen und Expertenwissen in einem Vorgehensmodell, dass die strategisch orientierte Gestaltung von Veränderungsmaßnahmen in kleinen und mittleren Unternehmen unterstützt.

Die Erfahrungen aus der Anwendung des ProfiL-Konzeptes in vier kleinen produzierenden Unternehmen werden im Teil 2 vorgestellt. Anhand verschiedener Beispiele wird aufgezeigt, welche Konzepte und Vorgehensweisen zur Modernisierung in KMU erfolgversprechend sind. Dabei wird bewusst die Kritik der beteiligten Unternehmen an der entwickelten Vorgehensweise aufgegriffen und diskutiert. Lösungswege, die im Rahmen der Pilotprojekte im Verbundprojekt ProfiL entwickelt wurden, dienen in diesem Buch als Fallbeispiele und sollen als Motivation für alle kleinen und mittleren Unternehmen, die vor den vielschichtigen Herausforderungen der Modernisierung stehen, betrachtet werden. Aber sowohl das Vorgehen als auch die einzelnen Werkzeuge und sicherlich auch Erfahrungen lassen sich auf größere Unternehmen übertragen. Abbildung 1 zeigt schematisch den Aufbau des Buches.

Im Teil 1 werden zunächst die Herausforderungen für kleine und mittlere Unternehmen im Kontext der Modernisierung dargestellt. Weiterhin werden die theoretischen Grundlagen der Modernisierung kleiner und mittlerer Unternehmen beleuchtet und Anforderungen an ein Konzept zur integrierten Modernisierung abgeleitet. Abschließend erfolgt die Darstellung und Erläuterung des entwickelten ProfiL-Konzeptes zur integrierten Modernisierung kleiner und mittlerer Unternehmen.

Im Rahmen des ProfiL-Projektes wurde neben dem Konzept zur integrierten Modernisierung ein Softwarekonzept zur Unterstützung von Unternehmen bei der strategischen Auswahl von Methoden zur Modernisierung entwickelt und als Prototyp implementiert. Im Teil 3 werden das ProfiL-Softwarekonzept und Praxisbeispiele der Anwendung sowie potenzielle Einsatzbereiche der Software vorgestellt.

Das Buch schließt mit einer Zusammenfassung und einem Ausblick. Darüber hinaus befinden sich im Anhang Kurzbeschreibungen ausgewählter Methoden und Konzepte, die insbesondere für kleine und mittlere Unternehmen als relevant betrachtet werden.

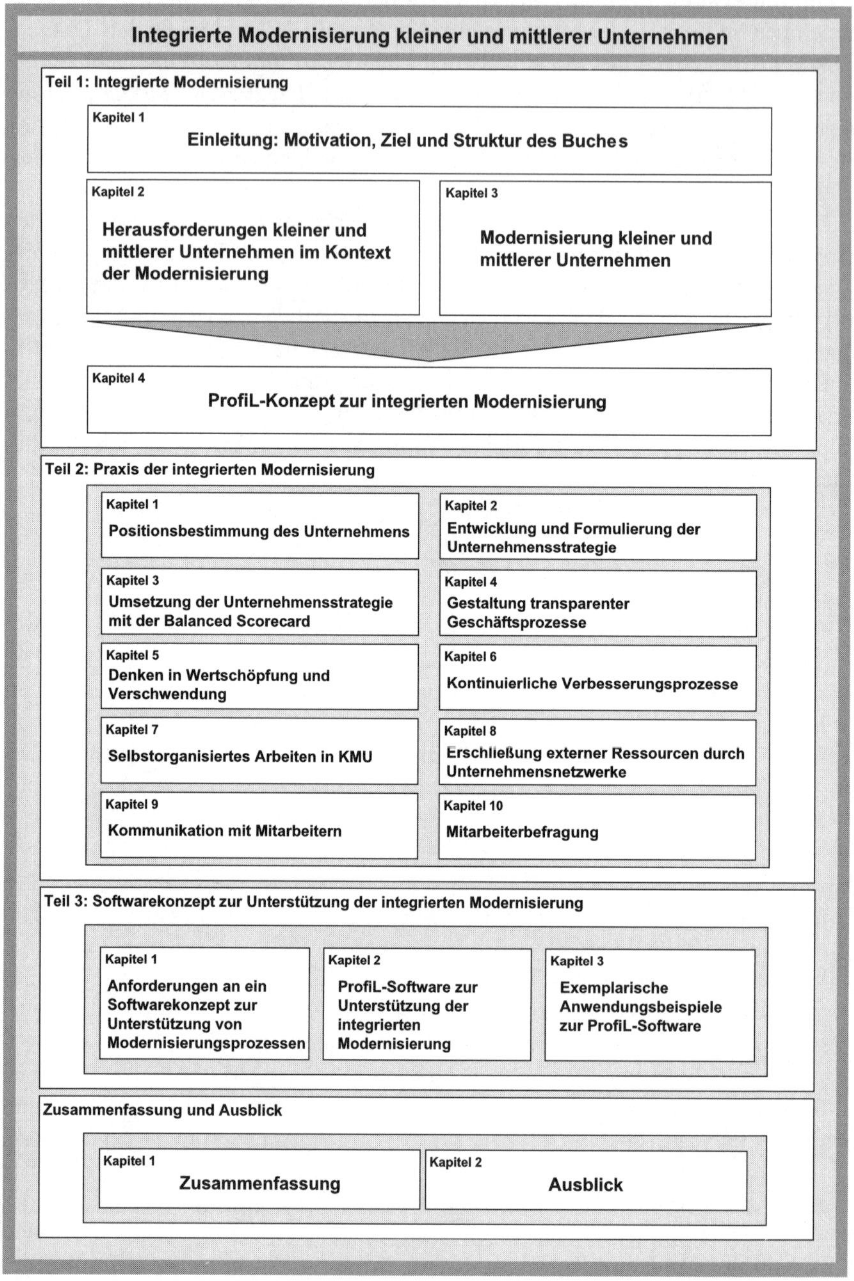

Abb. 1. Aufbau des Buches „Modernisierung kleiner und mittlerer Unternehmen"

2 Herausforderungen kleiner und mittlerer Unternehmen

Lars Bergmann, Isabel Crespo

Vielfältige externe Herausforderungen, hervorgerufen durch die Dynamik, mit der sich die wirtschaftliche, technologische, soziokulturelle sowie politische Umwelt wandelt, muss jedes Unternehmen im Laufe der Zeit bestehen (Zäpfel 2000). Diese Herausforderungen werden heute insbesondere durch eine Globalisierung der Wettbewerbs- sowie Nachfragestrukturen verstärkt. Immer schnellere Prozess- und Produktinnovationen, kürzere Produktlebenszyklen und Entwicklungszeiten, eine rasant steigende Variantenvielfalt, Nachfrageschwankungen sowie rasante Entwicklungen der Informations- und Kommunikationstechnologien sind einige der sich schnell verändernden Rahmenbedingungen. Zudem müssen sich Unternehmen an neue Gesetze und rechtliche Rahmenbedingungen anpassen. Im Bereich der Roh- und Einsatzstoffe sind Veränderungen insbesondere durch sich verknappende Rohstoffe und Primärenergieträger und in Folge dessen durch drastische Preissteigerungen für Materialien, Hilfsstoffe, Werkzeuge etc. geprägt.

Kleine und mittlere Unternehmen erleben den Wandel dieser externen Herausforderungen besonders intensiv, da sie im Gegensatz zu großen Unternehmen bereits auf geringe Veränderungen, z. B. steigende Einkaufspreise für Rohstoffe, deutlich sensitiver reagieren. Ohne eine zielgerichtete und schnelle Reaktion auf die Veränderungen können für KMU unmittelbar Wettbewerbsnachteile entstehen, die sich schnell zu einer Bedrohung der Existenz des Unternehmens entwickeln können. Jedoch können Veränderungen der Umwelt auch positive Effekte auf die Wettbewerbsfähigkeit zur Folge haben. So kann z. B. die steigende Individualisierung von Produkten kleinen und mittleren Unternehmen entgegenkommen, da sie im Gegensatz zu großen Unternehmen seit langer Zeit sehr kundennah ausgerichtet sind und kundenindividuell produzieren.

Im heutigen Umfeld müssen KMU flexibel reagieren und sich zeitnah an die veränderten Rahmenbedingungen anpassen können. Dafür ist es notwendig, neue Organisationsstrukturen aufzubauen sowie eine offene und positive Einstellung gegenüber Veränderungen zu entwickeln. Doch gerade im Hinblick auf die in KMU knappen Ressourcen Zeit, Geld und Personal werden wichtige Veränderungen häufig hinausgeschoben. Oftmals wird erst agiert, wenn das Geschäft nachhaltig negativ beeinträchtigt wurde und eine Veränderung zwingend notwendig ist. Dies ist zumeist ein deutliches Zeichen für eine fehlende oder unzureichende strategische Planung in der Vergangenheit. Die Nichtexistenz einer gezielten, methodisch unterstützten strategischen Planung in KMU beruht einerseits oft auf Zeit- oder Kostengründen sowie fehlenden Kompetenzen und Erfahrungen. Andererseits können KMU schnell den dargestellten Veränderungen durch geeignete Maßnahmen, wie die Differenzierung durch erhöhte Produktqualität, das Angebot zusätzlicher Dienstleistungen oder die Konzentration auf Kernkompetenzen, begegnen. Kleine und mittlere Unternehmen agieren oft in Marktnischen und können so ihre speziellen Fähigkeiten gegenüber der Konkurrenz ausbauen. Flexibilität und schlanke Strukturen, die sich durch kurze Kommunikationswege und schnelle Reaktionszeiten auf Störungen auszeichnen, bilden Stärken von KMU bei der Modernisierung. Der direkte Austausch zwischen den Unternehmensbereichen und der Geschäftsführung steigert z. B. die Identifikation der Mitarbeiter mit den Unternehmen und trägt darüber hinaus zu einem innovationsfreundlichen Betriebsumfeld bei.

Da Veränderungen der Umwelt positive aber auch negative Effekte auf die Wettbewerbsfähigkeit kleiner und mittlerer Unternehmen ausüben können, gilt es, die resultierenden Chancen und Risiken möglichst frühzeitig zu erkennen und unternehmensindividuell zu bewerten. Die wesentliche Aufgabe für die Geschäftsführung kleiner und mittlerer Unternehmen ist es daher, die Auswirkungen dieser turbulenten Umwelt und den Einfluss auf das eigene Unternehmen zu erkennen. Zudem soll in den unterschiedlichen Unternehmensbereichen die Wettbewerbsfähigkeit durch eine geeignete Weiterentwicklung gesichert werden. Die Merkmale und Eigenschaften kleiner und mittlerer Unternehmen sowie ihre Definition werden in Kapitel 2.1 auf quantitativer sowie qualitativer Ebene dargestellt. Weiterhin werden die spezifischen Probleme und Herausforderungen kleiner und mittlerer Unternehmen sowie die Chancen und Risiken im Kontext der Modernisierung herausgestellt, um diese in der Zukunft richtig zu bewerten und einer zielgerichteten Gestaltung zugänglich zu machen.

Die relevante Position der KMU in der deutschen Wirtschaft sowie eine aktuelle quantitative Darstellung der Situation der KMU in Deutschland im Bezug auf z. B. die Anzahl der Beschäftigten oder den Umsatz werden im Kapitel 2.1 detailliert beschrieben. Weiterhin wird die Situation deutscher KMU im europäischen Vergleich mittels eines Benchmarkings, das zwischen 1390 europäischen KMU durchgeführt wurde, im Kapitel 2.2 dargestellt (Görmer 2005).

Die an dem Forschungsprojekt ProfiL beteiligten Industriepartnern unterliegen in typischer Weise der oben beschriebenen Situation und weisen die dargestellten Probleme bei der Modernisierung auf. Sie haben jeweils weniger als 30 Beschäftigte und werden durch ihre Inhaber geführt. Im Kapitel 2.3 werden die ProfiL Industriepartner vorgestellt. Weiterhin werden ihre Eigenschaften und Merkmale sowie die individuellen Chancen und Risiken, die bei der Modernisierung für diese Unternehmen zu erarbeiten und zu bewältigen sind, dargestellt.

2.1 Merkmale und Eigenschaften kleiner und mittlerer Unternehmen

Lars Bergmann, Isabel Crespo

Bevor im weiteren Verlauf des Kapitels auf die qualitativen Merkmale und Eigenschaften kleiner und mittlerer Unternehmen eingegangen wird, soll zunächst eine Definition kleiner und mittelständischer Unternehmen (KMU) und insbesondere kleiner Unternehmen (KU) erfolgen. Eine einheitliche Definition existiert weder national noch international. Im Folgenden wird die Definition der EU-Kommission dargestellt und als Grundlage für die weiterer Ausführung verwendet. Diese Definition verwendet die qualitativen Kriterien Anzahl der Beschäftigten, Umsatz und Bilanzsumme zur Klassifizierung von Kleinst-, Klein-, Mittel- und Großbetrieben. Die Zugehörigkeit zu einer Unternehmensklasse ist bei Erfüllung aller drei Kriterien oder wenn lediglich eines der Kriterien Umsatz oder Bilanzsumme erfüllt wird gegeben. Die Tabelle 1 zeigt die geltende Einteilung.

Tabelle 1. KU- und KMU-Definition der EU-Kommission (Pfohl u. Arnold 2006)

Unternehmensgroße	Beschäftigte	Umsatz (Mio. €)	Bilanzsumme (Mio. €)
Kleinst	< 10	≤ 2	≤ 2
Klein	< 50	≤ 10	≤ 10
Mittel	< 250	≤ 50	≤ 43
Groß	≥ 500	> 50	> 43

In der „Empfehlung der Kommission vom 6. Mai 2003 betreffend der Definition der Kleinstunternehmen sowie der kleinen und mittleren Unternehmen" ist ein Unternehmen definiert als „jede Einheit, unabhängig von ihrer Rechtsform, die eine wirtschaftliche Tätigkeit ausübt. Dazu gehören insbesondere auch jene Einheiten, die eine handwerkliche Tätigkeit oder andere Tätigkeiten als Einpersonen oder Familienbetriebe ausüben, sowie Personengesellschaften oder Vereinigungen, die regelmäßig einer wirtschaftlichen Tätigkeit nachgehen" (Kommission der Europäischen Gemeinschaft 2003).

Entsprechend der Tabelle 1 gelten alle Unternehmen mit weniger als 250 Mitarbeitern sowie einem Jahresumsatz von bis zu 50 Millionen Euro und einer Jahresbilanzsumme bis 43 Millionen Euro zu der Gruppe der kleinen und mittelständischen Unternehmen. Die Gesamtheit der kleinen und mittelständischen Unternehmen kann noch weiter in Klein- und Kleinstunternehmen differenziert werden. Unternehmen mit weniger als 50 Mitarbeitern sowie einem Jahresumsatz von bis zu 10 Millionen Euro und einer Jahresbilanzsumme bis 10 Millionen Euro werden als Kleinunternehmen bezeichnet.

Ausgehend von dieser Einteilung der Unternehmen, können spezifische Charakteristika bzw. Ausprägungen der KMU festegelegt werden. Eine umfangreiche Charakterisierung qualitativer Merkmale ist in Anlehnung an Pfohl in der folgenden Aufzählung dargestellt (Pfohl u. Arnold 2006). Diese Merkmale sind in zehn Hauptgruppen eingeordnet: Unternehmensführung, Organisation, Beschaffung, Produktion, Absatz, Entsorgung, Forschung und Entwicklung, Finanzierung, Personal und Logistik.

Merkmale der Unternehmensführung

- Eigentümergeführte Unternehmen
- Mangelnde Unternehmensführungskenntnisse
- Keine Anwendung von Führungsinstrumenten
- Technische orientierte Ausbildung der Eigentümer
- Unzureichendes Informationswesen zur Nutzung vorhandener Flexibilitätsvorteile
- Patriarchalische Führung mit geringer Abtretung von Verantwortung
- Kaum Gruppenentscheidungen
- Große Bedeutung von Improvisation und Intuition
- Mangelnde strategische Orientierung und kaum Planung
- Durch Funktionsanhäufung überbelastete Geschäftsführung
- Unmittelbare Teilnahme am operativen Betriebsgeschehen
- Geringe Ausgleichsmöglichkeiten bei Fehlentscheidungen
- Führungspotenzial nicht austauschbar

Merkmale der Organisation

- Auf den Unternehmer ausgerichtetes Einliniensystem, von ihm selbst oder mit Hilfe weniger Führungspersonen bis in die Einzelheiten überschaubar
- Funktionshäufung
- Kaum Abteilungsbildung und kurze direkte Informationswege
- Starke persönliche Bindungen
- Weisungen und Kontrolle im direkten personenbezogenen Kontakt
- Delegation in beschränktem Umfang
- Kaum Koordinationsprobleme bei hoher Flexibilität
- Geringer Formalisierungsgrad

Merkmale der Beschaffung

- Schwache Position am Beschaffungsmarkt
- Häufig auftragsbezogene Materialbeschaffung (Ausnahme: Handel)

Merkmale der Produktion

- Arbeitsintensiv
- Geringe Arbeitsteilung
- Überwiegend Universalmaschinen
- Geringere Kostendegression mit steigender Ausbringungsmenge

- Häufig langfristig gebunden an eine bestimmte Basisinnovation

Merkmale der Absatzsituation

- Deckung klein dimensionierter individualisierter Nachfrage in einem räumlich und/oder sachlich schmalen Marktsegment
- Wettbewerbsstellung sehr uneinheitlich

Merkmale der Entsorgung

- Oft extreme Verhaltensweisen (Umgehung abfallpolitischer Normen oder aber Nutzung entsorgungsrelevanter Innovationspotenziale)
- Kein öffentliches Interesse an der Entsorgungspolitik des Unternehmen

Merkmale der Forschung und Entwicklung

- Keine dauernde institutionalisierte Forschungs- und Entwicklungsabteilung
- Kurzfristig-intuitiv ausgerichtete Forschung und Entwicklung
- Fast ausschließlich bedarfsorientierte Produkt- und Verfahrensentwicklung, kaum Grundlagenforschung
- Relativ kurzer Zeitraum zwischen Erfindungen und wirtschaftlicher Nutzung

Merkmale der Finanzierung

- Im Familienbesitz
- Kein Zugang zum anonymen Kapitalmarkt, begrenzte Finanzierungsmöglichkeiten
- Keine unternehmensindividuelle, kaum allgemeine staatliche Unterstützung in Krisensituationen

Merkmale der Personalsituation

- Geringe Anzahl von Beschäftigten
- Häufig unbedeutender Anteil von ungelernten und angelernten Arbeitskräften
- Wenige Akademiker beschäftigt
- Überwiegend breites Fachwissen vorhanden
- Vergleichsweise hohe Arbeitszufriedenheit

Merkmale der Logistik

- Keine systematische Umsetzung von Logistikkonzepten
- Keine institutionalisierte Logistikabteilung
- Schwerpunkt auf der Ausführung der operativen logistischen Tätigkeiten

Unter den Merkmalen der Unternehmensführung und der Finanzierung spielen Faktoren wie die Kapital- und Besitzstruktur des Unternehmens, die stark personenbezogene Führungsstruktur und die Fragen der wirtschaftlichen und rechtlichen Selbstständigkeit eine zentrale Rolle. Die Kapitalstruktur ist oftmals durch die eingeschränkten Wege zur Beschaffung neuer finanzieller Mittel geprägt. Zudem existiert oft eine Abneigung gegen fremde Gesellschafter oder eventuell auch gegen Fremdkapital. Einerseits haben KMU oftmals keinen Zugang zum Kapitalmarkt, da KMU hinsichtlich der Finanzierung durch „das Ziel der Autonomie“ (Börner 2006), also der weitgehenden Beschränkung von Einflussmöglichkeiten Dritter, geprägt sind. Anderseits ist aufgrund strenger Kreditvergaberichtlinien (z. B. Basel II) die Akquisition neuer finanzieller Mittel am Kreditmarkt für KMU mit hohen Voraussetzungen versehen. Vorsichtig kann man hier von einem „Teufelskreis“ sprechen: Ohne neue Investitionen kann sich der Wert des Unternehmens bzw. der Anlagen, Produktionsstätte etc. und damit die Sicherheiten nicht erhöhen. Die Kredite bekommen die Betriebe aber nur, wenn sie mehr Sicherheiten bieten können. Darüber hinaus ist in KMU die wirtschaftliche Verknüpfung zwischen Unternehmen und Unternehmer besonders eng. Eigenkapital wird oftmals nur aus dem Unternehmervermögen generiert.

Charakteristisch für kleine und mittlere Unternehmen ist ebenso die Einheit von Eigentum und Unternehmensführung, welche die Leitung, Haftung, Entscheidung, Verantwortung und das Risiko einschließt. Die Existenz eines Eigentümer-Unternehmers oder einer Eigentümer-Familie, für die das Unternehmen die Existenzgrundlage darstellt, repräsentiert nicht nur die Besitzverhältnisse sondern ebenso die persönliche Bindung des Unternehmers an den Betrieb und die Vermischung persönlicher mit betrieblichen Interessen (Behringer 2004). Dadurch wird der Eigentümer-Unternehmer zur zentralen Figur des KMU, der das Unternehmen prägt und damit einen Wert beeinflussenden Faktor darstellt. Der Eigentümer-Unternehmer hat oftmals Wirkung auf alle strategisch bedeutsamen Vorgänge und relevanten Entscheidungen im Unternehmen. Daraus folgt, dass der Unternehmer Entscheidungsfreiheit besitzt und damit Unabhängigkeit und Flexibilität, aber auch, dass das Unternehmen vielfach seit Generationen im Familienbesitz ist und somit eine hohe Kontinuität vorherrscht.

Eine weitere wichtige qualitative Charakteristik ist die wirtschaftliche und rechtliche Unabhängigkeit. Es zählen keine konzernabhängigen Betriebsstätten, Tochtergesellschaften oder Filialen zu den kleinen und mittleren Unternehmen, obwohl sie von ihrer Anzahl an Beschäftigten und Umsatz diesen zugeordnet wären. Die Bedingungen dieser konzernabhängigen „KMU“ sind nicht mit denen von KMU vergleichbar, die auf sich selbst und ihre eigenen Ressourcen gestellt sind (Behringer 2004).

Als Merkmale der Organisation in KMU ist zumeist eine flache hierarchische Organisationsstruktur zu finden. Dies ermöglicht die direkte Kommunikation zwischen allen Mitarbeitern und der Unternehmensführung. Während die Hierarchieebenen bei mittelständischen Unternehmen durchaus eine Leitungstiefe von vier Ebenen aufweisen kann, sind dies bei kleinen Unternehmen meist nur ein bis höchstens zwei Ebenen (Dörler 1988).

Die hohe Identifikation der Eigentümer mit dem Unternehmen, kurze Informationswege mittels direkter Kommunikation sowie Weisungen und Kontrolle im direkten personenbezogenen Kontakt stellen weitere Charakteristika der KMU dar. Die Flexibilität in KMU wird durch eine geringere formalisierte Organisation unterstützt. Außerdem weisen KMU häufig einen lokalen Bezug auf, was die Markt- und Kundennähe begünstigt. Die Leistungserstellung erfolgt oft nach individuellen Kundenwünschen, wodurch KMU durch eine hohe Kundenorientierung charakterisiert werden können (Kayser 2003).

Die geringe Zahl der Beschäftigten in KMU, die wichtige Wissens- und Erfahrungsträger sind, sowie die geringe Arbeitsteilung stellen eine weitere charakteristische Eigenschaft der KMU dar. Während in großen Unternehmen der Großteil aller erforderlichen Kompetenzen redundant ist, übernehmen in KMU einzelne Mitarbeiter mehrere Aufgaben und sind die alleinigen Wissensträger. Diese Mitarbeiter lassen sich nicht kurzfristig durch einen neuen oder anderen Mitarbeiter ersetzen. Beim ungeplanten Verlassen des Unternehmens einzelner Mitarbeiter, können in einem KMU daher funktionale Lücken in wichtigen Prozessen entstehen, die die Leistungsfähigkeit des gesamten Unternehmens gefährden.

Auch die Marktstärke von KMU unterscheidet sich von den großen Unternehmen. KMU stehen der Problematik gegenüber, dass ihre Marktstärke gegenüber Lieferanten und Kunden begrenzt ist. Außerdem weisen KMU meist einen niedrigen Bekanntheitsgrad auf, wodurch sie nur ein geringes öffentliches Interesse bzw. wenig Aufmerksamkeit erreichen. Hier hat sich der Begriff des „hidden champions" (versteckte Champions) etabliert. Da die Finanzierungsmittel für große Werbekampagnen nicht zur Verfügung stehen, sind KMU oft nur im lokalen Umfeld bekannt, was die Akquisition neuer Kunden bzw. Aufträge zusätzlich erschwert. Des Weiteren ergibt sich auch die Herausforderung, dass eine schnelle Anpassung der unternehmensinternen Kapazitäten an die Auftragslage aufgrund der begrenzten Ressourcen des Unternehmens kaum möglich ist. Ist beispielsweise kurzfristig ein sehr großer Auftrag abzuwickeln, gibt es neben den eventuell nicht ausreichenden Lagerbeständen auch das Problem, dass nicht ausreichend Mitarbeiter zur Verfügung stehen. Eine Anpassung der Kapazitäten an die Auftragslage ist daher schwierig. Typische Problemfelder bei der Abarbeitung von großen Aufträgen sind die hohen Lagerbestände sowie lange Warte- und Liegezeiten der Produkte, die hohe Kapitalbindungskosten verursachen.

Die Flexibilität in der Produktion wird dadurch zum wichtigsten Faktor, damit auch KMU erfolgreich sein können. Da KMU sich oftmals auf ihr Kerngeschäft konzentrieren, werden der Gesamtprozess und die Wertschöpfungskette auf mehrere Firmen aufgeteilt. Dies führt jedoch zu Schnittstellen und Wissensverlust und stellt weitere Probleme im Produktionsprozess dar. Dadurch sind außerdem die Optimierungsmöglichkeit und die Effizienzsteigerung auf den eigenen Produktionsprozess beschränkt und es treten immer wieder Schnittstellenprobleme zu den Kunden und Lieferanten auf, welche einen unnötigen Mehraufwand verursachen.

Die im Text und der Tabelle genannten Charakteristiken von KMU treffen zu einem großen Teil auf die im Rahmen des Forschungsprojekts ProfiL beteiligten Unternehmen zu. Bevor auf die Merkmale, Chancen und Risiken von KMU im

Kontext der Modernisierung näher eingegangen wird, erfolgt in den folgenden Unterkapiteln eine Darstellung der Situation deutscher KMU im europäischen Vergleich (s. Kap. 2.2) sowie eine Vorstellung der KMU Industriepartner im Verbundprojekt ProfiL (s. Kap. 2.3).

2.2 Situation deutscher KMU im europäischen Vergleich

Lars Bergmann, Isabel Crespo

Die Angabe einer genauen Zahl der in Deutschland ansässigen Unternehmen ist nicht möglich, da weder eine vollständige Erfassung noch eine entsprechende einheitliche Statistik existiert. Laut der aktuellsten Unternehmensstatistik der Statistischen Ämter des Bundes und der Länder, die das Unternehmensregister vom 31.12.2006 ausgewertet haben, gab bzw. gibt es ca. 3,2 Millionen Unternehmen in Deutschland. Die in dieser Statistik aufgeführten Zahlen geben einen guten Überblick über die Unternehmensgrößenstrukturen in Deutschland. Ein Großteil der Unternehmen, nämlich 2,9 Millionen (91,07%) beschäftigt weniger als 10 Mitarbeiter. Betrachtet man die Anzahl der Unternehmen, die höchstens 49 Mitarbeiter beschäftigen, so sind diese 98,15 %. Setzt man die Mitarbeitergrenze für KMU, wie in der Definition der EU, bei 250 Mitarbeitern an, zählen 99,67% der deutschen Unternehmen zu den kleinen und mittelständischen Unternehmen. In der Abbildung 2 ist diese Situation dargestellt. Im europäischen Mittel sind die Kennzahlen zu der Unternehmensgröße nahezu identisch mit den deutschen Zahlen (Bundesagentur für Arbeit - Zentralestelle für Arbeitsvermittlung (ZAV) 2006).

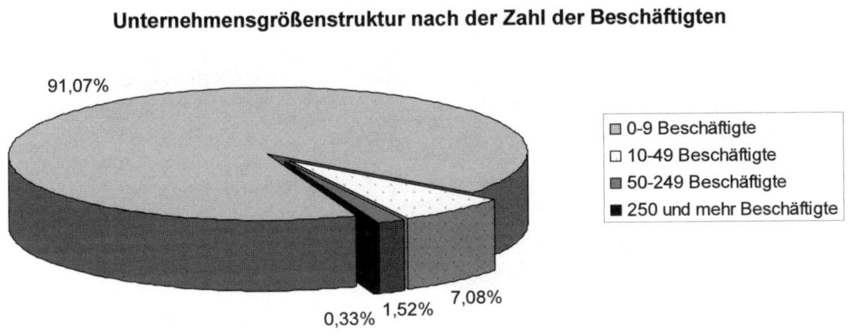

Gesamtzahl der Unternehmen	**3.215.238**
Hiervon Unternehmen mit 0-9 Beschäftigten	2.927.985
Unternehmen mit 10-49 Beschäftigten	227.776
Unternehmen mit 50-249 Beschäftigten	48.758
Unternehmen mit 250 und mehr Beschäftigten	10.719

Abb. 2. Unternehmensgrößenstruktur in Deutschland (Statistisches Bundesamt 2006)

Anhand der Abbildung 3 wird deutlich, dass die große Zahl der Kleinstunternehmen (91,07%) nur knapp ein Fünftel (16,86%) des Beschäftigungsvolumens in Deutschland abdeckt. Einen etwas größeren Anteil (42,55%) beschäftigen dagegen die Großunternehmen mit über 250 Mitarbeitern, die nur 0,33% aller Unternehmen ausmachen. Dagegen sind in Deutschland mehr als die Hälfte der Beschäftigten (57,46%) in Unternehmen mit weniger als 250 Mitarbeiter tätigt. Dies ist unter dem europäischen Durchschnitt von 66,1% (Commission of the European Communities 2005).

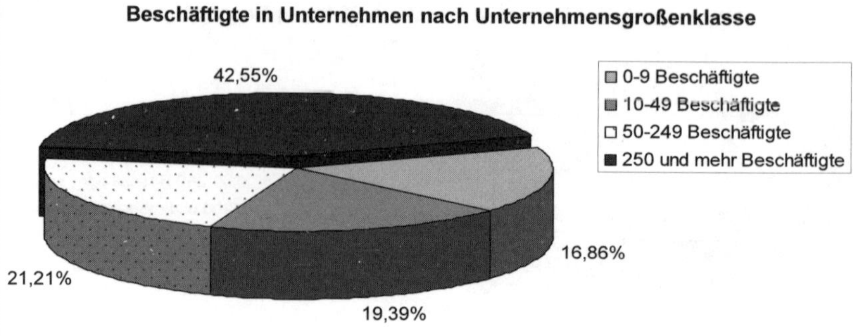

Gesamtzahl der Beschäftigten	**23.935.882**
Hiervon in Unternehmen mit 0-9 Beschäftigten	4.035.572
In Unternehmen mit 10-49 Beschäftigten	4.640.761
In Unternehmen mit 50-249 Beschäftigten	5.075.728
Unternehmen mit 250 und mehr Beschäftigten	10.183.821

Abb. 3. Beschäftigte in Unternehmen nach Unternehmensgrößenklasse (Statistisches Bundesamt 2007b)

Betrachtet man nun noch die Umsatzverteilung der Unternehmen, so ist zu erkennen, dass in etwa 90% der gesamten Unternehmen in Deutschland ein Jahresumsatz von weniger als einer Million Euro erwirtschaftet wird und fast die Hälfte aller umsatzsteuerpflichtigen Unternehmen nicht die 100.000-Euro-Grenze überschreiten (s. Abb. 4) (Kayser 2006a, 2006b).

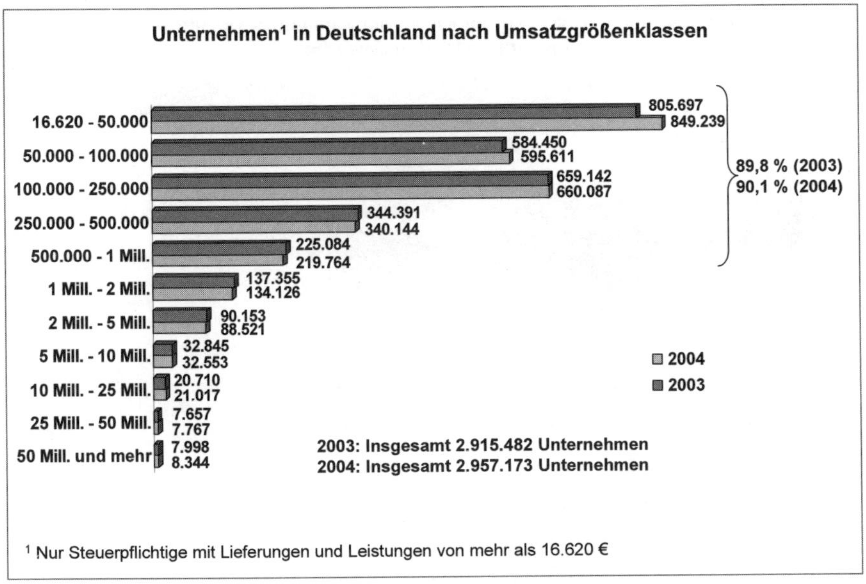

Abb. 4. Umsatzgrößenklassen der Unternehmen in Deutschland (Statistisches Bundesamt 2004)

Die Industriepartner des Forschungsprojekts ProfiL lassen sich gemäß NACE (Classification of Economic Activities in the European Community) dem Industriezweig des verarbeitenden Gewerbes zuordnen. Die statistische Auswertung durch EuroStat ergab, dass die Verteilung nach den oben genannten Unternehmensgrößenklassen im verarbeitenden Gewerbe im Vergleich zur gesamten Industrie unterschiedlich ausfällt aber dennoch die Industriezahlen bestätigt. Abbildung 5 zeigt, dass 2005 in Deutschland im verarbeitenden Gewerbe die Kleinstunternehmen ca. 60% aller Unternehmen darstellten, wobei Unternehmen mit 10-49 Beschäftigten einen größeren Anteil mit ca. 30% ausmachten. Die Industriepartner des Forschungsprojekts ProfiL gehören zu diesen 30%. Trotzdem ist das ProfiL-Konzept auch für Unternehmen der vorherigen Unternehmensklasse mit 9 bis 10 Beschäftigten und die folgende Unternehmensklasse mit 50 bis 250 höchst interessant.

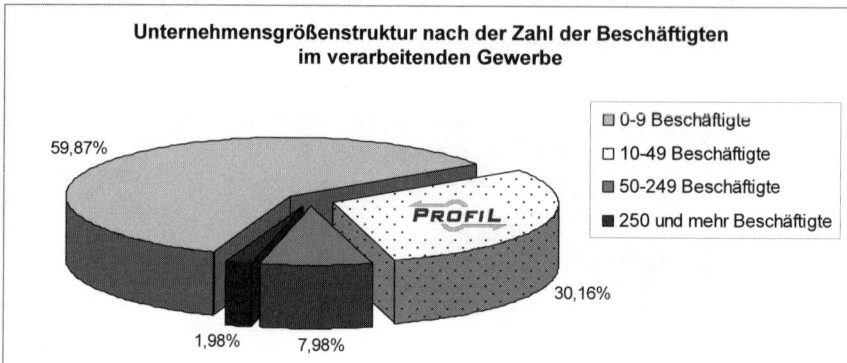

Gesamtzahl der Unternehmen	**203.906**
Hiervon in Unternehmen mit 0-9 Beschäftigten	122.085
In Unternehmen mit 10-49 Beschäftigten	61.497
In Unternehmen mit 50-249 Beschäftigten	16.280
Unternehmen mit 250 und mehr Beschäftigten	4.044

Abb. 5. Unternehmensgrößenstruktur verarbeitendes Gewerbe in Deutschland (Eurostat 2005)

Ergänzend ist zu erwähnen, dass im verarbeitenden Gewerbe ca. die Hälfte aller Beschäftigten in Unternehmen mit mehr als 250 Beschäftigten, ca. ein Viertel in Unternehmen mit 50-249 Beschäftigten und ca. ein Sechstel in Unternehmen mit 10-49 Beschäftigten angestellt sind. Abbildung 6 zeigt, dass die Verteilung im verarbeitenden Gewerbe auch die Verteilung in der gesamten Industrie grundsätzlich widerspiegelt.

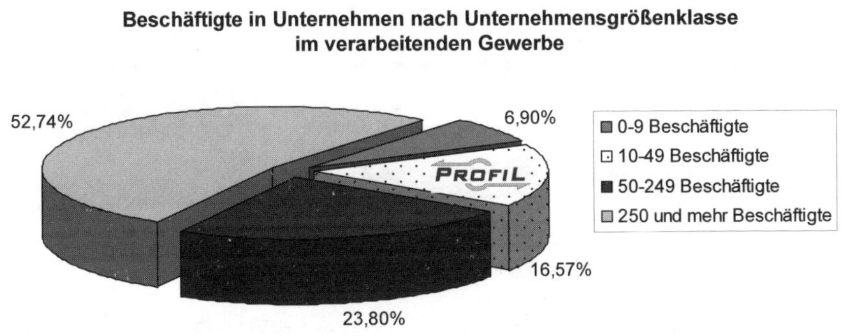

Gesamtzahl der Beschäftigten	**7.171.467**
Hiervon Unternehmen mit 0-9 Beschäftigten	494.572
Unternehmen mit 10-49 Beschäftigten	1.188.022
Unternehmen mit 50-249 Beschäftigten	1.706.790
Unternehmen mit 250 und mehr Beschäftigten	3.782.083

Abb. 6. Beschäftigte in Unternehmen nach Unternehmensgrößenklasse im verarbeitenden Gewerbe in Deutschland (Eurostat 2005)

Das Institut für Mittelstandforschung (IfM) in Bonn veröffentlicht jährlich die Schlüsselzahlen zum Mittelstand (IfM Definition des Mittelstandes: Unternehmen mit weniger als 500 Beschäftigten bzw. mit weniger als 50 Millionen Jahresumsatz). Diese Zahlen heben die Schüsselposition des Mittelstands in Deutschland in den folgenden Kriterien hervor: Anzahl an Unternehmen, Beschäftigte, Auszubildende und Nettowertschöpfung. In der Abbildung 7 sind diese Schüsselzahlen dargestellt. Etwa 40% der gesamten Umsätze werden vom Mittelstand erbracht. Außerdem erwirtschaftet der Mittelstand ca. 47% der Nettowertschöpfung, 70,7% der Beschäftigten sowie 82,7% der Auszubildenden sind in mittelständischen Unternehmen beschäftigt.

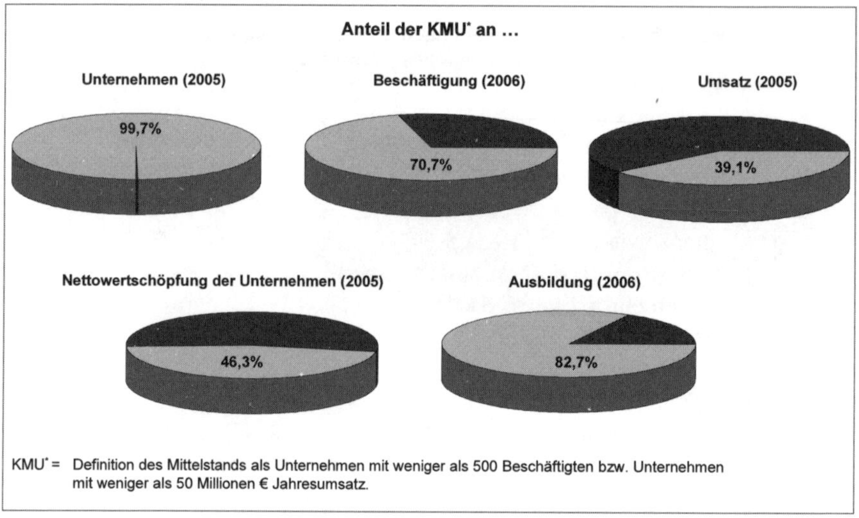

Abb. 7. Schlüsselzahlen des Mittelstands in Deutschland (Statistisches Bundesamt 2007a)

Die Darstellungen zeigen, dass der Mittelstand aus überdurchschnittlich vielen kleinen bis sehr kleinen Unternehmen besteht, die ihre gesamtwirtschaftliche Bedeutung erst durch ihr Zusammenwirken erzielen. Diese Daten untermauern die wichtige Funktion des Mittelstands für die deutsche Wirtschaft.

Einen weiteren Hinweis über die Position deutscher KMU im Vergleich zu KMU in der EU gibt die Benchmarking-Studie des Informationszentrums Benchmarking (IZB). Diese Studie wurde in einem 7-monatigen Projekt durchgeführt und speziell für kleine und mittelständige Unternehmen entwickelt.

Es wurden Daten von Unternehmen erhoben, die die folgenden Kriterien erfüllen: Jahresumsatz von maximal 100 Mio. € und eine Mitarbeiterzahl von maximal 500. Es wurden dabei quantitative Finanz- und Managementdaten, z. B. aus den Bereichen Produktivität, Rentabilität, Investition, Wachstum, Kundenzufriedenheit, Mitarbeiterzufriedenheit und Personalmanagement, aber auch qualitative Business Excellence Daten erhoben. Die Ergebnisse wurden abschließend als Grundlage für die Entwicklung von Maßnahmen, Stärke-Schwäche-Analysen, Erweiterung von Controlling-Systemen, Trendbestimmungen aber auch für die Bewertung von Managementtechniken genutzt. Die Kennzahlen stammen von Unternehmen aus Österreich, Deutschland, Spanien, Griechenland, Irland, Italien, Portugal und Großbritannien. Auf diese Weise wird die Position der deutschen KMU im Vergleich zu KMU der europäischen Länder abgebildet. Darüber hinaus ist es möglich, abzuleiten, vor welchen Herausforderungen deutsche KMU stehen, die sich auf europäischer Ebene entwickeln möchten.

Zum Teil ergaben sich sehr interessante Ergebnisse bezüglich der Performance deutscher KMU im gesamteuropäischen Vergleich. Einige Kennzahlen zeigen, dass in deutschen KMU ein sehr großes Verbesserungspotenzial mit Bezug auf

Rationalisierungsmaßnahmen verborgen ist. Deutsche KMU generieren beispielsweise 50% weniger Gewinn vor Steuern pro Mitarbeiter als britische KMU und sind bei dieser Kennzahl im Vergleich mit den besten europäischen KMU nur im unteren Mittelfeld. Auch der Vergleich von direkten Mitarbeitern zu indirekten Mitarbeitern zeigt, dass deutsche KMU durchschnittlich mehr Overhead besitzen als beispielsweise britische, irische oder griechische KMU. Ein hoher Overhead kann als Zeichen für nicht optimal aufgestellte Geschäftsprozesse und hohen Managementaufwand interpretiert werden. Dies spiegelt sich im Endeffekt auch in der Umsatzrendite sowie in dem Bedarf nach Rationalisierungsmaßnahmen wider. Deutsche KMU besitzen insgesamt eine sehr geringe Umsatzrentabilität im Vergleich zu den besten europäischen KMU. Die Unterschiede sind immens im Vergleich zu britischen oder italienischen Unternehmen. Hier bleibt die Umsatzrendite deutscher KMU um 50% zurück.

Ebenso ergaben sich prägnante Ergebnisse bezüglich der Mitarbeiter- und Kundenzufriedenheit. Die Anzahl der Fehltage pro Jahr beispielsweise, die als Indikator für den Krankenstand erhoben wurden, ist in Deutschland doppelt so hoch wie im Durchschnitt. Des Weiteren wurde in deutschen KMU eine überdurchschnittliche Anzahl von Beschwerden je Kunde festgestellt. Eine hohe Anzahl an Beschwerden pro Kunde könnte allerdings jedoch auch ein Indikator für ein gutes Managementsystem und ein deutliches Kundenfeedback sein. Darüber hinaus sind diese Kennzahlen jedoch kritisch zu betrachten, da zum einen hinterfragt werden muss, wie zuverlässig die Aufschreibung von Krankheitstagen in den jeweiligen Ländern ist, wie gut die eingesetzten Managementsysteme sind und wie sehr ein deutliches Kundenfeedback zur Unternehmenskultur gehört (Görmer 2005).

Zusammenfassend zeigt dieses Benchmarking jedoch deutlich, dass KMU Maßnahmen in den Bereichen Effizienzsteigerung, Overheadreduzierung, Geschäftprozessverbesserung, Mitarbeiterführung und -entwicklung aber auch Kundenorientierung umgehend ergreifen müssen, um auf europäischer Ebene konkurrenzfähig zu sein.

Die überwiegende Mehrheit der Unternehmen (über 98%) innerhalb der Gruppe der KMU sind Kleinst- und Kleinunternehmen mit weniger als 49 Beschäftigten. Diese Unternehmen haben einerseits die Chance zu wachsen, andererseits befinden sie sich in einer komplizierten Lage, da sie häufig nicht über die Ressourcen und die Zeit verfügen, alle Bereiche der Führung eines Unternehmens so professionell zu organisieren wie größere Unternehmen. Die Bewältigung der vielen neuen Herausforderungen stellt für diese Unternehmen eine wichtige Aufgabe dar. Dieser Gruppe der Kleinst- und Kleinunternehmen, zu welcher die Unternehmen des Forschungsprojekts ProfiL gehören, sollte daher besondere Aufmerksamkeit geschenkt werden. Aus diesem Grund wird im Forschungsprojekt ProfiL ein Weg aufgezeigt, die Fähigkeiten dieser Unternehmen zu stärken, ihre Wettbewerbsposition zu erhalten und auszubauen und den Unternehmenserfolg sicherzustellen. Im folgenden Kapitel werden die Industriepartner des Forschungsprojekts ProfiL vorgestellt.

2.3 KMU Partner im Verbundprojekt ProfiL

Lars Bergmann, Isabel Crespo

Bei den am Forschungsprojekt ProfiL beteiligten Industrieunternehmen handelt es sich um kleine Unternehmen (KU) aus der Elektronikbranche, die in Baden-Württemberg ansässig sind. Die Elektronikindustrie ist grundsätzlich von schnellen Produktwechseln, steigendem Kostendruck sowie zunehmenden Anforderungen der Kunden bezüglich Nutzenstiftung und Mängelfreiheit neuer Produkte geprägt. Aus diesem Grund sind Unternehmen dieser Branche gezwungen, effiziente Strategien, Methoden und Prozesse zur Herstellung funktions- und qualitätssicherer Produkte zu entwickeln. Im Allgemeinen weisen die kleinen Unternehmen der Elektronikbranche eine Reihe von Besonderheiten und Differenzierungsmerkmalen auf, die auf der einen Seite ihre Wettbewerbsposition unterstützen sowie ihr Überleben sichern auf der anderen Seite aber schwierige komplexe Konstellationen hervorbringen.

Die am Forschungsprojekt beteiligten Unternehmen haben weniger als 30 Beschäftigte und werden durch ihre Inhaber geführt. Zwar sind alle KU Partner in der Elektronikbranche tätig, jedoch unterscheidet sich der Fokus der Wertschöpfung der Unternehmen deutlich. Sie sind in den Bereichen Elektronikbauteildistribution, Dienstleistungsbestückung, Leiterplatten- und Elektronikgeräteproduktion tätig. Dic vier Unternehmen arbeiten entlang der Wertschöpfungskette regelmäßig (aber nicht ausschließlich) im Sinne einer Supply Chain zusammen. Die Wettbewerbsneutralität, die Konstellation einer Supply Chain und das damit einhergehende Beziehungsgeflecht zwischen den Unternehmen und Geschäftsführern begünstigt die Übertragung der gewonnenen Ergebnisse zwischen den Projektpartnern.

Die lokale Nähe dieser kleinen Unternehmen zu ihren Kunden ist Grundlage für einen hervorragenden Service und fachspezifische Beratung, die somit relevante Wettbewerbsvorteile sind. Die Spezialisierung auf kundenspezifische Anfertigungen und kleine Serien mit kleinen Losgrößen (Aufträge) sind für große Unternehmen weder interessant noch rentabel und ist somit auch ein wichtiges Alleinstellungsmerkmal. Viele Kunden stammen aus der Medizin- und Verkehrstechnik, weswegen diese kleinen Unternehmen großen Wert auf eine hohe Qualität ihrer Produkte legen. Dies ist ein starkes Differenzierungsmerkmal gegenüber Anbietern, die mit einem niedrigen Preis in den Markt drängen.

Die Globalisierung der Wirtschaft und damit verbunden die Globalisierung der Absatz- und Beschaffungsmärkte führt dazu, dass auch kleine Unternehmen der Elektronikbranche zunehmend überregional und international agieren müssen. Ein reiner Preiswettbewerb mit Anbietern aus Ländern mit deutlich geringeren Lohnkosten kann kaum gewonnen werden. Kleine Unternehmen müssen eher ihre Stärken hinsichtlich Kundennähe, Qualität und Technologie ausnutzen.

Die beteiligten Unternehmen unterscheiden sich grundlegend hinsichtlich ihrer internen Organisation und ihrer Produktions- und Dienstleistungsprozesse. Zwei Kriterien anhand der die Unternehmen eingeordnet werden können, sind die Fertigungs- und Dienstleistungsbandbreite und die Prozesssegmentierung. Die Fertigungs- und Dienstleistungsbandbreite beschreibt das Spektrum der möglichen Fertigungsverfahren und Dienstleistungen und die Möglichkeit zur flexiblen Konfiguration dieser Verfahren und Dienstleistungen. Die Prozesssegmentierung stellt dagegen ein Maß für die Anzahl der internen Prozesse und Prozessschnittstellen dar. Eine große Anzahl interner Schnittstellen kann zu Zeitverzögerungen, partiellen Informationsdefiziten und höheren Kosten führen.

Auf Basis dieser beiden Unterscheidungskriterien kann eine Einordnung der Unternehmen in ein Portfolio erfolgen, ohne dass die individuellen Tätigkeitsschwerpunkte im Detail betrachtet werden müssen. In Abbildung 8 ist die Einordnung der Projektpartner schematisch dargestellt.

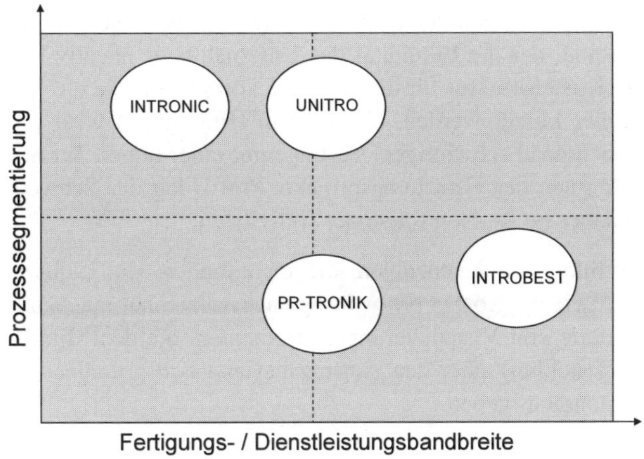

Abb. 8. Positionierung der Unternehmen des Forschungsprojekts ProfiL

IntrObest GmbH & Co. KG

Das Unternehmen IntrObest ist seit seiner Gründung 1995 durch den heutigen Inhaber im Bereich der Bestückung von elektronischen Baugruppen tätig. Das Unternehmen ist ein typischer Vertreter eines industriellen Produktionsdienstleisters. Das Unternehmen hat 18 Mitarbeiter, wobei während der Projektlaufzeit drei neue Mitarbeiter eingestellt wurden.

IntrObest übernimmt für seine Kunden auftragsbezogen die Bestückung von Leiterplatten (Surface Mounted Devices (SMD) und konventionell bestückte Platinen), sowie auch die Materialbeschaffung bis hin zur Prüfung kompletter Baugruppen. Wichtiger Bestandteil des Leistungsangebotes ist auch die Beratung der Kunden. Bei den Aufträgen handelt es sich meist um die Herstellung von Prototypen sowie kleinen und mittleren Serien für große und mittelständische Kunden, die sich in der räumlichen Nähe befinden. Während eine Massenfertigung in sehr großen Stückzahlen meist in Asien erfolgt, ist der Standort in Deutschland insbesondere für die Kunden interessant, die keine so großen Serien benötigen und deren Produkte eine hohe Variantenvielfalt aufweist. Außerdem bietet die räumliche Nähe einen Zeitvorteil und die Möglichkeit zur engeren technischen Abstimmung bei bekannt guten Qualitätsergebnissen. Ein Kurzprofil der Firma Introbest ist in Tabelle 2 dargestellt.

Das Unternehmen hat eine geringe bis mittelhohe Prozesssegmentierung wie in Abbildung 8 zu sehen ist, da die Schwerpunkte der Leistung in der Bestückung der Platinen sowie in der Beschaffung der notwendigen Bauteile liegen. Die Fertigungsbandbreite wiederum ist sehr groß, da in unterschiedlichsten Variationen Baugruppen jeweils mit und ohne SMD-Bestückung, Kabelkonfektion, mechanischer Bearbeitung und Montage, elektrischer Prüfung usw. bearbeitet werden. Das Unternehmen bewegt sich einerseits zwar in einem noch wachsenden Marktsegment, andererseits besteht ein immenser Druck von Billiganbietern aus Osteuropa oder Fernost. Aufgrund der vielfältigen für die Bestückung zum Einsatz kommenden Bauteile, die jeweils unterschiedliche Lieferzeiten haben, ergibt sich ein großer Lagerbestand, der die Liquidität des Unternehmens negativ beeinflusst. Weiterhin ist die Kostenstruktur für die Aufträge kompliziert, da die Vorlaufzeiten für Aufträge immer kürzer werden. Vor diesem Hintergrund wird es für die Firma IntrObest zunehmend schwieriger, Aufträge mit einer hohen Termintreue zu bearbeiten. Im Rahmen des Forschungsprojekts ProfiL lag der Schwerpunkt des Unternehmens daher im Bereich folgender Aktivitäten:

- Die Ermittlung von Kennzahlen, die insbesondere die Liquidität des Unternehmens sowie die Kosten pro Auftrag nachvollziehbar machen.
- Die Erstellung von Visualisierungsinstrumenten, die den Mitarbeitern eine aktuelle Rückmeldung über den Auftragsbestand und grundlegende Finanzdaten des Unternehmens geben.

Tabelle 2. Kurzprofil der Firma IntrObest GmbH & Co. KG

Firma:	IntrObest GmbH & Co. KG
Adresse	Höhenstr. 17 70736 Fellbach
Ansprechpartner:	Dipl.-Ing. Thomas Lacker (Geschäftsführer) Tel.: 0711 / 520480-0 Fax.: 0711 / 520480-99 Mail: Lacker@introbest.de
Branche	Elektronik
Produkte	Produktionsdienstleister (Bestückung von Leiterplatten)
Kunden	Medizin- und Verkehrstechnik
Stellung in der Wertschöpfungskette	Produktionsdienstleister und Zulieferer
Zahl der Beschäftigten	18
Konzernzugehörigkeit	Keine
Fertigungs-/Dienstleistungsbandbreite	Hoch
Prozesssegmentierung	Gering bis mittelhoch

IntrOnic GmbH & Co. KG

Die Firma IntrOnic, gegründet im Jahre 1968 durch Herbert Lacker, ist ein inhabergeführtes kleines Unternehmen mit derzeit 20 Beschäftigten.

Im Mittelpunkt der Wertschöpfung der Firma IntrOnic steht die Herstellung von Leiterplatten unterschiedlichster Varianten und Losgrößen. IntrOnic fertigt ca. 40 m² Leiterplatten täglich nach den Technologiewünschen der Kunden mit 150 µm Leiterbahnabstand/-breite, mechanisch gebohrten Lochdurchmessern von minimal 0,3 mm und einer Lagenzahl von eins bis sechs Lagen. Die Firma produziert auf ca. 2.200 m² Produktionsfläche in eigenen Räumen, welche sukzessive durch weitere Ausbaustufen dem Wachstum angepasst wurden. Zudem sind eine optimale Ablauforganisation und eine umweltschonende Abwasserführung mit speziellen, getrennten Kreisläufen sichergestellt. Ein Kurzprofil der Firma IntrOnic ist in Tabelle 3 zu finden.

Während die Fertigungsbandbreite eher von geringer Größe ist (s. Abb. 8), stellt die steigende Vielfalt unterschiedlicher Design- und Materialanforderungen einen zentralen Komplexitätstreiber der Auftragsabwicklungsprozesse dar. Aufgrund der Vielzahl unterschiedlicher Produktanforderungen muss eine große Bandbreite verschiedener technischer Prozesse von den Mitarbeitern beherrscht werden. Das erfordert umfangreiches Fachwissen bei den Mitarbeitern und hat darüber hinaus eine hohe Prozesssegmentierung zur Folge. Der zunehmende globale Wettbewerbs- und Preisdruck stellt eine steigende Herausforderung für die wirtschaftliche Produktion von Leiterplatten bei vergleichsweise hohen Kosten für Löhne, Materialien und Energie dar. Zur Sicherung der Wettbewerbsfähigkeit sind vor diesem Hintergrund die Flexibilisierung, Lenkbarkeit und Transparenz der Fertigungs- und Geschäftsprozesse von zentraler Bedeutung. Daher fokussierte die

Firma IntrOnic im Rahmen des Forschungsprojekts ProfiL folgende Arbeitsschwerpunkte:

- Den Aufbau von flexiblen, störungstoleranten und lenkbaren Prozessen.
- Die Steigerung der Mitarbeiterqualifikation und Eigenverantwortlichkeit.
- Die Verbesserung der teaminternen und teamübergreifenden Kommunikation und Wissensvermittlung.

Tabelle 3. Kurzprofil der Firma IntrOnic GmbH & Co. KG

Firma:	IntrOnic GmbH & Co. KG
Adresse	Gewerbestr. 21 71332 Waiblingen
Ansprechpartner:	Herr Michael Lacker (Geschäftsführer) Tel.: 07151 / 95876-0 Fax.: 07151 / 95876-99 Mail: m.lacker@intronic-gmbh.de
Branche	Elektronik
Produkte	Leiterplatten
Kunden	Medizin- und Verkehrstechnik
Stellung in der Wertschöpfungskette	Leiterplattenproduktion
Zahl der Beschäftigten	20
Konzernzugehörigkeit	Keine
Fertigungs-/Dienstleistungsbandbreite	Gering
Prozesssegmentierung	Hoch

PR-Tronik GmbH

Die Firma PR-Tronik, die 1994 von den heutigen Geschäftsführern und Inhabern gegründet wurde, ist ein typischer Distributionsdienstleister, der über keine eigene Produktion verfügt. Seit der Gründung konnte das Unternehmen kontinuierlich wachsen und beschäftigt heute 22 Mitarbeiter. Als Distributionsdienstleister beliefert PR-Tronik nicht nur seine Kunden mit elektronischen Bauelementen (Klein- und Großserienbedarf), sondern erarbeitet auch zusammen mit den Kunden individuelle Logistikkonzepte. Das Unternehmen ist in der Distribution aktiver, passiver und elektromechanischer Bauelemente tätig und deckt somit alle wichtigen Bereiche ab. Die Kundenstruktur besteht im Wesentlichen aus KMU der Elektronikindustrie. Ein Kurzprofil der Firma PR-Tronik ist in Tabelle 4 zu finden.

Das Unternehmen besitzt eine geringe Prozesssegmentierung, da das Unternehmen ausschließlich Bauteile kundenspezifisch anbietet und verkauft und in begrenztem Maße auch Gesamtlösungen bis hin zur vollständig bestückten Platine anbietet. Diese Leistungen werden aber extern durch Partnerunternehmen erbracht und beeinflussen somit die Prozesse im Unternehmen nicht. Die Dienstleistungsbandbreite ist somit als „mittel“ einzustufen.

Seit der Gründung zeichnet sich das Unternehmen durch ein kontinuierliches und überdurchschnittliches Wachstum aus. So wurde der Umsatz während der Projektlaufzeit fast verdoppelt. Mit einem Umsatz von über 10 Mio. € ist PR-Tronik einer der größeren vertragsunabhängigen Distributoren in Süddeutschland. Das starke Wachstum der letzten Jahre erforderte auch die kontinuierliche Weiterentwicklung der internen Organisation, speziell auch der wichtigen Lagerlogistik. Hier erfolgt inzwischen eine Lagerhaltung von ca. 100 Mio. Bauteilen bei ca. 7.000 Artikeln. Folgende Hauptschwerpunkte im Bereich Logistik wurden als Projektinhalte definiert:

- Verbesserung und Optimierung der Arbeitsabläufe in der Logistik.
- Trotz Umsatzwachstum das Kerngeschäft „Kleinmengenservice" nicht zu vernachlässigen.
- Steigerung der Eigenverantwortlichkeit der Logistikmitarbeiter.
- Einführung eines Managementsystems zur Planung, Gestaltung und Lenkung verschiedener Veränderungen bezüglich der Bereiche Mensch, Organisation und Technik im Rahmen der Modernisierung.

Tabelle 4. Kurzprofil der Firma PR-Tronik GmbH

Firma:	PR-Tronik GmbH
Adresse	Auf der Hub 42 76307 Karlsbad-Ittersbach
Ansprechpartner:	Herr Stefan Portmann (Geschäftsführer) Tel.: 07248 / 9275-0 Fax.: 07248 / 9275-99 Mail: s.portmann@pr-tronik.de
Branche	Elektronik
Produkte	Elektronikbauteile
Kunden	Elektronikindustrie
Stellung in der Wertschöpfungskette	Handel und Distribution elektronischer Bauelemente
Zahl der Beschäftigten	22
Konzernzugehörigkeit	Keine
Fertigungs-/Dienstleistungsbandbreite	Mittel
Prozesssegmentierung	Gering

Fleischmann Unitro Störmeldesysteme

Die Firma Unitro Fleischmann Störmeldesysteme, gegründet 1972, ist als produzierendes Unternehmen mit eigenen Produkten ein weltweit agierendes kleines Unternehmen mit 15 Mitarbeitern. Das Unternehmen ist spezialisiert auf Stör- und Gefahrmeldesysteme, die das ursprüngliche Kerngeschäft ausmachen. Vor einigen Jahren wurde der Bereich LON-Bus-Komponenten (Local Operating Network) für Gebäudeleittechnik und die Industrieautomation aufgebaut, wobei aber auf Grund des stagnierenden Markts ein Rückzug innerhalb der Projektlaufzeit aus dem Bereich Gebäudeautomation erfolgte. Darüber hinaus entwickelt das Unternehmen komplette Fernwirksysteme einschließlich Prozessvisualisierung sowie kundenspezifische Sonderlösungen. Der Vertrieb ist dabei weltweit organisiert. Die anspruchsvollen Entwicklungsarbeiten werden mit neuester technologischer Ausrüstung durchgeführt. Ein Kurzprofil der Firma Fleischmann Unitro Störmeldesysteme ist in Tabelle 5 zu finden.

Das Unternehmen verfügt auch über eine eigene Fertigung mit konventioneller und SMD-Automatenbestückung, sowie ein Prüf- und Testlabor für EMV-, CE- und Klimatests. Dadurch, dass neben der Leiterplattenbestückung auch die Komplettierung der Geräte, die Entwicklung und der Vertrieb operativ betrieben werden, ergibt sich eine hohe Prozesssegmentierung, während die Fertigungsbandbreite trotz vieler individueller Lösungen mittelstark ausgeprägt ist.

Durch den weltweiten Vertrieb ergab sich schon früh die Notwendigkeit, internationale Kundenkontakte aufzubauen und zu pflegen. Die Schwerpunkte der Arbeiten liegen dabei zum einen im Bereich des Projektgeschäftes, wenn neue Anlagen ausgerüstet werden sollen, und zum anderen im Bereich der Direktbelieferung von Kunden mit Baugruppen. Die Wettbewerbssituation hat sich in den letzten Jahren verschärft, wobei mehrfach durch Großunternehmen Preise unterhalb der Einkaufspreise angeboten wurden und so die eigenen Angebote unterboten wurden. Darüber hinaus sind die von den Kunden geforderten Lieferzeiten mit 2-3 Wochen oftmals schwer zu realisieren. Vor dem Hintergrund dieser Situation wurde im Rahmen des Forschungsprojekts ProfiL der Arbeitsschwerpunkt auf folgende Aktivitäten gelegt:

- Die Vereinfachung und der transparente Aufbau der Darstellung der Prozesse.
- Die Verbesserung des internen Projektcontrollings in der Entwicklung.
- Die Verbesserung des Kundenmanagements und der Reklamationsbearbeitung.

Tabelle 5. Kurzprofil der Firma Unitro Fleischmann

Firma:	Unitro Fleischmann
Adresse	Gaildorferstr. 15 71502 Backnang
Ansprechpartner:	Dipl.-Ing. (FH) Jürgen Fleischmann (Geschäftsführer) Tel.: 07191 / 141-0 Fax.: 07191 / 141-299 Mail: j.fleischmann@unitro.de
Branche	Elektronik
Produkte	Störmeldesysteme für den weltweiten Einsatz, LON-Bus Komponenten für Gebäude- und Industrieautomation, Zertifizierter LON-Systemintegrator
Kunden	Kraftwerksbetreiber, Gemeinden
Stellung in der Wertschöpfungskette	Entwickler, Produzent und Bestücker
Zahl der Beschäftigten	15
Konzernzugehörigkeit	Keine
Fertigungs-/Dienstleistungsbandbreite	Mittel
Prozesssegmentierung	Hoch

Über die vier Unternehmen der Elektronikbranche hinaus waren die zwei Unternehmen Syslog GmbH und SBS-Softwaresysteme GmbH am Projekt beteiligt.

Syslog GmbH

Die Syslog GmbH ist ein international tätiges, mittelständisches IT-Unternehmen und verfügt über ein umfangreiches PPS-Projektierungswissen, das in über 25-jähriger Zusammenarbeit mit mittelständischen Fertigungsbetrieben erworben wurde. Das Unternehmen beschäftigt 15 Mitarbeiter.

Die entwickelte Lösung Syslog-PPS ist ein durchgängiges System zur Produktionsplanung und -steuerung für mittelständische Fertigungsunternehmen. Durch Zusatzmodule und Schnittstellen zu angrenzenden Bereichen, wie das Rechnungswesen (Finanzbuchhaltung, Lohn- und Gehaltsabrechnung, etc.) und die Technik (CAD, MES etc.), ist die Integration aller technischen und kaufmännischen Bereiche gewährleistet. Ein Kurzprofil der Firma Syslog GmbH ist in Tabelle 6 zu finden.

Die kundenspezifischen Entwicklungen bilden eine kontinuierliche Basis der Entwicklungsleistungen der Firma Syslog. Darüber hinaus hat sich das Unternehmen in den letzten drei Jahren sehr intensiv mit der Verknüpfung von CAD-Daten und Materialplanungsdaten befasst.

Die Firma Syslog ist ein innovatives Unternehmen für die mittelständischen Fertigungsunternehmen und kennt deren Anforderungen und Bedürfnisse. Das vorhandene Know-how war somit eine gute Basis für die geplanten Projektarbeiten, bei denen gezielt mit den Firmen die Software-Unterstützung für die Organisationsentwicklung entwickelt werden sollte.

Im Rahmen des Forschungsprojekts ProfiL lag die Aufgabe der Syslog GmbH in folgenden Bereichen:

- Die Umsetzung von neuen Organisationsformen im Rahmen des „Bottom-up"-Ansatzes mit Hilfe geeigneter Software-Module in den Projektpartner unterstützen.
- Die Umsetzung und Programmierung von Methoden für die Unterstützung der Steuerung von Produktionsprozessen in selbstorganisierten Einheiten.

Tabelle 6. Kurzprofil der Firma Syslog GmbH

Firma:	Syslog GmbH
Adresse	Gröninger Weg 7
	74379 Ingersheim
Ansprechpartner:	Hans Kozó (Geschäftsführer)
	Tel.: 07142 / 9129-0
	Fax: 07142 / 912925
	Mail: hk@syslog.de
Branche	Softwareentwicklung und Vertrieb
Produkte	ERP-System, CRM-System
Kunden	Mittelständische Unternehmen des verarbeitenden Gewerbes
Stellung in der Wertschöpfungskette	Entwicklung und Vertrieb ERP- und CRM-Systeme
Zahl der Beschäftigten	15
Konzernzugehörigkeit	Keine

SBS-Softwaresysteme GmbH

Die SBS-Softwaresysteme GmbH wurde 1997 durch 4 Gesellschafter gegründet. Neben den inzwischen 6 Gesellschaftern sind drei weitere Mitarbeiter im Unternehmen tätig. Als Softwareunternehmen hat sich die SBS auf kundenspezifische Softwarelösungen für nationale und internationale Groß- und Mittelstandsunternehmen spezialisiert. Die Softwarelösungen entstehen dabei in enger Zusammenarbeit mit den Auftraggebern. Der Exportanteil der SBS ist in den vergangenen Jahren kontinuierlich gewachsen. SBS Produkte sind von den USA über Europa bis nach Indien und China weltweit im Einsatz. Ein Kurzprofil der Firma SBS-Softwaresysteme GmbH ist in Tabelle 7 zu finden. Das Unternehmen konzentriert sich auf drei Entwicklungslinien:

- Der Entwicklung von Programmsystemen zur Konfiguration erklärungsbedürftiger, komplexer Produkte.
- Der Entwicklung von Visualisierungssoftwarelösungen zur perspektivisch korrekten Darstellung von 2D- und 3D-Produkten in Fotos.

- Dem Angebot umfassender Dienstleistungen für Internetlösungen von der Konzeption über die Programmierung bis zum Serverbetrieb und dem Einsatz von Content-Management-Systemen.

Seit einigen Jahren hat die SBS neben den kundenspezifischen Softwarelösungen auch für die ZDF-Reihe WISO Consumer-Softwareprodukte entwickelt und sich damit ein weiteres Standbein geschaffen. Die Firma SBS verfügt über einen auf komplexe Softwaresysteme spezialisierten Mitarbeiterstamm und ist in der Lage, von der Konzeption über die Realisierung bis zur Markteinführung und Schulungen die gesamte Prozesskette abzubilden. In den vergangenen Jahren wurde der Schwerpunkt auf webbasierte Lösungen gelegt, da die SBS hier strategisch die besten Chancen sieht.

Im Rahmen des Forschungsprojekts ProfiL lag die Aufgabe der Syslog GmbH in folgenden Bereichen:

- Aufbau und Programmierung der Internetseiten für ProfiL.
- Programmierung des Softwaretools zur Unterstützung der integrierten Modernisierung.

Tabelle 7. Kurzprofil der Firma SBS Softwaresysteme GmbH

Firma:	SBS Softwaresysteme GmbH
Adresse	Jasperallee 13 38102 Braunschweig
Ansprechpartner:	Herr Klaus Wagner Tel.: 0531-38747-13 Fax: 0531-38747-17 Mail: wagner@sbs-softwaresysteme.de
Branche	Softwareentwicklung
Produkte	Software
Kunden	Nationale und internationale Unternehmen des verarbeitenden Gewerbes
Stellung in der Wertschöpfungskette	Entwicklung von Software, Serverbetrieb und Hosting
Zahl der Beschäftigten	8
Konzernzugehörigkeit	Keine

3 Modernisierung kleiner und mittlerer Unternehmen

In Kapitel 2.1 und 2.2 wurden die besonderen Merkmale von KMU sowie die aktuelle Situation deutscher KMU dargestellt. Ausgehend von dieser Darstellung werden in diesem Kapitel wichtige Aspekte, Herausforderungen und allgemeine Grundlagen der Modernisierung von KMU beschrieben und daraus Anforderungen an ein Konzept zur integrierten Modernisierung kleiner Unternehmen abgeleitet. Nach einer Einführung in die Grundlagen der Modernisierung wird im Kapitel 3.1 zunächst der Begriff der „integrierten Modernisierung" erläutert. Weiterhin werden im Kapitel 3.2 allgemeine und spezielle Konzepte und Modelle der Modernisierung vorgestellt. Der Einfluss von Merkmalen und Eigenschaften von KMU auf die integrierte Modernisierung wird im Kapitel 3.3 beleuchtet. Die verschiedenen Arten von Auswirkungen durch betriebliche Veränderungen auf Mitarbeiter werden im Kapitel 3.4 dargestellt. Abschließend erfolgt im Kapitel 3.5 eine zusammenfassende Darstellung von Anforderungen an ein Konzept zur integrierten Modernisierung für kleine und mittlere Unternehmen.

3.1 Was ist die „integrierte Modernisierung"?

Lars Bergmann, Isabel Crespo

Der Begriff der Modernisierung bezeichnet im Allgemeinen Maßnahmen, um eine nicht mehr zeitgemäße oder nicht mehr adäquate Ausgestaltung eines Systems, z.B. einer Organisation oder eines Landes, durch eine zielgerichtete Veränderung in eine zeitgemäße Ausgestaltung (entsprechend des neuesten Stands von Wissenschaft und Technik) zu überführen, und damit die Wettbewerbs- und überlebensfähigkeit der Organisation zu erhöhen (Schubert u. Klein 2006). Die Modernisierung kann sich dabei sowohl auf technische, organisationale bzw. strukturelle oder soziale Anpassungs- und Erneuerungsprozesse beziehen. Damit beschreibt die *Modernisierung* die rationale Anpassung von Strukturen, Aktivitäten und Verhaltensweisen an neue Erfordernisse der Gegenwart oder der Zukunft. Realisiert werden kann eine Modernisierung somit z.B. durch die Anpassung von Prozessen und Verfahrensweisen basierend auf neuen Erkenntnissen aus Wissenschaft, Technik und Gesellschaft (Westkämper 2002).

Die Situation einer nicht mehr zeitgemäßen Ausgestaltung von Unternehmen wird durch eine Reihe so genannter Veränderungstreiber forciert (Kruppke et al. 2006), (Schuh u. Wiendahl 1997). Als Treiber der Modernisierung spielen z.B. die zunehmenden Veränderungen der Anforderungen in den Bereichen Mobilität, Produktivität, Flexibilität, Qualität und Geschwindigkeit eine wesentliche Rolle, da sie die zu bewältigende Komplexität stark erhöhen (Schuh u. Wiendahl 1997). Auch die sich kontinuierlich verkürzenden Produktlebenszyklen und die zunehmende intra- und interorganisationale Vernetzung sind Veränderungs- und damit Komplexitätstreiber, denen Unternehmen aktiv begegnen müssen. Beispiele für ausgewählte Veränderungstreiber sind in Abbildung 9 zusammengefasst.

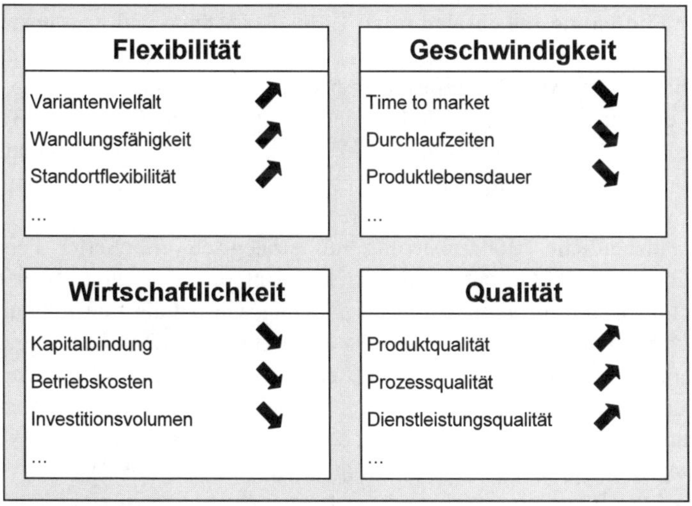

Abb. 9. Ausgewählte Treiber und Trends der Modernisierung, in Anlehnung an (Schuh u. Wiendahl 1997)

Die dargestellten Veränderungen erfordern eine kontinuierliche Anpassung des Unternehmens an seine Umwelt, damit die Wettbewerbs- und somit die Überlebensfähigkeit gesichert werden kann. Eine fortlaufende zielorientierte Gestaltung und Lenkung von Unternehmen im Sinne einer umwelt- bzw. umfeldorientierten Anpassung und Modernisierung stellt somit die langfristige (Über)-Lebensfähigkeit sicher (Malik 2006).

Im Kontext einer sich (zunehmend schneller) verändernden Umwelt sind somit alle Maßnahmen zur zeitgemäßen und problemadäquaten Gestaltung und Anpassung von Unternehmen Bestandteile einer Modernisierung. In der Vergangenheit wurde eine Vielzahl verschiedener *Lösungsbausteine* zur Modernisierung von Organisation und Führung in Unternehmen, z.B. für Teamarbeit, Fließfertigung, Just-in-Time, kontinuierliche Verbesserung (KVP) oder Qualitätsmanagement (TQM), entwickelt und eingesetzt (Friedli 2006). Obwohl diese einzelnen Bausteine jeweils unterschiedliche Schwachpunkte der Unternehmen betrachten, wird oftmals angenommen, dass durch die Behebung dieser Schwachpunkte eine Modernisierung erreicht und damit die Wettbewerbssituation insgesamt verbessert wird. Wie sich in vielen Unternehmen zeigt, bringt die Realisierung eines jeden Einzelbausteins zwar Verbesserungen in einzelnen Zielgrößen wie z.B. der Durchlaufzeit oder der Qualität mit sich, jedoch verhindern oftmals die *Inkompatibilitäten der Einzellösungen* die gewünschten positiven Gesamteffekte (Korge u. Lay 2002). So kann beispielsweise die Einführung eines durchgängigen Zieh-Systems (Pull- bzw. Kanban-Steuerung) in Produktion und Lagern mit minimalen Bestandsmengen ohne eine gleichzeitige nahtlose Kunden- und Lieferantenintegration bei Störungen in der Logistikkette zu einer Verschlechterung von Auslastung und Lieferfähigkeit führen. Auch eine fehlende Ausrichtung von Lösungsbausteinen an einer langfristigen Unternehmensstrategie, eine unzureichende Abstimmung der Einführungsreihenfolge neuer Lösungsbausteine und eine unzureichende systematische Verfolgung wichtiger unternehmerischer Kenngrößen kann den gewünschten Effekt von Einzellösungen beeinträchtigen und macht eine gezielte Lenkung der Maßnahmen zur Modernisierung unmöglich (Gomez 1983). Damit die Maßnahmen zur Modernisierung effektiv ihre Wirkung entfalten können, stellen daher eine *ganzheitliche Sicht* sowie eine *strategische Ausrichtung* der Modernisierung wesentliche Anforderungen dar.

Eine ganzheitliche Modernisierung mit strategisch orientierter Perspektive muss gleichzeitig alle Gestaltungsfelder eines Unternehmens und seiner Umwelt berücksichtigen und erfordert damit die Planung, Gestaltung und Lenkung einer Vielzahl verschiedener Veränderungen in den Bereichen Menschen, Organisation und Technik. Damit ungeachtet der Vielzahl unterschiedlicher Veränderungsmaßnahmen dennoch ein klares Ziel verfolgt werden kann, müssen alle Einzelmaßnahmen und Veränderungen im Rahmen eines konsistenten Zielssystems im Sinne einer „*integrierten Modernisierung*“ erfolgen (Korge u. Lay 2002).

Das Ziel der Integration verschiedener Lösungsbausteine zu einer konsistenten Gesamtlösung aufeinander abgestimmter Teillösungen erfordert die Einbeziehung aller Unternehmensbereiche und Anspruchsgruppen. Im Rahmen der Planung, Gestaltung und Lenkung integrierter Lösungen müssen daher Mitarbeiter, Organisation und Technik simultan berücksichtigt werden. Um eine einseitige Verbesserung einzelner Unternehmensbereiche zu verhindern und eine durchgängige Gestaltung von Prozessen und Lösungen über Bereichs- oder Abteilungsgrenzen hinweg zu gewährleisten, spielt die Gestaltung von Schnittstellen zwischen Lösungsbausteinen und die Integration aller Mitarbeiter in die Veränderungsmaßnahmen eine wesentliche Rolle. Durch eine gezielte Abstimmung von Einzellösungen können so organisatorische Brüche und Inkompatibilitäten zwischen Teillösungen frühzeitig erkannt werden. Gleichzeitig erfordern die Veränderungen und die Einführung neuer Bausteine die Berücksichtigung der arbeitspsychologischen Auswirkungen von Gesamtlösungen auf das Verhalten und die Motivation der Mitarbeiter.

Für die Geschäftsführung kleiner und mittlerer Unternehmen stellen die Anforderungen der integrierten Modernisierung im Sinne der Planung, Gestaltung und Lenkung eine große Herausforderung dar. Für die konkrete Vorgehensweise in der Praxis müssen organisatorische und analytische Grundlagen geschaffen werden. Damit Ansatzpunkte für Veränderungen erkannt werden können, müssen die Ist-Situation und Veränderungstendenzen der In- und Umwelt bekannt sein. Zu diesem Zweck gilt es, sowohl die *Außenperspektive* als auch die *Innenperspektive* einzunehmen und Beobachtungen und Analysen zur Beschreibung der Situation durchzuführen. Ausgehend von einer Außenperspektive muss die Modernisierung an den Anforderungen von Kunden, Märkten und Gesetzgebern unter Berücksichtigung und Anwendung geeigneter Konzepte und Lösungsbausteine ausgerichtet werden. Im Rahmen einer Innenperspektive gilt es, die internen Strukturen, Aktivitäten und Verhaltensweisen sowie bestehende Teillösungen zu berücksichtigen und darauf aufbauend Gesamtlösungen zu entwickeln. Damit geht die Anforderung einher, neben internen auch externe Messgrößen einzuführen, um eine zielorientierte Lenkung von Modernisierungsmaßnahmen zu ermöglichen.

Die integrierte Modernisierung stellt weiterhin die Anforderung an eine systematische Berücksichtigung des aktuellen Stands der Technik und erfolgreich erprobter Lösungen. Dies bedeutet nicht automatisch das Kopieren von Lösungen, sondern die detaillierte *Überprüfung der Passfähigkeit bestehender Lösungen* und das Lernen von anderen Unternehmen. Oftmals können Unternehmen voneinander lernen indem sie einzelne Lösungen untereinander austauschen. Dabei muss zwischen der Optimierung und der grundlegenden Veränderung von Prozessen und Abteilungen unterschieden werden. Für die Identifikation von Lösungen im Rahmen der integrierten Modernisierung können grundlegende Veränderungen zwar Erfolg versprechend sein, jedoch können auch Optimierungen bestehender Prozesse und Strukturen signifikante Potenziale erschließen.

Ausgehend von den oben dargestellten Merkmalen der integrierten Modernisierung können folgende zentrale *Anforderungen der integrierten Modernisierung* an die Geschäftsführung von Unternehmen abgeleitet werden:

- Übernahme des Paradigmas der „integrierten Modernisierung" als kontinuierliche Anpassung und Veränderung des Unternehmens mit dem Ziel der aktiven Erhaltung der Wettbewerbs- und (Über-)Lebensfähigkeit.
- Strategisch orientierte Anpassung von Strukturen, Aktivitäten und Verhaltensweisen in den Gestaltungsfeldern Mensch, Organisation und Technik an neue Erfordernisse der Gegenwart und Zukunft.
- Entwicklung, Integration und Vernetzung von Einzellösungen zu integrierten Gesamtlösungen unter Einbeziehung aller Mitarbeiter.
- Modernisierung als fortlaufenden, kontinuierlichen Prozess begreifen und diesen vorleben.

Entsprechend der genannten Anforderungen und der ganzheitlichen Betrachtung von Strukturen, Aktivitäten und Verhaltensweisen erfordert die integrierte Modernisierung Veränderungen in allen Bereichen des Unternehmens. Oft sind daher auch die Neugestaltung von Führungs- und Kommunikationsprozessen oder ein Paradigmenwechsel bei Mitarbeitern und Führungskräften notwendig, damit alte Denkmuster neue innovative Lösungen nicht per se ausschließen. Die mit der integrierten Modernisierung einhergehenden Anforderungen an die verantwortlichen Führungskräfte in KMU erfordern daher in der Regel eine Unterstützung. Zur *Unterstützung* von Geschäftsführern, Führungskräften und Mitarbeitern bei der Umsetzung der *integrierten Modernisierung* wurden verschiedene Konzepte entwickelt. Im folgenden Kapitel werden ausgewählte Konzepte vorgestellt, die für die integrierte Modernisierung als wichtige Grundlagen herangezogen werden können.

3.2 Konzepte zur Modernisierung

Lars Bergmann, Isabel Crespo, Christoph Herrmann

Für die Unterstützung von Führungskräften bei der integrierten Modernisierung wurde von Wissenschaftlern unterschiedlicher Disziplinen eine große Bandbreite verschiedener Konzepte entwickelt. Der Begriff Konzept wird in der Literatur jedoch häufig mit den Begriffen Methode und Instrument gleichberechtigt verwendet. Vor diesem Hintergrund ist es notwendig, den Begriff Konzept von den Begriffen Methode und Instrument abzugrenzen.

Konzepte basieren häufig auf Erfahrungswissen oder theoretisch fundierten Leitideen zur Planung, Gestaltung, Lenkung und Entwicklung von Systemen oder Organisationen mit dem Ziel, die Wettbewerbsfähigkeit kurz- oder langfristig zu verbessern (Stölzle 1999). Dabei beschreiben Konzepte in der Regel optimale Zustände der Organisation oder Technik und umfassen Gestaltungsempfehlungen in Form von Methoden und Instrumenten die zur Erreichung dieser Zustände eingesetzt werden können (Blecker u. Kaluza 2004). Ähnlich wie bei dem Konzeptbegriff werden die Begriffe Methode und Instrument in der Literatur sehr unterschiedlich definiert.

Nach Stölzle erfüllen *Methoden* festgelegte Aufgaben, indem sie einen Anfangszustand mithilfe eines prozessual strukturierten Systems von Handlungsanweisungen und -regeln in einen vorgegebenen Endzustand transformieren (Stölzle 1999). Durch den vorgegebenen Endzustand weisen Methoden in aller Regel einen Zielbezug auf. Dabei kann eine Methode unabhängig vom Anwender immer wieder das gleiche Ergebnis reproduzieren.

Instrumente unterscheiden sich nur geringfügig von Methoden. Sie verfügen wie Methoden häufig über eine Abfolge von Handlungsanweisungen und transformieren ebenfalls Aufgaben von einem Anfangszustand zu einem gewünschten Endzustand (Stölzle 1999). Ein Unterschied kann nur in einem stärkeren Objektbezug von Instrumenten, u. a. durch die Verwendung möglicher physischer Hilfsmittel, ausgemacht werden. Instrumente entsprechen somit mehr einem Zuweisungscharakter, womit Aufgaben erfüllt werden sollen, und Methoden mehr einem Auskunftscharakter, wie Aufgaben durchgeführt werden sollen.

Die folgende Übersicht fasst die Unterschiede zwischen Konzepten, Methoden und Instrumenten zusammen.

Konzepte

- geben induktiv gewonnenes Erfahrungswissen wieder, welches die individuelle kognitive Struktur seines Verfassers enthält,
- setzen sich aus mehreren inhaltlich zusammenhängenden Komponenten zusammen, die sich durch Systematisierung induktiv gewonnenen Erfahrungswissens ergeben,
- enthalten Gestaltungsangaben, die die Vorgaben der übergeordneten Strategiegebilde fortführen und so einen expliziten Zielbezug aufweisen,
- bauen zumindest implizit auf einen theoretischen Ansatz auf,
- betonen ihren Handlungsbezug durch Verweise auf anzuwendende Methoden und Instrumente.

Methoden

- erfüllen festgelegte Aufgaben durch Transformation: Anfangszustand - strukturiertes System von Handlungsanweisungen und -regeln - Endzustand,
- sind anwenderunabhängig beliebig oft mit dem gleichen Endergebnis wiederholbar,
- weisen einen Auskunftscharakter auf, wie Aufgaben durchgeführt werden sollen.

Instrumente

- ähneln Methoden, sind jedoch stärker objektbezogen,
- weisen einen Zuweisungscharakter auf, womit Aufgaben erfüllt werden sollen.

In den folgenden Kapiteln dieses Buches werden zum einfacheren Sprachgebrauch die Begriffe Methode und Instrumente unter dem Begriff Konzept zusammengefasst. In Einzelfällen, in den eine differenzierte Betrachtung erforderlich ist, erfolgt jedoch eine begriffliche Unterscheidung zwischen Konzepten, Methoden und Instrumenten.

Konzepte zur integrierten Modernisierung können weiterhin, basierend auf einer Unterscheidung in Führungs- und Ausführungsebene, vereinfacht in die zwei Klassen *Führungs- und Ausführungskonzepte* eingeteilt werden (Gomez 1978). Diese zwei Klassen unterscheiden sich dahingehend, als dass Führungskonzepte eine allgemeine Unterstützung für Probleme der Führung von Unternehmen, d.h. für Führungskräfte bzw. das Management, bieten, ohne dabei im Speziellen auf einzelne operative Aspekte der Ausführung einzugehen (s. Abb. 10) (Gomez 1978).

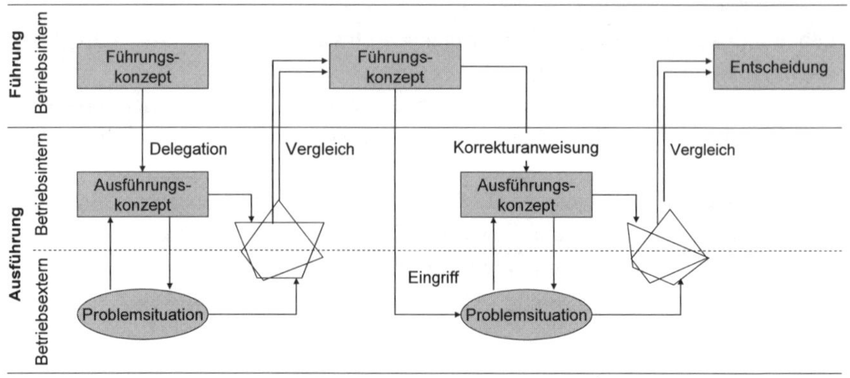

Abb. 10. Zusammenhang Führungs- und Ausführungskonzepten, in Anlehnung an (Gomez 1978)

Vertreter der Führungskonzepte sind insbesondere Managementmodelle und -konzepte, die unabhängig von Branche, Produkten, Unternehmensgröße und Zielsetzung die Geschäftsführung und Führungskräfte unterstützen (Bleicher 2004). Diese Managementkonzepte versuchen durch die Bereitstellung eines *Handlungsrahmens für Führungsprobleme* die Planung, Gestaltung und Lenkung von Maßnahmen derart zu strukturieren, dass die einzelnen Maßnahmen zielorientiert ausgerichtet und zu einem Ganzen integriert werden können. Da allgemeine Managementkonzepte keine konkreten Anleitungen und Handlungsanweisungen für bestimmte Sachprobleme und Funktionsbereiche im Unternehmen beinhalten, können sie unabhängig von Branchen und Unternehmensgrößen angewendet werden.

Im Gegensatz dazu repräsentiert die zweite Klasse von Konzepten so genannte Ausführungskonzepte für Probleme der operativen Bereiche. Ausführungskonzepte können vereinfacht als *erfolgreich erprobte Handlungsanleitungen für Sachprobleme*, z.B. für die Planung und Gestaltung von Produktionssystemen oder für die Verbesserung der Qualität verstanden werden. Ausführungskonzepte umfassen z.B. Prinzipien, Methoden und Instrumente für Sachprobleme nach dem aktuellen Stand der Technik, deren Umsetzung einen direkten Beitrag zur Modernisierung leisten kann. Ausführungskonzepte bedürfen jedoch immer einer unternehmensspezifischen *Auswahl und Anpassung*, so dass diese zweite Klasse von Konzepten eine detaillierte und vorteilhafte Hilfestellung für bestimmte Unternehmen bieten kann. Vor einer Einführung von Ausführungskonzepten sollte jedoch immer eine ganzheitliche Bewertung der Angemessenheit und Passfähigkeit zur Problemsituation des Unternehmens erfolgen. Im Folgenden werden ausgewählte Vertreter beider Klassen von Konzepten vorgestellt.

Führungskonzepte

Im Kontext der „integrierten Modernisierung" bedeutet Unternehmensführung die Planung, Gestaltung und Lenkung von Maßnahmen mit dem Ziel der fortlaufenden Anpassung an dynamisch veränderliche Rahmenbedingungen. Die Verantwortung für diese Aufgabe obliegt in KMU der Geschäftsführung. Die anspruchsvolle Führungsaufgabe der Modernisierung stellt vor dem Hintergrund der dargestellten Veränderungsgeschwindigkeit und Komplexität für Führungskräfte eine Herausforderung dar. Zur Unterstützung von Führungskräften wurden daher eine Reihe verschiedener Führungs- bzw. Managementkonzepte entwickelt.

Führungskonzepte versuchen die Funktionsweise und damit die zu führende bzw. zu gestaltende Struktur von Unternehmen in allgemeiner Form abzubilden. Unter Zuhilfenahme von Führungskonzepten können so wichtige Managementfragen durchdrungen und der Zusammenhang verschiedener Fragestellungen und Maßnahmen aufgezeigt werden. Auf diese Weise bilden Führungskonzepte einen *Bezugs- und Ordnungsrahmen*, der es ermöglicht, verschiedene Aktivitäten und Methoden im Unternehmen einordnen zu können. Führungskonzepte unterstützten die Geschäftsführung von Unternehmen somit dabei, Führungsaufgaben im jeweiligen Bezugsrahmen besser zu begreifen und zu erfüllen. „Auf der Grundlage allgemeiner Modelle lassen sich für spezifische Gegebenheiten des Unternehmens Konzepte entwickeln, die dem Management bei der Führung zur Orientierung dienen“ (Bleicher 2004). Führungskonzepte in Form von Ordnungsrahmen enthalten somit per se keine konkreten Handlungsanweisungen, sondern stellen einen Rahmen für die Aktivitäten des Managements dar. Daher müssen diese Ordnungsrahmen vor ihrer Anwendung mit Inhalten gefüllt werden. Ein bekanntes und weit verbreitetes Konzept im Management ist das St. Galler Konzept Integriertes Management (s. Abb. 11).

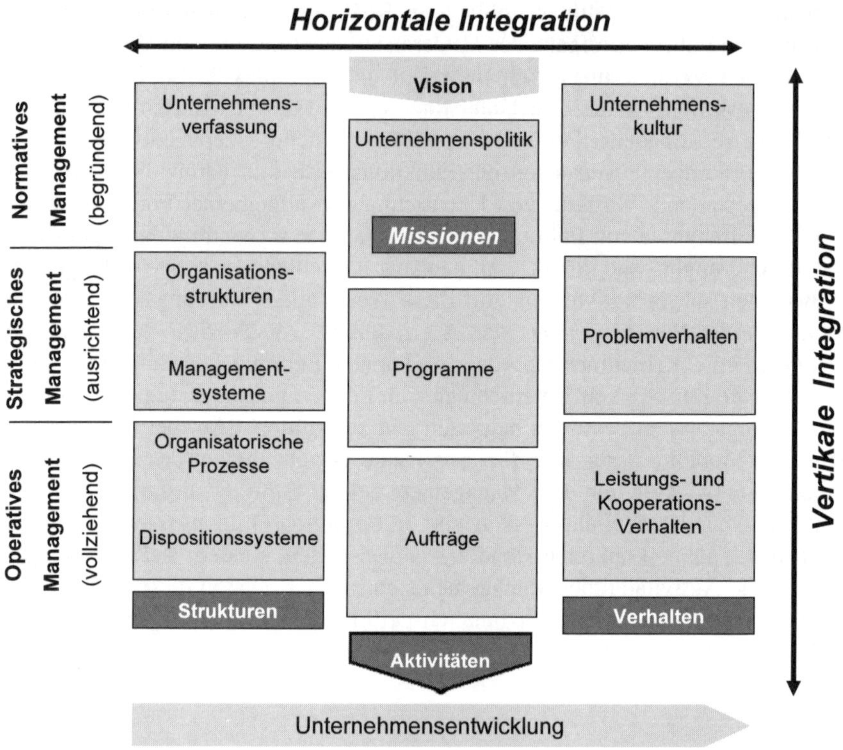

Abb. 11. Zusammenhang von normativem, strategischem und operativem Management im St. Galler Konzept Integriertes Management (Bleicher 2004, S. 88)

Das St. Galler Management-Konzept wurde 1972 von Ulrich und Krieg veröffentlicht und trägt als „Leerstellengerüst für Sinnvolles" dazu bei, die komplexe Einbettung eines Unternehmens in die vielschichtige Umwelt zu verstehen (Ulrich u. Krieg 1974). Mit der Schaffung eines derartigen Bezugsrahmens soll eine *ganzheitliche Denk- und Handlungsweise*, der Umgang mit der Herausforderung „Komplexität" und eine Integration der normativen, strategischen und operativen Managementebene gefördert werden. Bleicher baute in den nachfolgenden Jahren das St. Galler Management Konzept zum „Konzept Integriertes Management" aus (Bleicher 2004). Das Konzept Integriertes Management stellt einen allgemeinen Bezugsrahmen dar, welcher weder an eine spezifische Ausrichtung noch an ein konkretes Ziel gebunden ist.

Das „Konzept Integriertes Management" vereint betriebswirtschaftliche Führungs- und Durchführungsaufgaben mit einem kontext- und situationsbezogenen Problemverständnis sowie möglichen Lösungswegen. Das Management-Konzept gliedert sich horizontal in ein *normatives, strategisches und operatives Management* und vertikal in *Strukturen, Aktivitäten und Verhalten* (s. Abb. 11). Aktivitäten führen zu den Marktleistungen des Unternehmens und werden zum einen unterstützt durch die Strukturen und zum anderen geprägt durch das Verhalten von Führungskräften und Mitarbeitern. Eine zeitliche Dimension erhält das Modell durch die parallel stattfindende Unternehmensentwicklung. Diese umfasst die Veränderung der relativ zum Wettbewerb und zur Umwelt ermittelten Potenziale über die Zeit, wie z. B. Technologie-, Markt- oder Humanpotenziale. Somit ist eine integrierte Modernisierung immer auch Bestandteil der Unternehmensentwicklung.

Nach Greiner gliedert sich die *Unternehmensentwicklung* in fünf Lebenszyklusphasen (Evolution), die sich nach Größe und Alter (Zustandsgrößen) des Unternehmens unterscheiden (s. Abb. 12) (Greiner 1972). Die Phasenübergänge werden durch Krisen bzw. Managementprobleme ausgelöst und stellen damit eine revolutionäre Entwicklung dar. Den einzelnen Phasen wiederum sind spezifische Managementkonzepte zugeordnet.

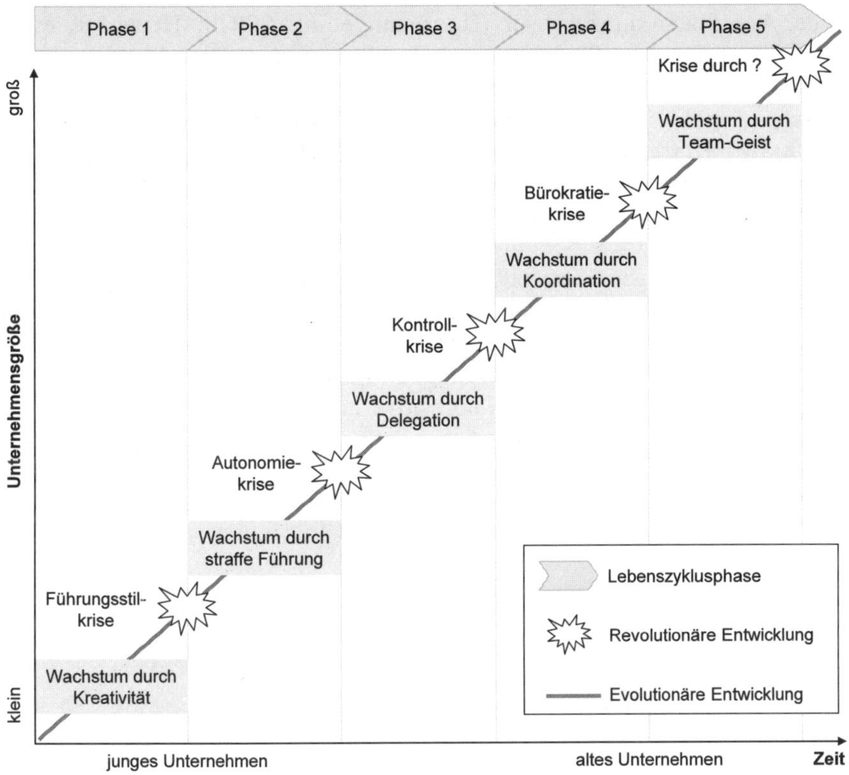

Abb. 12. Entwicklungsphasen eines Unternehmens nach Greiner (Greiner 1972)

Die horizontalen und vertikalen Schnittstellen im St. Galler Konzept zum Integrierten Management stellen zentrale betriebswirtschaftliche Elemente dar, welche miteinander in Wechselbeziehungen stehen (s. Abb. 11). So kann z. B.

die Unternehmenspolitik nicht unabhängig von der Unternehmenskultur betrachtet werden, ebenso wenig, wie die strategischen Programme von den operativen Aufträgen abgekoppelt werden dürfen.

Aufbauend auf dem St. Galler Konzept Integriertes Management stellt das Braunschweiger Konzept zum *Ganzheitlichen Life Cycle Management* die Perspektive des Produktlebenszyklus und einer nachhaltigen Entwicklung in den Mittelpunkt. Damit erfolgt eine konsequente Ausrichtung und Strukturierung des Managements anhand von Produktlebensphasen. Das Konzept trägt somit den zunehmenden ökonomischen und ökologischen Herausforderungen Rechnung, die sich aus der Verkürzung und Vernetzung von Produktlebensphasen und komplexen Zusammenhängen von sozialen, politischen, ökonomischen, technischen und ökologischen Aspekten ergeben. Das Braunschweiger Konzept zum Ganzheitlichen Life Cyle Management stellt die nachhaltige Entwicklung in den Mittelpunkt des unternehmerischen Denkens, um den gesellschaftlichen, ökonomischen und technologischen Wandel zu erfassen und in zukunftsweisende Aktivitäten umzusetzen (Herrmann et al. 2007b; Herrmann et al. 2008b). Insbesondere für Ingenieure als Manager und Gestalter technischer und sozio-technischer Systeme gilt es, das zunehmende Verständnis für ökologische Aspekte und lebensphasenübergreifende Zusammenhänge, die Internationalisierung der Markt- und Wettbewerbsbedingungen, die Entwicklung zur Informationsgesellschaft sowie einen Wandel der Werte bei Mitarbeitern, Kunden und anderen Anspruchsgruppen zu verarbeiten (Bleicher 2004).

Im Braunschweiger Konzept zum Ganzheitlichen Life Cycle Management symbolisieren zentrische Ringe das normative, strategische und operative Management (s. Abb. 13). Das Zentrum bilden die Phasen des Produktlebenswegs – von der Produktidee bis zur Entsorgung. Ausgehend vom Leitbild einer „Nachhaltigen Entwicklung“ bilden das normative und strategische Management die Basis für das situative Führungsgeschehen des operativen Managements.

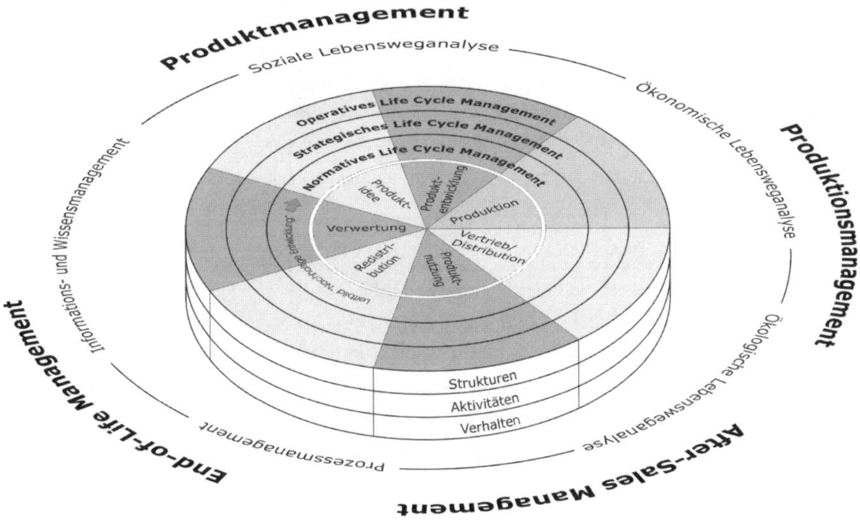

Abb. 13. Braunschweiger Managementkonzept zum Ganzheitlichen Life Cycle Management (Herrmann et al. 2007b)

Das operative Life Cycle Management zielt – in Anlehnung an die von Ulrich aufgestellten Funktionen des Managements – auf die Lenkung der operativen Umsetzung, die verändernde Gestaltung der Umsetzung durch strategiegeleitete Projekte, und, im Sinne der Entwicklung, auf die laufende Verbesserung von konzipierenden und vollziehenden Prozessen (Bleicher 2004). Zu den Aktivitäten zählen insbesondere die Produktentwicklung, Produktion und Markteinführung, die Auftragsgenerierung und -abwicklung sowie die Logistik und Distribution bzw. Redistribution.

Zusätzlich zur Betrachtung dieser Managementebenen können diese, neben einer Unterteilung in die Produktlebensphasen, auch differenziert werden in: Strukturen, Verhalten und Aktivitäten. Diese drei Elemente durchziehen das normative, strategische und operative Management. Die Summe der Aktivitäten eines Unternehmens oder mehrer Unternehmen (Wertschöpfungsketten, Wertschöpfungsnetzwerke) über alle Produktlebensphasen führt zur Markt- oder besser zur „Lebenswegleistung“ (Herrmann 2006). Die einzelnen Aktivitäten werden zum einen unterstützt durch die Strukturen und zum anderen geprägt durch das Verhalten der Akteure (Führungskräfte, Mitarbeiter usw.).

Die vielfältigen Schnittstellen zwischen normativem, strategischem und operativem Management sowie den Produktlebensphasen verdeutlichen die Notwendigkeit für ein phasenübergreifendes, vernetztes Denken und Handeln (Bogaschewsky u. Rollberg 1998; Herrmann et al. 2007b). Die Konkretisierung inhaltlicher Aspekte erfolgt innerhalb der Elemente (Strukturen, Aktivitäten und Verhalten) über die Managementebenen hinweg (s. Tabelle 8). Wie auch beim Ursprungskonzept kommen dem normativen und strategischen Management insbesondere eine Gestaltungsfunktion im Hinblick auf die Organisations- und Unternehmensentwicklung (Change Management) zu.

Tabelle 8. Ebenen des Managements, in Anlehnung an (Herrmann 2006)

Ebenen	Rolle der Unternehmensführung im Life Cycle Management
Normative Ebene	Feststellung genereller und grundlegender Ziele der Unternehmensführung, Prinzipien, Normen, Spielregeln zur Sicherstellung der Lebens- und Entwicklungsfähigkeit des Unternehmens. Integration des Leitbildes einer Nachhaltigen Entwicklung in das allgemeine Wertesystem einer Unternehmung. Implementierung nachhaltigkeitsorientierter Zielstellungen in die Unternehmensphilosophie, -grundsätze oder -leitbilder.
Strategische Ebene	Entwicklung strategischer Richtlinien zur Ausnutzung von Erfolgspotenzialen entlang des Produktlebensweges. Darstellung von Chancen, Risiken, Maßnahmen und Zielen für alle Produktlebensphasen. Aufbau, Pflege und effektive Nutzung von marktbezogenen Erfolgspotenzialen.
Operative Ebene	Umsetzung der normativen und strategischen Vorgaben im operativen Vollzug der aufgestellten Planvorgaben. Integration eines lebensphasenübergreifenden Denkens in alle Aufgabenbereiche des Unternehmens. Einbeziehung sämtlicher Führungstätigkeiten operativer Planung, Steuerung und Kontrolle.

Wie auch beim Konzept des integrierten Managements ist bei der Differenzierung zwischen normativen, strategischen und operativen Aufgaben zu beachten, dass es sich hierbei nicht um eine institutionelle Trennung oder hierarchische Zuweisung handelt (Herrmann 2006). „Eine Führungskraft kann institutionell in der Organisation normative und strategische Funktionen wahrnehmen und zugleich um deren operative Durchsetzung bemüht sein.“ (Bleicher 2004).

Ausführungskonzepte

Ausführungskonzepte fokussieren in der Regel einen Unternehmens- oder Funktionsbereich, z.B. die Produktion oder den Vertrieb, und stellen für diesen Bereich *aktuelle, erfolgreich erprobte Lösungen bzw. Lösungsbausteine für Sachprobleme* bereit. Mit Hilfe von Ausführungskonzepten sollen Unternehmen in die Lage versetzt werden, Lösungen zu implementieren, um brach liegende Potenziale ausschöpfen zu können. Damit bieten Ausführungskonzepte im Sinne von Handlungsanleitungen, Methoden und Instrumenten eine konkretere Unterstützung als Managementkonzepte. Beispiele für Ausführungskonzepte zur Modernisierung der Produktion sind z.B. „Just in Time“, „Kanban“, „Total Productive Maintenance“.

Auch wenn Ausführungskonzepte Lösungen darstellen die von vielen Unternehmen erfolgreich zur Modernisierung eingesetzt werden, darf kein Konzept als

Universallösung verstanden werden, die zu jedem Unternehmen passt. Jedes Konzept muss immer im Kontext der Anforderungen eines Unternehmens ausgewählt und angepasst werden. Eine wesentliche Herausforderung für die Führungsebene besteht daher in der *problemadäquaten Auswahl* „passender" Ausführungskonzepte und in der *Anpassung* dieser Konzepte (Gomez 1978; Dörler 1988). Die problemadäquate Auswahl und Anpassung von Ausführungskonzepten hängt dabei von einer Vielzahl unterschiedlicher unternehmensspezifischer Faktoren ab, wie z.B. Produkten, Prozessen, Führungsstilen, oder dem Qualifikationsgrad der Mitarbeiter. Ohne eine angemessene Anpassung von Ausführungskonzepten an die individuellen Unternehmensanforderungen kann der potenzielle Nutzen eines Ausführungskonzeptes in der Regel nicht oder nicht voll ausgeschöpft werden.

Von zentraler Bedeutung für die Auswahl und Anpassung ist dabei das Wissen um die *Wirkungen und Nutzenbeiträge* der verschiedenen Ausführungskonzepte. Erst auf Basis des Wissens um den potenziellen Nutzen von Konzepten kann eine Bewertung der Passfähigkeit für die spezifischen Anforderungen eines Unternehmens erfolgen. Damit bei der Einführung neuer Konzepte ungewollte negative *Neben- und Wechselwirkungen* vermieden werden können, ist darüber hinaus eine ganzheitliche Betrachtung der Wirkeffekte verschiedener Ausführungskonzepte erforderlich. Nach der Einführung neuer Ausführungskonzepte gilt es regelmäßig zu überprüfen, ob die ausgewählten Konzepte als Lösungen noch adäquat sind und zur Zielerreichung beitragen. Ausführungskonzepte zur Modernisierung bestimmter Unternehmensbereiche unterliegen darüber hinaus dem Prozess der Alterung. Dieser Effekt wird durch die Veränderungen der Anforderungen an das Unternehmen verursacht und durch die zunehmende Dynamik noch verstärkt. In immer kürzeren zeitlichen Abständen müssen bestehende Lösungen angepasst oder durch neue Ausführungskonzepte ersetzt werden, um den neuen Anforderungen gerecht zu werden. In Folge dessen wurden und werden in immer kürzeren zeitlichen Abständen neue und in diesem Sinne „moderne Konzepte" entwickelt, die für eine Modernisierung eingesetzt werden können, so dass heute eine große Vielfalt unterschiedlichster Konzepte existiert. Im Anhang 1 sind ausgewählte Ausführungskonzepte für produzierende Unternehmen in kurzer Form dargestellt, die häufig im Rahmen der Modernisierung zur Anwendung kommen.

Um den Erfolg der Optimierungsanstrengungen zu gewährleisten, gingen – ausgehend von der Automobilindustrie – Unternehmen dazu über, *statt einzelner Konzepte eine systematische Einführung mehrerer ausgewählter und aufeinander abgestimmter Konzepte* vorzunehmen und hierdurch positive Wechselwirkungen zwischen Konzepten zu realisieren. Sinnvoll zusammen passende Konzepte wurden somit zu ganzheitlichen Konzepten zusammengefasst. So stellt das Konzept „*Ganzheitliches Produktionssystem*" eine Sammlung verschiedener Einzelkonzepte dar, die für eine ganzheitliche Gestaltung moderner Produktionssysteme gemeinsam angewendet werden können. Die Methoden, bei deren Auswahl sich viele Unternehmen am Toyota Produktionssystem orientierten (Hinrichsen 2002) werden dabei in einem unternehmensspezifischen Produktionssystem gebündelt. Abbildung 14 zeigt die Gestaltungsfelder des Toyota-Produktionssystems (TPS) in einer typischen Hausdarstellung. Das Fundament des TPS-Hauses bildet die Kostenreduzierung durch Vermeidung von Verschwendung. Darauf basierend wird mittels schneller Reaktion auf Fehler und flexible Mitarbeiter das Ziel einer flexiblen Produktion verfolgt. Weitere Gestaltungsfelder des TPS bilden die Säulen „Total Quality Control“, „Just-in-Time“ und „Jidoka/Autonomation“. Entsprechend der integrierten Darstellung dieser Handlungsfelder stimmt auch das Konzept „Ganzheitliches Produktionssystem“ verschiedene Methoden aufeinander ab, berücksichtigt sowohl humanzentrierte und organisatorische als auch technologische Aspekte, und richtet den Blick auf alle Bereiche des Produzierens (Spath 2003).

Ganzheitliche Produktionssysteme enthalten neben Methoden, die direkt den Ideen der Lean Production zuzuordnen sind, auch Elemente, die aus dem Taylorismus (z. B. die systematische, wissenschaftliche Optimierung von Verfahren und Objektivierung von Leistungsgrenzen) oder aus Konzepten innovativer Arbeitsformen (z. B. teilautonome Arbeitsgruppen, Dezentralisierung von Verantwortung) stammen (Spath et al. 2003). Aufgrund der Tatsache, dass diese Systeme in der betrieblichen Praxis unternehmensspezifisch konzipiert wurden, herrscht eine Vielzahl unterschiedlicher Definitionen und Begrifflichkeiten für die verschiedenen Elemente vor (Hinrichsen 2002), die bis heute den Vergleich Ganzheitlicher Produktionssysteme erschwert.

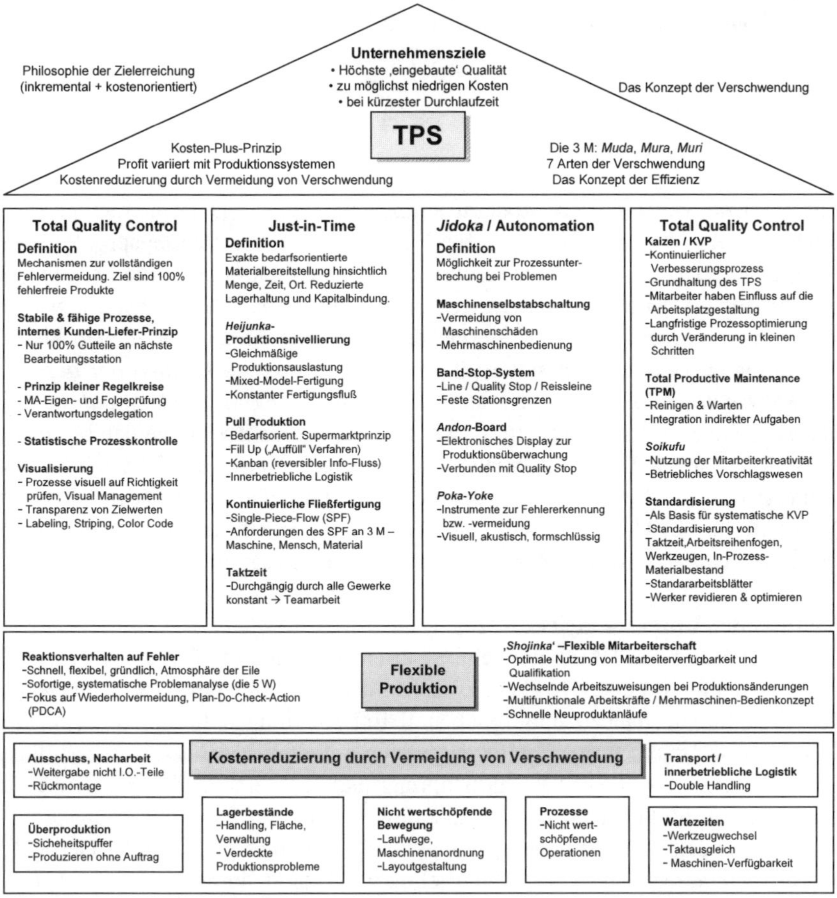

Abb. 14. Gestaltungsfelder des Toyota-Produktionssystems (Oeltjenbruns 2000, S. 66)

Führungs- und Ausführungskonzepte können Führungskräfte und Mitarbeiter bei der Modernisierung unterstützen. Dabei muss berücksichtigt werden, dass aufgrund der Unterschiede zwischen Unternehmen nicht alle Konzepte per se zu jedem Unternehmen passen und einen Beitrag zu erfolgreichen Modernisierung leisten können. Auch muss berücksichtigt werden, dass viele bestehende Konzepte von und in Großunternehmen entwickelt wurden. Die Unterschiede zwischen KMU und Großunternehmen erfordern somit auch die Berücksichtigung des Einflusses der charakteristischen Merkmale von KMU auf die Auswahl der Ausführungskonzepte. Das folgende Kapitel 3.3 greift die in Kapitel 2.1 dargestellten Merkmale und Eigenschaften kleiner und mittlerer Unternehmen auf und beschreibt den Einfluss ausgewählter Merkmale und Eigenschaften von KMU auf die Modernisierung.

3.3 Einfluss der Merkmale und Eigenschaften kleiner und mittlerer Unternehmen auf die Modernisierung

Lars Bergmann, Isabel Crespo

Für die Unterstützung von Modernisierungsprozessen stehen Unternehmen eine Vielzahl verschiedener Konzepte für Führungs- und Ausführungsprobleme zur Verfügung. Dabei muss berücksichtigt werden, dass kaum eines dieser Konzepte explizit für die Anwendung in KMU entwickelt wurde. Damit beurteilt werden kann, inwieweit bestehende Konzepte die integrierte Modernisierung in kleinen und mittleren Unternehmen unterstützen können, muss der *Einfluss der besonderen Merkmale und Eigenschaften kleiner und mittlerer Unternehmen auf den Modernisierungsprozess* berücksichtigt werden. Zu diesem Zweck werden die in Kapitel 2.1 dargestellten Merkmale und Eigenschaften von KMU vor dem Hintergrund der Modernisierung aufgegriffen und die zugehörigen Vor- und Nachteile für KMU herausgestellt. Aufgrund der Vielzahl der Merkmale werden in den folgenden Abschnitten ausgewählte Merkmale erörtert.

Einfluss der Unternehmensführung

Die Eigentümer von KMU übernehmen in vielen Fällen die Rolle des Geschäftsführers. Somit wird eine Trennung zwischen den Interessen des Unternehmens und des Eigentümers nahezu unmöglich und Entscheidungen für oder gegen neue Lösungen im Unternehmen signifikant durch die die privaten Interessen beeinflusst. Ohne Entscheidungen der Geschäftsführung und ohne eine aktive Initiierung und Lenkung von Maßnahmen der Veränderungen kann ein Modernisierungsprozess jedoch nicht erfolgen. Der Entscheidungs- und Handlungsspielraum der Geschäftsführung kleiner und mittlerer Unternehmen ist somit durch private und unternehmerische Ziele und Rahmenbedingungen bestimmt. Als Vorteil dieser Situation ergibt sich, dass die Geschäftsführung die Richtung von Veränderungen selber bestimmen und lenken kann, ohne die Interessen weiterer Eigentümer zu berücksichtigen. Gleichzeitig ist jedoch allein die Geschäftsführung für das Initiieren und Vorantreiben der Modernisierung verantwortlich. Übernimmt sie die Aufgabe nicht, findet eine zielorientierte Modernisierung nicht statt.

Eine zielorientierte Modernisierung, z.B. der Produktion, kann durch die in Kapitel 3.2 vorgestellten Konzepte unterstützt werden. Moderne Management- und Führungskonzepte sowie die Vielzahl unterschiedlicher spezifischer Konzepte sind den eher technisch orientiert ausgebildeten Eigentümern von KMU jedoch oftmals nicht bekannt oder werden nur in Ansätzen beherrscht und angewendet. Eine mangelnde Anwendung von Führungs- und insbesondere Kommunikationskonzepten erschwert die Integration der Mitarbeiter und kann damit die Entwicklung eines langfristigen Modernisierungsprozesses gefährden. Als direkte Folge dieser Situation erfolgt weder eine gezielte Mitarbeiterführung noch eine zukunftsorientierte Personalentwicklung. Die überwiegend technisch orientierte

Ausbildung der Eigentümer fördert jedoch auf der anderen Seite die rasche Umsetzung innovativer Produkt- und Prozessideen.

Die zumeist notwendige aktive Einbindung der geschäftsführenden Eigentümer in das operative Tagesgeschäft kann leicht zu einer kontinuierlichen Überlastung führen. Jeden Tag treten im Arbeitsalltag neue Probleme auf und es müssen Entscheidungen durch den Eigentümer getroffen werden, damit das operative Geschäft funktioniert. Als Folge dieser unmittelbaren Teilnahme steht dem Eigentümer keine oder zu wenig Zeit für die Planung, Gestaltung und Lenkung, d.h. für das Management der Modernisierung, zur Verfügung. Darüber hinaus besteht für den Eigentümer die Gefahr, keine ganzheitliche, sondern eine zu einseitige, bereichsbezogene (z.B. technologie- oder produktbezogene) Perspektive seines Unternehmens einzunehmen.

Tabelle 9. Vor- und Nachteile von Merkmalen der Unternehmensführung in KMU

Merkmale der Unternehmensführung	Vorteile im Kontext der Modernisierung	Nachteile im Kontext der Modernisierung
Eigentümergeführte Unternehmen	Der Geschäftsführer kann die Richtung von Veränderungen selber bestimmen, ohne die Interessen weiterer Eigentümer zu berücksichtigen.	Der Geschäftsführer „muss" sich um das Initiieren und Vorantreiben der Modernisierung allein kümmern. Oftmals fehlt ein Gesprächspartner zur Reflektion der eigenen Situation.
Mangelnde Unternehmensführungskenntnisse	-	Die systematische Gestaltung und Verfolgung von Modernisierungsprozessen wird durch unzureichenden Einsatz von Führungswerkzeugen erschwert.
Keine Anwendung von Führungsinstrumenten	-	Verlust des Überblicks bei Veränderungsmaßnahmen oder beim Wachsen des Unternehmens.
Technische orientierte Ausbildung der Eigentümer	Technisches Detailwissen ermöglicht eine schnelle und fundierte Bewertung und Umsetzung innovativer Produkt- und Prozessideen.	Die technische Orientierung kann eine ganzheitliche Perspektive bei der Modernisierung blockieren.
Unzureichendes Informationswesen zur Nutzung vorhandener Flexibilitätsvorteile	-	Ein Mangel an Informationen verhindert das schnelle Ausschöpfen von Verbesserungspotenzialen. Mitarbeiter fühlen sich häufig von Entscheidungen überrascht und sind nicht umfassend informiert.
Patriarchalische Führung mit geringer Abtretung von Verantwortung	Ein patriarchalischer Führungsstil kann eine schnelle Umsetzung von Veränderungen fördern.	Delegation und das Abtreten von Verantwortlichkeiten sind oftmals die Voraussetzung für die Einführung neuer Konzepte. Eine patriarchalische Führung kann die Integration von Mitarbeitern verhindern.

Merkmale der Unternehmensführung	Vorteile im Kontext der Modernisierung	Nachteile im Kontext der Modernisierung
Kaum Gruppenentscheidungen	Entscheidungen in Gruppen können sich über einen relativ langen Zeitraum ziehen, wenn ein Gruppenkonsens nicht schnell gefunden wird.	Die Akzeptanz von Veränderungen bei den Mitarbeitern wird durch von der Geschäftsführung bestimmten Lösungen stark beeinträchtigt.
Große Bedeutung von Improvisation und Intuition	Die Improvisation ist Quelle für neue Ideen und unkonventionelle Konzeptumsetzungen.	-
Mangelnde strategische Orientierung	-	Eine nicht formulierte Strategie macht die zielgerichtete Lenkung von Modernisierungsaktivitäten nahezu unmöglich und birgt die Gefahr einer ungewollten Fehlentwicklung. Mitarbeitern sind mittel- und langfristige Ziele unbekannt.
Durch Funktionsanhäufung überbelastete Geschäftsführung	-	Die für die Planung, Gestaltung und Lenkung notwendige Zeit der Geschäftsführung fehlt oftmals und verhindert somit die Entwicklung des Modernisierungsprozesses.
Unmittelbare Teilnahme am operativen Betriebsgeschehen	Erfahrungen und konkretes Wissen über die bestehenden Abläufe dienen als Grundlage für die Planung neuer Konzepte und Lösungen.	Die Einbindung in das operative Betriebsgeschehen kostet die Geschäftsführung Zeit und kann dazu führen, dass keine ganzheitliche Perspektive eingenommen wird.
Geringe Ausgleichsmöglichkeiten bei Fehlentscheidungen	-	Mut und Wille als Voraussetzung für Veränderungen erschwert das Eingehen von Risiken, die mit neuen Lösungen einhergehen.
Führungspotenzial nicht austauschbar	Der geschäftsführende Eigentümer kann eine starke normative Funktion ausüben.	Abhängigkeit von den Führungsfähigkeiten weniger Personen.

Einfluss der Organisation

Die zumeist übersichtliche und flache Organisation in KMU ermöglicht es dem Unternehmer, selbst oder mit Hilfe weniger Führungspersonen das Unternehmen sowie sämtliche Prozesse bis in alle Einzelheiten zu überschauen. Damit ist es möglich, Fehler schnell zu erkennen und direkt in ungewünschte Entwicklungen einzugreifen. Gleichzeitig besteht für den Eigentümer mit dem Wachstum seines Unternehmens die Gefahr, die schnell ansteigende Informationsflut nicht mehr verarbeiten zu können. Unterbleibt in diesem Moment die Delegation von Aufgaben und Verantwortung an Mitarbeiter und die Einführung eines Informationswesens, besteht die Möglichkeit, dass wichtige Informationen über Entwicklungen und Tendenzen einzelner Bereiche unerkannt bleiben.

Flache Hierarchien, die informelle Führung und Kommunikation und die nahezu familiären Beziehungen zwischen dem Eigentümer und den Mitarbeitern ermöglichen in KMU auf der einen Seite eine sehr geringe Bürokratie, die schnelle Umsetzung neuer Lösungen und eine schnelle Behebung von Problemen. Der geringe Formalisierungsgrad erschwert auf der anderen Seite jedoch leicht die Einführung neuer Standards und Instrumente. So kann die Dokumentation und Standardisierung von Geschäftsprozessen trotz damit erzielter Verbesserungen in der Ablauforganisation von Mitarbeitern aufgrund des ungewohnt hohen Formalisierungsgrades als nicht angemessen erachtet werden.

Durch die starken persönlichen Bindungen und ein persönliches direktes Weisungs- und Kontrollverhältnis entwickeln sich in KMU Vertrauen und damit die Bereitschaft für Veränderungen. Die hohe Flexibilität von KMU spiegelt diesen Sachverhalt wider. Gleichzeitig können die starken persönlichen Bindungen im Kontext der integrierten Modernisierung aber die zielorientierte Lenkung von Mitarbeitern und die kritische Diskussion und Auseinandersetzung um neue Lösungen erschweren oder sogar verhindern.

Tabelle 10. Vor- und Nachteile von Merkmalen der Organisation in KMU

Merkmale der Organisation	Vorteile im Kontext der Modernisierung	Nachteile im Kontext der Modernisierung
Auf den Unternehmer ausgerichtetes Einliniensystem, von ihm selbst oder mit Hilfe weniger Führungspersonen bis in die Einzelheiten überschaubar	Flache Hierarchien, kurze Informationswege mit offenen Kommunikationsstrukturen ermöglichen eine schnelle Problemlösung und die schnelle und unkomplizierte Realisierung neuer Lösungen.	Die zunehmende Informationsflut kann nicht durch eine Person verarbeitet werden. Selbstverantwortliches, teilautonomes Handeln der Mitarbeiter kann nicht ausreichend genutzt werden.
Funktionshäufung	Durch Funktionshäufung und die damit verbundenen neuen Erfahrungen und Qualifikationen werden Mitarbeiter in die Lage versetzt, flexibel unterschiedliche Aufgaben durchzuführen.	Eine dauerhafte Funktionshäufung kann die Konzentration auf die Kernaufgaben behindern. Durch Aufgaben im Rahmen der Modernisierung (z.B. Workshops) kommen weitere Funktionen auf die Mitarbeiter zu.
Kaum Abteilungsbildung und kurze direkte Informationswege	Kurze Entscheidungswege ohne Abteilungsgrenzen begünstigen den schnellen Austausch von Informationen und neuen Lösungen.	Direkte, informelle Informationswege können die Umsetzung von Veränderungen durch die Abhängigkeit einzelner Schlüsselpersonen beeinträchtigen.
Starke persönliche Bindungen	Vertrauen als Resultat persönlicher Bindungen verbessert die Bereitschaft für Veränderungen und Eigenverantwortung.	Persönliche Bindungen erschweren die offene und vorurteilsfreie Diskussion über Veränderungen und neue Lösungen.

Merkmale der Organisation	Vorteile im Kontext der Modernisierung	Nachteile im Kontext der Modernisierung
Weisungen und Kontrolle im direkten personenbezogenen Kontakt	Kurze Kommunikationswege können eine schnelle und unkomplizierte Verständigung fördern.	Eine personenbezogene Kommunikation kann durch persönliche Bindungen oder Vorurteile notwendige Weisungen für Veränderungen und neue Lösungen beeinträchtigen.
Delegation in beschränktem Umfang	-	Durch eine unzureichende Delegation muss die Geschäftsführung eine Vielzahl verschiedener Aufgaben selber durchführen und dafür einen erheblichen Zeitanteil aufwenden.
Kaum Koordinationsprobleme bei hoher Flexibilität	Eine hohe Flexibilität macht eine schnelle Umsetzung und Anpassung von Veränderungen und Konzepten möglich.	-
Geringer Formalisierungsgrad	Ein geringer Formalisierungsgrad kann die Bereitschaft für Veränderungen aufgrund der geringeren Formalisierungsanforderungen steigern.	Ein Mangel an Formalisierung erschwert die Durchsetzung neuer Standards und Instrumente, da die geringe Formalisierung als Vorteil erachtet wird und nicht verändert werden soll.

Einfluss der Absatzsituation

Kleine und mittlere produzierende Unternehmen decken in vielen Fällen eine klein dimensionierte und/oder stark individualisierte Nachfrage in einem räumlich und/oder sachlich schmalen Marktsegment. Damit besteht auf der einen Seite ein enger Kontakt zu Kunden und ermöglicht eine schnelle Reaktion auf Veränderungen. Auf der anderen Seite werden Marktchancen in anderen nationalen Regionen oder auf ausländischen Märkten mit dieser lokalen bis regionalen Orientierung nicht erkannt und erschlossen.

Forschungs- und Entwicklungsaktivitäten in KMU sind - sofern sie überhaupt bestehen - vornehmlich kurzfristig-intuitiv ausgerichtet und werden nicht in eigenen Forschungsabteilungen, sondern fallbezogen von Mitarbeitern bearbeitet. Diese Eigenschaft von KMU ermöglicht es zumeist, dass in kurzer Zeit und hochflexibel neue Prozesse und Produkte entwickelt werden können, die eine rasche wirtschaftliche Nutzung neuer Ideen erlauben. Zum anderen verhindert die kurzfristige Ausrichtung die systematische Verfolgung langfristig wichtiger Prozesse und Produkte bzw. Dienstleistungen.

Tabelle 11. Vor- und Nachteile von Merkmalen der Absatzsituation in KMU

Merkmale der Absatzsituation	Vorteile im Kontext der Modernisierung	Nachteile im Kontext der Modernisierung
Deckung klein dimensionierter individualisierter Nachfrage in einem räumlich und/ oder sachlich schmalen Marktsegment	Eine ausgeprägte Kundennähe erlaubt oftmals eine schnellere Reaktion auf Marktveränderungen als Großunternehmen.	Durch einen geringen überregionalen Bekanntheitsgrad und Marktzugang können Marktsegmente nicht erschlossen werden.
Wettbewerbsstellung sehr uneinheitlich	Neue Marktnischen können flexibel erschlossen werden.	Eine starke Marktposition kann für eine Neupositionierung in neuen Märkten nicht genutzt werden.
Keine dauernde institutionalisierte Forschungs- und Entwicklungsabteilung	-	Es können keine systematischen Ergebnisse aus eigenen Forschungs- und Entwicklungsprojekten gewonnen werden.
Kurzfristig-intuitiv ausgerichtete Forschung und Entwicklung	Für neue Herausforderungen und bei Problemen können Lösungen schnell entwickelt werden.	Ein kurzfristig ausgerichtete Forschung und Entwicklung unterstützt nicht den Aufbau strategischer Erfolgspotenziale.
Fast ausschließlich bedarfsorientierte Produkt- und Verfahrensentwicklung, kaum Grundlagenforschung	-	Der Mangel an Forschung erschwert die Entwicklung grundsätzlich neuer Lösungen und steigert die Abhängigkeit zu anderen Forschungseinrichtungen.
Relativ kurzer Zeitraum zwischen Erfindungen und wirtschaftlicher Nutzung	Eine rasche Umsetzung neuer Produkte und Prozesse fördert die schnelle Refinanzierung von Investitionen für Modernisierungsanstrengungen.	-

Einfluss der Finanzierung

Finanzielle Engpässe und hohe Hindernisse bei der Beschaffung neuer finanzieller Mittel können bei schlechten Ertragssituationen einen Investitionsrückstau und damit eine Beeinträchtigung von Modernisierungsprozessen zur Folge haben. Befindet sich das KMU im Familienbesitz, so können die Finanzierungsprobleme des Unternehmens schnell zur Existenzbedrohung für den Eigentümer und damit auch für die Familie werden. Da KMU in der Regel keinen oder nur einen sehr eingeschränkten Zugang zum anonymen Kapitalmarkt haben, stehen für investitionsintensive Veränderungsmaßnahmen im Rahmen der Modernisierung keine Mittel zur Verfügung. Wichtige Maßnahmen werden so regelmäßig verschoben und die Wettbewerbsfähigkeit geschmälert.

Tritt in der Folge von unternehmerischen Krisen oder von Fehlentscheidungen ein Liquiditätsengpass auf, erhalten KMU in der Regel keine staatlichen Unterstützungen. Zur Vermeidung dieser Situation treffen Eigentümer kleiner und mittlerer Unternehmen Entscheidungen mit großer finanzieller Tragweite oftmals ausschließlich unter dem Aspekt der Risikominimierung. Wichtige Entscheidungen für Veränderungen zur Modernisierung können unter dem Einfluss der Risikominimierung leicht in Mitleidenschaft gezogen und in der Folge wieder und wieder verschoben werden oder gar ganz ausbleiben.

Tabelle 12. Vor- und Nachteile von Merkmalen der Finanzierung in KMU

Merkmale der Finanzierung	Vorteile im Kontext der Modernisierung	Nachteile im Kontext der Modernisierung
Im Familienbesitz	Mitglieder der Familie können in schwierigen Zeiten das Unternehmen unterstützen.	Eine Trennung der Interessen von Familie und des Unternehmens ist bei Entscheidungen für Veränderungen im Unternehmen problematisch.
Kein Zugang zum anonymen Kapitalmarkt, daher begrenzte Finanzierungsmöglichkeiten	-	Begrenzte Finanzierungsmöglichkeiten; daher wird häufig aufgrund mangelnden Kapitals auf effizientere Methoden, Werkzeuge und Maschinen, verzichtet.
Keine unternehmensindividuelle, kaum allgemeine staatliche Unterstützung in Krisensituationen	-	Hohe Gefahr der Überschuldung oder Konkurs bei Fehlentscheidungen über Investitionen.

Einfluss der Personalsituation

Die Personalsituation in KMU ist durch eine geringe Anzahl von Beschäftigten und eine sehr geringe Anzahl an hoch qualifizierten Mitarbeitern gekennzeichnet. Eine geringe Spezialisierung und eher breites Fachwissen der Mitarbeiter ermöglicht dabei, dass Mitarbeiter flexibel an verschiedenen Arbeitsstationen eingesetzt werden können. Damit entstehen keine stupiden Arbeitsplätze mit monotonen Arbeitsinhalten, was sich in der Regel positiv auf die Arbeitnehmerzufriedenheit auswirkt. Kapazitäten können flexibel genutzt werden, ohne dass neue Mitarbeiter eingestellt werden müssen, da die vorhandenen Mitarbeiter unterschiedliche Tätigkeiten ausführen können.

Für die Umsetzung von Veränderungen bedeutet die geringe Anzahl an Beschäftigen, dass immer nur sehr wenige Mitarbeiter gleichzeitig für Nicht-Routinetätigkeiten freigestellt werden können, ohne den Betriebsablauf zu gefährden. Während in einem Großunternehmen Kleingruppen mit bis zu 10 Mitarbeitern im Team wöchentlich mehrere Stunden an einem Projekt zur Verbesserung von Prozessen (KVP) arbeiten können, stehen in einem KMU sehr viel weniger Mitarbeiterstunden zur Verfügung.

Auch die Rolle von Mitarbeitern mit einem hohen Qualifizierungsgrad in KMU muss im Rahmen von Veränderungen berücksichtigt werden. Kleine und mittlere Unternehmen haben in der Regel nur eine geringe Anzahl von Mitarbeitern mit

Hochschulabschluss bzw. hohem Qualifizierungsstand, die wichtige Funktionen des Unternehmens übernehmen. Vor diesem Hintergrund vermeidet die Geschäftsführung oftmals die Auseinandersetzung mit diesen wenigen Schlüsselpersonen, insbesondere wenn sich diese gegen notwendige Veränderungen sperren.

Tabelle 13. Vor- und Nachteile von Merkmalen der Personalsituation in KMU

Merkmale der Personalsituation	Vorteile im Kontext der Modernisierung	Nachteile im Kontext der Modernisierung
Geringe Anzahl von Beschäftigten und hoch qualifizierten Beschäftigten	Geringere Spezialisierung der Mitarbeiter, d. h. sie sind „Alleskönner" und müssen nur wenige „stupide" Arbeiten durchführen. Dies wirkt sich in der Regel positiv auf die Arbeitnehmerzufriedenheit aus.	Eine kritische Auseinandersetzung mit den wenigen hoch qualifizierten Mitarbeitern bleibt aus. Wenig verbleibende Zeit für Nicht-Routinetätigkeiten.
Häufig unbedeutender Anteil von ungelernten und angelernten Arbeitskräften	Die höhere Qualifikation von Fachkräften ermöglicht eine effizientere Umsetzung von Veränderungen.	-
Wenige Akademiker beschäftigt	Geringe Expertendichte, was u. a. dadurch zu Stande kommt, dass Absolventen und Nachwuchskräfte ihre Karriere eher bei renommierten und größeren Firmen beginnen.	Wissen über Managementkonzepte und Lösungen der Führungsproblemebene ist kaum verfügbar. Auseinandersetzungen werden vermieden.
Überwiegend breites Fachwissen vorhanden	Aus Arbeitgebersicht lassen sich die Mitarbeiter flexibler auf unterschiedliche Aufgaben „verteilen".	-
Vergleichsweise hohe Arbeitszufriedenheit	Zufriedene Mitarbeiter zeigen in der Regel eine hohe Bereitschaft an Veränderungen mitzuwirken.	Es besteht die Gefahr, dass sich allein die Tatsache von Veränderungen negativ auf die bestehende hohe Arbeitszufriedenheit auswirken.

Basierend auf den dargestellten positiven und negativen Auswirkungen der Merkmale von KMU auf die integrierte Modernisierung kann festgehalten werden, dass es neben einer Reihe von Vorteilen auch eine Vielzahl an Nachteilen gibt. Während die Vorteile von KMU für die integrierte Modernisierung gezielt genutzt werden können, gilt es den Nachteilen durch die Unterstützung eines KMU spezifischen Konzeptes entgegenzuwirken.

Insbesondere die sich aus den Merkmalen der Unternehmensführung ergebenden Nachteile wiegen im Kontext der Modernisierung schwer, da die Modernisierung eine zentrale Führungsaufgabe ist. Erst durch die systematische Anwendung von Führungskonzepten können Ausführungskonzepte operativ wirksam zum Einsatz kommen. Im Bereich des normativen und strategischen Managements in KMU besteht in der Regel ein Mangel an professionellen Aktivitäten, was zu einem Mangel an strategischen Vorgaben und Zielen führt. Als unmittelbare Folge ist die Unternehmensstrategie den Mitarbeitern nicht bekannt und Mitarbeiter wissen nicht eindeutig, wie sie am Arbeitsplatz agieren können, um ihr Unternehmen erfolgreich im Sinne der Unternehmensstrategie voranzubringen.

Die geringe Anzahl an Mitarbeitern, eine knappe Ausstattung mit Ressourcen und die nahezu vollständige Einbindung der Geschäftsführung in das operative Tagesgeschäft erschweren das Verfolgen einer integrierten Modernisierung auf der Sachproblemebene zusätzlich. Vor diesem Hintergrund kommt der durchgängigen Unterstützung von KMU bei der integrierten Modernisierung eine besondere Bedeutung zu. Durch ein ganzheitliches Konzept können kleine und mittlere Unternehmen dabei unterstützt werden, ungeachtet ihrer strukturbedingten Nachteile die integrierte Modernisierung als Prozess zu entwickeln.

3.4 Veränderungen aus Sicht der Mitarbeiter

Sabine Sonnentag, Anne Spychala

Die Mitarbeiter eines Unternehmens spielen bei Veränderungsprozessen eine zentrale Rolle. Veränderungen in einem Unternehmen lassen sich kaum erfolgreich umsetzen, wenn man dabei nicht die Mitarbeiter in den Mittelpunkt der Betrachtungen stellt. Zum einen sind Mitarbeiter häufig von den Veränderungen unmittelbar betroffen. Beispielsweise können sich die Arbeitsaufgaben der Mitarbeiter verändern, sei es, dass bisherige Aufgaben wegfallen, sei es, dass neue, teilweise auch schwierigere Aufgaben hinzukommen, sei es, dass Arbeitsaufgaben nun auf andere Art und Weise erledigt werden sollen. Zum anderen wissen Mitarbeiter über die Prozesse an ihren Arbeitsplätzen, aber auch über Kundenwünsche oft sehr genau Bescheid und können damit häufig wertvolle Hinweise für die Gestaltung von Veränderungsprozessen geben. Somit ist es notwendig, die Sichtweisen der Mitarbeiter bei der Planung von Veränderungen frühzeitig mit zu berücksichtigen.

Die Haltung der Mitarbeiter gegenüber den Veränderungsprozessen ist ein entscheidender Faktor für den Erfolg der Veränderungen (Armenakis et al. 1993). Aber auch für die Mitarbeiter selbst verlaufen Veränderungen umso positiver, je positiver sie den Veränderungen selbst gegenüberstehen und sie akzeptieren (Wanberg u. Banas 2000). So wurde in einer Untersuchung beispielsweise deutlich, dass Mitarbeiter umso mehr hinter ihrem Unternehmen stehen und sich umso weniger in ihrem Befinden beeinträchtigt führen, je mehr sie davon überzeugt sind, die Veränderungen meistern und die Veränderungsprozesse selbst beeinflussen zu können (Martin et al. 2005).

Allerdings laufen Veränderungen in Unternehmen gerade aus Mitarbeitersicht nicht immer problemlos. Vielmehr stellen Veränderungsprozesse deutliche Belastungen für Mitarbeiter dar. Mitarbeiter sind oft skeptisch, was den Erfolg von Veränderungen betrifft und begegnen ihnen teilweise auch mit Widerständen (Oreg 2006).

In diesem Kapitel werden Veränderungsprozesse aus Mitarbeitersicht genauer beschrieben. Im ersten Teil wird dargestellt, warum Veränderungen aus Mitarbeitersicht häufig problematisch und stressvoll sind. Im zweiten Teil wird genauer beschrieben, welche Widerstände gegenüber Veränderungen auftreten können. Im dritten Teil wird diskutiert, welche Faktoren dazu beitragen, dass Mitarbeiter Veränderungen positiv gegenüber stehen und ihnen nicht mit Widerstand begegnen. Dabei wird zwischen Merkmalen der Mitarbeiter, Merkmalen des Unternehmens und Merkmalen der Veränderung selbst unterschieden. Schließlich wird die Darstellung in kurzen Handlungsempfehlungen zusammengefasst.

Veränderungen als belastende und unsichere Situationen

Mitarbeiter reagieren oft negativ oder zumindest zurückhaltend auf Ankündigungen, Veränderungen im Unternehmen durchführen zu wollen. Veränderungsprozesse in Unternehmen werden meist als sehr stressvoll angesehen (Mack et al. 1998). Generell erleben Menschen Situationen als stressvoll, wenn sie sich bedroht fühlen oder befürchten, dass sie etwas verlieren könnten (Greif 1991a). Bei Bedrohung oder Verlust reagieren Menschen im Allgemeinen mit Stresssymptomen wie Reaktionen auf der körperlichen Ebene (z.B. Anstieg des Blutdrucks) oder im Bereich des Befindens (z.B. Gereiztheit, Angst, Ärger). Nehmen Menschen eine vergleichbare Situation als Herausforderung war, d.h. als Chance, die ihnen die Möglichkeit bietet, sich zu beweisen oder Neues dazuzulernen, sind die Reaktionen deutlich positiver und die Stresssymptome sind weniger stark ausgeprägt.

Dass Menschen Veränderungen in Betrieben häufig als stressvoll erleben, liegt zu einem großen Teil daran, dass Veränderungen fast immer mit Unsicherheiten verbunden sind (Rafferty u. Griffin 2006). So befürchten Mitarbeiter häufig, dass Veränderungen mit Rationalisierungen und einem Abbau von Arbeitsplätzen verbunden sein könnten (Probst 2003). Aber auch wenn dies nicht intendiert ist und auch den Mitarbeitern glaubhaft vermittelt werden kann, bestehen of weitere Probleme (Sverke u. Hellgren 2002). Diese können weitere Unsicherheiten oder Fragen betreffen wie: Wie werden meine Arbeitsaufgaben in Zukunft aussehen? Mit welchen Kollegen werde ich zusammenarbeiten? Werde ich den neuen Anforderungen gewachsen sein? Werde ich auch langfristig noch im Unternehmen gebraucht? Probleme können aber auch daher rühren, dass der Sinn und das Ziel der Veränderungen nicht deutlich genug ist. Ein solches mangelndes Verständnis kann dann zu Widerständen gegen die Veränderung führen.

Widerstände gegen Veränderungen

Es ist keine Seltenheit, dass Mitarbeiter mit Widerständen auf die Ankündigung von Veränderungen reagieren (Bareil et al. 2007). Diese Widerstände können auf unterschiedliche Arten zum Ausdruck kommen (Oreg 2006; Piderit 2000). Man kann zwischen sogenannten kognitiven, affektiven und verhaltensbezogenen Widerständen unterscheiden. Kognitive Widerstände beziehen sich auf negative Gedanken bezüglich der Veränderung (zum Beispiel Gedanken wie „die Veränderung ist nicht sinnvoll“ oder „die Veränderung macht die Arbeit anstrengender“). Affektive Widerstände beziehen sich auf negative Gefühle im Hinblick auf die Veränderung. Es können Gefühle wie Angst, Stress oder auch Ärger sein. Verhaltensbezogene Widerstände schließlich kommen in offenem, kritischem Verhalten gegenüber den Veränderungen zum Ausdruck. Es umfasst Verhaltensweisen wie sich bei Kollegen zu beschweren, Proteste gegen die Veränderung oder Versuche, die Veränderung zu verhindern.

Im Folgenden wird beschrieben, wann diese Widerstände besonders stark ausgeprägt sein werden und wann die Mitarbeiter Veränderungen positiv gegenüber stehen und sie aktiv unterstützen.

Voraussetzungen für die Akzeptanz von Veränderungen

Die Beantwortung der Frage, ob Mitarbeiter an Veränderungen aktiv mitarbeiten und sie letztlich gut akzeptieren hängt von einer Reihe von Faktoren ab: erstens von Merkmalen der einzelnen Mitarbeiter selbst, zweitens von Merkmalen des Unternehmens und drittens von Merkmalen der Veränderung. Diese drei Gruppen von Merkmalen werden wir im Folgenden beschreiben.

Merkmale der einzelnen Mitarbeiter

Das Ausmaß, zu dem Mitarbeiter Veränderungen akzeptieren und sich ihnen verpflichtet fühlen, hängt stark davon ab, wie sehr die Mitarbeiter glauben, den Veränderungen gewachsen zu sein (Herold et al. 2007; Wanberg u. Banas 2000). Je mehr die Mitarbeiter darauf vertrauen, dass sie die Veränderungen und deren Folgen meistern werden, desto positiver stehen sie diesen Veränderungen gegenüber. Umgekehrt heißt das: wenn Mitarbeiter denken, dass die Veränderungen und deren Auswirkungen sie überfordern werden, dann lehnen sie diese Veränderungen häufig auch ab.

Darüber hinaus sind Mitarbeiter, die glauben, Dinge selbst beeinflussen zu können, Veränderungen gegenüber offener als Mitarbeiter, die meinen, dass nur andere den Lauf der Dinge bestimmen (Lau u. Woodman 1995; Wanberg u. Banas 2000). Auch Optimisten stehen Veränderungen positiv gegenüber. Personen, die Veränderungen gegenüber skeptisch sind, sind dadurch gekennzeichnet, dass sie eher Routinen bevorzugen, einmal gemachte Pläne ungern aufgeben und ihre Meinungen nur schwer ändern (Oreg 2003).

Aus der Perspektive der Organisation sind diese Merkmale von Mitarbeitern nur schwer zu beeinflussen. Geschäftsführer, die Veränderungen realisieren möchten, können aber versuchen, das Selbstvertrauen ihrer Mitarbeiter zu stärken, sodass diese den Veränderungen optimistischer begegnen. Vor allem dann, wenn

Mitarbeiter von ihrer Grundeinstellung her Veränderungen eher skeptisch gegenüberstehen und gerne an Bewährtem festhalten, ist es für die Geschäftsführer notwendig, zu argumentieren, warum die Veränderung positiv ist und warum sie ein Gewinn für das Unternehmen sein kann. Hier sollte es nicht darum gehen, nur die „Werbetrommel zu rühren“, sondern die Sachverhalte möglichst objektiv darzustellen und die Bedenken der Mitarbeiter ernst zu nehmen.

Anzumerken ist, dass jedoch nur ein relativ geringer Teil von Mitarbeitern üblicherweise gegen jede Art von Veränderung ist (Bareil et al. 2007). Die Mehrzahl der Mitarbeiter macht ihre Haltung gegenüber Veränderungen von der konkreten Veränderung und den damit verbundenen Rahmenbedingungen abhängig. Dies bedeutet, dass es hier deutliche Eingriffsmöglichkeiten für Geschäftsführer gibt.

Merkmale des Unternehmens

Auch Merkmale des Unternehmens und die Art und Weise, wie die Mitarbeiter ihr Unternehmen sehen, spielen eine große Rolle für die Akzeptanz von Veränderungen. So ist es zunächst wichtig, dass Mitarbeiter Vertrauen in die Unternehmensführung haben und davon überzeugt sein können, dass die Geschäftsführung das Beste für das Unternehmen und die Mitarbeiter erreichen will und kann. Führungsprozesse haben hier also eine sehr große Bedeutung (Oreg 2006). Unabdingbar ist, dass die Geschäftsführung selbst voll und ganz hinter dem Veränderungsprozess steht (Holt et al. 2007).

Konkret bedeutet dies, dass die Geschäftsführung kompetent und vertrauenswürdig ist und so auch von den Mitarbeitern wahrgenommen wird (Kavanagh u. Ashkenasy 2006). Da Veränderungsprozesse in der Regel nicht zum Alltagsgeschäft der Geschäftsführer von KMU gehören, müssen sich diese entsprechendes Wissen und Fertigkeiten oft auch erst selbst aneignen. Dies kann in Informationsveranstaltungen, Weiterbildungen oder unternehmensspezifischen Beratungsprozessen geschehen. Gerade bei komplexen Veränderungen kann es hilfreich sein, sich professionelle Berater, die die Prozesse in KMU kennen, zur Unterstützung heranzuziehen. Vertrauenswürdigkeit kann vor allem dadurch aufgebaut werden, dass verlässliche Zusagen gemacht werden und eventuelle Unsicherheiten und Probleme als solche benannt werden – ohne aber dadurch die Belastungen für die Mitarbeiter zu erhöhen.

Auch der konkrete Führungsstil der Geschäftsführung kann in Veränderungsprozessen eine wichtige Rolle spielen. So zeigt die Forschung, dass vor allem bei einer sogenannten transformationalen Führung die Mitarbeiter Veränderungsprozessen positiver und weniger zynisch gegenüberstehen (Bommer et al. 2005). Transformationale Führung heißt, dass eine Führungskraft eine positiv besetzte Vision hat und diese auch überzeugend an ihre Mitarbeiter vermitteln kann. Es wird für die Mitarbeiter deutlich, dass die Führungskraft selbst voll hinter der Vision steht und erwartet, sie auch realisieren zu können. Transformationale Führungskräfte motivieren ihre Mitarbeiter zu innovativem Denken und neuen Sichtweisen auf alte Probleme. Sie haben darüber hinaus eine Vorbildfunktion und verhalten sich nach hohen ethischen und moralischen Maßstäben. Dabei sind diese Führungskräfte aber nicht abgehoben, sondern versuchen, jeden Mitarbeiter individuell zu berücksichtigen (Felfe 2005). Für die Führung in Veränderungsprozessen bedeutet dies, dass Geschäftsführer vor allem eine Vision für den Betrieb entwickeln und ihren Mitarbeitern mit Begeisterung zu vermitteln wissen, wie die anvisierte Veränderung helfen kann, diese Vision zu verwirklichen. Gleichzeitig bringen sie die Mitarbeiter dazu, altes infrage zu stellen und kreative Lösungen für Probleme zu entwickeln.

Eine zentrale Rolle für die Haltung der Mitarbeiter gegenüber den Veränderungen spielt die Informationspolitik im Unternehmen (Wanberg u. Banas 2000). So zeigt die Forschung, dass dann, wenn klar und umfassend über die Veränderung informiert wird, die Mitarbeiter weniger Unsicherheit und infolge dessen weniger Stress erleben (Bordia et al. 2004). Wichtig scheint zu sein, dass nicht nur am Anfang und auf den „offiziellen Wegen" über die Veränderungsprozesse informiert wird, sondern dass die Verantwortlichen (also in KMU die Geschäftsführer selbst) kontinuierlich auch während der Veränderungen die Mitarbeiter über den Stand der Dinge auf dem Laufenden halten.

Schließlich spielt auch die Einstellung der Kollegen zur Veränderung eine große Rolle für die generelle Akzeptanz (Oreg 2006). Wenn zum Beispiel einflussreiche Gruppen oder Einzelpersonen im Betrieb die Veränderung ablehnen, ist es ungleich schwieriger, die anderen Mitarbeiter von den Chancen der Veränderung zu überzeugen als wenn einflussreiche Gruppen oder Personen hinter den Veränderungen stehen.

Merkmale der Veränderung

Neben Merkmalen der einzelnen Mitarbeiter und des Unternehmens als Ganzem spielen auch Merkmale der Veränderungen eine wichtige Rolle für die Akzeptanz von Veränderungen. So kann man annehmen, dass Veränderungen eher akzeptiert werden, wenn sie einfach zu verstehen sind, wenn sie im Prinzip leicht rückgängig zu machen oder zu ändern sind, und wenn sie von den Mitarbeitern als sinnvoll und notwendig beurteilt werden und wenn sie mit den zentralen Werten des Unternehmens übereinstimmen.

Untersuchungen haben gezeigt, dass die Unsicherheit und der Stress am größten sind, wenn die Veränderungen auch die sozialen Beziehungen am Arbeitsplatz betreffen, d.h., wenn sich beispielsweise die Zusammensetzung der Arbeitsgruppen ändert und in Zukunft mit neuen Kollegen oder Vorgesetzten zusammengearbeitet werden muss (Kohler et al. 2006). Die Forschung hat darüber hinaus gezeigt, dass sehr häufige und fortwährende Veränderungsprozesse und Veränderungen, die von den Mitarbeitern als recht planlos wahrgenommen werden, mit einer größeren Unsicherheit einhergehen als Veränderungen, die ein eher einmaliges Ereignis sind und von denen die Mitarbeiter den Eindruck bekommen, dass sie gut durchgeplant sind (Rafferty u. Griffin 2006).

Schlechte Chancen auf Akzeptanz haben auch Veränderungen, bei denen Mitarbeiter um ihren Arbeitsplatz bangen müssen. Eine der häufigsten Befürchtungen im Zusammenhang mit betrieblichen Veränderungen ist, dass diese Veränderungen mittel- oder langfristig eine Reduzierung der Arbeitsplätze nach sich ziehen wird. Mehrere Untersuchungen zeigen, dass die Widerstände gegen die Veränderungen umso größer sind, je mehr die Mitarbeiter fürchten, dass ihr Arbeitsplatz aufgrund der Veränderungen gefährdet ist (Oreg 2006; Probst 2003). Wenn die Mitarbeiter aber davon ausgehen, dass trotz – oder vor allem aufgrund – der Veränderungen ihre Arbeitsplätze gesichert werden können, dann werden sie den Veränderungen positiver gegenüberstehen. Neben der Angst, dass Veränderungen mit dem Verlust von Arbeitsplätzen einhergehen können, befürchten Mitarbeiter auch oft, dass sie durch die Veränderungen Macht oder Befugnisse einbüßen werden (Goltz u. Hietapelto 2002; Oreg 2006). Zielt eine Veränderung beispielsweise darauf ab, mehr Mitarbeiter in Entscheidungsprozesse einzubinden, so werden dies häufig die Mitarbeiter begrüßen, die bislang wenig an den Entscheidungsprozessen beteiligt waren. Mitarbeiter jedoch, die bereits vor der Veränderung stark an Entscheidungen beteiligt waren, rechnen möglicherweise – und oft auch vollkommen berechtigt – damit, dass sich nun ihr Einfluss vermindern wird. Schließlich bedeuten Veränderungen häufig auch, dass sich die Arbeitsaufgaben der Mitarbeiter verändern. Befürchten Mitarbeiter, dass ihre Aufgaben in Zukunft wenig interessant oder – in einem negativen Sinne – herausfordernd sein werden, dann werden sie den Veränderungen eher negativ gegenüberstehen (Oreg 2006).

Die Frage, wie Veränderungen akzeptiert werden, hängt nicht nur von den Erwartungen und Befürchtungen der Mitarbeiter als Gesamtgruppe ab. Es ist auch zu bedenken, dass konkrete Veränderungen in Betrieben nicht unbedingt für alle Mitarbeiter und Mitarbeitergruppen dieselben Folgen haben. So kann es sein, dass sich für einen großen Teil der Mitarbeiter die Einflussmöglichkeiten und die Qualität der Arbeitsaufgaben verbessern, dass aber andere Mitarbeiter Einflussmöglichkeiten einbüßen und dass sich die Qualität ihrer Arbeitsaufgaben (relativ) verschlechtert. Dies illustriert eine Untersuchung aus Großbritannien (Parker et al. 1997): bei einem Teil der Mitarbeiter führten die Veränderungen zu Verbesserungen in der Arbeitssituation, bei einem anderen – bislang eher privilegierten – Teil der Mitarbeiter gingen die Veränderungen mit einer Verschlechterung der Arbeitssituation einher.

Schlussfolgerungen

Veränderungen stellen aus Mitarbeitersicht häufig schwierige Situationen dar. Bedenken der Mitarbeiter mögen zum Teil irrational erscheinen, sie beruhen oft aber auch auf begründeten Befürchtungen. Somit ist es für Geschäftsführer von KMU, die Veränderungsprozesse anstoßen wollen, essentiell, die Bedenken ihrer Mitarbeiter ernst zu nehmen. Gleichermaßen ist es wichtig, diese Bedenken zu entkräften, wenn es die Sachlage rechtfertigt.

Sehr wichtig ist, dass die Geschäftsführung die Verbesserungen, die sich durch die Veränderungen ergeben sollen, deutlich macht. Dies bedeutet, dass den Mitarbeitern dargelegt werden sollte, welche Chancen die Veränderung beinhaltet. Sinnvoll kann es da sein, stärker die erwarteten positiven Seiten („was können wir gewinnen, wenn wir die Veränderung anpacken?“) als die Vermeidung möglicher negativer Folgen („was kann uns passieren, wenn wir die Veränderung nicht in Angriff nehmen?“) zu betonen.

Das „A und O“ einer erfolgreichen Veränderung ist eine frühzeitige, transparente und realistische Information der Mitarbeiter. Informieren sollte nicht einmalig geschehen, sondern fortlaufend den Prozess unterstützen.

Jedoch kann nicht jede Veränderung gleichermaßen erfolgreich umgesetzt werden. Veränderungen, die mit negativen Konsequenzen für die Mitarbeiter verbunden sind und zu stark in die gewachsenen sozialen Prozesse eingreifen, werden verständlicherweise von den Mitarbeitern oft abgelehnt. Somit ist bei der Planung der Veränderungen frühzeitig zu bedenken, welche Folgen die Veränderungen für die Mitarbeiter mit sich bringen und wie die geplanten Veränderungen konkret gestaltet sein müssen, sodass eventuelle negative Konsequenzen in Grenzen bleiben.

3.5 Anforderungen an ein Konzept zur Unterstützung der integrierten Modernisierung kleiner und mittlerer Unternehmen

Lars Bergmann, Isabel Crespo

Der Prozess der integrierten Modernisierung in KMU geht mit einer Vielzahl von Herausforderungen einher, die zum einen aus den Anforderungen der integrierten Modernisierung, zum anderen aber auch aus den Merkmalen kleiner und mittlerer Unternehmen, den Anforderungen der Mitarbeiter und der Gestaltung von Veränderungen an sich, resultieren. Im Folgenden werden basierend auf den Ausführungen in den Kapiteln 3.1 bis 3.4 die Anforderungen an ein Konzept zur Unterstützung der Modernisierung kleiner und mittlerer Unternehmen abgeleitet. Ziel des Konzeptes ist die Unterstützung von Eigentümern und Führungskräften kleiner und mittlerer Unternehmen bei Planung, Gestaltung und Lenkung der Modernisierung.

Für die Entwicklung eines durchgängigen Gesamtkonzeptes zur integrierten Modernisierung ist es zunächst erforderlich, eine verallgemeinerbare Vorstellung von der Funktionsweise kleiner und mittlerer Unternehmen zu schaffen. Dazu kann ein ganzheitliches *Unternehmensmodell als Grundlage eines Führungskonzepts* herangezogen werden, das es ermöglicht, KMU ganzheitlich abzubilden und Handlungsfelder zu strukturieren. Mit der modellbasierten Betrachtung von KMU können diese in verschiedene Bereiche untergliedert und das Zusammenwirken der Bereiche beschrieben werden. Somit wird die Grundlage für die Analyse, Beschreibung und Bewertung des Unternehmens geschaffen (s. Kap. 4.2).

Der Beitrag eines Unternehmensmodells zum Modernisierungsprozess besteht in folgenden Aspekten:

- Bereitstellung einer modellbasierten ganzheitlichen Perspektive auf das Unternehmen und seine Umwelt.

- Berücksichtigung und Integration der Gestaltungsdimensionen Aktivitäten, Strukturen und Verhalten.
- Berücksichtigung der Planung, Gestaltung und Lenkung von Veränderungen auf normativer, strategischer und operativer Managementebene.
- Berücksichtigung von Markt und Ressourcen.
- Berücksichtigung einer begrenzten Gestaltbarkeit sozialer Systeme.
- Berücksichtigung ökonomischer Kosten-Nutzen Überlegungen.

Zur Unterstützung von KMU bei der Suche und Bewertung von Handlungsfeldern bedarf es der *Bereitstellung eines Vorgehenskonzeptes und geeigneter Wissenselemente*, die Schritt für Schritt Hilfestellungen im Sinne einer Vorgehens- und Entscheidungsunterstützung leisten (s. Kap. 4.1). Vor dem Hintergrund einer großen Anzahl verschiedener spezifischer Konzepte zur Modernisierung stellen insbesondere die Unterstützung bei der Ermittlung relevanter Handlungsfelder und die Ableitung problemadäquater Gestaltungselemente (z.B. TPM, Gruppenarbeit, etc.) wichtige Anforderungen dar.

Der Beitrag des Vorgehenskonzeptes zum Modernisierungsprozess besteht in folgenden Aspekten:

- Bereitstellung eines Vorgehensschemas, das als konzeptioneller Rahmen für die Planung, Gestaltung und Lenkung von Veränderungen genutzt werden kann.
- Verwendung eines funktions- und bereichsunabhängigen Vorgehensschemas zur universellen Anwendung unabhängig von einem spezifischen Kontext eines Unternehmens.

Auf Basis eines Unternehmensmodells können nicht nur die Funktionsweise von Unternehmen, sondern auch die *Funktionsweisen und Wirkungen potenzieller neuer Konzepte* wie z.B. Teamarbeit oder eine Kanban-Steuerung *beschrieben* werden (s. Kap. 4.3). Aufgrund der großen Anzahl verschiedener Gestaltungselemente ist das Wissen um die Wirkung, aber auch um die Anforderungen der möglichen Gestaltungselemente von großer Bedeutung für die zielorientierte Auswahl adäquater Lösungen.

Der Beitrag der Beschreibung von Wirkungen von Gestaltungselementen zum Modernisierungsprozess besteht in folgenden Aspekten:

- Berücksichtigung des aktuellen Stands der Technik und von erfolgreich erprobten Lösungen aus der Praxis.
- Unterstützung bei der strategisch orientierten Ableitung und Auswahl von Gestaltungselementen und Handlungsempfehlungen.

Die Erkenntnisse über die strukturelle Funktionsweise kleiner und mittlerer Unternehmen und das Wissen um die Wirkungsweisen verschiedener Gestaltungselemente stellen eine wichtige Grundlage für die Beschreibung der Ist-Situation und geeigneter Lösungen dar. Jedoch erfordert die Auswahl neuer Gestaltungselemente darüber hinaus die Definition langfristiger Ziele. Vor diesem Hintergrund kommt der *Entwicklung und Kommunikation unternehmerischer Strategien* eine besondere Bedeutung zu (s. Kap. 4.4). Erst wenn strategische Unternehmensziele definiert sind, können bestehende Stärken und Schwächen im Unternehmen bewertet und neue Lösungen ausgewählt werden.

Der Beitrag der Strategieentwicklung zum Modernisierungsprozess besteht in folgenden Aspekten:

- Unterstützung bei der Analyse und Bewertung der Ist-Situation zur Identifikation potenzieller Handlungsfelder.
- Unterstützung bei der Entwicklung der Strategie und der Operationalisierung und Kommunikation strategischer Ziele.

Als Vorbereitung für die operative Umsetzung von Konzepten und Maßnahmen muss eine *Organisation und Planung* der Aufbau- und Ablauforganisation erfolgen. Während der Ablauf verschiedener Aktivitäten durch Ausführungskonzepte oftmals direkt unterstützt wird, muss die innerbetriebliche Organisation durch verantwortliche Führungskräfte geplant und gestaltet werden. Dabei gilt es im Sinne eines Projektmanagements allen erforderlichen Funktionen verantwortliche Mitarbeiter zuzuordnen und die Prozessschritte und -schnittstellen zu definieren (s. Kap. 4.5).

Der Beitrag der Organisation und Planung zum Modernisierungsprozess besteht in folgenden Aspekten:

- Qualifizierung und Bereitstellung von Konzept- und Methodenwissen als Grundlage für die Planung und Organisation von Konzepten.
- Unterstützung bei der Erfassung und Interpretation potenzieller Wechselwirkungen von Maßnahmen vor der Einführung.

Durch die Formulierung strategischer Ziele und die Auswahl geeigneter Lösungsbausteine ist damit eine wichtige Voraussetzung für die Umsetzung dieser Ziele geschaffen. Die *Bewertung der Zielerreichung und die Lenkung von Maßnahmen zur Umsetzung von Zielen* erfordert darüber hinaus eine ganzheitliche Bewertung in allen organisatorischen Bereichen. Damit kommt dem Management und insbesondere den Bewertungs- und Lenkungsprozessen im betrieblichen Alltag eine wichtige Bedeutung zu. Erst durch die zielgerichtete Bereitstellung von Informationen über wichtige Unternehmenskenngrößen und die Vereinbarung von Entscheidungsregeln kann ein Modernisierungsprozess langfristig aufrechterhalten werden (s. Kap. 4.6).

Der Beitrag der Bewertung und Lenkung zum Modernisierungsprozess besteht in folgenden Aspekten:

- Unterstützung bei der Messung und Bewertung von Maßnahmen zur integrierten Modernisierung im Hinblick auf die gesetzten Ziele.
- Anerkennung eingeschränkter Plan- und Machbarkeiten in KMU.
- Ablehnung linearer Ursache-Wirkungsbeziehungen aufgrund komplexer, verzögerter und zum Teil unbekannter Wirkzusammenhänge zwischen Maßnahmen und Zielgrößen.

Über die klassische Bewertung der Zielerreichung von Modernisierungsprozessen hinaus gilt es fortlaufend *Veränderungen aus Sicht der Mitarbeiter zu bewerten.* Während Veränderungen aus Sicht des Gesamtunternehmens oder der Geschäftsführung möglicherweise ein gewünschtes Ziel erreichen, können Nebeneffekte auftreten, die sich negativ auf die Arbeitssituation der Mitarbeiter auswirken. Da die Unterstützung und Motivation aller Mitarbeiter für den Modernisierungsprozess und die Umsetzung von Ausführungskonzepten von zentraler Bedeutung sind, müssen Veränderungen der Arbeitssituation in regelmäßigen zeitlichen Abständen aus Sicht der Mitarbeiter bewertet werden (s. Kap. 4.7)

Der Beitrag der Bewertung von Veränderungen aus Sicht der Mitarbeiter zum Modernisierungsprozess besteht in folgenden Aspekten:

- Bewertung von Veränderungen aus Sicht der Mitarbeiter.
- Bewertung von Veränderungen der Arbeitssituation mittels arbeitspsychologischer Kriterien.
- Bewertung der Auswirkungen von Veränderungen auf die Motivation und Arbeitsplatzsituation der Mitarbeiter.

Im Rahmen der Umsetzung von Maßnahmen zur Modernisierung werden neue Lösungsbausteine in KU eingeführt. Daran sind neben der Geschäftsführung in KU nahezu alle Mitarbeiter beteiligt. Für eine erfolgreiche Einführung und eine langfristige Aufrechterhaltung neuer Lösungen ist eine ausreichende *Qualifizierung der Mitarbeiter und Führungskräfte* eine wichtige Voraussetzung. Das Vorgehen zur Modernisierung beinhaltet daher ein Qualifizierungskonzept, dass auf der einen Seite Führungskräften neue Kommunikations- und Führungsinstrumente und auf der anderen Seite den Mitarbeitern neue Methoden- und Problemlösungskompetenzen zur Verfügung stellt (s. Kap. 4.8).

Der Beitrag der Qualifizierung zum Modernisierungsprozess besteht in folgenden Aspekten:

- Einbeziehung aller Unternehmensbereiche und aller Mitarbeiter in Veränderungen.
- Bedarfsorientierte Qualifizierung aller Mitarbeiter.

Die dargestellten Anforderungen an ein Konzept zur Modernisierung werden im folgenden Kapitel aufgegriffen und dienen als Ausgangspunkte der Entwicklung des ProfiL-Konzeptes zur Modernisierung. Abbildung 15 fasst noch einmal die verschiedenen Anforderungen und Lösungsbausteine des ProfiL-Konzeptes zur integrierten Modernisierung zusammen.

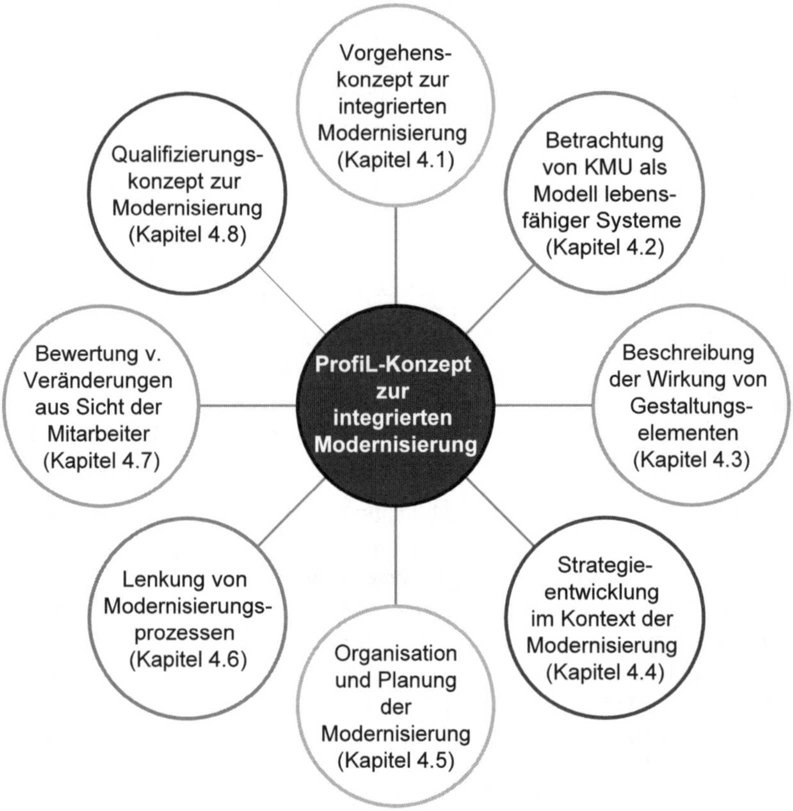

Abb. 15. Lösungsbausteine des ProfiL-Konzeptes zur integrierten Modernisierung

4 ProfiL-Konzept zur integrierten Modernisierung

Lars Bergmann, Isabel Crespo

Die Konkurrenzfähigkeit kleiner und mittlerer Unternehmen hängt von der Fähigkeit ab, Kundenanforderungen mit wettbewerbsfähiger Qualität zu wettbewerbsfähigen Kosten zu erfüllen. Die Veränderungsgeschwindigkeit der Kundenanforderungen sowie die dynamischen Veränderungen der Unternehmensumwelt führen zu der Notwendigkeit einer ständigen Anpassung des Unternehmens. Eine zielorientierte Gestaltung und Umsetzung der internen Veränderungen muss dabei Strategien, Einflussfaktoren, Produkte, Prozesse und Mitarbeiter gleichermaßen berücksichtigen und einbeziehen. Diese Aufgabe geht aufgrund der Vielzahl unterschiedlicher Faktoren und ihrer Wechselwirkungen mit einer hohen Komplexität einher. In der Praxis führt diese hohe Komplexität dazu, dass der Modernisierungsprozess von der Unternehmensleitung bzw. Geschäftsführung oft nicht bewusst gestaltet und gelenkt wird. Vielmehr werden aufgrund eines Bauchgefühls Maßnahmen ergriffen.

Schon die Planung von Veränderungen im Sinne einer Auswahl geeigneter sinnvoller Maßnahmen stellt eine große Anforderung an die Geschäftsführung kleiner und mittlerer Unternehmen dar. Die in Kapitel 2.1 dargestellten Merkmale von KMU erschweren darüber hinaus in vielfältiger Weise den Modernisierungsprozess. Damit KMU in die Lage versetzt werden, nicht nur einzelne Maßnahmen zur Verbesserung einzelner Schwachstellen durchzuführen, sondern eine ganzheitliche Modernisierung initiieren können, müssen die in Kapitel 3.5 dargestellten Anforderungen im Rahmen eines geschlossenen Konzeptes erfüllt werden. In einer zunehmend komplexer werdenden Situation stellen Entscheidungen der Geschäftsführung für Veränderungen des Unternehmens eine große Herausforderung dar.

Vor diesem Hintergrund ist das Ziel des ProfiL-Konzeptes zur integrierten Modernisierung die durchgängige systematische Entscheidungsunterstützung der handelnden Personen in KMU im Kontext von Veränderungen und Modernisierung. Eine systemorientierte Betrachtung von Unternehmen ist die wissenschaftliche Grundlage des ProfiL-Konzeptes und ermöglicht als solche eine ganzheitliche Analyse des Unternehmens und bildet die Basis für das Verständnis der Ist-Situation. Auf dieser Grundlage können Problemfelder auf allen organisatorischen Ebenen des Unternehmens beleuchtet sowie Zusammenhänge und Ursachen von Problemen zwischen verschiedenen Unternehmensbereichen und Unternehmensebenen erkannt werden. Diese Erkenntnisse über Zusammenhänge von Problemen und Ursachen stellen weiterhin die Grundlage für die Entwicklung, Gestaltung und Lenkung von Veränderungen dar. Durch die aktive Einbeziehung der normativen und strategischen Ebene können somit operative Veränderungsmaßnahmen zur Steigerung der Wettbewerbsfähigkeit auf der Basis von strategischen Zielsetzungen abgeleitet werden.

In den folgenden Kapiteln werden die in Kapitel 3.5 ermittelten Anforderungen an ein Konzept zur integrierten Modernisierung aufgegriffen und die wichtigsten wissenschaftlichen Grundlagen des ProfiL-Konzeptes dargestellt. Zunächst wird in Kapitel 4.1 das entwickelte Vorgehensmodell zur integrierten Modernisierung vorgestellt. Dieses Vorgehensmodell stellt Eigentümern und Führungskräften in KMU wichtige Handlungsschritte bereit, die im Rahmen der Modernisierung durchlaufen werden. In den weiterführenden Kapiteln 4.2 bis 4.8 werden anschließend die wissenschaftlichen und methodischen Grundlagen des Vorgehensmodells erläutert.

Der dem gesamten Konzept zugrunde liegende Ansatz zur Darstellung kleiner und mittlerer Unternehmen als lebensfähiges System ist Gegenstand des Kapitels 4.2. Auf Basis dieses Modells können die Strukturen und Prozesse von KMU verstanden und analysiert werden und es können Ansätze zur Verbesserung gefunden werden.

Nachdem Schwachstellen im Unternehmen erkannt sind, gilt es passende Lösungsbausteine wie z.B. Konzepte und Methoden zu ermitteln. Zu diesem Zweck ist es notwendig, dass die Wirkung verschiedener Bausteine bekannt ist. Für die Auswahl von Lösungsbausteinen ist neben der Kenntnis über deren Wirkungsweisen die Definition strategischer Ziele des Unternehmens notwendig. Das Kapitel 4.3 stellt einen Dekompositions-Ansatz vor, der die Abbildung der funktionalen Anforderungen und die Zuordnung von Lösungsbausteinen ermöglicht.

Zur Ausrichtung der Modernisierung gilt es weiterhin, Strategien zu entwickeln um den Willen zum Wandel in konkrete Pläne zu überführen. Auf Basis der Erkenntnisse über die Ist-Situation des Unternehmens und potenzielle Lösungsbausteine gilt es, konkrete Pläne und Maßnahmen zu entwickeln. Das Kapitel 4.4 stellt die Grundlagen des Strategieentwicklungsprozesses vor, der im Rahmen des ProfiL-Konzeptes genutzt wird.

Zur Umsetzung von Strategien ist es erforderlich, konkrete Maßnahmen zu planen und zu organisieren. Das Kapitel 4.5 stellt zu diesem Zweck die Konzepte zur Projektorganisation vor, die eine wichtige Umsetzungsgrundlage für den Modernisierungsprozess darstellen.

Nachdem neue Lösungsbausteine strategieorientiert ausgewählt wurden, muss die Geschäftsführung in die Lage versetzt werden, die durch neue Maßnahmen angestoßenen Veränderungen zu bewerten. Die Bewertung von Veränderungen muss dabei ganzheitlich, d.h. unter Berücksichtigung verschiedener Dimensionen erfolgen. Erst auf Basis der Bewertungserkenntnisse können gezielt Lenkungseingriffe vorgenommen werden. Das Kapitel 4.6 stellt die Grundlagen zur Bewertung und Lenkung von Veränderungen vor.

Eine ganzheitliche Bewertung erfordert insbesondere auch eine Bewertung von Veränderungen aus Sicht der Mitarbeiter. Im Sinne einer ganzheitlichen, integrierten Perspektive der Modernisierung gilt es auch soziale Veränderungen zu erfassen. Die Grundlagen dazu werden in Kapitel 4.7 dargestellt.

Das Vorgehensmodell des ProfiL Modernisierungskonzeptes macht die Anwendung einer Reihe von Konzepten und Methoden erforderlich. Dabei handelt es sich neben eher operativen Methoden zur Anwendung in der Produktion auch insbesondere um Führungs- und Kommunikationsinstrumente für die Geschäftsführung und andere Führungskräfte. Das Kapitel 4.8 erläutert das zu diesem Zweck entwickelte Qualifizierungsmodell.

4.1 Vorgehenskonzept zur integrierten Modernisierung

Lars Bergmann, Isabel Crespo

Die erfolgreiche Durchführung von Maßnahmen zur integrierten Modernisierung erfordert eine Reihe unterschiedlicher Aktivitäten, die aufeinander abgestimmt sein müssen. Zur Unterstützung von Eigentümern und Führungskräften in KMU wurde ein Vorgehenskonzept entwickelt, dass eine zyklische Sequenz von Handlungsschritten bereitstellt.

Das Vorgehenskonzeptbasiert auf einer Integration der Top-down und Bottom-up Vorgehensweise (s. Abb. 16). Durch eine aktive Einbindung und Qualifikation aller Mitarbeiter werden auf der Bottom-up Seite die Grundlagen und die erforderliche Methodenkompetenz für die Umsetzung von Veränderungen geschaffen. Damit der Modernisierungsprozess zielbezogen ausgerichtet werden kann, werden auf der Top-down Seite der Geschäftsführung Werkzeuge zur Positionsbestimmung, Strategieentwicklung und -umsetzung sowie moderne Führungs-, Kommunikations- und Steuerungsinstrumenten bereitgestellt.

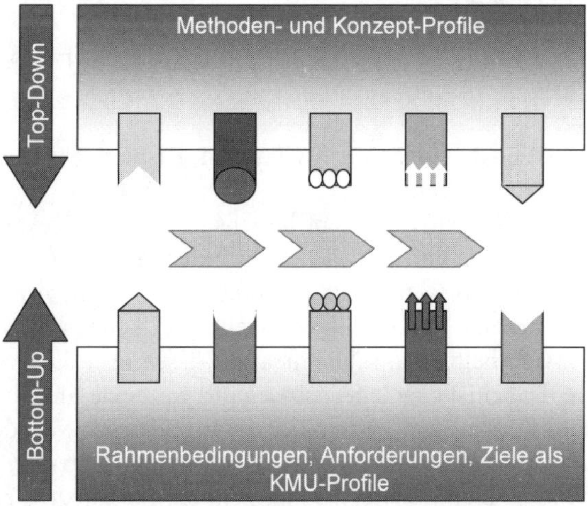

Abb. 16. Integration von Top-down und Bottom-up Vorgehensweise

Durch die Kombination der Bottom-up und Top-down Vorgehensweise werden die Erfahrungen, Probleme und (Teil-)Löungen aus der Praxis der KMU aufgegriffen und bestehende Schwachstellen identifiziert. Basierend auf den aus der Forschung bekannten Konzepten können für diese Schwachstellen geeignete Konzepte ausgewählt und auf ihre Passfähigkeit überprüft werden. Das zyklische Vorgehensmodell basiert auf dem systemischen Problemlösungszyklus (Ninck et al. 2004; Gomez et al. 1975) und strukturiert so das Vorgehen zur Modernisierung indem es einzelne Tätigkeiten in Form von Arbeitsschritten bereitstellt und diese miteinander verknüpft. Der systemische Vorgehenszyklus erlaubt den Umgang mit komplexen Herausforderungen wie der integrierten Modernisierung (Herrmann u. Bergmann 2007b). Das Vorgehensmodell unterstützt somit Führungskräfte dabei, verschiedene planerische und operative Aktivitäten aufeinander abzustimmen und dabei keine wichtigen Aspekte zu übersehen.

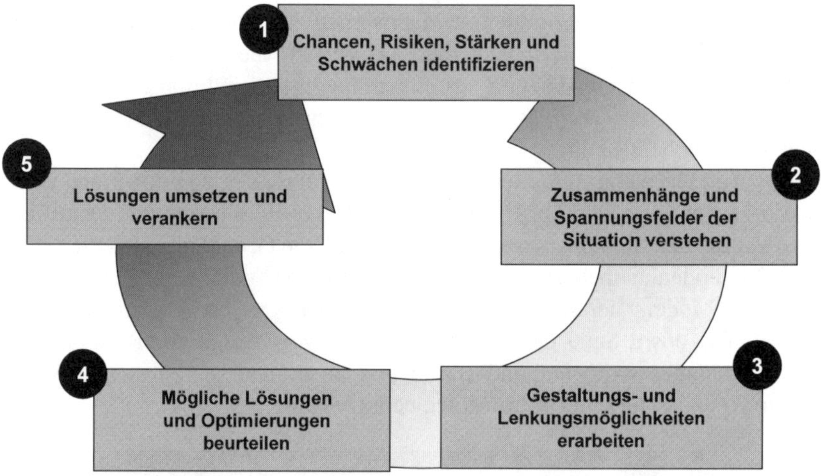

Abb. 17. Systemischer Problemlösungszyklus zur Lösung komplexer Probleme (Gomez et al. 1975; Ninck et al. 2004)

Schritt 1: Die Positionsbestimmung – Chancen, Risiken, Stärken und Schwächen der Situation entdecken

Der erste Schritt im Vorgehenskonzept besteht in dem Entdecken von Chancen und Risiken sowie Stärken und Schwächen der aktuellen Situation des KU. Durch das gezielte Sammeln von internen und externen Daten (z.B. Ausschussrate, Reklamationsquote, Umsatz, Kundenzufriedenheit, etc.) können diese anschließend zu Informationen verarbeitet und schließlich in Wissen über die aktuelle Situation überführt werden. Dabei ist eine lebensphasenübergreifende Sicht erforderlich, um Chancen, Risiken, Stärken und Schwächen in allen Phasen von der Produktidee über die Produktentwicklung, Produktion, Distribution, Nutzung, Redistribution bis zur Verwertung zu identifizieren. Damit geht ein Lernprozess einher, der zum Systemverständnis des Unternehmens beiträgt. Durch die gezielte Analyse der In- und Umwelt des Unternehmens können wichtige Anforderungen und Schlüsselfaktoren für Veränderungen abgeleitet werden. Für die folgenden Schritte im Vorgehensmodell wird das Wissen um die Chancen, Risiken, Stärken und Schwächen als wichtige Entscheidungsgrundlage herangezogen. Das damit geschaffene ganzheitliche Wissen um die Position des Unternehmens entspricht aus systemorientierter Perspektive einer ganzheitlichen Systembeschreibung und bildet damit den Handlungsrahmen der Modernisierung. Da es sich bei dem systemischen Vorgehensmodell um ein zyklisches Modell handelt, ist der erste Schritt wie auch alle folgenden Schritte regelmäßig neu zu durchlaufen. Nur damit kann sichergestellt werden, dass die Erkenntnisse über Chancen und Risiken sowie Stärken und Schwächen aktuell und gültig sind. Beispiele für Aktivitäten zur Positionsbestimmung im Projekt ProfiL sind:

- Screening und Strukturanalyse des Unternehmens bezüglich der Organisations- und Weisungsstrukturen, der Geschäfts- und Produktionsprozesse und der Produkte.
- Analyse der Qualifikationsgrade und der Mehrfachqualifikation der Mitarbeiter in allen Unternehmensbereichen.
- Durchführung einer Stärken-, Schwächen-, Chancen- und Risikoanalyse des (SWOT Analyse) des Unternehmens.

Schritt 2: Zusammenhänge und Spannungsfelder der Situation verstehen

Das Ziel des zweiten Schrittes besteht darin, Verständnis über bestehende Zusammenhänge und Spannungsfelder im Unternehmen zu erlangen. Basierend auf der vorhergehenden Positionsbestimmung werden durch verschiedene Methoden und Analysen die Ursache-Wirkungsgefüge zwischen Mitarbeitern, Maschinen und Prozessen im Unternehmen transparent gemacht. Die Analyse der Betriebsdaten, die Analyse der Geschäftsprozesse oder des Wettbewerbs sind bekannte Methoden, um Zusammenhänge zwischen verschiedenen Faktoren im Unternehmen zu erkennen. Die gewonnenen Erkenntnisse über Zusammenhänge sind von fundamentaler Bedeutung für die folgende Erarbeitung von Gestaltungs- und Lenkungsmöglichkeiten. Bleiben wichtige Zusammenhänge und Spannungsfelder unerkannt, so können die erarbeiteten Gestaltungsmöglichkeiten die gewünschte Veränderung leicht verfehlen. Das Erkennen von Zusammenhängen ist ein anspruchsvoller Schritt im Vorgehensmodell. Daher muss gerade der zweite Schritt im Rahmen des Vorgehensmodells mehrfach durchlaufen werden, um zu einem schlüssigen Bild der Zusammenhänge und Spannungsfelder zu gelangen. Beispiele für Aktivitäten zur Ermittlung von Zusammenhängen und Spannungsfeldern im Projekt ProfiL sind:

- Erfassung der bestehenden und kommunizierten Vision, Mission und Leitbilder des Unternehmens.
- Ermittlung der strategischen Ziele, Messgrößen und bereits initiierten Maßnahmen.
- Analyse der eingesetzten Führungs-, Informations- und Koordinationsinstrumente.
- Aufnahme, Modellierung und Analyse der bestehenden Geschäftsprozesse.

- Ableitung bestehender Problem- und Spannungsfelder im normativen, strategischen und operativen Bereich.

Schritt 3: Gestaltungs- und Lenkungsmöglichkeiten erarbeiten
Auf Basis der in den ersten zwei Schritten entwickelten Erkenntnis über die Situation des Unternehmens und die bestehenden Schwachstellen und Spannungsfelder können im dritten Schritt neue Gestaltungs- und Lenkungsmöglichkeiten ermittelt werden. Ziel dieses Schritts ist es herauszufinden, wo sinnvolle Ansatzpunkte für Veränderungen liegen, durch die ein Beitrag zur Modernisierung geleistet werden kann. Gleichzeitig müssen Möglichkeiten zur Bewertung und Lenkung von Veränderungen gefunden werden. Nur wenn die neuen Stoßrichtungen und Lösungsfelder durch geeignete Größen überwacht werden können, ist ein lenkender Eingriff bei unerwünschten Veränderungen möglich. Zum Zweck einer ganzheitlichen Bewertung von Veränderungen können ökonomische, ökologische und soziale Messgrößen herangezogen werden. Da verschiedene Veränderungen auch zu verschiedenen Zeitpunkten ihre Wirkung entfalten, müssen gleichermaßen mögliche Verzögerungen und Dynamiken bei der Entwicklung von Lenkungsmöglichkeiten berücksichtigt werden. So können Strategien für neue Lösungen erarbeitet werden, die zur Modernisierung des Unternehmens beitragen. Beispiele für ermittelte Gestaltungsmöglichkeiten im Projekt ProfiL sind:

- Stärkung der normativen und strategischen Ebene im Unternehmen durch Kommunikation von Vision, Mission, Leitbildern und strategischen Unternehmenszielen.
- Sicherstellung der fortlaufenden Entwicklung und Verbesserung der Unternehmensstrategien.
- Verbesserung der Führungs- und Kommunikations- und Koordinationsprozesse.
- Schaffung von Transparenz über alle betrieblichen Abläufe durch Visualisierung und Kommunikation von Geschäftsprozessen.
- Steigerung der Methodenqualifikation auf normativer, strategischer und operativer Ebene durch geeignete Workshops.

Schritt 4: Mögliche Lösungen und Optimierungen beurteilen
Bevor die gefundenen Gestaltungsmöglichkeiten in einem Unternehmen eingeführt werden können, müssen diese zu konkreten Lösungen weiterentwickelt werden. Darüber hinaus sind die konkreten Lösungen vor ihrer Umsetzung hinsichtlich gewünschter und möglicher unerwünschter Konsequenzen zu beurteilen. Zu diesem Zweck können verschiedene alternative Lösungen z.B. durch eine qualitative Beurteilung bewertet werden (z.B. zeitlicher und finanzieller Aufwand, erwarteter Nutzen, etc.). Durch den Vergleich von geplanten Lösungsbausteinen mit denen anderer ähnlicher Unternehmen im Sinne eines Benchmarks können die Passfähigkeit und die potenziellen Erfolge und Konsequenzen neuer Lösungen beurteilt werden. Für den Fall möglicher unerwünschter Nebeneffekte und Probleme müssen darüber hinaus Lenkungsregeln definiert werden, die im Falle des nicht Funktionierens die Art und Weise der Eingriffe regelt. Von besonderer Be-

deutung vor der Umsetzung der Lösungen ist darüber hinaus die Einbindung aller Mitarbeiter und weiterer Anspruchsgruppen. Beispiele für durchgeführte Aktivitäten im Projekt ProfiL sind:

- Durchführung einer internen und externen Analyse sowie Neuentwicklung der Unternehmensstrategie.
- Entwicklung und aktive Kommunikation von Vision, Mission und Leitbild des Unternehmens an die Mitarbeiter.
- Etablierung eines Strategieentwicklungsprozesses und Qualifizierung der Mitarbeiter für die notwendigen Schritte im Rahmen einer Workshopreihe zum Thema Strategie.
- Aufnahme der bestehenden Geschäftsprozesse und anschließende Modellierung und Optimierung zur Steigerung der Transparenz der betrieblichen Abläufe.
- Entwicklung und Umsetzung eines Qualifizierungskonzeptes zur Steigerung der Methodenqualifikation auf allen betrieblichen Ebenen.
- Einführung einer Balanced Scorecard als professionelles Führungs- und Kommunikationsinstrument.
- Intensivierung der Vernetzung und des Austausches mit anderen Unternehmen.

Schritt 5: Lösungen umsetzen und verankern

Der letzte Schritt im Vorgehensmodell besteht in der Umsetzung und Verankerung der entwickelten Lösungen. Im Rahmen dieses Schritts geht es darum zu klären wie die Lösungen zum Laufen gebracht und am Leben gehalten werden können und die dazu notwendigen Maßnahmen durchzuführen. Zu diesem Zweck müssen die Lösungen stufengerecht operationalisiert, d.h. konkretisiert werden, so dass alle Mitarbeiter die für sie relevanten Ziele verstehen. Durch eine schrittweise Konkretisierung können so auch größere Lösungen wie z.B. eine Balanced Scorecard entwickelt, umgesetzt und verankert werden. Auch die Entwicklung von Anreizen zur Förderung der Umsetzung und Verankerung ist Gegenstand dieser Phase. Gleichzeitig müssen der Fortschritt, aber auch kritische Veränderungen in den Prozessen und auch bei den Mitarbeitern beobachtet und bewertet werden. Dazu können klassische betriebswirtschaftliche Kennzahlen, aber auch arbeitspsychologische Analysen, z .B. in Form einer Mitarbeiterbefragung oder einer Arbeitsplatzanalyse durchgeführt werden, um Veränderungen der Motivation oder von Arbeitsplatzmerkmalen zu beobachten (vgl. Schritt 4). Darüber hinaus muss eine Weiterentwicklung der Lösung durch eine langfristige Planung und geeignete Lernaktivitäten, Beratung oder eine Prozessbegleitung unterstützt werden. Aktivitäten zur Verankerung und kontinuierlichen Verbesserungen repräsentieren den letzten Schritt im Vorgehensmodell. Gleichzeitig ist dieser letzte Schritt der Verankerung neuer Lösungen in der Praxis eine Herausforderung für Eigentümer und Geschäftsführer von KMU. Aufgrund der laufenden Gefahr der Erosion neuer Lösungen und der notwendigen langen Zeiträume und Aktivitäten zur Verankerung können Lösungen ungeachtet erster Erfolge scheitern. Beispiele für umgesetzte Aktivitäten im Projekt ProfiL sind:

- Umsetzung eines Strategieentwicklungsprozesses und Entwicklung und Kommunikation der Unternehmensstrategie.
- Umsetzung einer Balanced Scorecard als Kommunikations- und Führungsinstrument.
- Einführung eines Geschäftsprozessmanagements zur regelmäßigen Analyse und Optimierung von Prozessen durch prozessverantwortliche Mitarbeiter.
- Umsetzung eines umfassenden Qualifikationskonzeptes zur Steigerung der Methodenqualifikation.
- Analyse und Bewertung des Einflusses von Veränderungen auf die Mitarbeiter und die Arbeitsplatzsituation.
- Initiierung und Verstärkung der aktive Kooperation und Benchmarking mit Netzwerkpartnern.

Die fünf Schritte des dargestellten Vorgehenskonzeptes bilden den Rahmen für das Vorgehen und für die Entwicklung systemischer Lösungen. Für die inhaltliche Ausgestaltung der Modernisierung und die Bestimmung von Handlungsfeldern ist es notwendig, zunächst einen Bezugsrahmen für die Betrachtung von Unternehmen zu definieren. Im folgenden Kapitel wird zu diesem Zweck das Modell lebensfähiger Systeme dargestellt, dass eine ganzheitliche und strukturorientierte Betrachtung von Unternehmen ermöglicht.

4.2 Betrachtung von KMU als Modell lebensfähiger Systeme

Lars Bergmann, Christoph Herrmann

Ein Modell bildet eine wichtige Grundlage für das Verständnis über die Situation der Modernisierung in kleinen und mittleren Unternehmen. Für die inhaltliche Ausgestaltung des in Kapitel 4.1 dargestellten Vorgehens ist es notwendig ein Bezugsmodell als Grundlage zur Beschreibung heranzuziehen, das die interne und externe Analyse des Unternehmens, das Erkennen von Spannungsfeldern und die Ableitung und Bewertung möglicher Lösungen unterstützt. Für diesen Zweck ist ein ganzheitliches und unternehmensneutrales Modell heranzuziehen, das unabhängig von der Unternehmensgröße und der Art der Wertschöpfung die Abbildung und Untersuchung ermöglicht.

Systemorientierte Unternehmensmodelle fördern das Grundverständnis über die vielfältigen Prozesse und Wechselwirkungen in KMU und ermöglichen die Strukturierung der Handlungsfelder der integrierten Modernisierung. Der Ansatz, Unternehmungen als komplexe, vieldimensionale, offene und dynamische Systeme zu verstehen, hat sich heute in vielen Forschungsdisziplinen als fruchtbarer Ansatz herausgestellt (Malik 2006). Der systemorientierte Modellansatz bietet eine ganzheitliche Perspektive, da er die Problemsituation von Unternehmungen und Führungskräften im Kontext der Modernisierung realitätsnäher abbildet als rein ökonomisch ausgerichtete Ansätze der klassischen Betriebswirtschaftslehre. Die zunehmende Globalisierung und die zunehmenden Turbulenzen zeigen, dass eine einseitige Ausrichtung am Gewinn und ein Gewinn maximierendes Verhalten allein die Existenz eines Unternehmens nicht dauerhaft gewährleisten kann. Der Managementexperte Drucker unterstreicht dies durch seine These, dass es so etwas wie Gewinn überhaupt nicht gibt, sondern nur Kosten: Kosten des laufenden Geschäftes, und Kosten, um im Geschäft zu bleiben (Drucker 1992). Je mehr die Maximierung des Gewinns im Zentrum des unternehmerischen Handelns steht, umso mehr besteht die Gefahr, dass die Entwicklung der Voraussetzungen zur Erzielung zukünftiger Gewinne – die integrierte Modernisierung zum Aufbau der zukünftigen Erfolgspotenziale – vernachlässigt wird.

Eine systemisch-evolutionäre Managementperspektive geht von der Idee der Lebensfähigkeit der Unternehmung aus (Malik 2006). Demnach müssen Liquidität, Gewinn, gegenwärtige und zukünftige Erfolgspotenziale simultan ins Gleichgewicht gebracht werden. Ihre Beeinflussbarkeit und Steuerbarkeit im Sinne eines strategischen Managements bewegen sich in unterschiedlichen Zeithorizonten und Zeitrhythmen sowie auf verschiedenen betrieblichen Ebenen, den sogenannten Rekursionsebenen der Unternehmung. Die Umsetzung von Lösungen und Strategien setzen bestimmte Strukturen voraus, und bestimmte Strukturen implizieren oder verhindern bestimmte Lösungen und Strategien. Vor diesem Hintergrund verfolgt die Systemmethodik als zentrales Element der systemischen Sichtweise als wesentliches Ziel, das zu lösende Problem aus Sicht der dem Problemlöser zur Verfügung stehenden Lenkungs- und Beeinflussungsmöglichkeiten im Sinne von Unternehmensstrukturen und -mechanismen zu modellieren. Dies bedeutet, dass die in der Problemsituation wirkenden bzw. diese erzeugenden, lenkungsrelevanten Strukturen und Mechanismen zu identifizieren und herauszuarbeiten sind.

Als höchstentwickeltes, mit dem größten Strukturreichtum versehenes, kybernetisches Modell kann das Modell lebensfähiger Systeme von Stafford Beer zur Entwicklung systemischer Lösungen herangezogen werden (Gomez et al. 1975; Beer 1979) (s. Abb. 18). Lebensfähigkeit als die zentrale Struktureigenschaft von Systemen hängt zusammen mit ihrer Fähigkeit, die eigene Existenz zeitlich indefiniert aufrecht zu erhalten. Damit hängt das Problem der Lebensfähigkeit sehr eng zusammen mit dem Problem der Identität und ihrer Bewahrung. Auf Unternehmen bezogen kann man vereinfacht von der Fähigkeit sprechen, auf unbestimmte Zeit im Geschäft zu bleiben. Damit ist notwendigerweise die Fähigkeit verknüpft, die operative Geschäftstätigkeit im Sinne einer Modernisierung zu verändern, wenn dies aufgrund sich verändernder (interner und externer) Umstände erforderlich ist. In Zeiten des zunehmenden Wandels kommt somit einer kontinuierlichen Anpassung des Unternehmens im Rahmen einer integrierten Modernisierung eine zentrale Bedeutung zu. Im Sinne der Idee der Lebensfähigkeit von Unternehmen geht es darum, strukturelle Eigenschaften von Systemen innerhalb des Unternehmens zu gestalten, z.B. durch die Einführung von teilautonomen Arbeitsgruppen oder der Definition von Geschäftsprozessen. Es sind nicht nur gute Strategien für Produkte und Prozesse für morgen zu planen, sondern die Fähigkeit zu entwickeln, jede bestehende Strategie, jedes bestehende Produkt oder jeden bestehenden Prozess zu ändern, sobald sie/er sich als überholt erweist.

Die grundlegende Stärke des Modells lebensfähiger Systeme besteht in der Erkenntnis, dass jedes Unternehmen, unabhängig von seiner Größe und Branche, aus systemorientierter Sicht eine identische Struktur besitzt. Diese Erkenntnis ist das Resultat der Forschung von Stafford Beer. Beer hatte durch die Untersuchung von Unternehmen herausgearbeitet, dass alle Unternehmen nach einer identischen Struktur aufgebaut sind. Basierend auf diesen Erkenntnissen entwickelte Beer das Modell lebensfähiger Systeme. Die zentrale Aussage des Modells lebensfähiger Systeme besagt, dass alle lebensfähigen Organisationen, folglich auch KMU, aus fünf Teilsystemen mit jeweils spezifischen Bausteinen und Funktionen aufgebaut sind. Diese Erkenntnis bildet für die Schritte des Vorgehensmodells eine wichtige Grundlage. Aufgrund der Komplexität des Modells werden die fünf Systeme an dieser Stelle bewusst in kurzer Form erläutert. Der interessierte Leser wird an dieser Stelle für weitergehende Informationen auf die Werke von Beer, Malik, Gomez und Oeller verwiesen (Beer 1965, 1979, 1981; Gomez 1978; Gomez et al. 1975; Malik 2000, 2006).

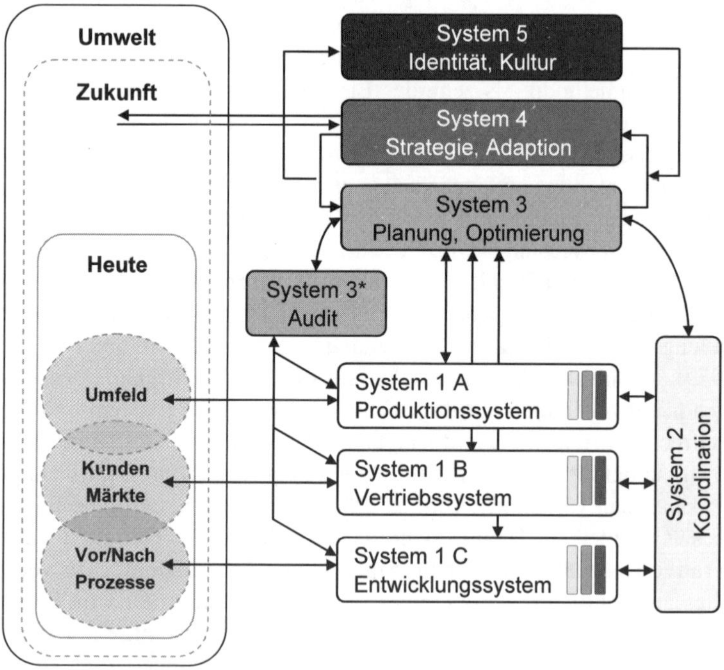

Abb. 18. Das Modell lebensfähiger Systeme, vereinfachte Darstellung nach (Beer 1979)

Das System 1

Das System 1 verfolgt als oberstes Ziel die Durchführung der eigentlichen Wertschöpfung des Unternehmens. Damit dient das System 1 der Herstellung von Produkten oder Dienstleistungen, die das Unternehmen im Kern ausmachen. In Abhängigkeit der Größe des Unternehmens und der Art der Wertschöpfung kann ein Unternehmen aus verschiedenen Systemen 1 bestehen. Die Systeme 1 können z.B. ein Produktions- und Vertriebssystem ein, wobei die Anzahl der Systeme 1 unternehmensindividuell unterschiedlich ist. Die Systeme 1 arbeiten im Rahmen vorgegebener Ziele und Ressourcen und sind je nach Größe des KMU teilautonom gesteuert. Die Systeme 1 wie z.B. das Produktions- oder Vertriebssystem stehen in Austauschbeziehungen untereinander sowie zur gegenwärtigen Umwelt und tauschen z.B. Informationen, Materialien oder Produkte miteinander und mit der Umwelt aus.

Merkmale des Systems 1:

- Operative Ebene, für die auf Unternehmensebene in der Regel Meister oder Abteilungsleiter verantwortlich sind.
- Die Systeme 1 realisieren den Zweck des Unternehmens.

Zentrale Aufgaben des Systems 1:

- Leistungserstellung des Primärproduktes oder der Dienstleistung.
- Austausch von Leistungen und Informationen mit der Umwelt.
- Aufrechterhaltung der produktiven Leistung des Unternehmens.

Das System 2

Damit die Systeme 1 produktiv und ohne Störungen die primäre Wertschöpfung des Unternehmens vorantreiben können, bedarf es einer Koordination der verschiedenen Systeme 1 bzw. der verschiedenen Abteilungen. Zu diesem Zweck übernimmt das System 2 die Koordination der Systeme 1 mit dem Ziel, eine innerbetriebliche Abstimmung und Harmonisierung der Arbeitsinhalte zu erreichen, um den innerbetrieblichen Austausch zu koordinieren. Bekannte Beispiele für System 2-Funktionen sind z.B. ERP- und PPS-Systeme oder ein Fertigungsleitstand. Aber auch die regelmäßige bilaterale Kommunikation zwischen verantwortlichen Leitern der verschiedenen Bereiche, z.B. zwischen dem Vertriebs- und Produktionsleiter kommt einer System 2-Funktion gleich. Durch den Austausch von Informationen über den Arbeitsfortschritt und geplante Arbeitsschritte wird so z.B. eine ungewollte Überproduktion über die Lagerung zu großer Mengen verhindert.

Merkmale des Systems 2:

- Koordinative Ebene, für die auf Unternehmensebene in der Regel Meister und Abteilungsleiter, aber auch IT-Systeme oder innerbetriebliche Treffen verantwortlich sind.

Zentrale Aufgaben des Systems 2:

- Koordination der Leistungserstellung durch die Systeme 1.

- Verhinderung des Aufschaukelns von Fehlern und Störungen zwischen den Systemen 1.
- Nivellierung der Produktionsmengen, -qualitäten, und -zeiten.

Das System 3 und das System 3*

Das System 3 kommt der taktischen Ebene im Unternehmen gleich und übernimmt damit die Verantwortung für das Ergebnis des Unternehmens heute, das durch die Systeme 1 hergestellt wird. Das System 3 übernimmt somit die Planung und Optimierung der Zusammenarbeit der Systeme 1 mit dem System 2, z.B. durch die integrierte Planung neuer Produkte und Prozesse. Für die kontinuierliche Verbesserung der operativen Systeme 1 ist eine Bewertung des Forschrittes notwendig und die Vorgabe von Koordinationsmechanismen notwendig. Zu diesem Zweck ist das System 3* dem System 3 zugeordnet. Das System 3* übernimmt die Funktion des Audits der Systeme 1 mit dem Ziel aktuelle Informationen über den Fortschritt und die Qualität zu erhalten. In der Praxis erfolgt dies z.B. durch die Festlegung und Überwachung von Prozesskennzahlen.

Merkmale des Systems 3 und Systems 3*:

- Taktisch planerische Ebene, für die auf Unternehmensebene in der Regel Meister und Abteilungsleiter verantwortlich sind, oft aber auch die Geschäftsführung in KMU.
- System 3 ist für das hier und heute verantwortlich.

Zentrale Aufgaben des Systems 3 und Systems 3*:

- Planung und Optimierung der Zusammenarbeit der Systeme 1 und 2.
- Bewertung des Arbeitsfortschrittes und von Koordinationsmechanismen.
- Das System 3* übernimmt im Wesentlichen die Erhebung und Messung der operativen Prozesse der Systeme 1, z.B. durch die Erhebung von Qualitäts- und Leistungsdaten.

Das System 4

Das System 4 repräsentiert die strategische Ebene im Unternehmen. Nachdem durch das System 5 die Richtungen für neue Strategien vorgegeben wurden, ist es die Aufgabe des Systems 4 die Entwicklung neuer bzw. die Weiterentwicklung bestehender Strategien. Für die Strategieentwicklung muss das System 4 regelmäßig die In- und Umwelt analysieren und bewerten. Die zentrale Aufgabe des Systems 4 ist somit die Umwelt- und Zukunftsanalyse sowie die Beobachtung vor- und nachgelagerter Prozesse sowie die Ableitung von Anpassungsnotwendigkeiten. Auf Basis der Erkenntnisse über neue Chancen, Risiken, Stärken und Schwächen führt das System 4 somit die Planung von Veränderungen durch. Dabei werden Ziele, Messgrößen und Maßnahmen entwickelt. In diesem Sinne kommt dem System 4 durch die strategische Planung der Anpassung des Unternehmens an die dynamische Umwelt die Verantwortung für die Zukunft des

Unternehmens zu. Im Rahmen der Modernisierung trägt das System 4 folglich eine sehr große Verantwortung.

Merkmale des Systems 4:

- Strategische Ebene, für die in KMU in der Regel der Eigentümer oder Geschäftsführer verantwortlich ist.
- System 4 ist für die Zukunft des Unternehmens verantwortlich.

Aufgaben des Systems 4:

- Übernahme der Verantwortung für die Zukunft des Unternehmens durch die fortlaufende Entwicklung und Anpassung der Unternehmensstrategie.
- Analyse und Bewertung der heutigen und zukünftige In- und Umwelt.
- Verdichtung der internen und externen Analyse zu einem Gesamtbild des Unternehmens.
- Planung von Veränderungen, Festlegung von Zielen und Messgrößen zur Anpassung des Unternehmens an seine Umwelt.

Das System 5

Das System 5 entspricht der normativen Ebene im Unternehmen und verfolgt als wesentliche Ziele die Schaffung einer gemeinsamen Kultur im Unternehmen und die Bildung der Identität des Unternehmens sowie die Förderung der Identifizierung der Mitarbeiter mit dem Unternehmen. In KMU kommt die System 5-Funktion dem Eigentümer oder der Geschäftsleitung und zum Teil auch der Eigentümerfamilie zu. Durch die Formulierung von Vision, Mission und Leitbild und das Vorleben von Werten kann z.B. eine Kultur der Veränderung geschaffen werden. Durch die vom System 5 vorgegebenen Werte und Leitbilder gibt das System 5 damit die Richtung für neue Strategien des Unternehmens vor. Gleichzeitig begrenzen die durch das System 5 vorgegebenen und vorgelebten Werte und Kultur den Handlungsrahmen des Unternehmens. Damit stellt das System 5 gleichzeitig auch die oberste Entscheidungsinstanz in einem Unternehmen dar.

Funktionen des Systems 5:

- Normative Ebene, für die auf Unternehmensebene in der Regel der Eigentümer oder Geschäftsführer verantwortlich ist.
- Auf der Ebene von Arbeitsgruppen kommt die normative Funktion immer einem oder mehreren Mitarbeitern zu, z.B. einem Abteilungs- oder Gruppenleiter.

Aufgaben des Systems 5:

- Bildung einer gemeinsamen Identität und Kultur, z.B. durch die Kommunikation von Vision, Mission und Leitbild.
- Vorgabe einer Richtung und eines Rahmens für Produkte, Ziele und neue Strategien.
- Übernahme der obersten Entscheidungsinstanz auf der jeweiligen Ebene.
- Vorleben von Kultur und Modernisierung und von Veränderungen.

Betrachtet man KMU aus der Perspektive des Modells lebensfähiger Systeme, werden die Besonderheiten und Anforderungen kleiner und mittlerer Unternehmen im Kontext der Modernisierung schnell deutlich. Im Gegensatz zur Betrachtung des Unternehmens als Prozesslandkarte oder Organigramm können im Modell lebensfähiger Systeme bestehende Prozesse und Lösungen hinsichtlich ihres komplexen Zusammenwirkens untersucht werden. Ordnet man z.B. verantwortliche Personen den fünf Teilsystemen des Modells zu, so wird im Falle des KMU sofort die Rolle der Geschäftsführung deutlich. Sie trägt die Verantwortung für die normative, strategische und operative Ebene, übernimmt koordinative Aufgaben und ist oftmals in nahezu alle operativen Systemfunktionen in Form von Entscheidungen eingebunden. Durch diese Betrachtung kann z.B. erkannt werden, dass die strategischen Funktionen derart geschwächt werden und dass eine regelmäßige strategische Planung nicht erfolgt. Die Erkenntnisse des Modells lebensfähiger Systeme erlauben die bewusste und zielgerichtete Gestaltung von Veränderungen in kleinen und mittleren Unternehmen. Eine wichtige Voraussetzung dafür ist das Wissen um die Funktionen und Eigenschaften der fünf Systeme des Modells lebensfähiger Systeme.

Nachdem die grundlegenden Merkmale und Funktionen der Systeme des Modells lebensfähiger Systeme erläutert wurden, kann das Modell für die Betrachtung und Analyse von Unternehmen herangezogen werden. Dabei kann gezielt untersucht werden, in wie weit die für die Sicherung der Lebensfähigkeit relevanten Funktionen in der Praxis bereits realisiert sind oder ob es Lücken gibt, für die neue Lösungsbausteine genutzt werden können. Damit Lösungsbausteine gezielt ausgewählt werden können, ist es notwendig, die Wirkung verschiedener Lösungsbausteine konsistent darzustellen. Das folgende Kapitel beschreibt zu diesem Zweck einen Ansatz, mit dem funktionale Anforderungen und die zugehörigen Gestaltungsparameter strukturiert abgebildet werden können.

4.3 Beschreibung der Wirkung von Gestaltungselementen für die integrierte Modernisierung

Lars Bergmann, Christoph Herrmann

Nachdem durch das Modell lebensfähiger Systeme eine wissenschaftliche Grundlage für die strukturelle Analyse kleiner und mittlerer Unternehmen geschaffen wurde, gilt es, weiterhin einen Ansatz zur Beschreibung der Wirkung von Gestaltungselementen und Lösungsbausteinen für die integrierte Modernisierung zu entwickeln. Für die Planung und Bewertung von Veränderungen ist die Kenntnis der Wirkung verschiedener Lösungsbausteine von großer Bedeutung (Herrmann u. Bergmann 2007b; Herrmann et al. 2007a). Dabei kann die Struktur der fünf Subsysteme des Modells lebensfähiger Systeme als Ausgangspunkt zur Bestimmung und Unterscheidung von Unternehmenseinheiten herangezogen werden (Herrmann et al. 2008c). Wird z.B. das Produktionssystems eines KU als System 1 im Sinne des Modells lebensfähiger Systeme betrachtet, so können für das „System Produktion“ die funktionalen Anforderungen und zugehörige Lösungsbausteine (z.B. Ausführungskonzepte und zugehörige Produktionsmethoden) analysiert und beschrieben werden. Je nach Art des betrachteten Systems sind naturgemäß unterschiedliche Anforderungen zu erfüllen. Während das strategisch orientierte System 4 z.B. die Funktion der Umweltanalyse und Strategieentwicklung erfüllen muss, ist z.B. das operative Produktionssystem als ein Vertreter der Systeme 1 für die Umsetzung stabiler Produktionsprozesse und die Sicherstellung der Prozessqualität verantwortlich.

Dabei bedarf es einer Beschreibungsmethode, die es erlaubt funktionale Anforderungen und zugehörige Lösungsbausteine eines definierten Systems strukturiert darzustellen. Zur Darstellung von Beziehungen zwischen Anforderungen und Lösungsbausteinen wurde am Production Systems Design Lab des Massachusetts Institute of Technology (MIT) ein hierarchisches Konzept von Anforderungen (kurz „FR“, engl. functional requirement) und Lösungsbausteinen (kurz „DP“, engl. design parameter) für ein Produktionssystem auf Basis eines Dekompositionsansatzes entwickelt (Cochran et al. 2001; Duda 2000).

Die Dekomposition von Anforderungen basiert auf den Prinzipien der Methode Axiomatik Designs und verhilft zu einem besseren Verständnis der Zusammenhänge einer Vielzahl von Elementen eines Produktionssystems. Das Vorgehen der Methode Axiomatik Design orientiert sich an den Wünschen der Kunden bzw. eines übergeordneten Systems und der Ableitung von funktionalen Anforderungen und Lösungsbausteinen zur Erfüllung der Wünsche (Suh 1990). Die Kundendomäne ist charakterisiert durch die Wünsche des Kunden für ein Produkt, Prozess, System oder Material (s. Abb. 19).

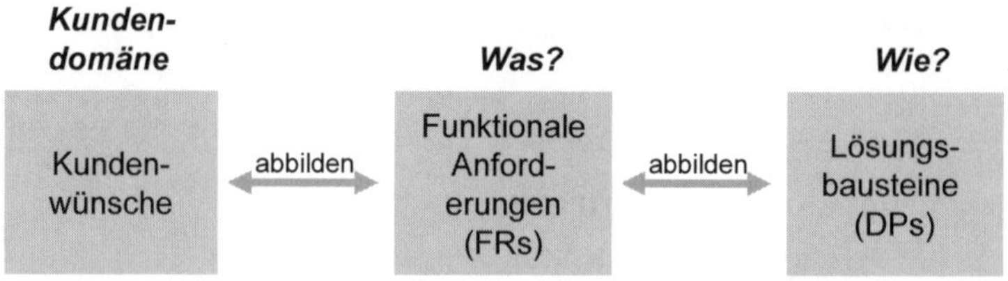

Abb. 19. Zusammenhang zwischen funktionalen Anforderungen und Lösungsbausteinen.

In der funktionalen Domäne werden die Kundenwünsche in funktionale Anforderungen spezifiziert. Zur Erfüllung der funktionalen Anforderungen (FRs) werden entsprechende Lösungsbausteine (DPs) entwickelt und jeweils die beste Lösung ausgewählt. Der Name Axiomatik Design geht auf die Verwendung von Gestaltungsprinzipien und zwei Axiomen, dem Unabhängigkeits- und dem Informationsaxiom, zurück.

Das *Unabhängigkeits-Axiom* besagt, dass jede funktionale Anforderung erfüllt werden soll, möglichst ohne eine andere funktionale Anforderung zu beeinflussen. Dabei wird unterschieden ob eine Dekomposition „uncoupled", „decoupled" oder „coupled" ist (s. Abb. 20). Das Axiom wird angewendet, um die beste Lösung aus mehreren Alternativen auszuwählen. Bei einem sogenannten „uncoupled Design" beeinflusst jeder Lösungsbaustein nur die zugehörige funktionale Anforderung. Bei einem „decoupled Design" hingegen kann wenigstens einem Lösungsbaustein mehr als eine funktionale Anforderung zugeordnet werden. Dieses sogenannte pfadabhängige Design bedeutet, dass die Effektivität des Designs von der Reihenfolge der Implementierung der Lösungsbausteine abhängig ist. Der Lösungsbaustein, der die meisten funktionalen Anforderungen beeinflusst, hat dabei die größte Wirkung. Für das „decoupled Design" der Abbildung 20 hat demnach DP 1 den größten Einfluss auf FR 1, einen geringeren Einfluss auf FR 2 und den geringsten Einfluss auf FR 3. Dies bedeutet nicht, dass die alleinige Implementierung des Lösungsbausteins DP 1 die anderen Lösungsbausteine, DP 2 und DP 3, überflüssig macht. Vielmehr kann eine Lösung nicht vollständig umgesetzt werden, solange nicht alle Lösungsbausteine (FRs) erfolgreich umgesetzt worden sind. Die Pfadabhängigkeit zeigt jedoch, dass es unmöglich ist FR 2 zu erreichen, solange FR 1 nicht erreicht worden ist. Bei einem „coupled Design" beeinflussen sich Lösungsbausteine und funktionale Anforderungen gegenseitig. Zur Erreichung einer robusten Lösung ist es notwendig, ein „uncoupled Design" oder wenigstens ein „decoupled Design" zu erreichen. Coupled Designs sind nicht hinnehmbar und werden vermieden.

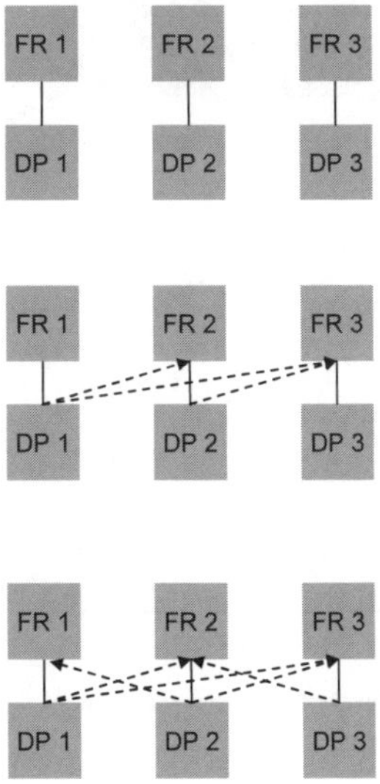

	DP 1	DP 2	DP 3
FR 1	x	0	0
FR 2	0	x	0
FR 3	0	0	x

Gutes Design
- uncoupled -

	DP 1	DP 2	DP 3
FR 1	x	0	0
FR 2	x	x	0
FR 3	x	x	x

Annehmbares Design
- decoupled -

	DP 1	DP 2	DP 3
FR 1	x	x	
FR 2	x	x	x
FR 3	x	x	x

Schlechtes Design
- coupled -

Abb. 20. Grafische und tabellarische Darstellung von „uncoupled“, „decoupled“ und „coupled“ Designs

Das *Informations-Axiom* besagt, dass eine gute Lösung bzw. ein gutes Design aus den minimal erforderlichen Informationen besteht. Die Quantifizierung des Informationsgehalts eines Designs erweist sich häufig als komplex und setzt voraus, dass die Beziehungen zwischen Lösungsbausteinen und funktionalen Anforderungen in Form von mathematischen Gleichungen vorliegen. Die funktionalen Anforderungen und Lösungsbausteine der Dekomposition des Produktionssystems sind jedoch konzeptioneller Art und es ist schwierig diese zu quantifizieren. Weiterführende Informationen können der Literatur entnommen werden (Cochran et al. 2001; Suh 1990).

Von zentraler Bedeutung des Axiomatik Designs ist die strukturierte Zerlegung der funktionalen Anforderungen und der Lösungsbausteine. Es wird dabei unterschieden „was“ zu erreichen ist und „wie“ dies zu erreichen ist. Dieser Vorgang wird als Dekomposition oder Zig-Zagging bezeichnet. Die Idee des Zig-Zaggings besteht darin, dass jedes Design, egal welcher Komplexität, in einzelne Aspekte zerlegt werden kann und die Auswahl von Lösungsbausteinen auf höheren Ebenen zur Auswahl von funktionalen Anforderungen auf den darunter liegenden Ebenen dient, die Abbildung 21 veranschaulicht den Vorgang. Dies führt zu Hierarchien oder Ebenen von funktionalen Anforderungen und Lösungsbausteinen. Das Zig-Zagging wird fortgesetzt bis die Lösungsbausteine das Design ausreichend beschreiben.

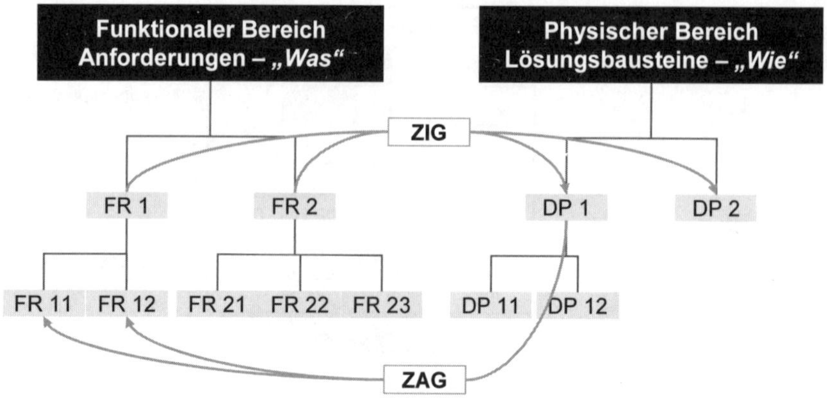

ZIG	ZAG
- Konzipieren - Anforderung und Lösungsbaustein abbilden - Unabhängigkeitsaxiom überprüfen	- Definieren der Anforderung für die nächste Ebene

Abb. 21. Zig-Zag-Verfahren zur Entwicklung einer Dekomposition

Das Herunterbrechen von Anforderungen in Teilanforderungen kann als Zerlegung von Zielen verstanden werden. Diese Zielzerlegung wird auch als Dekomposition bezeichnet und erfolgt entsprechend des so genannten Zig-Zag-Verfahrens in zwei Schritten, die solange durchlaufen werden, bis keine Gestaltungselemente mehr in neue funktionale Anforderungen zerlegt werden können.

Bei der Dekomposition funktionaler Anforderungen in Teilanforderungen werden Ziele greifbar und es können dementsprechend konkrete Lösungsbausteine (z.B. Konzepte und Methoden) zur Realisierung der Teilanforderungen benannt werden (z.B. „Schnelle Reaktion auf Störungen und Unterbrechungen“). Die Zuordnung von Lösungsbausteinen zu Gestaltungsanforderungen fördert somit das Verständnis für die Funktionen eines Systems. Damit wird eine klare Trennung des „Was?“ vom „Wie?“ ermöglicht. Die Dekomposition von Anforderungen und Teillösungen birgt im Zusammenhang mit der Planung und Gestaltung der Modernisierung folgende Vorteile (Cochran et al. 2001):

- Das Verständnis der Beziehungen zwischen strategischen Zielen (z.B. Steigerung der Kundenzufriedenheit, Verkürzung der Lieferzeiten etc.) und Entscheidungen auf operativer Ebene für Lösungsbausteine und Methoden (z.B. ganzheitliche Maschinenwartung, Teamarbeit, etc.) wird gefördert.
- Das Verständnis der Zusammenhänge zwischen einzelnen funktionalen Anforderungen und Lösungsbausteinen des Produktionssystems und der zugrunde liegenden Ursache-Wirkungsbeziehung wird gefördert.

- Es kann Wissen über die in Produktionssystemen zu erfüllenden Anforderungen zur Erreichung bestimmter strategischer Ziele aufgebaut werden.
- Durch die Visualisierung der Dekomposition in Form einer Baumstruktur wird die Kommunikation zwischen den Führungskräften und Mitarbeitern in einem Produktionssystem gefördert.
- Die Messung der Erfüllung funktionaler Anforderungen kann für die Erfolgsmessung und die Ausrichtung an den strategischen Zielen der Unternehmung genutzt werden.

Bei der Entwicklung von Dekompositionen mittels des Zig-Zag Verfahrens erfolgt die Definition von FRs und DPs auf Basis des Kenntnisstandes des jeweiligen Entwicklers. Aufgrund der damit verbundenen Subjektivität kann eine Dekomposition daher niemals den Anspruch auf Vollständigkeit oder Richtigkeit erheben.

Lösungsbausteine in Produktionssystemen

Im Rahmen des Projekts ProfiL standen produzierende Kleinunternehmen und die Modernisierung der Produktionssysteme dieser Unternehmen im Mittelpunkt. Basierend auf dieser Ausgangssituation erfolgen die weiteren Ausführungen in diesem Kapitel mit Fokus auf die Produktionssysteme kleiner Unternehmen. Ungeachtet des Schwerpunkts auf Produktionssysteme lässt sich der folgende Ansatz zur Beschreibung der Wirkung von Gestaltungselementen jedoch auch auf alle anderen Bereiche im Unternehmen anwenden. Betrachtet man das Produktionssystem aus der Sicht eines produktionsorientierten Unternehmens, so wird deutlich, dass das „System 1 Produktion“ einen maßgeblichen Anteil zur Wertschöpfung beiträgt. Aufgrund des marktwirtschaftlichen Verhaltens von Unternehmen werden mittels Investitionen in das Produktionssystem die benötigten Produktionsfähigkeiten mit dem Ziel der Maximierung der Kapitalrendite aufgebaut.

Aus funktionaler Sicht muss das Produktionssystem demzufolge derart gestaltet werden, dass ein möglichst hoher wirtschaftlicher Nutzen generiert werden kann. Eine zentrale Anforderung an das Produktionssystems kann daher definiert werden als: „Langfristige Maximierung der Rendite“ (Cochran et al. 2001). Diese eher abstrakt definierte funktionale Anforderung ist zunächst nicht (be-)greifbar. So ist es z.B. kaum möglich, eine funktionale Anforderung wie „Maximierung der Kapitalrendite“ derart greifbar zu machen, dass eine Entscheidung für die Gestaltung des Produktionssystems oder die Auswahl von Lösungsbausteinen möglich ist. Aus diesem Grund ist es weiterhin notwendig, für das Produktionssystem die funktionalen Anforderungen soweit herunterzubrechen, dass greifbare funktionale Anforderungen als Ergebnis vorliegen. Die Abbildung 22 zeigt die generelle Struktur der Dekomposition und ersten drei Ebenen der Dekomposition eines Produktionssystems.

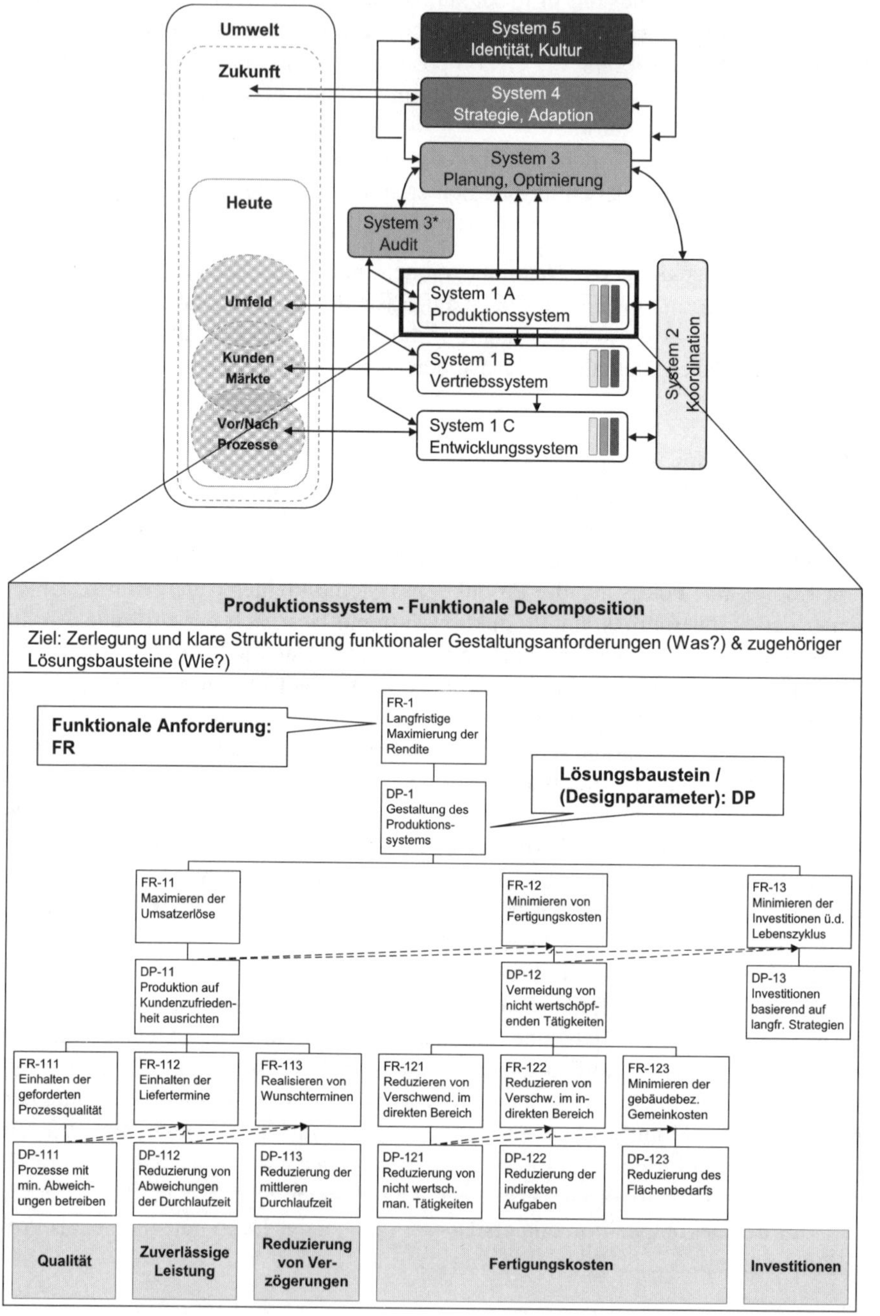

Abb. 22. Betrachtung des Systems 1 „Produktion“ und Dekomposition funktionaler Anforderungen in Anlehnung an (Cochran et al. 2001)

Die Zweige der Dekomposition können entsprechend der Art von funktionalen Anforderungen in die folgenden sechs Bereiche unterschieden werden: Qualität, zuverlässige Leistung, Reduzierung von Verzögerungen, Fertigungskosten und Investitionen. Die vollständige Dekomposition repräsentiert dementsprechend umfangreiches Erfahrungswissen für die Gestaltung von Produktionssystemen. In diesem Sinne stellt die Dekomposition eine Art Wissensbasis dar, die für die Gestaltung und Verbesserung von Produktionssystemen als Unterstützung herangezogen werden kann. Die vollständige Dekomposition befindet sich im Anhang 2.

Darüber hinaus bietet eine Dekomposition die Möglichkeit, die Erfüllungsgrade der definierten funktionalen Anforderungen zu bewerten. Indem jeder funktionaler Anforderung eine definierte Anzahl verschiedener möglicher Erfüllungszustände zugeordnet wird, kann ein Bewertungssystem entwickelt werden, dass die Bewertung des Produktionssystems ermöglicht (Duda 2000). So wurde im Projekt ProfiL eine Bewertungsskala entwickelt, die eine Bewertung der Erfüllungsgrade in fünf Kategorien ermöglicht (s. Tabelle 14).

Tabelle 14. Beispiel eines Selbstbewertungsschemas zur Bewertung der Erfüllung funktionaler Anforderungen

Funktionale Anforderung: Schnelle Reaktion auf Produktionsunterbrechungen	
• Wie wird in Ihrem Unternehmen mit Störungen im Produktionsprozess umgegangen? • Werden bei Produktionsunterbrechungen die Ursachen ermittelt und umgehend abgestellt? • Wird die Ursachenermittlung durch eine geeignete Gestaltung der Prozesse unterstützt?	
Level 1	In Ihrem Unternehmen treten regelmäßig Produktionsunterbrechungen auf. Die Mitarbeiter finden eine spontane Lösung, so dass die Unterbrechungen nicht dokumentiert werden und die Ursachen nicht systematisch bekämpft werden können.
Level 2	Es erfolgt eine schnelle Reaktion auf Probleme im Prozess um die Unterbrechungen möglichst gering zu halten. Allerdings erfolgt keine Ursachenanalyse und -bekämpfung, so dass sich Fehler und Probleme wiederholen.
Level 3	Es erfolgt eine schnelle Reaktion auf Probleme im Prozess und teilweise werden Ursachenanalysen und -bekämpfungen vorgenommen.
Level 4	Das Produktionssystem ist so gestaltet, dass die Gründe für Produktionsunterbrechungen schnell festgestellt werden können. Die Ursachen werden in den meisten Fällen erkannt und beseitigt. Prozessüberwachung findet durch die Mitarbeiter statt, so dass qualitative Abweichungen schnell gefunden werden können.
Level 5	Ursache und Wirkung bei Prozessstörungen können sofort festgestellt werden. Es existieren Methoden um Probleme zu kommunizieren und zu lösen. "Line-stop" Methoden kommen zum Einsatz (d.h. sofortige Prozessunterbrechung bei Problemen um sinnvolle Lösungen zu generieren und eine Wiederholung der Fehler zu vermeiden).

Die Bewertungsskala gibt dabei Zustandsbeschreibungen für fünf verschiedene Erfüllungsgrade einer funktionalen Anforderung vor. Im schlechtesten Fall wird eine funktionale Anforderung überhaupt nicht erfüllt, im besten Fall wird die funktionale Anforderung vollständig erfüllt. Auf Basis einer Selbstbewertung der in der Dekomposition definierten funktionalen Anforderungen kann so das Produktionssystem auf Stärken und Schwächen analysiert werden. Die regelmäßige Bewertung ermöglicht das Erkennen von Verbesserungen oder Verschlechterungen und stellt damit eine wichtige Grundlage für die Lenkung von Maßnahmen dar.

Neben einer Selbstbewertung dient die Dekomposition funktionaler Anforderungen auch als wichtiges Bindeglied zur Strategie. Die Grundlage dieser Überlegung ist, dass die Erfüllung verschiedener funktionaler Anforderungen sich in unterschiedlichem Maße auf die Erlangung verschiedener Fähigkeiten (z.B. Volumenflexibilität, Qualitätstreue, etc.) auswirkt. Damit stellt die Erfüllung funktionaler Anforderungen eine Voraussetzung für die Umsetzung von Zielen dar. Durch die Beschreibung der Zusammenhänge zwischen der Erfüllung verschiedener funktionaler Anforderungen und dem qualitativen Beitrag zur Umsetzung strategischer Zielgrößen kann die Dekomposition als Bindeglied zur strategieorientierten Auswahl geeigneter Handlungsfelder und Methoden dienen. Am Beispiel der strategischen Zieldimensionen Kosten und Qualität wird im Folgenden der Zusammenhang zu den funktionalen Anforderungen der Dekomposition erläutert.

Viele Entscheidungen die während der Entwicklung eines Produktionssystems getroffen werden haben einen Einfluss auf die Kosten. Kosten repräsentieren in diesem Kontext sowohl Investitionen als auch fortlaufende Produktionskosten. Aufgrund der weiten Definition des Begriffs, hat nahezu jede Entscheidung einen Einfluss auf die Kostensituation der Unternehmung. Abbildung 23 zeigt wie die einzelnen FR-DP-Paare (schematisch als Rechteck dargestellt) einen Einfluss auf die Kosten haben. Ein dunkel schattiertes Rechteck repräsentiert einen direkten Einfluss, während die heller schattierten FR-DP-Paare einen indirekten Einfluss auf die Kosten haben. Es werden jeweils nur die FR-DP-Paare auf unterster Ebene markiert, alle übergeordneten FR-DP-Paare haben folglich auch einen Einfluss, sind aber aufgrund der Übersicht nicht markiert. Es besteht eine hohe Abhängigkeit der Kosten im Bereich der Fertigungskosten und der Investitionen. Abbildung 23 zeigt, dass auch andere FR-DP-Paare ein Potenzial haben die Kosten zu beeinflussen, allerdings in geringerem Maße (vgl. Anhang 2).

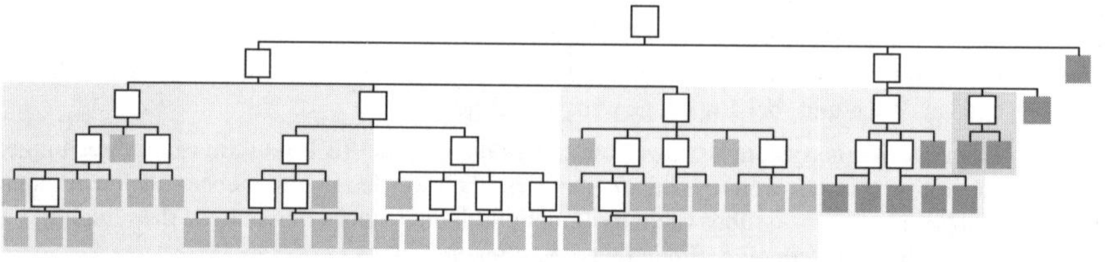

Abb. 23. Zusammenhang zwischen funktionalen Anforderungen und der strategischen Zieldimension Kosten

Die strategische Zieldimension Qualität kann direkt in der Dekomposition wieder gefunden werden unter dem am weitesten links positionierten Zweig. Dieser thematisiert ausschließlich Aspekte der Qualität in der Produktion. Es wird bewertet inwieweit die hergestellten Produkte mit den vorgegebenen Spezifikationen übereinstimmen, die Prozessqualität. Das Ziel ist die exakte Produktion entsprechend des Sollzustands oder Ausnutzung der in den Spezifikationen gegebenen Toleranzen. Abbildung 24 zeigt die FR-DP Paare die einen Einfluss auf die Prozessqualität. Dabei spielen die Anforderungen FR-Q1: „Betreiben von Prozessen innerhalb der vorgegebenen Ziele", FR-Q2: „Ausrichten der Prozesse auf Zielwerte" und FR-Q3 „Minimieren der Streuung von Prozessergebnissen" die entscheidende Rolle (vgl. Anhang 2).

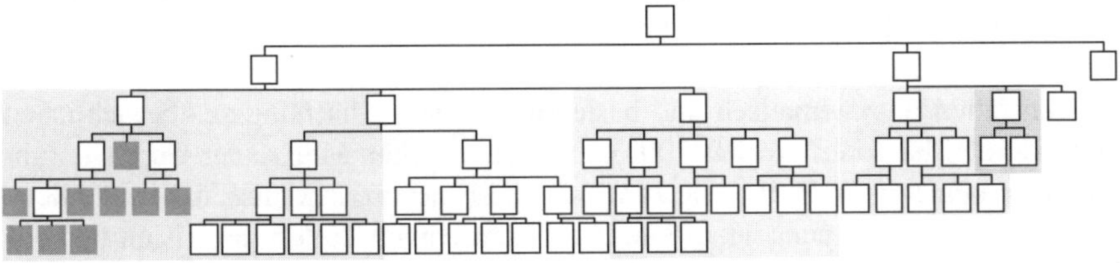

Abb. 24. Zusammenhang zwischen funktionalen Anforderungen und der strategischen Zieldimension Qualität

Die Dekomposition der funktionalen Anforderungen eines Produktionssystems ermöglicht somit neben der Bereitstellung einer Wissensbasis zur Gestaltung von Produktionssystemen sowohl die Weiterverwendung als Bewertungsinstrument als auch eine Verknüpfung zu strategischen Zieldimensionen. Damit kann die Dekomposition nicht nur für die Bestimmung von Handlungsfeldern auf Basis einer Selbstbewertung sondern auch die strategisch orientierte Bestimmung von Handlungsfeldern verwendet werden.

4.4 Strategieentwicklung im Kontext der Modernisierung

Uwe Dombrowski, Isabel Crespo

Der schnelle Wandel von Technologien und Fertigungsverfahren, ständig steigende und wechselnde Kundenanforderungen an Produkte und Dienstleistungen, Impulse aus Wissenschaft und Forschung, sowie soziale, politische und kulturelle Veränderungen charakterisieren das heutige wirtschaftliche Umfeld. Der globale Wettbewerb beschleunigte die Veränderungsgeschwindigkeit in der Vergangenheit zusätzlich und wird auch zukünftig die beschriebenen Trends verstärken. Diese turbulenten Rahmenbedingungen werden durch die Führungskräfte in Unternehmen in unterschiedlichem Maße wahrgenommen und verschieden interpretiert. Das Umfeld des Unternehmens befindet sich somit in ständiger Bewegung, eine langfristige Planung der Anpassungsmaßnahmen an den permanenten Wandel ist nicht möglich. Das in Kapitel 4.1 vorgestellte Vorgehensmodell - insbesondere der erste Schritt - unterstützt Führungskräfte dabei, Chancen und Risiken sowie Stärken und Schwächen der aktuellen Situation des KU in ihrem Umfeld zu entdecken. Darauf basierend muss das Unternehmen eine langfristige Strategie entwickeln und verfolgen, um Veränderungen der Umweltbedingungen zielgerichtet zu begegnen.

Die Unternehmensführung in kleinen und mittleren Unternehmen hängt im Wesentlichen von den Entscheidungen und Entscheidungsregeln des Geschäftsführers ab. Darüber hinaus entstehen Strategien in Unternehmen oft als Ergebnis individueller Entscheidungen der Geschäftsführer. Diese individuellen Entscheidungen fallen unsystematisch und basieren auf einer Mischung aus betrieblichen und externen Faktoren (Welter 2003). Die persönlichen Motive der Geschäftsführer spielen eine große Rolle, wie zum Beispiel Existenzsicherung, das persönliche Risiko, Familie oder auch Tradition. Die Unternehmenskultur, die Vision und das Leitbild eines Unternehmens, welche die Basis für eine Strategie bilden, werden durch die Persönlichkeit des Geschäftsführers ebenfalls stark beeinflusst und sind oft nicht auf Papier festgehalten. Die in der Einleitung des Kapitels beschriebenen externen Faktoren wie z. B. der Wandel von Technologien werden nur isoliert und unsystematisch in die Entscheidungsfindung eingebracht. Nur in seltenen Fällen werden die Entscheidungen überlegt und formal auf Basis einer ausführlichen Suche nach Alternativen oder einer fundierten, objektiven Wahrnehmung der Situation getroffen. Die Strategieentwicklung in KMU erfolgt oft „ad hoc" und Ableitungen aus dieser Strategie werden aus der Situation heraus getroffen (Haake 1987). Es zeigt sich eine Tendenz zu pragmatischen oder spontanen Entscheidungen, die normalerweise nur eine kurzfristige Orientierung aufweisen (Schneider 2000).

Darüber hinaus mangelt es an einer ganzheitlichen Betrachtung des Strategieentwicklungsprozesses. Im Kontext der Modernisierung sollen Strategien in kleinen und mittleren Unternehmen nicht nur auf schriftlich verfasste Pläne reduziert werden, sondern bei der Strategieentwicklung im Unternehmen muss ein Kompromiss zwischen der langfristigen Orientierung, der Erhaltung der Flexibilität sowie dem Willen zum Wandel geschlossen werden (Welter 2003).

Um tatsächlich antizipativ vorgehen zu können, muss somit die Strategieentwicklung im Kontext der Modernisierung in KMU systematisiert werden. Ausgehend von der dargelegten Diskrepanz zwischen unternehmerischer Realität und Theorie ergibt sich die Forderung nach einer Lösung, welche eine Ausgestaltung des Strategieentwicklungsprozesses im Sinne kleiner und mittlerer Unternehmen zulässt und gleichzeitig entsprechende Erfolgspotenziale beinhaltet. Diese Lösung muss kontinuierlich gelebt werden und nicht nach einem ersten Strategieentwicklungsprozess schriftlich fixiert in der Schublade der Geschäftsführer landen. Die Rolle der Mitarbeiter als entscheidender strategischer Erfolgsfaktor muss beachtet werden. Des Weiteren müssen die spezifischen Anforderungen von kleinen und mittleren Unternehmen, die sich hauptsächlich aus den KMU-typischen Organisationsstrukturen ergeben, beim Strategieentwicklungsprozess Berücksichtigung finden. Die hierbei eingesetzten Methoden oder Analysen sind meist auf die Bedarfe von Großunternehmen ausgerichtet (Herrmann et al. 2006a). Mangel an Wissen über Strategieentwicklung sowie fehlende zeitliche und personelle Ressourcen erschweren einen systematisierten Strategieentwicklungsprozess (Kraus 2006). KMU haben jedoch spezifische Eigenschaften, die den

Prozess der Strategieentwicklung unterstützen. Flache Hierarchien und transparente Prozesse vereinfachen die Einbindung der Mitarbeiter in den Strategieentwicklungsprozess und fördern deren Identifikation mit den erarbeiteten strategischen Unternehmenszielen (Dombrowski et al. 2007a).

In diesem Zusammenhang sind die Führungskräfte kleiner und mittlerer Unternehmen aufgefordert, Entscheidungen bezüglich der Position des Unternehmens, dem Verhalten gegenüber den sich wandelnden Rahmenbedingungen und der Aufnahme des Paradigmas, das die integrierte Modernisierung mit sich bringt, zu treffen (s. Kap. 3.1). In der folgenden Abbildung 25 ist die beschriebene Situation schematisch dargestellt.

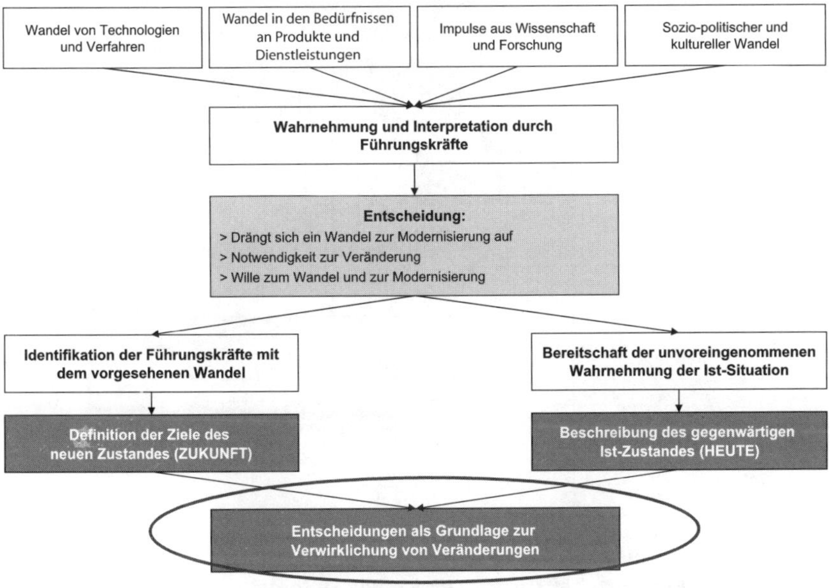

Abb. 25. Führung und Entscheidungen als Grundlage des unternehmerischen Wandels (Gomez u. Probst 1995).

Im Rahmen des dargestellten Entscheidungsprozesses können zentrale Anforderungen an die Geschäftsführung abgeleitet werden. Einerseits sind eine objektive Wahrnehmung und eine daraus resultierende genaue Beschreibung des Ist-Zustandes des Unternehmens unbedingt notwendig. Andererseits müssen sich die Führungskräfte mit dem vorgesehenen Wandel identifizieren und darüber hinaus die Ziele des neuen Zustandes des Unternehmens in Bezug auf die Modernisierung definieren. Die Bewältigung dieser Herausforderungen erfordert Entscheidungen in unterschiedlichen Unternehmensebenen. Diese „Entscheidungen sind Grundlagen zur Verwirklichung von Veränderungen".

Basierend auf den Betrachtungen der Unternehmen als Modell lebensfähiger Systeme (s. Kap. 4.2) (Beer 1979; Gomez et al. 1975) werden im Falle des KMU die Bereiche, in welchen der Geschäftsführer Entscheidungen treffen muss und

Verantwortungen trägt, sofort erkennbar. Er trägt die Verantwortung für die normative, strategische und taktische Ebene (System 3, 4 und 5), übernimmt Koordinationsaufgaben und ist oftmals in alle Systemfunktionen in Form von Entscheidungen eingebunden. Die in Abbildung 26 grau eingefärbten Systeme kennzeichnen typische Entscheidungs- und Verantwortungsbereiche von Geschäftsführern kleiner Unternehmen.

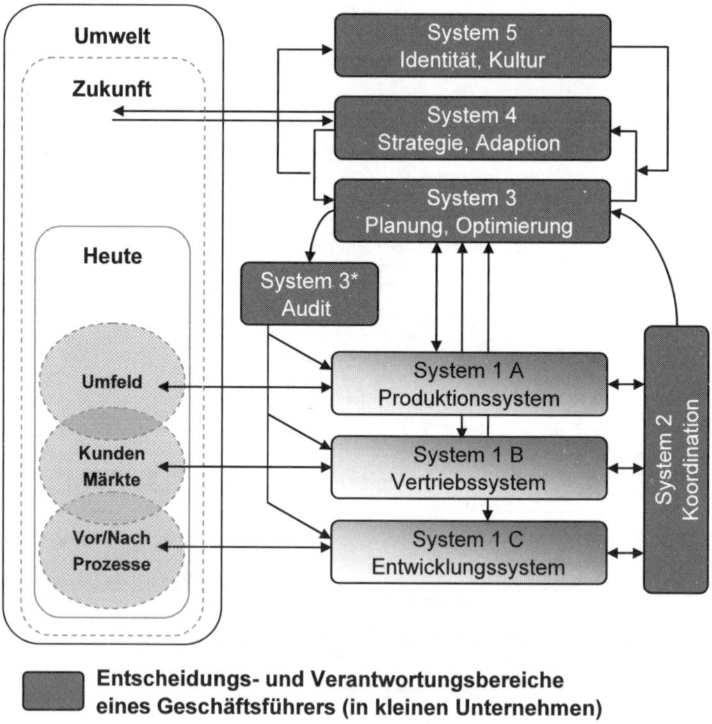

Abb. 26. Entscheidungs- und Verantwortungsbereiche des Geschäftsführers in KMU

Es wird ebenfalls deutlich, dass Entscheidungen des Geschäftsführers in (fast) allen Systemen des Unternehmens gefordert sind (Welter 2003). Die durch das Tagesgeschäft verursachte hohe Auslastung der Geschäftsführer verhindert jedoch oftmals die Erarbeitung von langfristigen Zielen und die Umsetzung von wichtigen Veränderungen (Dombrowski et al. 2007a). Darüber hinaus wird die Modernisierung nicht als fortlaufender, kontinuierlicher Prozess vorgelebt sondern in unregelmäßigen Zeitabständen auf die Tagesordnung gesetzt. In diesem Zusammenhang tritt oft eine Schwächung der Funktionen des Systems 3 (Planung und Optimierung) auf. Relevante Informationen über die Veränderungen in operativen Prozessen (System 1 A-B-C, Produktionssystem, Vertriebssystem und Entwicklungssystem) werden so gegebenenfalls nicht rechtzeitig oder unvollständig übertragen sowie genutzt. Als Folge können bestehende Optimierungspotenziale nur langsam und einzeln erschlossen werden. Diese Situation widerspricht dem eigentlichen Ziel der Modernisierung und zwar dem notwendigen kontinuierlichen Wandel in allen Systemen des Unternehmens. Dieser Wandel wird als eine rationale und strategische Anpassung von Strukturen, Aktivitäten und Verhaltensweisen in den Gestaltungsfeldern Mensch, Organisation und Technik an neue Erfordernisse der Gegenwart und Zukunft definiert. Sie muss von den Systemen 5 (Identität, Kultur) und 4 (Strategie) initiiert und vom System 3 (Planung, Optimierung) maßgeblich geplant, gestaltet und gelenkt werden. Um dieser Herausforderung Rechnung tragen zu können, müssen die Geschäftsführer kleiner und mittlerer Unternehmen insbesondere *Strategien für Wandel und Modernisierung erarbeiten, formulieren, kommunizieren sowie implementieren.*

Ausgehend von den Zielen des Unternehmens können die Maßnahmen zur Modernisierung abgeleitet und als Strategie formuliert werden (Macharzina 2003). Die Unternehmensstrategie manifestiert die Art und Weise, wie ein Unternehmen seine vorhandenen und seine potenziellen Stärken einsetzen will um Veränderungen und Wandel der Umweltbedingungen zielgerichtet zu begegnen (Kreikebaum 1996). Ohne eine Strategie können die vorhandenen Potenziale der Maßnahmen nicht optimal ausgeschöpft werden.

In diesem Zusammenhang muss in Unternehmen ein Prozess zur Strategiefindung und -formulierung initiiert sowie ein Werkzeug zur Strategieimplementierung und Kontrolle verwendet werden. Anschließend kann die entwickelte Strategie als Grundlage zur Ableitung von Maßnahmen zur Modernisierung dienen. Im Rahmen des Forschungsprojekts ProfiL wurde eine auf KMU angepasste Vorgehensweise für die Strategiefindung und Strategieformulierung erarbeitet. Diese Vorgehensweise ermöglicht dem Geschäftsführer nicht nur eine systematische Entwicklung der Strategie, sondern auch deren Umsetzung. Der Geschäftsführer sollte am Schluss über ein systematisches Bild der Zusammenhänge in seinem Unternehmen verfügen. In der folgenden Abbildung 27 sind diese sieben Schritte der Vorgehensweise graphisch dargestellt.

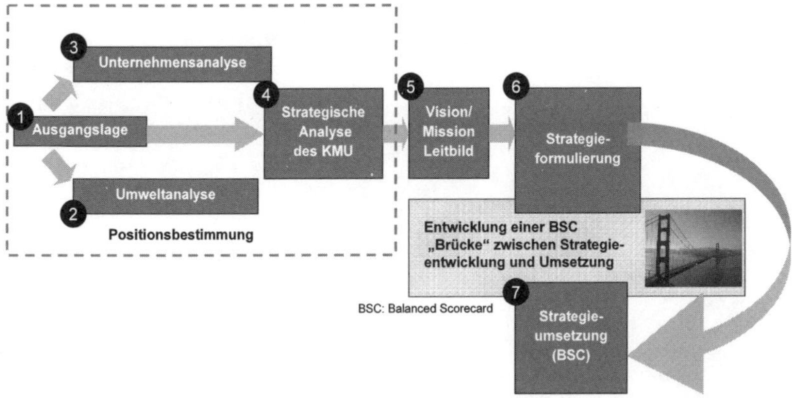

Abb. 27. ProfiL-Ansatz zur Strategieentwicklung in KMU

In den ersten sechs Schritten wird die Unternehmensstrategie entwickelt und formuliert. Basierend auf einer Umwelt- und Unternehmensanalyse wird die strategische Ist-Position des Unternehmens (strategische Analyse des KMU) mit Hilfe von Portfolio-Methoden (Beispielweise einer SWOT-Analyse) abgeleitet. Weiterhin wird die Vision, Mission und das Leitbild des Unternehmens (falls nicht vorhanden) überdacht und festgelegt. Anschließend findet die Formulierung der für das Unternehmen passenden Strategie statt. Um die Ganzheitlichkeit des Konzeptes zu gewährleisten wird in einem siebten Schritt die Strategieimplementierung durchgeführt.

Eine ausführliche Beschreibung dieser Vorgehensweise sowie die damit im Forschungsprojekt ProfiL gewonnenen Erfahrungen sind im Teil 2, Kapitel 2 zu finden. Die Implementierung und Kontrolle der entwickelten Strategie ist im Rahmen der Modernisierung kein einfacher Prozess. Die strategischen Maßnahmen müssen in operative Aktionen und Aufgaben übersetzt werden. Aus diesem Grund wurde als Werkzeug zur Strategieumsetzung die Balanced Scorecard (BSC) ausgewählt. Da des Weiteren die Zielsetzung einer BSC die schnelle Umsetzung von Unternehmensstrategien in einem turbulenten Unternehmensumfeld ist, eignet sich dieses Werkzeugs in besonderem Maße für die Übersetzung der formulierten Strategie in operative Maßnahmen (Vohl 2004). Zudem schafft die BSC den Rahmen für eine langfristige Nachhaltigkeit des strategischen Verhaltens in Unternehmen (Kaplan u. Norton 1997). Im Teil 2, Kapitel 3 ist eine detaillierte Beschreibung des Vorgehens bei der Erstellung einer Balanced Scorecard für KMU zu finden.

4.5 Organisation und Planung der Modernisierung

Uwe Dombrowski, Isabel Crespo

Die Implementierung von Modernisierungsprozessen erfordert eine straffe Projektorganisation. Zahlreiche Aktivitäten müssen angestoßen, koordiniert, gesteuert und überwacht werden. In diesem Kapitel wird aus der Erfahrung des Forschungsprojekts ProfiL ein praxisnaher Überblick über die Gestaltung des Projektmanagements und der Organisationsstruktur im Kontext der Modernisierung kleiner und mittlerer Unternehmen gegeben.

Für die Ausführung von Modernisierungsmaßnahmen müssen KMU Ressourcen einplanen und bereit stellen. Erfahrungen aus der Praxis zeigen jedoch, dass die für Veränderungsprogramme zur Verfügung stehenden Ressourcen (Mitarbeiter, Zeit, Budget und Wissen) in KMU sehr knapp sind (Dombrowski et al. 2007a; Spath et al. 2003; Herrmann et al. 2006a). Diese Problemsituation ist eingeschränkt auch in großen Unternehmen zu beobachten, stellt aber in KMU ein besonders schwerwiegendes Hindernis auf dem Weg zur Modernisierung dar. Hierbei handelt es sich somit um eine erste Hürde im Rahmen von Modernisierungsvorhaben in KMU.

Die Abbildung 28 zeigt die in dieser Situation entstehende Dynamik, welche es zu bewältigen gilt. Bei der Einführung von Veränderungsprozessen entsteht eine Ressourcenkonkurrenz zwischen dem Veränderungs- und dem Leistungserstellungsprozess im Unternehmen. Die Ressourcenbindung beim Veränderungsprozess trägt zu der Erreichung der Ziele des entsprechenden Veränderungsprogramms bei. Dieser Beitrag ist auf lange Sicht sehr wirkungsvoll, bindet aber kurzfristig erhebliche Ressourcen, die ursprünglich für die alltägliche Aufgabenbearbeitung bestimmt waren. Das hat zur Folge, dass die Ist-Aufgabenerfüllung abnimmt und der operative Zielerreichungsgrad sinkt. Diese Situation kann die Mitarbeiter und den Geschäftsführer demotivieren, da sie kurzfristig nicht die Ergebnisse und Wirkungen ihrer Aktionen sehen und bewerten können und gleichzeitig negative Veränderungen im Leistungsprozess beobachtet werden (Repenning u. Sterman 2002).

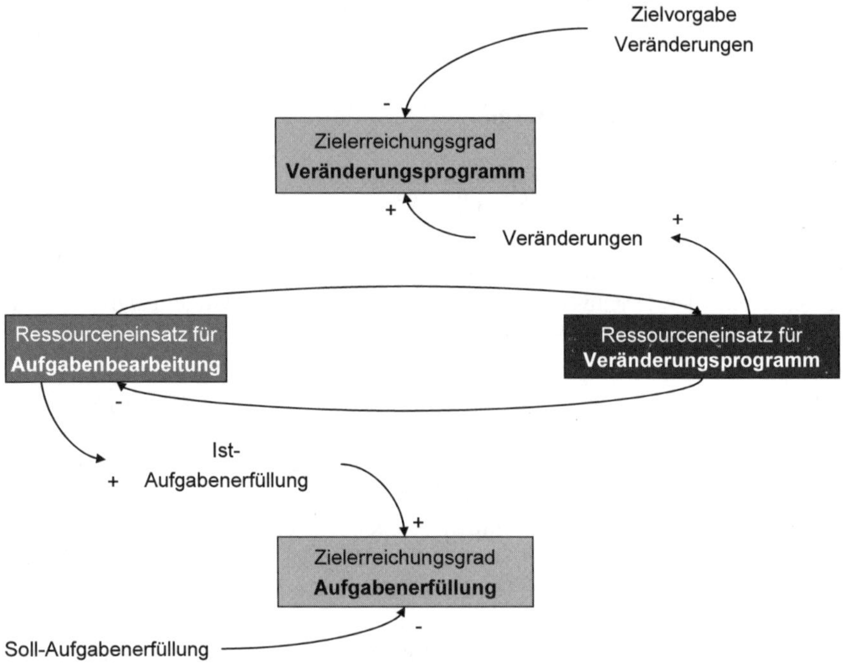

Abb. 28. Ressourcenkonkurrenz zwischen Veränderungs- und Leistungserstellungsprozess (Repenning u. Sterman 2001)

Zur Bewältigung des Dilemmas der Ressourcenkonkurrenz und um die positiven Erwartungen von Geschäftsführer und Mitarbeitern an die Modernisierung aufrecht zu erhalten, sind zwei wichtige Aspekte zu beachten. Die Transparenz bei der Erstellung und die Kommunikation von Zielen mittels einer entwickelten Strategie (s. Kap. 4.4) hilft den Mitarbeitern und dem Geschäftsführer die Zusammenhänge zwischen strategischen Zielen und eingeleiteten Maßnahmen zur Modernisierung zu verstehen. Auch die Notwendigkeit für eine Modernisierung des Unternehmens oder einzelner Prozesse ist den Mitarbeitern darzustellen. Zudem werden die mittel- und langfristige Wirkung ihrer neuen Tätigkeiten und Aufgabenfelder verdeutlicht. Auf diese Weise werden die Motivation und der Wille zur Modernisierung gefordert.

Der zweite zu betrachtende Aspekt ist die Planung, in Form eines Projektmanagements sowie der Aufbau einer Organisationsstruktur zur Einführung der Maßnahmen. In diesem Prozess werden Aufgaben, Verantwortliche und Termine festgelegt, sowie Kapazitäten für die Erfüllung dieser Aufgaben zugeordnet. Hierbei ist eine klare Unterscheidung zwischen dem Ressourceneinsatz für die tägliche Aufgabenbearbeitung und dem Ressourceneinsatz für die Einführung von Veränderungsprogrammen unbedingt nötig.

Im Folgenden werden wichtige Begriffe des Projektmanagements und der Organisationsstruktur definiert sowie die Vorgehensweise im Rahmen des Forschungsprojekts ProfiL bei der Implementierung eines Projektsmanagements und einer Organisationsstruktur beschrieben. Diese sind auf die besonderen Bedürfnisse von KMU, die sich im Modernisierungsprozess befinden, angepasst. Eine grundlegende Organisationsstruktur und ein funktionierendes Projektmanagement sind notwendig, um

- Verantwortlichkeiten zu definieren,
- eine allgemeine Vollständigkeit zu garantieren,
- Risiken zu erkennen und Fehler zu vermeiden,
- Schnittstellen zu beherrschen und den Informationsfluss sicherzustellen,
- das Projekt zu steuern,
- Durchlaufzeiten zu reduzieren und
- eine lernende Organisation zu schaffen.

Das Projektmanagement umfasst alle Aufgaben zur Leitung eines Projekts. In diesem Zusammenhang ist der Unterschied zwischen den Begriffen *Projekt* und *Modernisierung* zu bestimmen. Die Begrifflichkeit des *Projektes* bezieht sich auf die Umsetzung von einzelnen Maßnahmen mit einer Einmaligkeit der Bedingungen, mit einer Abgrenzung der personellen, sachlichen, finanziellen und zeitlichen Ressourcen und ist durch einen Anfang und ein Ende gekennzeichnet (August 1987). Der Begriff *Modernisierung* hingegen beschreibt die kontinuierliche fortlaufende rationale Anpassung von Strukturen, Aktivitäten und Verhaltensweisen an neue Erfordernisse der Gegenwart oder der Zukunft. Der Prozess der Modernisierung hat jedoch kein Ende.

Bei dem Projektmanagement werden das „WER“, „WAS“, und „WIE“, d. h. z. B. die Projektorganisation und -mitarbeiter, die Projektziele und -aufgaben sowie die einzusetzenden Instrumente und die Vorgehensweise festgelegt, um das Projekt erfolgreich abzuschließen (Dombrowski u. Quack 2007). Der Erfolg von Projekten kann anhand dreier Faktoren beurteilt werden: Kosten/Budget (für die eingesetzte Arbeitskraft, die Ressourcen und Finanzmittel), Zeit/Termin (Projektdauer und Endtermin) und Ergebnis/Qualität (als qualifizierbarer und quantifizierbarer Projektoutput). Diese Faktoren bilden das so genannte magische Dreieck des Projektmanagements, das in Abbildung 29 dargestellt ist. Die Verbindung durch die Dreieckskanten symbolisiert die gegenseitige Abhängigkeit diese Faktoren. Dies bedeutet, dass ein Faktor nicht ohne gleichzeitige Veränderung der anderen Elemente variiert werden kann. Darüber hinaus ist es auch möglich den Kanten Bedeutungen beizumessen: Produktivität als Kante zwischen Kosten und Zeit, Effektivität zwischen Ergebnis und Zeit und Rentabilität zwischen Ergebnis und Kosten (Litke 2005).

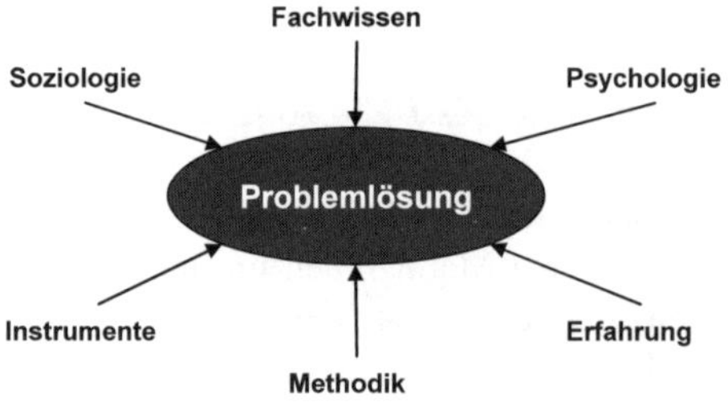

Abb. 29. Das „magische Dreieck" und die Erfolgsfaktoren des Projektmanagements

Wie kann man feststellen, ob ein Projekt erfolgreich ist? Der Erfolg eines Projektes hängt nicht nur von den eingesetzten Methoden und Instrumenten ab. Die soziale und psychologische Kompetenz der Projektleitung sowie das Fachwissen und die Erfahrung der Mitarbeiter sind weitere wichtige Punkte. Neben den „harten" Faktoren (wie z. B. Einhaltung von Vorgaben zu Termin, Budget, Qualität und Quantität) müssen „weiche" Faktoren (wie z. B. Zufriedenheit des Projektteams mit dem Projektverlauf und den Perspektiven am Projektende) Berücksichtigung finden (Kuster et al. 2005).

Zur Realisierung des Projektmanagements muss die Projektorganisation in die bestehende Aufbauorganisation des Unternehmens eingebunden werden. Die Aufbauorganisation regelt die Aufteilung der Aufgaben eines Unternehmens auf verschiedene Einheiten und die Beziehungen zwischen diesen Einheiten (REFA 1993). Die Aufbauorganisation beschäftigt sich demnach mit der Frage: Wer macht was bei der Erfüllung einer Unternehmensaufgabe (z.B. Abwicklung eines Kundenauftrages). Die Mitarbeiter, die in der bestehenden Aufbauorganisation fest eingeordnet sind, müssen neben der Projektarbeit auch ihren täglichen Aufgaben nachkommen. In diesem Zusammenhang ist die Entscheidung notwendig, inwiefern die Projektorganisation in die bestehende Aufbauorganisation eingebunden ist und sichergestellt werden kann, dass die involvierten Mitarbeiter keiner Doppelbelastung ausgesetzt werden.

In kleinen und mittleren Unternehmen müssen im Vergleich zu großen Unternehmen die Aufgaben der Implementierung von Maßnahmen zur Modernisierung mit weniger Ressourcen durchgeführt werden. Es gibt keine Stabsstellen oder Expertenteams. Die erforderliche Sachkompetenz müssen sich die Geschäftsführer und die Mitarbeiter selbst erarbeiten (s. Kap. 4.8) (Spath 2003). Ein kleines Koordinationsteam (beispielweise der Geschäftsführer und ein Mitarbeiter in einer Leitungsposition) übernehmen die Aufgaben des Projektmanagements, die Inhalte werden anschließend von Umsetzungsteams umgesetzt.

Im Rahmen des Forschungsprojekts ProfiL wurden verschiedene Pilotprojekte in unterschiedlichen Unternehmensbereichen zur Einführung von Maßnahmen zur Modernisierung gestartet. Die Pilotprojekte wurden von kleinen Umsetzungsteams, die beispielsweise aus einem externen Berater, dem Geschäftsführer und einigen Mitarbeitern bestanden, durchgeführt. Abbildung 30 stellt das Projektmanagement, wie es beim Projekt ProfiL durchgeführt wurde, exemplarisch dar.

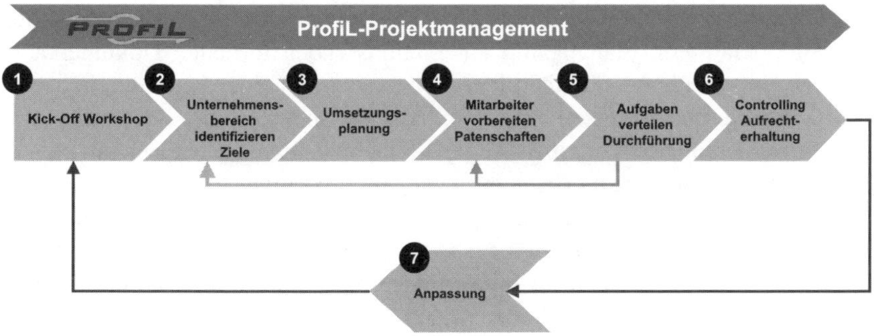

Abb. 30. Darstellung des ProfiL-Projektmanagements

In einem Kick-Off Workshop mit einem externen Berater, dem Geschäftsführer und den Mitarbeitern wird das Ziel des Projekts vorgestellt. Zudem werden einerseits die Unternehmensbereiche, die von der Einführung der Maßnahme betroffen sind, identifiziert, andererseits die Ziele des Projektes im Bezug auf Leistung, Kosten und Zeit definiert. Zuletzt wird ein Projektleiter benannt und ein Koordinationsteam gebildet. Mitglieder sind der Geschäftsführer, Mitarbeiter in Leitungspositionen sowie (falls vorhanden) externe Experten. Das Koordinationsteam ist für die fachliche Umsetzungsplanung verantwortlich und koordiniert die vielfältigen Aktivitäten, die im Rahmen der Durchführung entstehen. Das Koordinationsteam trifft sich regelmäßig (Schritt 1 und 2).

Im nächsten Schritt, der Umsetzungsplanung (Schritt 3), werden die Finanzmittel und der Ressourcenbedarf, welche für die Umsetzung benötigt werden, grob bestimmt. Um die konkreten Aufgaben der Implementierung zu bearbeiten wird ein Umsetzungsteam aufgebaut. Mitglieder sind hierbei der Projektleiter und die Mitarbeiter, die die konkreten Aufgaben implementieren sollen. Die Einführung von Maßnahmen zur Modernisierung kann nur dann erfolgreich sein, wenn es gelingt, alle involvierten Mitarbeiter für dieses Vorhaben zu gewinnen (vgl. Kapitel

3.4) (Dombrowski u. Quack 2007). Die neu eingeführten Maßnahmen entfalten ihre volle Wirkung, wenn die Mitarbeiter sie mit Leben füllen, sich in die neuen Prozesse hineinfinden und mit den neuen Methoden arbeiten (Spath 2003). Aus diesem Grund ist es zwingend erforderlich im nächsten Schritt die Mitarbeiter in die Planung und Umsetzung einzubinden (Schritt 4). Dafür wurde im Forschungsprojekt ProfiL das Konzept Mitarbeiter-Methoden-Patenschaft (s. Kap. 4.8) entwickelt, in welchem ausgewählte Mitarbeiter für die erfolgreiche Umsetzung und das Weiterleben einer bestimmten Methode als „Pate“ agieren (Dombrowski et al. 2002c). Auf diese Weise kann jeder Mitarbeiter seine Fähigkeiten einbringen und es entsteht eine „win-win“ Situation für die KMU und den Mitarbeiter.

Die genauere Verteilung von Aufgaben findet im nächsten Schritt (Schritt 5) statt und wird von dem Koordinationsteam vorgenommen. Es wird konkret festgelegt, wer was bis wann macht. Es werden die Ablaufabfolge der einzelnen Aktivitäten verfeinert, die benötigten Mitarbeiter und Ressourcen in Quantität, Qualität und zeitlicher Hinsicht detailliert geplant, gesteuert und kontrolliert.

Hierbei muss zwischen zwei Extremen entschieden werden. Auf der einen Seite kann eine detaillierte Planung mit einer umfassenden formalen Dokumentation, zentralen Entscheidungen, einheitlichen Lösungen und einer kontinuierlichen Ergebniskontrolle und Anreizen existieren. Auf der anderen Seite haben die Mitarbeiter keine detaillierte Vorgaben, keine direkten Handlungsanweisungen oder enge Kontrolle. Wichtig ist hier eine ausgewogene Mischung zwischen einer starren und einer hochflexiblen aber schwer zu steuernden Organisation zu finden. Die Gestaltung menschengerechter Arbeitsbedingungen erschließt die Chance, dic Potenziale der Mitarbeiter auch für Innovationen und zur Bewältigung von Komplexität und Unsicherheit zu erschließen (Spath 2003).

Da die Koordination der Pilotprojekte meist durch den Geschäftsführer erfolgt, treten bei der Umsetzung der Projekte oft Probleme hinsichtlich Kontinuität oder Zeit auf. Die hohe Auslastung der Geschäftsführer resultierend aus dem Tagesgeschäft, die Grenzen der Planbarkeit im Unternehmen und die komplexe Koordination beeinflussen den Erreichungsgrad der Ziele der gestarteten Projekte stark (Krippner 2003). Um diese Situation zu bewältigen und damit die Wettbewerbsfähigkeit der KMU auch weiterhin sicherzustellen, sind eine kontinuierliche Kontrolle und ein stetes Anpassen der Projekte notwendig. Dies geschieht in den nächsten zwei Schritten (Schritt 6 und 7). Im Rahmen des Forschungsprojekts ProfiL wurde dafür ein tabellarisches Controllingblatt erstellt (s. Abb. 31).

Projektcontrolling							PROFIL
U-Bereich	**Pilot-projekt**	**Verbesserungsidee / Geplante Methode(n)**	**Ziel-termin**	**Status (ggf. inkl. nächste Schritte)/ Ergebnis**	**Verant-wortlich**	**Erfül-lungs-grad**	**Pro-zess-treue**
Alle Bereiche	Aufnahme der Prozesse des Unter-nehmens	Workshops zur Einleitung, Aufnahme und Review Schnittstellen sollten reduziert werden um die Entscheidungs-spielräume zu vergrößern	**KW 16**	**Einleitung der Prozessaufnahme und Modellierung von Geschäftsprozessen** **Erstellung einer Prozesslandkarte** **Elektronische und graphische Modellierung der Prozesse mit Viflow** **Review des Ist-Zustandes der Prozesse** (im Besonderen des Auftragsabwicklungsprozesses) **Definition von Maßnahmen, Festlegung der Verantwortlichen** (ist noch offen)	Crespo Bergmann Lacker MA		
Pro-duktion	Basis-Methoden Work-shops	Mittels der Basis-Methoden-Workshops werden MA und GF geschult um Verbesserungs-maßnahmen durchzuführen	**KW 25**	**Einführung des Workshops wurde durchgeführt** **Durchführung der 5A-Methode ist geplant**	Crespo Bergmann Lacker MA		

Abb. 31. Controllingblatt für die Projekte

In der Abbildung 31 ist das Controllingblatt dargestellt. In tabellarischer Form werden der Unternehmensbereich und der Name des Projekts, eine kurze Beschreibung der geplanten Methode, Zieltermin und Erläuterung des Status, sowie die Namen der Verantwortlichen festgehalten. Weiterhin wird mit einer bildlichen Darstellung (Kreisdiagramm) der aktuelle Erfüllungsgrad des Projektes repräsentiert. Die Darstellung der Prozesstreue erfolgt mittels einer Ampel, die je nachdem ob der vereinbarte Zieltermin eingehalten, gefährdet bzw. überschritten wird, grün, gelb oder rot anzeigt. Die Controllingblätter haben sich als ein sehr gutes und zuverlässiges Instrument zur Steuerung und Kontrolle von Projekten bewiesen und sind Grundlage eines regelmäßigen, prozessbegleitenden Controllings, das die Fortschritte der Projekte steuert und überwacht. Außerdem werden mit Hilfe dieser Blätter Abweichungen im Projektverlauf identifiziert und darüber hinaus ausgewählte Projektschritte erneut durchlaufen. Dadurch wird die Zielerreichung des Projektes gewährleistet.

Der Einsatz des Projektmanagements ist eine notwendige, aber keinesfalls hinreichende Bedingung zur erfolgreichen Realisierung der Pilotprojekte. Zur zielgerichteten Bewertung und Lenkung der Veränderung des Unternehmens im Kontext der Modernisierung soll der Grad der Zielerreichung sowie die Ergebnisse der Pilotprojekte kontinuierlich ermittelt werden. Dafür ist der Einsatz geeigneter Messgrößen und Lenkungsmechanismen notwendig. Im nächsten Kapitel wird daher ein Überblick über Bewertung und Lenkung von Modernisierungsprozessen gegeben.

4.6 Bewertung und Lenkung von Modernisierungsprozessen

Lars Bergmann, Isabel Crespo

Die integrierte Modernisierung verfolgt als ein zentrales Ziel die Veränderung des Unternehmens im Sinne einer Anpassung an die Erfordernisse der Unternehmensumwelt. Damit geht die Anforderung einher, nicht nur Ziele zu definieren und geeignete Konzepte auszuwählen und einzuführen, sondern auch fortlaufend den Grad der Zielerreichung zu ermitteln, um die initiierten Maßnahmen im Sinne eines Managementregelkreises systematisch lenken zu können (Malik 2000) (s. Abb. 32).

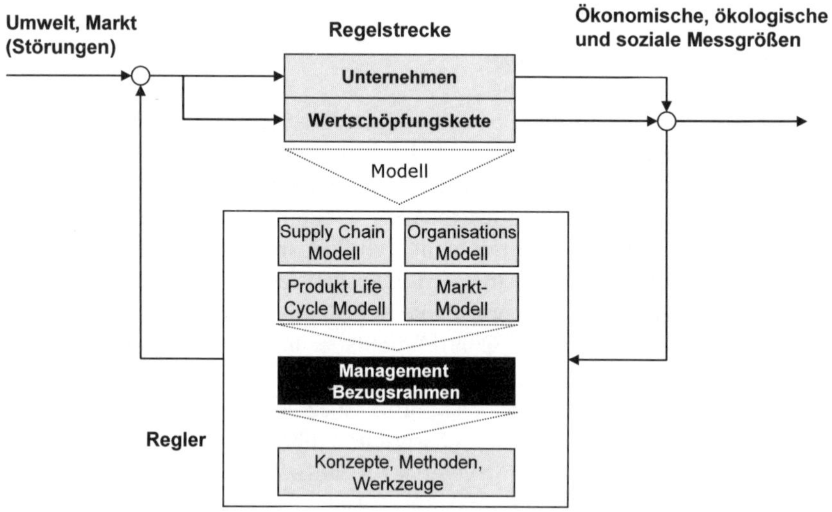

Abb. 32. Managementregelkreis

Im Managementregelkreis stellt das Unternehmen die Regelstrecke dar, auf die verschiedene Umweltgrößen als Störgrößen einwirken. Das Unternehmen erzeugt unterschiedliche Arten von Ergebnissen, die mittels geeigneter Messgrößen ermittelt werden können. Diese Messgrößen werden in Form unternehmerischer Kennzahlen ermittelt und von der Geschäftsführung ausgewertet, so dass diese eine Entscheidungsgrundlage für die Initiierung neuer Maßnahmen hat. Damit übernimmt die Geschäftsführung die Funktion eines Reglers. Anhand des Managementregelkreises wird deutlich, dass ohne den Einsatz geeigneter Kennzahlen eine zielgerichtete Lenkung der Modernisierung nicht möglich ist, da Veränderungen nicht erfasst und mit den gewünschten Veränderungen abgeglichen werden können.

Eine weitere Grundlage für Lenkungseingriffe stellt das modellhafte Verständnis des Unternehmens und seiner Umwelt dar. Jede Führungskraft hat bezüglich seiner verantworteten Unternehmung oder Abteilung eine Vorstellung davon, wie sich Maßnahmen für Veränderungen innerhalb des Unternehmens oder der Abteilung auswirken. Diese Vorstellung repräsentiert ein mentales Modell des Unternehmens oder der Abteilung und bildet in Kombination mit einer Bewertung von Messgrößen die Grundlage für die Entscheidung über Lenkungseingriffe dar. Verschlechtert sich z.B. die Ausschussrate in der Produktion, so wird zunächst die Veränderung der qualitätsbezogenen Kennzahl „Ausschussrate" sichtbar. Auf Basis einer modellhaften Vorstellung über die Auswirkungen möglicher Verbesserungsmaßnahmen können im nächsten Schritt verschiedene Maßnahmen gedanklich durchdacht werden. Dabei kommt dem Wissen der Führungskraft über das Unternehmen sowie dem zugrunde liegenden Managementkonzept eine zentrale Bedeutung zu, da es die Bewertung möglicher Handlungsalternativen im Sinne eines Denkmodells beeinflusst. Erst die Kombination aus der Bewertung der Ist-Situation und einem Managementkonzept ermöglicht somit die Entscheidung für konkrete Verbesserungsmaßnahmen.

Ökonomische, ökologische und soziale Kennzahlen

Für die Bewertung der Zielerreichung von Modernisierungsmaßnahmen ist es notwendig, Kennzahlen einzuführen, deren fortlaufende Beobachtung es ermöglichen zu erkennen, ob gewünschte Veränderungen erreicht werden (Gomez 1983). Damit eine ganzheitliche Perspektive bei der Bewertung eingenommen werden kann, ist es mit Perspektive auf das Modell lebensfähiger Systeme notwendig sowohl betriebswirtschaftliche, als auch umwelt- und mitarbeiterbezogene Veränderungen zu erfassen (Herrmann et al. 2007b). Der Bezugsrahmen zum Ganzheitlichen Life Cycle Management greift die ganzheitliche Perspektive auf und integriert die ökonomische, ökologische und soziale Bewertungsdimension in einen Handlungsrahmen. Bekannte Beispiele für die Messung ökonomischer Veränderungen sind die Erhebung der Kundenzufriedenheit oder der Produktivität (Schürrle 1996). Ökologische Veränderungen können dagegen z.B. durch die Ermittlung der Energieeffizienz oder der emittierten Schadstoffmengen bewertet werden (Schultz 2002).

Die Perspektive der integrierten Modernisierung erfordert jedoch neben der Bewertung von ökonomischen und ökologischen Veränderungen auf Ebene des Unternehmens auch eine Bewertung von sozialen Veränderungen auf der Ebene von Mitarbeitern, um dem Anspruch der Ganzheitlichkeit gerecht zu werden. Während die Bewertung von ökonomischen Kennzahlen in vielen Unternehmen gängige Praxis ist, erfolgt eine umfassende soziale Bewertung (z.B. des Einflusses personeller und organisatorischer Maßnahmen auf Mitarbeiterebene) nur in seltenen Fällen. Zumeist beschränkt sich die soziale Bewertung auf die Ermittlung einfacher Kennzahlen, z.B. der Krankheitstage oder der Überstunden. Im Sinne einer ganzheitlichen Perspektive wird im Kapitel 4.7 daher über die ökonomische und ökologische Bewertung hinaus auch die soziale Bewertung von Veränderungen dargestellt.

Für die ökonomische Bewertung von Veränderungen auf Unternehmensebene steht eine Vielzahl unternehmerischer Messgrößen zur Verfügung (Reichmann 2001), die Unternehmen typischerweise aus ihren Planungs- und Steuerungssystemen, z.B. PPS- der ERP-Systemen beziehen (z.B. Bruttoumsatz, Anzahl Kundenreklamationen pro Monat, Produktivität, etc.). Diese Messgrößen stellen z.B. Leistungs-, Qualitäts-, Logistik-, Erlös- oder Kostengrößen dar, die den aktuellen Stand und die Veränderungen der betrieblichen Leistungserstellung repräsentieren. Durch eine Kombination verschiedener Messgrößen können Kennzahlensysteme entwickelt werden (Reichmann 2001), die für eine umfassende Fortschrittsmessung von Modernisierungsmaßnahmen genutzt werden können. Der Nutzen der betriebswirtschaftlichen Fortschrittsmessung liegt dabei in der Generierung einer Informationsgrundlage für die zielgerichtete Entscheidung über Lenkungseingriffe. Wird z.B. ein neues Konzept zur Verbesserung der Qualität eingeführt, so dienen Qualitätsmessgrößen wie z.B. die Ausschuss- oder Nacharbeitsrate als Bewertungsgrundlage, ob das neue Konzept seine gewünschten Ergebnisse erzielt.

Während ökonomische Messgrößen heute in unterschiedlichster Form ermittelt und für die Lenkung von Maßnahmen eingesetzt werden, stellen ökologische Messgrößen ein relativ neues Handlungsfeld dar. Durch die Einführung von Umweltmanagementsystemen und die steigenden rechtlichen Anforderungen im Bereich des betrieblichen Umweltschutzes nutzen Unternehmen zunehmend auch ökologische Kennzahlen wie z.B. den Energieverbrauch oder den CO_2-Ausstoß pro Produkt oder Periode (Brauer 1996; Brennecke et al. 1998). Die Nutzung ökologischer Kennzahlen für die Lenkung von Maßnahmen ist insbesondere vor dem Hintergrund des gestiegenen Umweltbewusstseins von Gesellschaft und Kunden relevant. Werden durch die Einführung neuer Konzepte ökonomische Kennzahlen, z.B. Kosten, verbessert, muss gleichzeitig beobachtet werden, ob sich ökologische Kennzahlen ggf. verschlechtert haben (Schultz 2002). So kann z.B. die durchgängige Einführung des Just-in-Time Konzeptes die Lagerbestandskosten drastisch senken, jedoch gleichzeitig den CO_2-Ausstoß für den Transport je Produkt verschlechtern (Herrmann et al. 2007c). Dieser Effekt kann z.B. durch die Auswahl energieineffizienterer Transportmittel für häufige Lieferungen kleiner Mengen entstehen.

Interne und externe Kennzahlen

Bei der Entwicklung von Kennzahlen muss zwischen dem Fokus von Kennzahlen unterschieden werden. Um eine umfassende Abdeckung mit Kennzahlen zu erreichen, können Kennzahlen entsprechend der Struktur des Modells lebensfähiger Systeme vereinfacht in interne und externe Größen unterschieden werden. Die internen Kennzahlen stellen Unternehmenskennzahlen dar und beschreiben die Zustände, Merkmale und Leistungen des Unternehmens als solches, d.h. beschreiben leistungswirtschaftliche, finanzwirtschaftliche, soziale und führungsbezogene Aspekte (Scheibeler 2004; Gladen 2005). Externe Kennzahlen repräsentieren Umwelt- und Konkurrenzkennzahlen. Konkurrenzkennzahlen beschreiben wichtige Wettbewerbsaspekte, welche aus der Umweltanalyse der Positionsbestimmung abgeleitet werden können. Dabei können nicht nur die Preis-, Kosten- und Geschäftsentwicklungen der Wettbewerber, sondern auch die Einschätzung der Verletzbarkeit von Wettbewerbern verwendet werden. Weiterführende Umweltkennzahlen ermöglichen die Erfassung von Veränderungen außerhalb des Unternehmens, die nicht in den Bereich der Konkurrenzkennzahlen fallen, z.B. Kundenkennzahlen oder Rohstoffkosten.

Kurzfristige und langfristige Kennzahlen

Kennzahlen müssen weiterhin hinsichtlich des Zeithorizontes und der Fähigkeit zur Berücksichtigung der Dynamik von Veränderungen in kurz- und langfristige Kennzahlen unterschieden werden. Vereinfacht können Kennzahlen entsprechend in Frühindikatoren und Spätindikatoren unterschieden werden (Gomez 1983). Im Rahmen der Entwicklung von kurz- zu langfristigen Kennzahlensystemen beschreiben Informationssysteme die *erste Generation* von Kennzahlensystemen. Informationssysteme werden heute in nahezu allen Unternehmen eingesetzt und dienen im Wesentlichen dem Zweck eines laufenden Soll-Ist-Vergleichs. Die *zweite Generation* von Kennzahlen repräsentieren so genannte Indikatorkataloge. Während die kurzfristig ausgerichteten Informationssysteme lediglich die Entwicklungen von Veränderungen innerhalb eines Geschäftsjahres fokussieren, ermöglichen Indikatorenkataloge durch das Erfassen von schwachen Signalen längerfristige Veränderungen zu berücksichtigen. Das Konzept der „schwachen Signale“ von Ansoff ermöglicht die Reaktion auf Veränderungen auf der strategischen Ebene (Ansoff 1976). Der Ansatz von Ansoff beruht auf der Idee, neue Situationen aus strategischer Perspektive anhand der von ihnen ausgehenden schwachen Signale möglichst frühzeitig zu erkennen und die strategische Planung entsprechend anzupassen. Die *dritte Generation* von Kennzahlensystemen kann als „Strategisches Radar“ bezeichnet werden (Gomez 1983). Damit sollen strategisch relevante Informationen als Grundlage zur Entscheidung über strategische Handlungsalternativen erfasst werden. Damit einher gehen das Problem der Berücksichtigung der Dynamik von Veränderungen und der Anforderungen an eine Modellbildung zur Beschreibung wichtiger kausaler Zusammenhänge.

Lenkbare und nicht lenkbare Kennzahlen

Unabhängig von dem Fokus und Zeithorizont von Kennzahlen erfordert die Einführung eines Kennzahlensystems neben der Definition von Kennzahlen auch eine – zumindest gedankliche – Entwicklung eines zugehörigen Lenkungsmodells (s. Abb. 33). Das Ziel der Entwicklung eines Lenkungsmodells besteht darin, die Problemsituation vor dem Hintergrund der tatsächlich bestehenden Lenkungsmöglichkeiten der Problemsituation abzubilden (Gomez 1978, 1983). Neben Kennzahlen gilt es daher, zugehörige Maßnahmen im Sinne von Entscheidungsregeln so festzulegen, dass die betrachteten Größen auch tatsächlich verändert werden können. Es muss daher zwischen lenkbaren und nicht lenkbaren Größen unterschieden werden (s. Abb. 33).

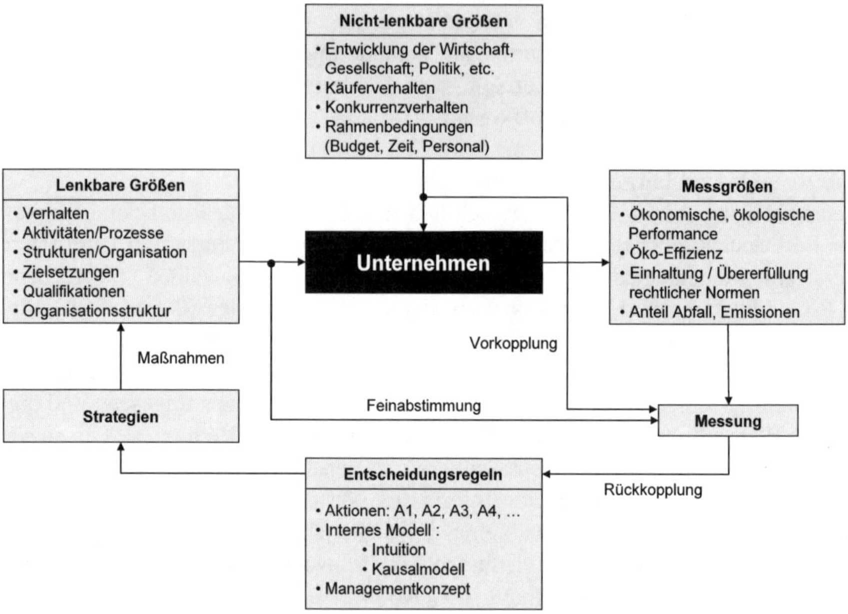

Abb. 33. Vereinfachtes Lenkungsmodell für ein Unternehmen, in Anlehnung an (Gomez 1978)

Während nur die lenkbaren Größen Ansatzpunkte für Maßnahmen bieten, können die nicht lenkbaren Größen nur sorgfältig beobachtet werden. Lenkbare im Sinne direkt beeinflussbarer Kenngrößen sind z.B. die Anzahl der Gruppengespräche oder der Lagerbestand von Kaufteilen. Nichtlenkbare Kenngrößen sind dagegen nicht direkt durch das Unternehmen zu beeinflussen, z.B. die Kundenzufriedenheit oder der Rohstoffpreis. Aus der Perspektive der Balanced Scorecard repräsentiert die Mehrheit der Kennzahlen aus der Finanz- und Kundenperspektiven nicht lenkbare Variablen und aus der Prozess- und Mitarbeiterperspektive lenkbare Variablen. Tabelle 15 ordnet ausgewählte lenkbare und nicht lenkbare Kennzahlen den vier Balanced Scorecard Perspektiven Finanzen, Kunden, Prozesse und Mitarbeiter zu.

Tabelle 15. Lenkbare und nicht lenkbare Größen aus Perspektive der Balanced Scorecard

Nicht lenkbare Größen		Lenkbare Größen	
Perspektive Finanzen	Perspektive Kunden	Perspektive Prozesse	Perspektive Mitarbeiter
Bruttoumsatz	Kundenreklamationen	Produktivität	Anzahl Gruppengespräche
Betriebsergebnis	Termintreue	Ausschuss- und Nacharbeitsanteil	Anzahl Einzelgespräche zwischen Geschäftsführung und Mitarbeitern
Erlösschmälerungen	Anzahl Neukunden/Jahr	Lagerbestand Kaufteile	Anzahl 5S-Audit
Materialkosten	Umsatzanteil mit Neukunden	Lagerbestand	Arbeitsergonomie
Personalkosten	Umsatzverteilung auf Kunden	Lagerbestand Fertigteile	Schulungsstunden
Sachkosten	Umsatzverteilung auf Vertriebsgebiete	Umschlaghäufigkeit Fertigteile	Anzahl Mehrfachqualifizierter Mitarbeiter
Ergebnis		Umschlaghäufigkeit Kaufteile	Anzahl Mitarbeiter
		Umschlaghäufigkeit	

Objektbezogene Kennzahlen und verdichtete Indizes

Für die Gestaltung eines Kennzahlensystems ist weiterhin zwischen direkt objektbezogenen und verdichteten Kennzahlen, den so genannten Indizes zu unterscheiden. Neben der direkten Anwendung der objektbezogenen Kennzahlen (z.B. Umsatz) können diese zu dimensionslosen Indizes zusammengeführt werden. Indizes können Werte zwischen 0 und 1 annehmen. Zum Beispiel kann das Verhältnis einer möglichen Arbeitsleistung (z.B. 100 Stück / 1 Stunde) zur tatsächlichen Arbeitsleistung (z.B. 70 Stück / 1 Stunde) als 0,7 abgebildet werden. Entsprechend folgender Definition werden Indizes unterschieden (vgl. Abb. 34) (Gomez et al. 1975):

- *Realitätswert*: Wert, der unter gegebenen Mitteln und Rahmenbedingungen momentan tatsächlich erreicht wird.
- *Kapabilitätswert*: Wert, der unter gegebenen Mitteln und Rahmenbedingungen momentan erreicht werden könnte, wenn jede Möglichkeit ausgeschöpft werden würde.
- *Potenzialitätswert*: Wert, der in naher Zukunft praktisch realisiert werden könnte, wenn Hindernisse beseitigt und alle eigenen Mittel weiterentwickelt und vollständig ausgeschöpft werden würden.
- *Produktivitätswert*: Die Messgröße Produktivität stellt einen weitläufig bekannten Index dar. Dabei setzt der Index Produktivität die Kapabilität ins Verhältnis zur Realität. Im obigen Beispiel beträgt die Produktivität 0,7. Die Beobachtung der Entwicklung der Produktivität ist in sofern wichtig, als dass sie Aufschluss über Störungen eines Bereichs aufzudecken vermag.

- *Latenzwert*: Das Verhältnis von Potenzialität zur Kapabilität wird als Latenz bezeichnet. Der Index Latenz integriert die Entwicklung und Zukunft in das Kennzahlensystem. Dazu werden z.B. die im Rahmen der Strategie- und Balanced Scorecard-Entwicklung zu definierenden potenzielle zu erreichenden Werte herangezogen.

Die Abbildung 34 zeigt den Zusammenhang zwischen den objektbezogenen Realitäts-, Kapabilitäts- und Potenzialitätskennzahlen und den dimensionslosen Indizes Latenz, Produktivität und Gesamtleistung.

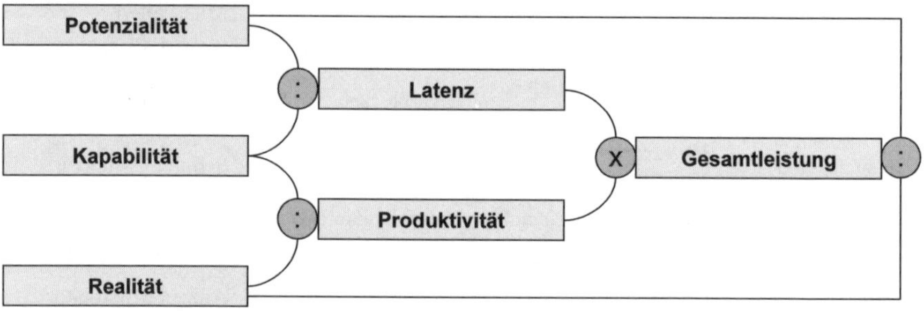

Abb. 34. Objektbezogene Kennzahlen und dimensionslose Indizes

Entscheidungen auf Basis von Kennzahlen

Auf Basis der Bewertung von Veränderungen von Kennzahlen kann ermittelt werden, ob sich Veränderungen in die zuvor definierte Richtung entwickeln oder ob sich Abweichungen hinsichtlich der geplanten Veränderungen zeigen. Damit stellt die Bewertung auf Basis von Kennzahlen und Indizes eine wichtige Grundlage für die Entscheidung über die zu lenkenden Maßnahmen auf jeder hierarchischen Ebene dar. Während auf der Ebene der Unternehmensführung strategische Entscheidungen zu treffen sind, ist die mittlere Führungsebene im Unternehmen für die taktischen und operativen Entscheidungen verantwortlich und die operative Ebene ausschließlich für operative Entscheidungen verantwortlich. In einem KMU kommen aufgrund der geringen hierarchischen Ausprägung oftmals alle drei Arten von Entscheidungen der Geschäftsführung zu (s. Abb. 35).

Hierarchie	Entscheidungsart	Zeitliche Frequenz
Unternehmensführung	Strategische Entscheidungen	Monatlich - Jährlich
Mittlere Führungsebene	Taktische und operative Entscheidungen	Wöchentlich - Monatlich
Operative Ebene	Operative Entscheidungen	„Echtzeit" - Wöchentlich

Abb. 35. Entscheidungsarten im Unternehmen, verändert nach (Wild 1982)

Für die Umsetzung von Bewertungs- und Lenkungsaktivitäten ist der Einsatz geeigneter Führungs- und Kommunikationsinstrumente eine wichtige Voraussetzung. Die Balanced Scorecard stellt ein solches Führungs- und Kommunikationsinstrument dar, das auf Grundlage der Bewertung und Kommunikation von Messgrößen verschiedener Perspektiven eine Lenkung von Veränderungen durch die Beeinflussung der Mitarbeiterverhaltensweisen ermöglicht (s. Teil 2, Kapitel 3).

4.7 Bewertung von Veränderungen aus Sicht der Mitarbeiter

Anne Spychala

Im Sinne einer ganzheitlichen, integrierten Perspektive der Modernisierung gilt es auch soziale Veränderungen zu erfassen. Zwar können neue Konzepte ökonomische Kennzahlen, z.B. die Durchlaufzeit, bereits nach kurzer Zeit verbessern, jedoch muss dabei gleichzeitig auch erfasst werden, ob mit den neuen Lösungen negative soziale Veränderungen für Mitarbeiter auftreten, die langfristig den erarbeiteten Erfolg zunichte machen. Daher ist es wichtig zu beurteilen, wie sich Veränderungen durch neue Konzepte im Unternehmen in Bezug auf die Arbeitsbedingungen der Mitarbeiter niederschlagen. Durch die Einführung neuer Konzepte können sich im schlimmsten Fall die Arbeitsbedingungen verschlechtern und die Gesundheit der Mitarbeiter beeinträchtigen, was in der Folge zu größeren Fehlzeiten und schlechterer Leistung führen kann.

Auch eine mangelnde Akzeptanz neuer Lösungen durch die Mitarbeiter kann die effektive Umsetzung von Veränderungen verzögern oder gar verhindern. Veränderungen im Sinne neuer Lösungen und Konzepte können nur dann effektiv umgesetzt werden, wenn die Mitarbeiter die Veränderungen verstehen, akzeptieren und selbst dahinter stehen (vgl. Kapitel 3.4). Zur sozialen Bewertung von Modernisierungsmaßnahmen muss daher auch die Mitarbeiterebene in die Bewertung einbezogen werden. Zu diesem Zweck können zum einen arbeitspsychologische Kriterien der Arbeitssituation, zum anderen mögliche Auswirkungen der Arbeitssituation betrachtet werden (Greif 1991b; Hacker 1995; Richter u. Hacker 1998). Förderliche Merkmale der Arbeitssituation zur Weiterentwicklung der Mitarbeiter sind z.B. ausreichend große Handlungs- und Entscheidungsbefugnisse, eine Variabilität der Aufgaben, frühzeitige und genaue Rückmeldungen über Quantität und Qualität der erledigten Arbeit, Lernmöglichkeiten und Beteiligung an betrieblichen Planungsprozessen. Konzepte wie z.B. die ganzheitliche Maschinenwartung (TPM) fördern ganz explizit die Ausweitung der Handlungs- und Entscheidungsbefugnisse von Maschinenbedienern, indem sie Wartung, Pflege, Reparatur und Instandsetzung in den Verantwortungsbereich des Bedieners integrieren. Dagegen sind Arbeitssituationen mit sich häufig wiederholenden belastenden Faktoren, so genannten Stressoren, zu vermeiden.

Stressoren sind ein fester Bestandteil des Arbeitslebens und können sowohl einzelne kritische und belastende Ereignisse sein (z.B. Mitarbeiterentlassungen) aber auch vermeintlich kleine Probleme darstellen (z.B. Lärm, häufige Konflikte mit Kollegen, Schichtarbeit, etc.), die bei seltenem Auftreten keine negative Auswirkungen haben. Dauern sie allerdings über einen längeren Zeitraum an, können sie eine schädliche Wirkung hervorrufen. Stressoren am Arbeitsplatz lassen sich dabei in folgende drei Kategorien einteilen (Semmer 1984; Leitner et al. 1987). Stressoren können unterschieden werden, inwiefern sie:

- die Erledigung von Aufgaben behindern (zum Beispiel Arbeitsunterbrechungen, technische oder organisatorische Probleme im Arbeitsablauf),
- Mitarbeiter verunsichern, wie sie Aufgaben überhaupt erledigen sollen (zum Beispiel Überforderung, unklare oder sich widersprechende Pflichten),
- eine Arbeitsgeschwindigkeit oder -intensität verlangen, welche Mitarbeiter nur schwer erbringen können (zum Beispiel Zeitdruck, Konzentrationsanforderungen).

Potenzielle Auswirkungen belastender Arbeitssituationen zeigen sich im Befinden und der Gesundheit der Mitarbeiter, aber auch in deren Verhalten und in ihren Leistungen (Wenchel 2001). Im Bereich Befinden kann es zum Beispiel zu Unzufriedenheit mit der Arbeit, Gereiztheit, Anspannung und Frustration kommen. Auswirkungen auf die Gesundheit zeigen sich häufig in Schlafstörungen, erhöhter Herzfrequenz und längerfristig in Herz-Kreislauferkrankungen. Außerdem verschlechtern sich unter belastenden Arbeitsbedingungen oft Quantität und Qualität der Arbeitsleistung (vor allem bei Stressoren, die von den Mitarbeiterinnen und Mitarbeitern als nicht oder kaum beeinflussbar erlebt werden) und das Engagement für die Arbeit (vor allem bei fehlenden förderlichen Merkmalen der Arbeitssituation wie zum Beispiel fehlenden Handlungs- und Entscheidungsbefugnissen). Ziel von Modernisierungsmaßnahmen sollte es daher immer auch sein, im Rahmen der Modernisierung die Arbeitsbedingungen der Mitarbeiter zu verbessern, mindestens jedoch nicht zu verschlechtern.

Um Modernisierungsmaßnahmen ganzheitlich zu bewerten, ist daher neben einer ökonomischen und ökologischen Bewertung auf Unternehmensebene auch immer eine sozial ausgerichtete Bewertung auf Mitarbeiterebene notwendig. Dazu sollten die genannten arbeitspsychologischen Kriterien, also förderliche Arbeitsmerkmale, Stressoren und potenzielle Auswirkungen, objektiv durch so genannte Arbeitsplatzanalysen (Dunckel 1999) und subjektiv durch anonyme, schriftliche Befragungen der Mitarbeiter (vgl. Teil 2, Kapitel 10) erfasst werden. Die integrative Erfassung und Bewertung von Veränderungen auf allen drei Ebenen ist für Führungskräfte eine wesentliches Voraussetzung zur zielorientierten Lenkung der integrierten Modernisierung.

4.8 Qualifizierungskonzept zur integrierten Modernisierung

Uwe Dombrowski, Isabel Crespo

Eine strategisch orientierte Modernisierung erfordert die Planung, Gestaltung und Lenkung verschiedener Veränderungen bezüglich der Bereiche: Mensch, Organisation und Technik. Um diese Herausforderung erfolgreich zu bewältigen, ist ein Konzept zur Identifikation, Bereitstellung und Entwicklung des dafür benötigten Wissens notwendig. Insbesondere eine kontinuierliche Mitarbeiterqualifizierung muss beim Modernisierungsprozess berücksichtigt werden. Nicht selten verhindern auch Barrieren in den Köpfen der Mitarbeiter die ständige Weiterbildung und das Akzeptieren von Veränderungsprozessen (Dombrowski et al. 2002b). Gerade KMU können sich oftmals externe Experten nicht leisten, die sie bei der Bewältigung der Aufgabenstellungen, die die Modernisierungsprozesse mit sich bringen, unterstützen (Herrmann et al. 2006a). Entsprechend müssen die Mitarbeiter mit weitergehenden Kompetenzen ausgestattet werden und demzufolge eine beträchtliche Verantwortung tragen (Spath 2003; Scheibeler 2004; Behringer 2004). Die Planung, Steuerung und Kontrolle müssen somit weitgehend in den Aufgabenbereich der Mitarbeiter gelegt werden. Die aktuelle Situation in KMU zeigt, dass die Mitarbeiterqualifizierung sich zu einem Problem entwickelt, auf das mit neuen Ansätzen reagiert werden muss.

Aus dem kontinuierlichen Druck zur Modernisierung in KMU resultiert ein veränderter Bedarf bezüglich der Qualifizierung von Mitarbeitern und Geschäftsführern. Dieser Bedarf ist von zwei wesentlichen Faktoren abhängig, die im nachfolgenden betrachtet werden. Einerseits hängt der Qualifizierungsbedarf vom Implementierungsaufwand der jeweiligen Methode oder Veränderung ab. Einige Methoden wie z. B. die 5-S Methode (Ordnung und Sauberkeit am Arbeitsplatz) werden nach Absolvierung eines kleinen Workshops oder im Rahmen eines Gespräches zwischen den Geschäftsführern und seinen Mitarbeitern erläutert und können mit einem relativ geringem Aufwand umgehend implementiert werden. Andere unternehmensübergreifende Methoden wie z. B. Kaizen (Kontinuierliche Verbesserung) erfordern das Wissen über die gesamten Prozesse des Unternehmens, was eine Implementierung ohne weitere Qualifizierung der Geschäftsführer und der Mitarbeiter sowie ohne eine Verankerung der Methode in der strategischen Ausrichtung des Unternehmens verhindert. Die folgende Abbildung 36 stellt dem Implementierungsaufwand einiger Methoden zur Modernisierung dar.

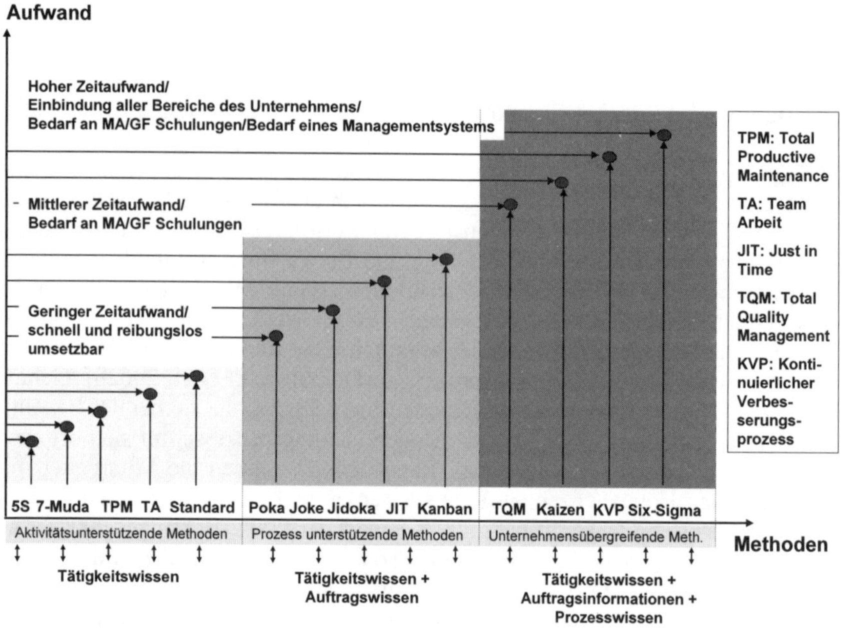

Abb. 36. Aufwandsprofile und Wissensbedarf von Methoden zur Modernisierung in KMU (Qualitative Darstellung).

Andererseits hängt der Qualifizierungsbedarf auch von dem aktuellen Stand der Qualifizierung der Mitarbeiter und des Geschäftsführers im Unternehmen ab. Dieser Qualifizierungsstand umfasst nicht nur das erforderliche Wissen zur Ausführung einer operativen Tätigkeit mit den drei Elementen Tätigkeitswissen, Auftragswissen und Prozesswissen, sondern auch das Fachwissen über Methoden und Maßnahmen zur Modernisierung. Dieses Fachwissen kann von einem Kenntnisstand von „Methode unbekannt" über „namentlich oder inhaltlich bekannt" bis zu „erfolgte Implementierung dieser Methode" gehen.

Der Qualifizierungsbedarf muss am Anfang des Modernisierungsprozesses in KMU rechtzeitig identifiziert werden, um auf dieser Basis ein unternehmensspezifisches Qualifizierungskonzept zur Modernisierung aufbauen zu können. Ein weiteres Argument für die enorme Wichtigkeit der Mitarbeiterqualifizierung im Rahmen von Modernisierungsprozessen ist die Betrachtung des Mitarbeiterwissens als strategischen Wettbewerbsfaktor (Dombrowski et al. 2003; Bullinger et al. 2000).

Im Rahmen des Forschungsprojekts ProfiL wurde ein Qualifizierungskonzept für KMU im Kontext der Modernisierung entwickelt. Dieses Konzept berücksichtigt einerseits den Bedarf an Fachwissen über Methoden zur Modernisierung und ihre Implementierung, anderseits zieht es den Qualifizierungsstand des gesamten Unternehmens, d.h. vom Geschäftsführer bis zu den Mitarbeitern, mit in Betracht, da dieser eine wichtige Stütze für eine erfolgreiche Modernisierung darstellt.

Das Konzept stellt außerdem fachliches Wissen über Methoden zur Modernisierung für die Durchführung von Workshops zur Verfügung. Diese Workshops bilden das im Projekt benannte ProfiL-Workshop-Haus, das den gesamten fachlichen Rahmen der Qualifizierung darstellt. Anderseits wurden parallel unterschiedliche Typen zur Operationalisierung der Qualifizierung wie z. B. Kaskaden-Ansatz, Frontaler Experten-Ansatz oder Mitarbeiter-Methoden-Patenschaft angepasst und entwickelt. Diese Ansätze wurden im Forschungsprojekt ProfiL exemplarisch erprobt und werden innerhalb dieses Kapitels ausführlich erklärt. In Abbildung 37 ist das Qualifizierungskonzept dargestellt, welches auf drei Bausteinen basiert.

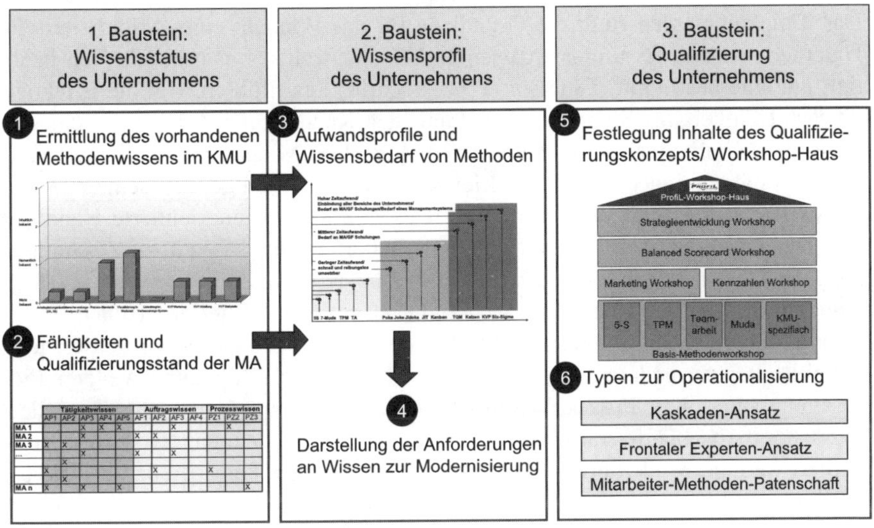

Abb. 37. Qualifizierungskonzept zur integrierten Modernisierung in KMU

Im Folgenden werden die Bausteine des Konzeptes sowie die Implementierung des Konzeptes im Rahmen des Forschungsprojektes ProfiL ausführlicher erläutert.

Baustein 1: Wissensstatus des Unternehmens

Der erste Baustein besteht aus zwei Schritten. Zuerst wird mit Hilfe eines Fragebogens und eines Interviews ermittelt, welches Fachwissen über Methoden zur Modernisierung im Unternehmen vorhanden ist. Außerdem wird festgestellt, in welchen Stadium der Implementierung sich eine im Unternehmen bekannte Methode befindet. In dieser Phase zeigten und bestätigten die ProfiL-Unternehmen bekannte KMU-typische Merkmale. Obwohl die Geschäftsführer im Interview angaben, dass ihnen einige Methoden z. B. TPM (Total Productive Maintenance) fremd sind, wurde bei einem anschließenden Rundgang in der Fertigung entdeckt, dass diese Methode weitgehend erfolgreich seit einigen Jahren eingesetzt wurde. In diesem Fall war der Begriff TPM lediglich nicht bekannt. Es wurde bei allen

Unternehmen des Forschungsprojektes festgestellt, dass bei Geschäftsführern und Mitarbeitern ein großer Bedarf an Methodenwissen zur Modernisierung besteht.

Eine erfolgreiche Modernisierung erfordert die Vermittlung von Grundlagenwissen über Methoden an die Mitarbeiter sowie von Fachwissen an den Geschäftsführer. Eine Dokumentation der Fähigkeiten und den aktuellen Qualifizierungsstand der Mitarbeiter muss ebenfalls durchgeführt werden. Als Instrument soll eine erweiterte Qualifizierungsmatrix benutzt werden, die bereits in einigen KMU erfolgreich eingeführt wurde. In dieser Qualifizierungsmatrix werden die drei Komponenten des Wissens dargestellt, die zur Ausführung der operativen Tätigkeiten erforderlich sind. Die drei Wissenskomponenten umfassen das Tätigkeitswissen, das Auftragswissen und das Prozesswissen (Dombrowski et al. 2002c). Das Tätigkeitswissen stellt die Grundlage für das Handeln eines Mitarbeiters im Unternehmen dar. Es umfasst dasjenige Wissen, welches er grundsätzlich benötigt, um eine bestimmte Tätigkeit (Prozessschritt) auszuführen. Um die Effektivität der Tätigkeit im Sinne der Erhöhung der Kundenzufriedenheit zu steigern, muss der Mitarbeiter Auftragswissen erhalten. Der Mitarbeiter kombiniert dazu Auftragsinformationen wie z. B Liefertermin, Liefermenge mit seinem Tätigkeitswissen zu Auftragswissen und setzt es in eine kundenorientierte Handlung um. Das Prozesswissen befähigt den Mitarbeiter, seine Tätigkeit im Zusammenhang des Gesamtprozesses zu sehen. Darüber hinaus wird ein Mitarbeiter befähigt, Kundenwünsche unter dem Einsatz möglichst geringer Mittel zu erfüllen. Dafür erforderlich ist die Kenntnis sowohl über den Ablauf des Gesamtprozesses, über Schnittstellen zu anderen Prozessen als auch über die Tätigkeiten weiterer Prozessmitarbeiter. Um Prozesswissen den Mitarbeitern zur Verfügung zu stellen, müssen Arbeitsabläufe transparent gestaltet werden, in dem sie als Prozesse modelliert werden. Modellierte Geschäftsprozesse schaffen Transparenz über die betrieblichen Abläufe und ermöglichen es, dass allen Mitarbeitern alle Abläufe eindeutig bekannt sind (Dombrowski et al. 2002a). Die im ProfiL Forschungsprojekt durchgeführten Tätigkeiten in diesem Bereich werden im Teil 2, Kapitel 4 ausführlich dargestellt.

Ergebnis dieser ersten Phase des Qualifizierungskonzepts zur Modernisierung ist ein aktueller, gut fundierter Wissensstatus des Unternehmens. Dieser Wissensstatus ist Voraussetzung für die Erstellung eines Wissensprofils bzw. für die Durchführung des nächsten Bausteins des Qualifizierungskonzepts.

Baustein 2: Wissensprofil des Unternehmens

Die Einführung von Maßnahmen zur Modernisierung im Unternehmen setzt einerseits Methodenwissen voraus. Andererseits muss das Wissensprofil auch zur Unternehmensstrategie und Organisationsstruktur passen. Hierbei hilft die Erstellung eines Wissensprofils, das festlegt, welches Wissen benötigt wird und dementsprechend vorhanden sein muss bzw. bei Nichtvorhandensein entwickelt werden sollte. Die in Abbildung 36 dargestellten Wissensbedarfe von Methoden stellen die Wissensanforderungen zur Modernisierung dar und geben einen Hinweis, in wie fern bestimmtes Wissen bereitgestellt werden sollte. Das Wissensprofil eines Unternehmens beinhaltet den bereits definierten Wissensstatus, den spezifischen

Wissensanspruch der Methoden, die implementiert werden sollten, sowie ein strategisches Commitment, das das Qualifizierungskonzept in der Strategieentwicklung des Unternehmens verankert. Bei dem Forschungsprojekt ProfiL wurde dieses Wissensprofil durch die Forschungspartner (externe Beratung) erstellt. Im Allgemeinen brauchen kleine und mittlere Unternehmen Unterstützung bei der Erstellung ihrer Wissensprofile.

Baustein 3: Qualifizierung des Unternehmens

In der Implementierungsphase werden mit Hilfe der erstellten Wissensprofile Workshops ausgewählt, die einerseits den Bedarf an fachlichem Wissen zur Modernisierung bei den Geschäftsführer und den Mitarbeitern abdecken, die andererseits unbedingt notwendig für die erfolgreiche operative Implementierung dieser Methoden sind. Im Rahmen des Verbundprojekts ProfiL wurde ein ProfiL-Workshop-Haus erstellt, das mit unterschiedlichen Workshops den Bedarf an fachlichem Wissen in KMU, die sich modernisieren, decken kann. In Abbildung 38 ist dieses Workshop-Haus dargestellt. Die Darstellung in einer Hausform stellt die Ganzheitlichkeit des Qualifizierungskonzeptes dar. Die Workshops vermitteln nicht nur das fachliche Wissen über Methoden und Maßnahmen an Mitarbeiter und Geschäftsführer, sondern gehen auch auf die unternehmensspezifische Implementierungen ein.

Als Fundament dieses Hauses dienen die Basis-Methoden. Diese Basis-Methoden basieren auf der Philosophie des bekannten Toyota Produktionssystems: „Identifikation und Vermeidung von Verschwendungen". Sie erfordern einen geringen Zeitaufwand und ein geringeres Vorwissen, sind tätigkeits- und prozessunterstützende Methoden und heutzutage sowohl in großen als auch in kleinen Unternehmen erfolgreich umgesetzt. Ziel der Workshops ist die Vermittlung von Grundlagenwissen über die Basismethoden, die Motivierung der Mitarbeiter und Geschäftsführer hinsichtlich der Anwendung der Methoden und die Durchführung der ersten Schritte zur Übernahme des Paradigmas der „integrierten Modernisierung".

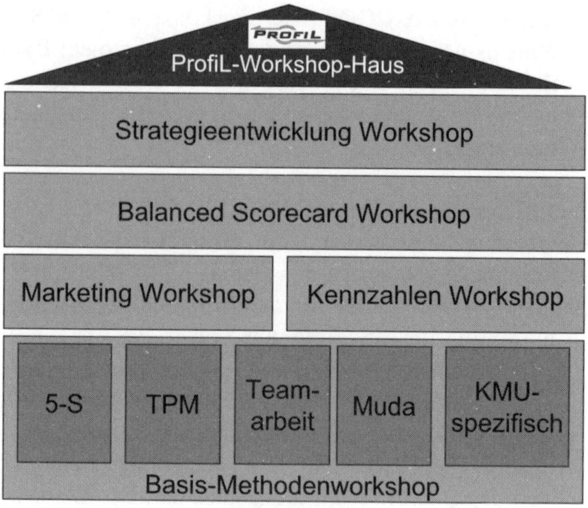

Abb. 38. Aufbau des ProfiL-Workshop-Hauses für KMU

Andere Workshops, wie z. B. der Strategieentwicklung Workshop, sind zeitaufwändiger, wissensintensiver, in mehrere Schritte aufgeteilt und erfordern eine Anpassung der allgemeinen Vorgehensweise an die Bedarfe und das Wissensprofil des Unternehmens.

Der zweite Bestandteil des dritten Bausteines (Schritt 6) schlägt verschiedene Typen der Operationalisierung dieser Workshops vor. Im Rahmen des Forschungsprojekts ProfiL wurden folgende Ansätze erfolgreich erprobt: Kaskaden-Ansatz, frontaler Experten-Ansatz oder Mitarbeiter-Methoden-Patenschaft. Wie in Abbildung 39 und Abbildung 40 gezeigt stellen diese Konzepte die Übertragungsformen des Wissens dar.

Bei dem frontalen Experten-Ansatz übermitteln Experten des jeweiligen Themengebiets das Wissen an den Geschäftsführer und/oder die Mitarbeiter frontal mittels eines oder mehrerer Workshops. Die Inhalte des Workshops werden auf die unterschiedlichen Bedarfe und Anforderungen von Geschäftsführer und Mitarbeitern angepasst. Dieser Ansatz ist am Anfang des Modernisierungsprozesses geeignet, um den Prozess zu starten, ist aber für KMU über den gesamten Modernisierungsprozess nicht realisierbar, da hohe Kosten für das Unternehmen entstehen (Spath 2003). Deswegen wäre eine Möglichkeit, diesen Ansatz mit dem Kaskaden-Ansatz zu kombinieren.

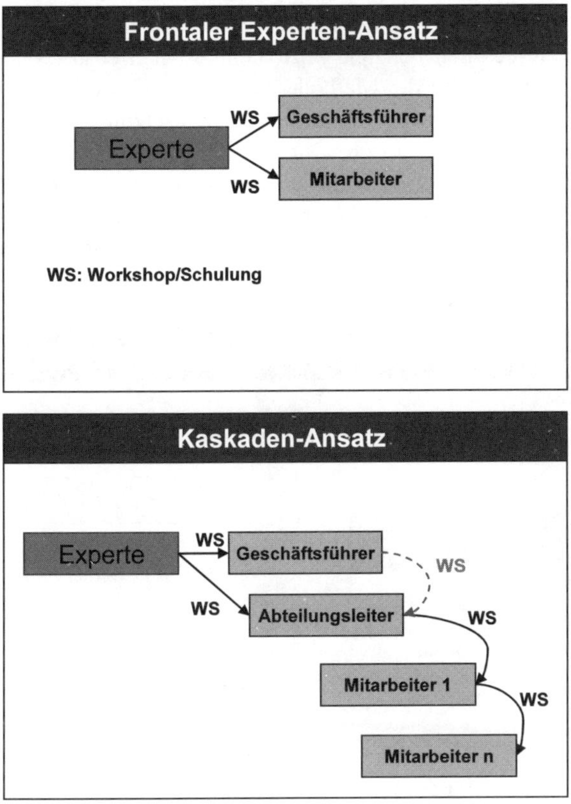

Abb. 39. Darstellung des Wissenstransfers bei dem frontalen Experten-Ansatz und dem Kaskaden-Ansatz (Spath 2003)

Bei dem Kaskaden-Ansatz (Kaskade bedeutet, dass die Information und Qualifizierung von oben nach unten erfolgt) handelt es sich in einem ersten Schritt um einen frontalen Experten-Ansatz für die Geschäftsführer oder ausgewählte Mitarbeiter in Leitungspositionen, die danach das Wissen selbst an andere Mitarbeiter im Rahmen von Workshops vermitteln. Auf diese Weise werden alle betroffenen Mitarbeiter geschult. Hierbei gilt das Prinzip: Jeder Schüler kann theoretisch auch ein Lehrer sein (Spath 2003). Die im Forschungsprojekt ProfiL gesammelten Erfahrungen mit dem Kaskaden-Ansatz sind überaus positiv. Die Geschäftsführer müssen sich zum einem intensiv mit den Inhalten der Methoden befassen, um Mitarbeiter informieren und qualifizieren zu können. Zum anderen ist der Kaskaden-Ansatz eine gute Möglichkeit, die Implementierung von Methoden und Maßnahmen zur Modernisierung als Führungsaufgabe vorzuleben. Bei den Mitarbeitern wächst so die Bereitschaft, die Modernisierung voranzutreiben. Die Bereitschaft der Mitarbeiter die Modernisierung zu unterstützen wird bei der Nutzung des Mitarbeiter-Methoden-Patenschaft Ansatzes ebenfalls erhöht.

Die Mitarbeiter-Methoden-Patenschaft bedeutet, dass nach einer Schulung des Mitarbeiters in einer bestimmten Methode, dieser als Pate für die Verankerung der Methode im Unternehmen benannt wird (Dombrowski et al. 2002c). Er wird in erster Linie die Umsetzung der Methode zusammen mit dem Geschäftsführer unterstützen, seinen Kollegen für Fragen bei der Umsetzung zur Verfügung stehen und regelmäßig überprüfen, ob die Durchführung erfolgreich verfolgt wird. Zudem soll er Verbesserungsvorschläge erarbeiten und auftretende Abweichungen beheben. Der Mitarbeiter ist für die erfolgreiche Einführung, Weiterentwicklung und langfristige Nutzung dieser Methode im Unternehmen verantwortlich und fungiert als Multiplikator strategischen Wissens und Lernens.

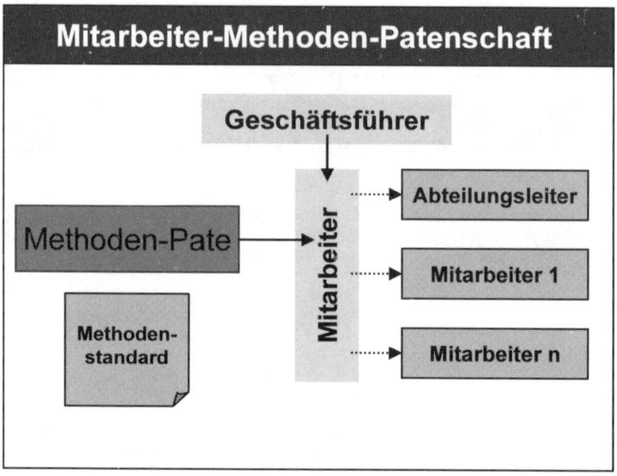

Abb. 40. Darstellung des Wissenstransfers bei dem Mitarbeiter-Methoden-Patenschaft-Ansatz (Dombrowski u. Crespo 2008)

Abschließend können folgende Punkte zur Mitarbeiterqualifizierung im Kontext der Modernisierung kleiner und mittlerer Unternehmen zusammengefasst werden:

- Das Qualifizierungskonzept muss in der Strategie und der Organisation des KMU berücksichtigt werden.
- Die Prozesse zur Ermittlung des Wissensstatus sowie zur Erstellung des derzeitigen Wissensprofils müssen im Unternehmen etabliert, sowie kontinuierlich betrieben, verbessert und überprüft werden.
- Die Fähigkeiten und Bereitschaft der Mitarbeiter muss adäquat gefordert werden. Darüber hinaus müssen die Inhalte und die Form der Operationalisierung der Methodenworkshops auf die konkreten und spezifischen Bedarfe und Strukturen des Unternehmens angepasst werden.
- Ein systematisches und methodisches Qualifizierungskonzept kann für KMU Wettbewerbsvorteile bringen.

Teil 2: Praxis der integrierten Modernisierung

In den Kapiteln des Teils 1 wurden das ProfiL-Konzept zur integrierten Modernisierung und dessen Bestandteile sowie wichtige Grundlagen dargestellt. Basierend auf diesem Konzept wurden im Projekt ProfiL eine Reihe verschiedener Modernisierungsmaßnahmen in Zusammenarbeit zwischen den beteiligten Forschungspartnern und den Kleinunternehmen durchgeführt. In den folgenden Kapiteln werden ausgewählte wichtige Aktivitäten zur Praxis der integrierten Modernisierung vorgestellt (s. Abb. 1).

Kapitel 1 **Positionsbestimmung des Unternehmens**	Kapitel 2 **Entwicklung und Formulierung der Unternehmensstrategie**
Kapitel 3 **Umsetzung der Unternehmensstrategie mit der Balanced Scorecard**	Kapitel 4 **Gestaltung transparenter Geschäftsprozesse**
Kapitel 5 **Denken in Wertschöpfung und Verschwendung**	Kapitel 6 **Kontinuierliche Verbesserungsprozesse**
Kapitel 7 **Selbstorganisiertes Arbeiten in KMU**	Kapitel 8 **Erschließung externer Ressourcen durch Unternehmensnetzwerke**
Kapitel 9 **Kommunikation mit Mitarbeitern**	Kapitel 10 **Mitarbeiterbefragung**

Abb. 1. Übersicht der Projekt ProfiL Aktivitäten

Bei der Vorstellung der Praxisbausteine werden im Folgenden die jeweiligen Themen zunächst in kurzer Form unter der Überschrift „Was ist …“ dargestellt. Anschließend erfolgt eine kritische Betrachtung des Themas aus der Perspektive eines Kleinunternehmens. Weiterhin erfolgt eine wissenschaftliche Darstellung des Themas, die Begründung der Relevanz für die integrierte Modernisierung sowie eine kurze inhaltliche Darstellung der notwendigen Inhalte und Arbeitsschritte. Auf dieser Basis werden im Anschluss Besonderheiten diskutiert, die aus der Sicht eines Kleinunternehmens bei dem jeweiligen Thema berücksichtigt werden müssen. Abschließend werden die im Projekt ProfiL zu dem Thema durchgeführten Arbeiten skizziert und Handlungsempfehlungen in Form von Thesen für Erfolgs- und Misserfolgsfaktoren formuliert.

1 Positionsbestimmung des Unternehmens: Interne und externe Analyse

Lars Bergmann, Isabel Crespo, Stefan Portmann

„I wouldn't recognize my skills if they came up and shook hand with me." (Richard N. Bolles, 2003)

Was ist eine Positionsbestimmung?

Die Initiierung und Lenkung von Maßnahmen zur integrierten Modernisierung zielen auf die Verbesserung der Wettbewerbsfähigkeit eines Unternehmens ab. Damit diese Maßnahmen zielgerichtet die Wettbewerbsfähigkeit verbessern können, ist Wissen über die bestehende Wettbewerbsfähigkeit sowie über die bestehenden Fähigkeiten eine zentrale Voraussetzung. Eine zielgerichtete Auswahl problemadäquater Maßnahmen zur Verbesserung der Wettbewerbsfähigkeit bedarf daher im Vorfeld einer Bewertung der aktuellen Situation des Unternehmens im Sinne einer Positionsbestimmung. Erst wenn die internen Stärken und Schwächen sowie die externen Chancen und Risiken identifiziert sind, kann ein ganzheitliches Bild von der Position eines Unternehmens in seiner Umwelt gewonnen werden. Auf Basis der Kenntnisse über die Position des Unternehmens können anschließend zielgerichtet Maßnahmen ausgewählt werden, die einen Beitrag zur Verbesserung der Wettbewerbsfähigkeit des Unternehmens haben. Damit kommt der Positionsbestimmung als initialer Schritt des Prozesses der strategischen Unternehmensplanung eine zentrale Bedeutung im Rahmen der integrierten Modernisierung zu. Erfolgt die Auswahl von Maßnahmen ohne eine vorherige Positionsbestimmung, also lediglich auf Basis drängender Probleme, so besteht die Gefahr einer unbedachten und nur auf das „hier und heute" bezogenen Schwerpunktbildung ohne Berücksichtigung der mittel- und langfristigen Ziele des Unternehmens.

Kritik an der Positionsbestimmung aus Sicht von KMU

Ein wesentlicher Kritikpunkt an einer umfassenden Positionsbestimmung besteht in dem großen Aufwand zur internen und externen Datenerfassung und Dateninterpretation sowie in der regelmäßigen Aktualisierung dieser Daten. Für ein kleines Unternehmen bedeutet dabei allein die interne Analyse von Stärken und Schwächen, z.B. die Durchführung von Prozessanalysen und Zeitaufnahmen oder die systematische Befragung von Mitarbeitern, einen großen zeitlichen Aufwand. Dabei wird oftmals das Argument gebracht, dass bestehende Schwächen der Geschäftsführung in der Regel auch ohne eine Analyse bekannt sind.

Die externe Positionsbestimmung im Sinne einer Analyse von Chancen und Risiken die sich aus veränderten Märkten, Technologien und Kundensegmenten ergeben, stellt für viele kleine Unternehmen eine noch deutlich aufwändigere Aufgabe als die interne Analyse dar. Da diese Art von Umfeldanalyse sowohl methodisch als auch zeitlich mit hohen Aufwendungen einhergeht, können viele kleine Unternehmen diese Art von Analyse nicht allein oder nur in Ansätzen durchführen. Darüber hinaus gibt es oft bereits eine Auffassung über die aktuelle Situation der Umwelt, so dass eine Analyse im engeren Sinne für nicht notwendig betrachtet wird.

Neben den hohen Anforderungen, die mit der internen und externen Analyse als Grundlage einer umfassenden Positionsbestimmung einhergehen, stellt die Verdichtung der Ergebnisse sowie die anschließende Ableitung von konkreten Maßnahmen ein weiteres Problem für kleine Unternehmen dar. Da sich aus einer internen und externen Analyse nur selten direkt auf eine Lösung schließen lässt, sondern die Analyseergebnisse einer weiterführenden Diskussion bedürfen, wird die Positionsbestimmung als Entscheidungsgrundlage für Maßnahmen von kleinen Unternehmen vielfach als nicht unbedingt notwendig betrachtet.

Wissenschaftliche Betrachtung der Positionsbestimmung

Eine Positionsbestimmung ist eine ganzheitliche Analyse des Zustandes eines Unternehmens, um ungenutzte Leistungspotenziale und bestehende Leistungsschwächen und Probleme zu erkennen. Aus der Perspektive des Modells lebensfähiger Systeme kommt die Aufgabe der Positionsbestimmung dem System 4 zu, da sie die Grundlage für die strategische Ausrichtung des Unternehmens darstellt. Im Rahmen der vom System 5 vorgegebenen normativen Bedingungen erfolgt eine Positionsbestimmung durch das System 4. Diese dient als Grundlage für die Vorgaben für das System 3, das taktische bzw. operative Management. Die Positionsbestimmung stellt somit die fundamentale Grundlage für das Finden von zukünftigen Entwicklungsmöglichkeiten dar und dient damit als Grundlage für Entscheidungen über Veränderungsmaßnahmen. Durch eine wiederholte und systematische Bestimmung von internen Stärken und Schwächen sowie von externen Chancen und Risiken wird die Geschäftsführung in die Lage versetzt, Entscheidungen im Rahmen der integrierten Modernisierung zielgerichtet abzuwägen.

Bei der Positionsbestimmung gilt es, sowohl eine Innen- als auch eine Außenperspektive einzunehmen. Die Außenperspektive dient dabei der Ermittlung von Faktoren der Umwelt, die bei Veränderungen zu Chancen und Risiken für die bestehende Wettbewerbsfähigkeit werden können. Abbildung 2 zeigt externe Einflussfaktoren mit Auswirkungen auf die Wettbewerbsfähigkeit von Unternehmen. Die Analyse der Unternehmensumwelt zeigt Chancen und Risiken auf, die sich aus Veränderungen im Markt und in der technologischen, sozialen oder ökologischen Umwelt ergeben. Auf diese Veränderungen hat das Unternehmen selbst keinen direkten Einfluss, da die hier wirkenden Kräfte als weitgehend exogen betrachtet werden können. Die Analyse der Umwelt zeigt relevante Faktoren in den Bereichen von Wettbewerbern, Kundengruppen, und Lieferanten auf. Dabei ist es notwendig nicht nur die derzeitige Situation zu erfassen, sondern auch die zeitliche Entwicklung dieser Gruppen zu berücksichtigen (Mateika 2005).

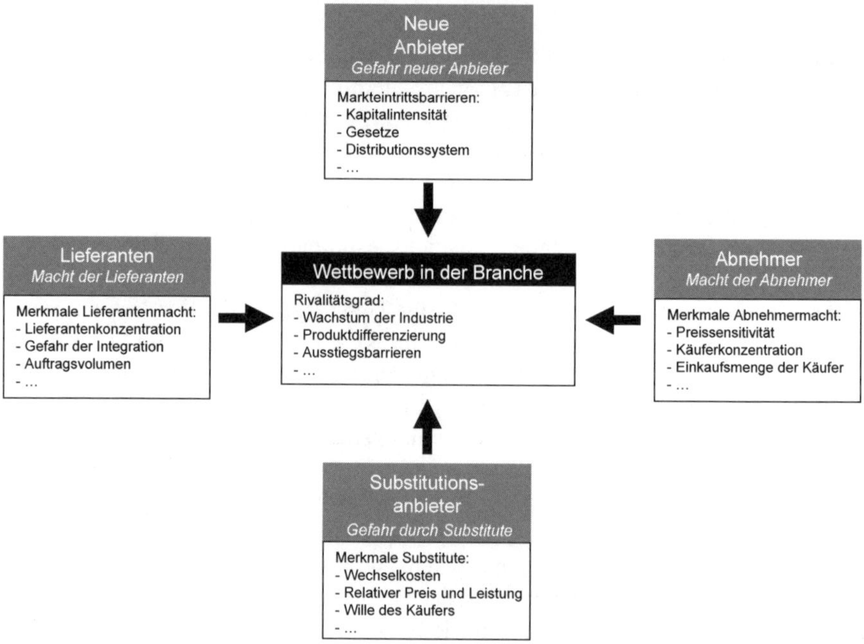

Abb. 2. Externe Einflussfaktoren auf die Wettbewerbsfähigkeit (Porter 2002)

Darüber hinaus muss eine Innenperspektive für die Ermittlung bestehender Stärken und Schwächen eingenommen werden. Diese Stärken und Schwächen sind Eigenschaften des Unternehmens, da sie aus den bestehenden Strukturen, Aktivitäten und Verhaltensweisen resultieren. Von hoher Bedeutung bei der Bestimmung von Stärken und Schwächen ist die zugrunde liegende Vorgehenssystematik. Zwar kann die Geschäftsführung einer KMU Stärken und Schwächen im eigenen Unternehmen oftmals direkt nennen, jedoch zieht ein spontanes und unsystematisches Vorgehen eine Unschärfe in der Bewertung nach sich, die sich negativ auf die Priorisierung und Entscheidung für Maßnahmen auswirken kann. Zur systematischen Ermittlung der Stärken und Schwächen können verschiedene Analysemethoden eingesetzt werden, wie z.B. ein Unternehmensscreening oder eine Geschäftsprozessanalyse. Durch ein Unternehmensscreening können wichtige Eckwerte zur Organisation und Struktur des Unternehmens schnell erkannt werden. Im Rahmen einer Geschäftsprozessanalyse können darüber hinaus detaillierte Informationen über die Ablauforganisation des Unternehmens ermittelt werden, z.B. können Prozesszeiten erfasst werden, um zu erkennen ob der Zeitanteil der wertschöpfenden Tätigkeiten ein ausreichend hohes Niveau hat. Durch eine Prozesszeitanalyse werden auch nicht wertschöpfende Prozessschritte und deren Zeitanteile bestimmt, um später Verbesserungsmaßnahmen ergreifen zu können. Auch die Bewertung der bestehenden Qualifikation und Organisation von Mitarbeitern ist ein wichtiger Bestandteil der Positionsbestimmung. Für die abschließende Interpretation von Stärken und Schwächen im Rahmen der internen Analyse ist ein Vergleich mit Wettbewerbern notwendig, da es sich bei Stärken und Schwächen naturgemäß um relative Größen gegenüber Wettbewerbern handelt. In diesem Zusammenhang können Benchmarking-Aktivitäten getätigt werden, um sich mit branchengleichen oder -fremden KMU zu vergleichen, sich einzuordnen aber auch Lösungen für neue Fragestellungen zu entwickeln.

Um die Ergebnisse einer internen und externen Analyse zu einer Gesamtaussage zu verdichten, kann eine so genannte SWOT-Analyse verwendet werden (s. Abb. 3). Eine SWOT-Analyse (engl. Akronym für Strengths [Stärken], Weaknesses [Schwächen], Opportunities [Chancen] und Threats [Risiken]) bildet den Ausgangspunkt für die Entwicklung und Anpassung der Unternehmensstrategie sowie für die Ableitung und Priorisierung von Veränderungsmaßnahmen. Im Rahmen der Durchführung einer SWOT-Analyse werden die Ergebnisse sowohl einer innerbetriebliche Stärken- und Schwächenanalyse (Strengths-Weaknesses), als auch Ergebnisse einer der externen Chancen- und Risikenanalyse (Opportunities-Threats) zusammengeführt. Durch eine kombinierte Betrachtung der Stärken/Schwächen-Analyse und der Chancen/Gefahren-Analyse kann eine ganzheitliche Strategie für die Ausrichtung von Strukturen, Aktivitäten und Verhaltensweisen abgeleitet werden. Damit stellt die SWOT-Analyse ein wichtiges Werkzeug zur Positionsbestimmung von Unternehmen dar.

Umweltfaktoren Unternehmensfaktoren	Opportunities (Chancen) • Welche neuen Chancen ergeben sich aus der Entwicklung unserer Märkte und in der übrigen Umwelt? • Welche Potenziale können breiter ausgeschöpft werden?	Threats (Risiken) • Welche besonderen Gefahren sind schon vorhanden oder ergeben sich? • Welches sind die kritischen Problemstellungen, die durch die neue Strategie gelöst werden müssen?
Strengths (Stärken) • Welche besonderen Fähigkeiten oder Stärken können noch markant breiter genutzt werden? • Welche wichtigsten Vorteile unserer Marktleistungen können helfen die Marktposition auszubauen?	SO - Strategien	ST - Strategien
Weaknesses (Schwächen) • Welche besonderen Schwachstellen müssen durch die neue Strategie ausgemerzt werden? • Welche Fähigkeiten fehlen und müssen aufgebaut werden?	WO - Strategien	WT - Strategien

Abb. 3. Basisschema einer SWOT-Analyse

Erfolgt die Positionsbestimmung nicht sorgfältig oder werden Stärken, Schwächen, Chancen und Risiken nicht ausreichend objektiv berücksichtigt, hat dies eine direkte Auswirkung auf die Fehlentwicklung von Strategien und Maßnahmen. Neben inhaltlichen Fehlern der Positionsbestimmung stellt eine unzureichende Regelmäßigkeit der Positionsbestimmung einen kritischen Faktor dar. Interne und externe Veränderungen führen zu Veränderungen bei Chancen, Risiken, Stärken und Schwächen. Bleiben diese Veränderungen unberücksichtigt, können selbst eine ausgereifte Strategie und effektive Verbesserungsmaßnahmen ein KMU in die falsche Richtung führen. Eine regelmäßige Aktualisierung der Positionsbestimmung unterstützt somit die Wahrnehmung und Anpassung an sich verändernde Rahmenbedingungen und reduziert zugleich den organisatorischen Aufwand für das Unternehmen.

Zwischenfazit: Zu berücksichtigende Besonderheiten von KMU

Insbesondere für kleine Unternehmen ist die systematische und fortlaufende Beobachtung von Veränderungen sowie die Analyse von Stärken, Schwächen, Chancen und Risiken ihrer Umwelt eine große Herausforderung. Aufgrund der limitierten Ressourcen kleiner Unternehmen können die für eine vollständige Positionsbestimmung notwendigen Erhebungen kaum allein durchgeführt werden. Eine Möglichkeit zur Reduzierung des Aufwandes bei der Beschaffung von Informationen (z.B. Marktinformationen, Preisentwicklungen, etc.) besteht in der Vernetzung mit anderen Unternehmen, so dass der Aufwand zur Datenbeschaffung auf mehrere Unternehmen verteilt werden kann. Darüber hinaus bietet eine Vernetzung die Möglichkeit getroffene Annahmen über zukünftige Entwicklungen durch die Meinung anderer Geschäftsführer zu korrigieren oder zu bekräftigen. Auch eine langfristige Kooperation und Vernetzung von KMU mit anderen KMU oder mit Forschungseinrichtungen stellt eine Möglichkeit dar, den Aufwand für die Beschaffung von Informationen zu senken.

Im Gegensatz zu der Beschaffung externer Umweltinformationen kann die interne Analyse von Stärken und Schwächen nicht gemeinsam durchgeführt werden. Eine Möglichkeit den Aufwand für die interne Analyse zu senken, besteht in der Entwicklung eines Kennzahlensystems, so dass fortlaufend Messgrößen zur Verfügung stehen. Kennzahlen können zwar dazu dienen, leistungs- oder qualitätsbezogene Verschlechterungen zu erkennen, reichen allein jedoch oftmals nicht dazu aus, brach liegende Potenziale zu identifizieren. Erst durch die Einführung eines internen Vorschlagswesens wird ein KMU in die Lage versetzt, Ideen für bestehende und zukünftige Chancen systematisch zu erfassen und in den internen Strategie- und Verbesserungsprozess zu überführen.

Anwendung der Positionsbestimmung im Rahmen von ProfiL

Zu Beginn des Projekts ProfiL hatte keines der vier Unternehmen eine systematische Positionsbestimmung durchgeführt. Alle beteiligten Mitarbeiter in den Unternehmen waren daher „Erstanwender“, die zunächst im Rahmen von Workshops an die Thematik herangeführt wurden. Nachdem eine Qualifikation als Grundlage der Positionsbestimmung erarbeitet war, erfolgten in allen Unternehmen ein Unternehmensscreening und eine anschließende Prozessaufnahme aller Geschäftsprozesse. Die Geschäftsführung und die Mitarbeiter wurden bei dem Screening und bei der Geschäftsprozessanalyse aktiv von den Forschungspartnern unterstützt.

Durch die Analysen zur Positionsbestimmung wurden interne Stärken und Schwächen identifiziert. Darüber hinaus wurden im Rahmen verschiedener Begehungen und kritischer Fragestellungen weitere Stärken und Schwächen abgeleitet. Die Analyse zeigte dabei bei allen Kleinunternehmen die starke Abhängigkeit von externen Randbedingungen, z.B. von steigenden Kundenanforderungen und insbesondere auch von den Finanzierungsangeboten der Banken. Die mit der Positionsbestimmung einhergehende Sensibilisierung der Geschäftsführung aber auch der Mitarbeiter für die eigenen Stärken und Schwächen stellte darüber hinaus einen wesentlichen Beitrag für die Modernisierung dar.

Nach der Sammlung und Verdichtung der Analysedaten wurden diese in einer SWOT-Analyse zusammengefasst. Damit wurde die Grundlage für die Ableitung und Formulierung strategischer Stoßrichtungen geschaffen. Im Rahmen der SWOT-Analyse wurde deutlich, dass die individuellen Ausgangspositionen der einzelnen Unternehmen sich sehr unterschiedlich in der SWOT-Analyse darstellten. Einige Unternehmen hatten wenige, aber dafür sehr einflussreiche Problembereiche bereits im Vorfeld identifiziert, die durch die Analyse nur bestätigt werden konnten. Bei einigen Projektpartnern konnte dabei ein eher indifferentes Gefühl wie z.B. „Da stimmt etwas nicht!“ durch die Analyse präzisiert und durchleuchtet werden.

Alle Partner kamen nach der Positionsbestimmung übereinstimmend zu dem Ergebnis, dass ein hoher Initialaufwand für die Analysen anfällt, der ohne externe und professionelle Anleitung für ein Kleinunternehmen nur schwer durchführbar ist. Der zusätzliche Zeitaufwand führt im Tagesgeschäft der Geschäftsführung zu dem Zielkonflikt sich zwischen der Lösung operativer Probleme zur Sicherung von Aufträgen und den strategischen Aufgaben zur Sicherung der langfristigen Überlebensfähigkeit entscheiden zu müssen. In Abhängigkeit von der Vorgeschichte und den wirtschaftlichen Rahmenbedingungen der Projektpartner wurde dementsprechend die Positionsbestimmung sehr unterschiedlich wahrgenommen. Die Meinungen reichen dabei von „sehr hilfreich, um seine Stärken und Schwächen besser kennen zu lernen und seine Stärken ausbauen zu können“ bis zu „wenig zusätzlicher Nutzen, da viele grundlegende Sachverhalte bereits bekannt waren“. Insgesamt wurde von allen Geschäftsführern die Positionsbestimmung jedoch als eine sehr wichtige Aufgabe für die integrierte Modernisierung bewertet, da ohne eine Positionsbestimmung weiterführende Schritte zur Modernisierung nicht zielorientiert initiiert werden können.

Zur Reduzierung des Zeitaufwandes für die Positionsbestimmung hat sich die Durchführung der Analyse in Gruppen mit mehren Geschäftsführern als erfolgreiches Modell herausgestellt. Die Gruppenarbeit erzeugt dabei einen gewissen Handlungsdruck zur Mitarbeit durch die Festlegung von Terminen und bietet darüber hinaus auch eine Informations- und Austauschplattform. Die Möglichkeit, sich mit gleichartigen Partnern intensiv über die Positionsbestimmung austauschen zu können, wurde von allen Beteiligten sehr positiv gesehen. Insbesondere für die Ermittlung von Chancen und Risiken konnte das Netzwerk, bestehend aus vier KU, dazu genutzt werden, sich gegenseitig bei der Ermittlung und Bewertung von

Chancen und Risiken zu unterstützen und eine gewisse Betriebsblindheit zu überwinden.

Thesen und Handlungsempfehlungen für Führungskräfte in KMU

Thesen zu Erfolgsfaktoren

- Die Positionsbestimmung ist eine zentrale Führungsaufgabe und damit in Kleinunternehmen Aufgabe der Geschäftsführung.
- Eine Positionsbestimmung ist eine wesentliche Voraussetzung für sinnvolle Entscheidungen im Rahmen der integrierten Modernisierung.
- Regelmäßigkeit der Positionsbestimmung ist unablässige Voraussetzung für zielgerichtete Entscheidungen und die Korrektur bereits erfolgter Entscheidungen.
- Die Positionsbestimmung muss unter Berücksichtigung der internen und der externen Situation erfolgen.
- Die Selbstbewertung von Führungs-, Unterstützungs- und Kernprozessen schafft Transparenz und einen Überblick über die eigenen Schwächen.
- Verständnis über Zusammenhänge zwischen Spannungsfeldern, Thesen und Misserfolgsfaktoren muss geschaffen werden.
- Auffinden und Bewerten von Schwachstellen und Verbesserungspotenzialen
- Führungskräfte und Mitarbeiter müssen die Systematik zur Positionsbestimmung kennen und unterstützen.
- Suche nach und Vernetzung mit gleichgestellten Unternehmen als Partner für die Positionsbestimmung oder Einbindung einer anderen externen Unterstützung, z.B. durch Forschungseinrichtungen oder Unternehmensberater.

Thesen zu Misserfolgsfaktoren

- Eine einmalige Positionsbestimmung ohne fortlaufende Aktualisierung kann zu Fehlentscheidungen und Fehlentwicklung des KMU führen.
- Eine unsystematische Positionsbestimmung ohne Anwendung wiederholbarer Methoden kann die Ergebnisse stark verfälschen.
- Eine Positionsbestimmung mit einseitiger Schwerpunktbildung kann zu Fehleinschätzungen über Stärken, Schwächen, Chancen und Risiken führen.

2 Entwicklung und Formulierung der Unternehmensstrategie

Isabel Crespo, Lars Bergmann, Thomas Lacker

„Wenn Du ein Schiff bauen willst, dann rufe nicht die Menschen zusammen, um Holz zu sammeln, Aufgaben zu verteilen, und die Arbeit einzuteilen, sondern lehre sie die Sehnsucht nach dem großen, weiten Meer." (Antoine de Saint-Exupéry, 1943)

Was ist eine Unternehmensstrategie?

Ursprünglich stammt der Begriff „Strategie" aus dem Altgriechischen: „strategos" bedeutete „Heer", „Heeresmacht" und damit auch „konzentrierte Kraft"; das Wort „agein" bedeutete „tun, machen, treiben". Ein Stratege war also eine Person, die ein Heer führte und damit Kraft, Macht und Stärke konzentrierte und einsetzen konnte. Strategie bezeichnete dementsprechend die Maßnahmen, die in dieser Funktion entwickelt wurden. Daher ist es leicht verständlich, dass der Begriff Strategie bis in die Mitte des letzten Jahrhunderts in erster Linie militärisch verstanden wurde. Anschließend wurde der Begriff in weiteren Bereichen, wie beispielsweise der Unternehmensführung, verwendet. Im betriebswirtschaftlichen Sinne bedeutet der Begriff Strategie die langfristig geplante Verhaltensweise eines Unternehmens zur Erreichung seiner Ziele.

In der Literatur existiert keine allgemein anerkannte Definition des Begriffes Strategie. Zwei Definitionen des Begriffes Strategie, die im Rahmen der Tätigkeiten im Forschungsprojekt ProfiL verwendet wurden, sollen im Folgenden ausgeführt werden. Mintzberg (Mintzberg 1978) definiert Strategie als ein Muster in einem Strom von Entscheidungen. Dabei soll Strategie nicht einfach als ein Plan für die Zukunft verstanden werden, sondern auch als Verhaltensmuster, das sich aus der Vergangenheit ergibt. Die beiden Begriffe Zukunft und Vergangenheit sollten an dieser Stelle festgehalten werden, da beide eine wichtige Rolle bei der Entwicklung einer Strategie spielen. Für Porter (Porter 1996) bedeutet Strategie zwischen verschiedenen Möglichkeiten abzuwägen und zu entscheiden, um sich eine einzigartige Position zu sichern und die Aktivitäten genau aufeinander abzustimmen. Unternehmensstrategien bringen zum Ausdruck wie ein Unternehmen seine vorhandenen und seine potenziellen Stärken einzusetzen vermag, um Veränderungen der Umweltbedingungen zielgerichtet zu begegnen. Sie geben die Entwicklungsrichtung des Unternehmens an. Der Planungshorizont für Unternehmensstrategien kann daher bis zu 15 Jahre betragen (Kreikebaum 1996).

Nachfolgende Aufzählung spiegelt Ausprägungen von Unternehmensstrategien wider (Macharzina 2003):

- Sie sind eher Weg als Ziel.
- Sie bestehen aus einer Vielzahl miteinander verwobener Einzelentscheidungen.
- Sie sind vom Top-Management bewusst gestaltet und somit geplant.

- Sie sind keine Maßnahmen, sondern die Absichten hinsichtlich dieser Maßnahmen.
- Sie beeinflussen die Interaktionen zwischen Unternehmen und seiner Umwelt substanziell.
- Sie haben qualitative Dimensionen.
- Sie beinhalten langfristig angelegte Verhaltens- und Verfahrensweisen.

Kritik an der Unternehmensstrategie aus Sicht von KMU

In den achtziger Jahren durchgeführte Befragungen zeigen, dass nur 11% der KMU in Deutschland eine strategische Planung besaßen und dass der Unternehmenserfolg von Faktoren wie Produktqualität, Flexibilität und Image abhängig war (Pleitner 1986). Zum gleichen Zeitpunkt in den USA durchgeführte Befragungen zeigten hingegen, dass ein positiver Zusammenhang zwischen einer vorausschauenden Planung und dem finanziellen Erfolg von KMU besteht (Bracker et al. 1988). Ergebnisse jüngerer Befragungen zeigen, dass inzwischen 42% der KMU in Deutschland über eine schriftlich fixierte Unternehmensstrategie verfügen, die als Grundlage des Alltagsgeschäfts dient (Held 2007). Diese Daten heben die Tendenz zu strategischem Handeln bei KMU hervor.

Der langsamen Entwicklung von strategischem Verhalten in KMU liegen unterschiedliche Probleme zugrunde. Die Methoden oder Analysen, die bei der Strategieentwicklung zum Einsatz kommen, sind meist auf die Bedarfe von Großunternehmen ausgerichtet. Mangelndes Wissen über Strategieentwicklung sowie fehlende zeitliche und personelle Ressourcen erschweren einen systematisierten Strategieentwicklungsprozess. Dieser Prozess erfolgt in KMU oft „ad hoc" und Strategien entstehen aus der Situation heraus (Welter 2003). Es zeigt sich eine Tendenz zu pragmatischen oder spontanen Entscheidungen, die normalerweise nur eine kurzfristige Orientierung aufweisen. Diese Entscheidungen basieren auf isolierten Betrachtungen einzelner Einflussfaktoren wie z. B., dass bei einer neuen Gesetzgebung erhöhte Auflagen bezüglich der Umweltverträglichkeit zu betrachten sind. Darüber hinaus mangelt es an einer ganzheitlichen Betrachtung des Strategieentwicklungsprozesses.

Wissenschaftliche Betrachtung der Unternehmensstrategie

Die Strategieentwicklung, -definition und -implementierung sind zentrale Aufgaben des strategischen Managements, die häufig auch als Unternehmensplanung bezeichnet werden. Die Sicherung der Unternehmenszukunft, die Erhöhung der Wirtschaftlichkeit sowie die Positionierung am Markt (bzgl. Produkten und Marktposition) und der zur Realisierung erforderlichen betrieblichen Leistungspotenziale stehen im Mittelpunkt dieser Aufgaben. Zusammenfassend besteht die Aufgabe des strategischen Managements darin, Entscheidungen über den zukünftigen Unternehmensablauf zu treffen, was als systematisch-methodischer Prozess der Erkenntnis und Lösung von Zukunftsproblemen bezeichnet werden kann. Darüber hinaus liegt der Nutzen des strategischen Managements in turbulenten Zeiten in der Antizipation von möglichen Variationen, das heißt die

Geschäftsführung eines Unternehmens muss lernen in möglichen Szenarien zu denken (Füglistaller et al. 2003; Mateika 2005; Gausemeier et al. 1996).

Die oben genannten Aufgaben können in drei Planungsphasen des strategischen Managements gelöst werden (s. Abb. 4).

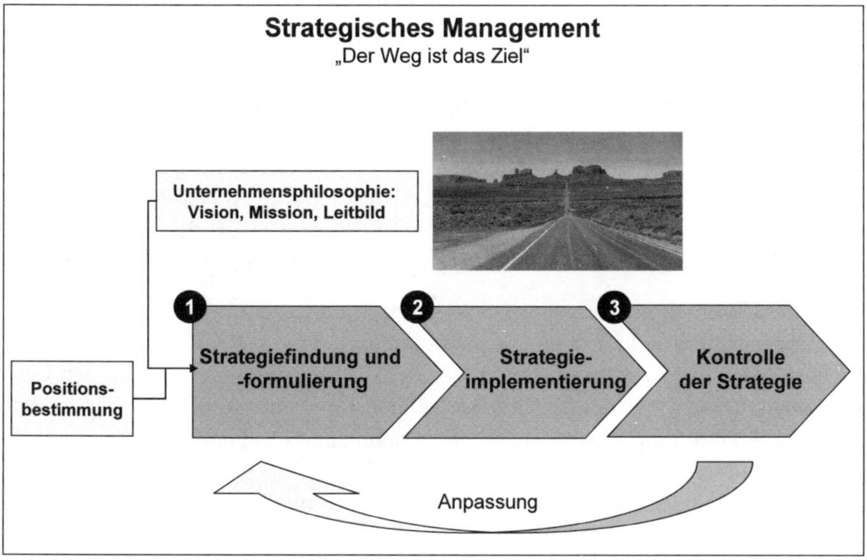

Abb. 4. Prozess der strategischen Unternehmensplanung, nach (Macharzina 2003)

In der ersten Phase, dem Strategieentwicklungsprozess, findet eine Strategiefindung und -formulierung statt. Diese Phase des Strategieentwicklungsprozesses wird in diesem Kapitel dargestellt. Die schwierigste und zeitaufwändigste Phase des strategischen Managements ist die Strategieimplementierung. Im Rahmen des Forschungsprojekts ProfiL wurde die Balanced Scorecard als Instrument zur Implementierung der entwickelten Strategie ausgewählt. Dieses Instrument wird im Kapitel 3 ausführlich erläutert. In der letzten Phase erfolgt eine ständige Kontrolle der Strategie. Die Ergebnisse der Kontrolle und die sich daraus ergebenden Maßnahmen haben wiederum Auswirkungen auf die Zieldefinition, wodurch sich ein ständig wiederholender Planungskreislauf ergibt. Im Kapitel 3 werden die im Rahmen des Forschungsprojekts ProfiL entwickelten Konzepte zur Strategieumsetzung dargestellt.

Zwischenfazit: Zu berücksichtigende Besonderheiten von KMU

Ebenso wie Großunternehmen finden sich kleine Unternehmen in einem sich ständig verändernden Umfeld wieder. Im Zuge der Globalisierung und eines stetig wachsenden Wettbewerbsdrucks müssen Unternehmen eine ständige Analyse und Überprüfung der eigenen Wettbewerbssituation durchführen sowie die Unternehmensaktivitäten an zukünftige Anforderungen ausrichten (siehe Positionsbestimmung im Kapitel 1). Im Kontext der Modernisierung sind kurze Reaktionszeiten auf Veränderungen genauso wichtig, wie eine fundierte langfristige Planung und Ausrichtung des Unternehmens.

Trotz dieser Tatsachen existieren drei bekannte Hürden für ein strategisches Management in KMU (Füglistaller et al. 2003):

- Verlust der Flexibilität: Geschäftsführer kleiner Unternehmen haben Angst, dass ihre Flexibilität durch strategische Maßnahmen und Instrumente eingeschränkt wird und sie somit an Wettbewerbsfähigkeit verlieren.
- Mangelnde Ressourcen: Geschäftsführer befürchten, dass in ihrem Unternehmen keine Zeit vorhanden ist um Strategiefindungsprozesse durchzuführen. Die dafür verwendete Zeit sollte sinnvoller in operative Tätigkeiten investiert werden. Letztendlich bringen diese kurzfristige Erfolge und Cash-Flow.
- Geschäftsführer kleiner Unternehmen befürchten, dass es sich beim strategischen Management um einen reinen „Papierkrieg" handelt.

Kleine Unternehmen zeigen oft Schwächen im strategischen Denken, Handeln und Führen. Diese Situation führt zu dem Schluss, dass in KMU eine strategische Planung wie in großen Unternehmen vor dem Hintergrund der wachsenden Umweltdynamik und Unsicherheit, dem steigenden Innovationsdruck, der zunehmenden Komplexität der Probleme sowie der zunehmenden Kapitalintensität von zentraler Bedeutung ist (Pfohl u. Arnold 2006).

Bei der Strategieentwicklung in kleinen Unternehmen muss eine Mischung aus betrieblichen und externen Faktoren Berücksichtigung finden. Die persönlichen Motive des Unternehmers spielen eine große Rolle, wie zum Beispiel Existenzsicherung, das persönliche Risiko, Familie oder auch Tradition. Die Unternehmenskultur, die Vision und das Leitbild eines Unternehmens, welche die Basis für eine Strategie ausmachen, werden durch die Persönlichkeit des Geschäftsführers ebenfalls stark beeinflusst und sind oft nicht zu Papier gebracht (s. Abb. 4) (Welter 2003).

Um tatsächlich antizipativ vorgehen zu können, muss somit die Strategieentwicklung in kleinen Unternehmen systematisiert werden. Ausgehend von der dargelegten Diskrepanz zwischen unternehmerischer Realität und Theorie ergibt sich die Forderung nach einer Lösung, welche eine Ausgestaltung im Sinne kleiner Unternehmen zulässt und gleichzeitig entsprechende Erfolgspotenziale bereithält. Diese Lösung muss gelebt werden und nicht nach einem ersten Strategieentwicklungsprozess in schriftlich niedergelegten Plänen in der Schublade der Geschäftsführer verschwinden. Die Rolle der Mitarbeiter als entscheidender strategischer Erfolgsfaktor muss beachtet werden. Des Weiteren müssen die spezifischen Anforderungen von kleinen Unternehmen, die sich hauptsächlich aus den KMU-typischen Organisationsstrukturen ergeben, beim Strategienentwicklungsprozess berücksichtigt werden. Kleine Unternehmen haben vielfältige Potenziale, die den Prozess der Strategieentwicklung unterstützen. Flache Hierarchien und transparente Prozesse vereinfachen die Einbindung der Mitarbeiter in den Strategieentwicklungsprozess und fördern deren Identifikation mit den erarbeiteten strategischen Unternehmenszielen.

Entwicklung und Formulierung der Unternehmensstrategie im Rahmen von ProfiL

Unter Betrachtung der Besonderheiten von kleinen Unternehmen, der oben dargestellten Charakteristiken der Strategiegenese in kleinen Unternehmen sowie der Anforderungen an eine Strategie im Kontext der Modernisierung wurde im Forschungsprojekt ProfiL die im Folgenden beschriebene Vorgehensweise für die Strategieentwicklung erarbeitet und im Rahmen von zwei praktischen Workshops erfolgreich verifiziert. Die vorliegende Vorgehensweise kann deshalb als ein für kleine Unternehmen geeignetes Instrumentarium angesehen werden, das von Geschäftsführern in kleinen Unternehmen angewendet werden kann. Mit dieser Vorgehensweise ist eine Strategieentwicklung intern oder mittels externer Unterstützung möglich. Ebenfalls umfasst die Vorgehensweise, wie die Strategie durchzusetzen und in der Folge in regelmäßigen Abständen zu überarbeiten ist. Der Geschäftsführer sollte am Schluss über ein systematisches Bild der Zusammenhänge in seinem Unternehmen verfügen, das ihm die systematische und zielorientierte Führung im Sinne des vernetzten Denkens ermöglicht. Jedoch basiert ein strategisches Management nicht alleine auf wissenschaftlichen Methoden und Werkzeugen, sondern lebt von Initiative, Vision, Zuversicht und Mut (Füglistaller et al. 2003).

In den ersten sechs Schritten der hier vorgeschlagenen Vorgehensweise wird die Unternehmensstrategie entwickelt und formuliert. Um die Ganzheitlichkeit des Konzeptes zu gewährleisten wird in einem siebten Schritt die Strategieimplementierung durchgeführt. In der folgenden Abbildung 5 sind diese sieben Schritte graphisch dargestellt.

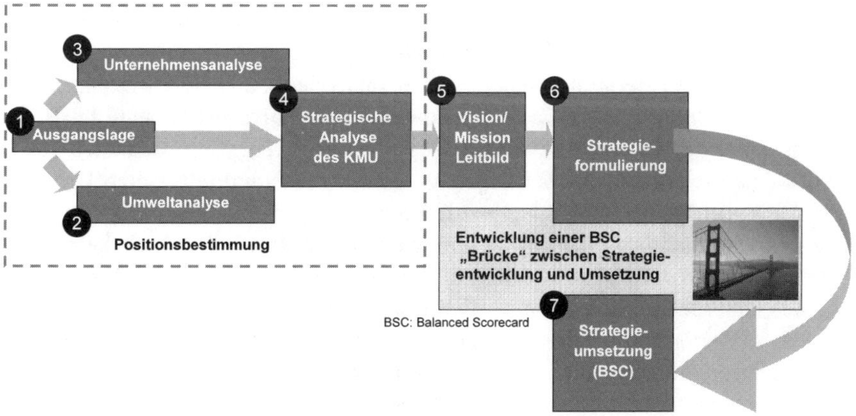

Abb. 5. ProfiL-Ansatz zur Strategieentwicklung in KMU

Im ersten Schritt wird im Rahmen der bereits im Kapitel 1 beschriebenen Positionsbestimmung die *Ausgangslage* des Unternehmens analysiert und erfasst. Die Ausgangsituation des Unternehmens wird in Bezug auf strategisches Verhalten aufgenommen. Dabei werden die aktuellen finanziellen und strategischen Größen, die Aktivitätsfelder und die Segmentierung des Unternehmens, Werte der Unternehmensleitung und der Unternehmenskultur sowie die bisherige Strategie in Betracht gezogen. Eine Beurteilung der Gegenwart und Zukunft des Unternehmens dient der Ermittlung interner und externer Rahmenbedingungen, die für die Strategieformulierung relevant sind. Die Gegenwarts- und Zukunftsbeurteilung wird durch den zweiten Schritt, der Umfeldanalyse, und den dritten Schritt, der Unternehmensanalyse, gewährleistet. Bei der *Umfeldanalyse* geht es um das Erkennen von Chancen und Risiken für oder durch neue Unternehmensstrategien, die sich aus dem Unternehmensumfeld ergeben. Das systematische Beurteilen des Unternehmensumfeldes bietet vor allem die Möglichkeit, auf übersichtliche Art und Weise die relevanten Geschehnisse und Zusammenhänge darzustellen (Füglistaller et al. 2003). Mit einer Markt-/Konkurrenzanalyse im Bezug auf Faktoren wie erkennbare Strategie, Markanteil oder Umsatz wird festgestellt, wie gut das kleine Unternehmen seine Wettbewerber kennt. Die Stärken und Schwächen des eigenen Unternehmens zu identifizieren, um darauf aufbauend geeignete Strategien zu entwickeln, ist Ziel des dritten Schritts, der Unternehmensanalyse. Eine Analyse der finanziellen, physischen, menschlichen und organisatorischen Ressourcen des Unternehmens und die Darstellung der strategischen Erfolgspositionen gegenüber den Kernkompetenzen sind Gegenstand einer Unternehmensanalyse. Außerdem wird die Wertschöpfungskette des Unternehmens analysiert und mit den Konkurrenten verglichen.

In den ersten drei Schritten wurden durch die Positionsbestimmung die Grundlagen für die eigentliche Analyse des Unternehmens geschaffen. Darüber hinaus sind nun die Umwelt, der Wettbewerb sowie die eigenen Ressourcen, Fähigkeiten, Kernkompetenzen und die Wertkette des Unternehmens bekannt. Diese aus der Umfeld- und Unternehmensanalyse gewonnenen Daten müssen in den nächsten Schritten verdichtet werden. Mit diesem Hintergrund ist es jetzt möglich, das eigene Unternehmen aus strategischer Sicht zu analysieren und zu bewerten. Bei der *strategischen Analyse des KU* werden sowohl quantitative Instrumente (z. B. Erfahrungskurven- und Lebenszykluskonzept) als auch Portfolio-Methoden (z. B. SWOT-Analyse, Relativer Marktanteil vs. Marktwachstum) eingesetzt. Die Portfolio-Methoden stellen Instrumente zur Entwicklung der strategischen Stoßrichtung des Unternehmens dar. In diesem vierten Schritt werden noch keine konkreten Strategien entwickelt, sondern die grundlegende Aktions- oder Marschrichtung des Unternehmens festgelegt. Hierzu wird bei der SWOT-Analyse (Strength, Weakness, Opportunity, Threat) anhand einer Identifikation der Stärken, Schwächen, Chancen und Risiken eines Unternehmens die strategische Stoßrichtung entwickelt. In der Abbildung 3 ist das Basisschema einer SWOT-Analyse dargestellt.

Im nächsten Schritt werden die *Vision, Mission* und das *Leitbild* des Unternehmens erstellt bzw., falls sie bereits vorhanden sind, überprüft. Eine Vision definiert Bullinger als „das Bewusstwerden, die Formulierung eines Wunschtraumes“. Sie soll eine Vorstellung der Zukunft vermitteln, quasi als "Leitstern", der das Handeln in einem Unternehmen prägt. Eine Unternehmensvision ist somit nicht das Ziel, sondern gibt die Richtung vor, die das Denken, Handeln und Fühlen eines Unternehmens leiten soll. Die kreative Ausformulierung von

Visionen setzt daher Reflexion über gegenwärtige Zustände, zukünftige Entwicklungen und deren Wechselwirkungen voraus“ (Bullinger 1994). Es bedarf einer prägnanten Vision, um einer strategischen Ausrichtung das notwendige Durchsetzungsvermögen zu verschaffen. Daher ist es Aufgabe der Vision, rationelle und komplexe Überlegungen in kurzen, eingängigen und motivierenden Perspektiven, die jedem Mitarbeiter bei der täglichen Aufgabenerfüllung gegenwärtig sind, auszudrücken. Bei der Entwicklung einer Vision sollte man sich mit folgenden Fragen auseinandersetzen:

- Was ist nötig, um am Markt (im weitesten Sinne) präsent zu bleiben?
- Was ist für die Eigentümer und das Unternehmen erstrebenswert?
- Was ist im Unternehmen durchsetzbar?

Während eine Vision eher nach „innen gerichtet“ ist (Wo und wie wollen wir zukünftig sein?), wendet sich eine Mission nach außen, an Kunden, Kapitalgeber oder die Gesellschaft (Wie wollen wir von anderen gesehen werden, was ist unser Auftrag, wer ist unser Auftraggeber?) (Jung u. Kleine 1993). Bleicher definiert Missionen als „Output des unternehmenspolitischen Systems“, die „eine generelle Zielausrichtung und eine Grundorientierung für das strategische und operative Management vermitteln“ sollen (Bleicher 2004). Zur Formulierung der Mission des Unternehmens soll eine passende und knappe Antwort auf diese drei Fragen gefunden werden:

- Wer wollen wir sein?
- Was bieten wir an?
- Wie wollen wir sein?

Die Vision und Mission eines Unternehmens bilden die Grundlage für die Entwicklung der Unternehmensstrategie und stellen ein zentrales Element des Strategieentwicklungsprozesses dar.

Die Form der Verankerung der Vision wird als das Leitbild des Unternehmens definiert. Das Leitbild beschreibt den Unternehmenszweck (Wozu existiert das Unternehmen, welcher Nutzen wird für welche Anspruchsgruppen erbracht?), die Grundwerte (Was ist wertvoll, gegenüber Kunden, Lieferanten, Partnern und Mitarbeitern?), die konkreten Ziele des Unternehmens (Was wollen wir gemeinsam am Markt erreichen, mit den Mitarbeitern, gegenüber den Gesellschaftern und Teilhabern?), die Kernkompetenzen (besondere Fähigkeiten, Kernkompetenzen, strategische Erfolgspositionen) und die Rahmenbedingungen (Organisationsstruktur, Managementsysteme) (Schröer 1997).

Der Prozess der Erstellung der Vision, der Mission und des Leitbildes ist sehr aufwändig und erfordert Konzentration und Ausschaltung des Unternehmensalltags. Die Geschäftsführer des Forschungsprojekts ProfiL haben in einem gemeinsamen Workshop ohne externe Störungen, die Visionen, Missionen und Leitbilder ihrer jeweiligen Unternehmen erarbeitet. In der folgenden Abbildung 6 ist ein Beispiel für die definierte Vision, Mission und das Leitbild eines Projektpartners dargestellt.

Vision

TOP 25 DISTRIBUTOR IN DEUTSCHLAND

Mission

PR-Tronik, die Alternative als Lieferant für nationale KMU der elektroverarbeitenden Industrie mit den individuellen Dienstleistungen:
Distribution
Kleinmengenservice
Bauteile Management
Leiterplattenbestückung

Leitbild

PR-Tronik ist ein Vertragsunabhängiger Distributor, der unsere Kunden mit individuellen Einkaufsdienstleistungen durch qualifizierte Mitarbeiter berät und beliefert.

Ziel ist es, durch konstantes Wachstum in den kommenden Jahren den Erhalt bzw. den Ausbau von Arbeitsplätzen zu sichern und durch die Schaffung von Ausbildungsplätzen junge Mitarbeiter in unser Unternehmen zu integrieren.

Durch die Umsetzung der Qualitätspolitik in allen Abteilungen versuchen wir einen hohen Grad der Kundenzufriedenheit zu erreichen, um somit eine langfristige soziale und ökologische Partnerschaft zu sichern.

Abb. 6. Vision, Mission, Leitbild eines Industriepartners im Forschungsprojekt

Der nächste Schritt ist die Formulierung der für das Unternehmen passenden Strategie. Die Strategie beschreibt den Weg, der das Unternehmen in Richtung Verwirklichung der Unternehmensvision führt. Für die *Formulierung der Strategie* des Unternehmens werden die Faktoren, die zum Aufbau einer Strategie dienen, wie z. B. die Vision, die strategischen Erfolgspositionen oder Kernkompetenzen, betrachtet. Zwischen den in der Literatur und Praxis bekannten Strategien (z. B. Basisstrategien, wettbewerbsorientierte Strategien, Time Based Strategien, Produkt-, Synergie-, Integrations- und Kooperationsstrategien) wird in diesem Schritt eine Auswahl getroffen. Zu diesem Zweck erfolgt z.B. mit Hilfe einer Nutzwertanalyse eine Bewertung, um die für das kleine Unternehmen passende Strategie oder einen Strategie-Mix zu ermitteln. Strategien können beispielsweise nach folgenden Kriterien bewertet werden: Investitionskosten, Zeit zur Umsetzung, Bindung von Ressourcen, Risiken des Scheiterns, Erfolgswahrscheinlichkeit, Anforderungsniveau, Umsetzungskomplexität oder Wissensbedarf. Diese Kriterien können darüber hinaus nach unternehmensspezifischen Faktoren gewichtet werden. Als Ergebnis wird eine favorisierte Strategievariante ausgewählt.

Der siebte Schritt, die Strategieumsetzung und -kontrolle, ist der schwierigste Schritt im strategischen Management, da dieser zeit- und personalintensiv ist (Ulrich u. Fluri 1995; Jung u. Kleine 1993). Jede neue Strategie erfordert Veränderungen im Unternehmen, denen oftmals eine betriebliche Trägheit sowie geistige Hemmnisse entgegenschlagen. Gravierende Umorganisationen führen zu Unruhe in einem Unternehmen, was in Extremfällen sogar zu einer Blockade des operativen Geschäfts führen kann. Zudem kann es sich bei der Strategieimplementierung um einen mehrjährigen Einführungszyklus handeln. Bis zur tatsächlichen Implementierung der Strategie setzt teilweise eine Demotivation der Mitarbeiter ein, da der Sinn der derzeitigen Strukturveränderung in Frage gestellt wird (Ulrich u. Fluri 1995). Zur Überwindung von Blockaden ist eine gemeinsame Verhaltensausrichtung der Mitarbeiter an der Strategie erforderlich. In diesem Prozess fällt vor allem den Führungskräften bzw. dem Geschäftsführer eine Schlüsselrolle zu.

Für diesen Schritt wurde im Forschungsprojekt ProfiL die Balanced Scorecard (BSC) als unterstützendes Werkzeug für die Strategieumsetzung und -kontrolle ausgewählt. Die BSC übersetzt die formulierte Strategie in operative Maßnahmen und ist das Bindeglied zwischen der strategischen und der operativen Ebene. Außerdem fördert sie die Kommunikation der Strategie im ganzen Unternehmen und es findet eine kontinuierliche Abstimmung zwischen den in jedem Unternehmen existierenden Individualzielen der Mitarbeiter und den strategischen Zielen des Unternehmens statt (Kaplan u. Norton 1997). In der folgenden Abbildung 7 ist die Vorgehensweise zur Überführung einer Strategie in eine strategische Aktion/Maßnahme mittels der BSC beispielhaft dargestellt.

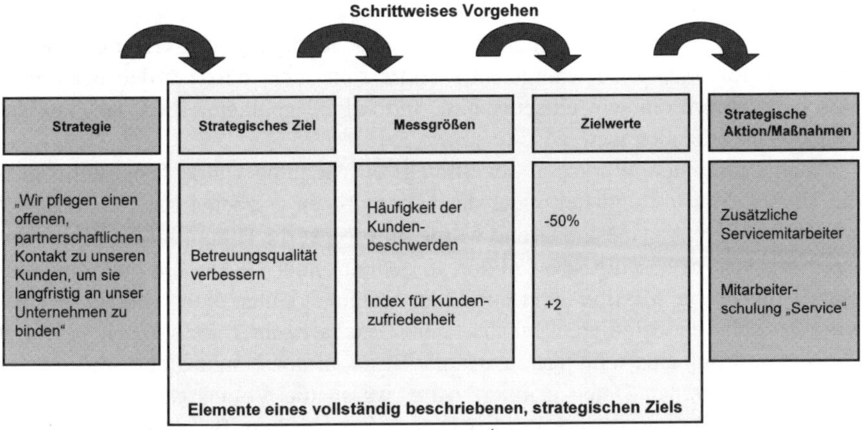

Abb. 7. Beispielhafte Darstellung der Überführung einer Strategie in eine Aktion/Maßnahme

Die konkrete Vorgehensweise und die gesammelten Erfahrungen bei der Umsetzung der Unternehmensstrategie mittels der BSC im Forschungsprojekt ProfiL ist im Kapitel 3 ausführlich dargestellt.

Die ersten sechs Schritte wurden im Rahmen eines zweitätigen Workshops mit den Geschäftsführern der Industriepartner des Forschungsprojekts ProfiL durchgeführt. In diesem Workshop wurden die Geschäftsführer von ihren täglichen Aufgaben freigestellt und er fand in einer ruhigen Umgebung und ohne externe Störungen statt. Die Vermittlung des Wissens erfolgte als „interaktiver" Frontalunterricht mit abwechselnd theoretischen und praktischen Teilen. Das Ziel des ersten Workshops war zum einen das Training des strategischen Denkens und Vorgehens in der Gruppendiskussion und zum anderen die Entwicklung einer passenden Strategie für jedes Unternehmen unter Berücksichtigung der entsprechenden internen und externen Rahmenbedingungen. Es zeigte sich als wichtig, dass für die Entwicklung einer passenden Strategie für das Unternehmen die aktuelle Vision, Mission und das Leitbild des Unternehmens überarbeitet werden mussten. Dies erfolgte in einem anschließenden zweiten Workshop.

Praktische Erfahrungen bei der Umsetzung

Die Entwicklung einer Unternehmensstrategie und die damit verbundene klare Definition der Vision, Mission und Leitbild des Unternehmens ist eine wesentliche Voraussetzung für die zukünftige Veränderung und positive Entwicklung von Unternehmen. Trotzdem war zu Beginn des Projektes bei keinem der beteiligten Unternehmen eine bewusste Unternehmensstrategie vorhanden. Strategische Entscheidungen wurden oftmals aus dem Bauch heraus getroffen und die Geschäftsführer hatten sich bisher nicht systematisch oder zeitintensiv mit der Strategieentwicklung befasst.

Der Strategieentwicklungsprozess ist mit einem nicht unerheblichen zeitlichen Aufwand verbunden. Der Prozess erfordert eine entsprechende Disziplin bei den Geschäftsführern, um konsequent an dem Thema zu arbeiten sowie eine intensive unterstützende Begleitung durch die Forschungspartner. Diese externe Unterstützung hat sich dabei bewährt und war eine notwendige Voraussetzung, um den Prozess erfolgreich zu bewältigen. Es zeigte sich auch, dass bei den beteiligten Geschäftsführern ein sehr einseitig bzw. individuell geprägter Blick auf das Unternehmen vorhanden war.

Nach dem ersten Workshop zur Strategieentwicklung wurde festgestellt, dass die Vision, Mission und Leitbilder der Unternehmen erarbeitet bzw. überarbeitet werden müssen. Aus diesem Grund wurde im Projekt die Durchführung eines weiteren Workshops beschlossen, um dort in gemeinsamer Diskussion die Schlüsselpunkte für Vision, Mission und Leitbild im einzelnen Unternehmen herauszuarbeiten. Da sich die beteiligten Inhaber und Geschäftsführer inzwischen sehr gut kannten und sich eine sehr vertrauensvolle Basis für den Umgang auch mit sensiblen, betriebsinternen Daten etabliert hatte, waren die Voraussetzungen für eine gemeinsame Erarbeitung in kritischer Diskussion gegeben. Bei diesem Workshop gelang es gemeinsam in enger Zusammenarbeit und mit kritischen Diskussionen die Vision, Mission und das Leitbild für die einzelnen Unternehmen aufzuarbeiten und die weiteren organisatorischen Veränderungen anzustoßen. Interessanterweise konnten alle Beteiligten ein erweitertes Bild von ihrem Unternehmen gewinnen, so dass sich viele Facetten der einzelnen Unternehmen erst in der gemeinsamen Arbeit präzise herauskristallisierten. Alle beteiligten Geschäftsführer haben aber die Offenheit der Diskussion als einen wesentlichen Erfolgsfaktor für die Erarbeitung einer wirklich tragfähigen Vision, Mission und eines Leitbildes beschrieben. Auch wurde bestätigt, dass die Erarbeitung dieser Punkte einen wesentlichen Schlüsselfaktor für die zukünftige Weiterentwicklung des Unternehmens darstellt. Die Geschäftsführer haben erkannt, dass das strategische Management für ein kleines Unternehmen in Zeiten der Komplexitäts- und Geschwindigkeitssteigerung eine unerlässliche Aufgabe der Geschäftsführung ist.

Thesen und Handlungsempfehlungen für Führungskräfte in KMU

Thesen zu Erfolgsfaktoren

- Für den Strategieentwicklungsprozess benötigt man ausreichend Freiraum und Ruhe, daher sollte dies wenn möglich außerhalb des Unternehmens und der normalen Arbeitszeiten erfolgen.
- Die Erarbeitung muss vorher zeitlich geplant und konkrete Zieltermine müssen definiert werden.
- Die Ergebnisse des Strategieentwicklungsprozesses müssen festgehalten werden. Dies ermöglicht ein Controlling im Sinne eines Strategie-Reviews und relevante Entwicklungen im Unternehmensumfeld zu identifizieren.

Thesen zu Misserfolgsfaktoren:

- Geschäftsführer kleiner Unternehmen haben kaum Zeit für strategisches Denken. Sie sind mit dem Tagesgeschäft überlastet und verfügen über beschränkte Mittel und Ressourcen. Zudem erschwert fehlendes Know-how und Methodenwissen die Strategiefindung.
- Es existieren Kopplungen zwischen den persönlichen Zielen des Geschäftsführers und den Zielen für das Unternehmen.
- Der Strategieentwicklungsprozess kann nicht unter hohem Zeitdruck erfolgen.
- Das Unternehmen muss sich der strategischen Notwendigkeit bewusst sein.

3 Umsetzung der Unternehmensstrategie mit der Balanced Scorecard

Isabel Crespo, Lars Bergmann, Stefan Portmann, Thomas Lacker, Michael Lacker, Jürgen Fleischmann, Hans Kozó

„The balanced scorecard is like the dials in an airplane cockpit: it gives managers complex information at a glance." (Robert S. Kaplan und David P. Norton, 1992)

Was ist eine Balanced Scorecard?

Die Balanced Scorecard (BSC) ist ein Ansatz zum strategischen Management, der neben der Ausrichtung des Unternehmens auf finanzielle Zielwerte ebenso großes Gewicht auf so genannte weiche Faktoren legt, die den wirtschaftlichen Erfolg eines Unternehmens erst ermöglichen. Das entscheidende Merkmal der Balanced Scorecard ist dabei, dass sie ein ausgewogenes System strategischer Ziele herstellt, welches das Unternehmen hinsichtlich der vier Perspektiven Finanzen, Kunden, interne Prozesse und Mitarbeiter und Potenziale strategisch ausrichtet (Kaplan u. Norton 1997).

Die Kernelemente der Balanced Scorecard sind neben dem genannten Zielsystem, der Prozess zur Ableitung strategischer Ziele, die Möglichkeit zur Überprüfung der Erreichung dieser mittels Kennzahlen und ein Maßnahmenplan, der die strategischen Ziele und damit die Strategie eines Unternehmens in konkrete Handlungen übersetzt. Die Balanced Scorecard zeichnet aus, dass die genannten Elemente methodisch miteinander verknüpft sind und die Entwicklung und Umsetzung einer, in Bezug auf die relevanten Felder der Unternehmensaktivitäten, aussagekräftigen Strategie erleichtert wird. In der folgenden Abbildung 8 sind die Elemente einer Balanced Scorecard dargestellt (Kaplan u. Norton 1997).

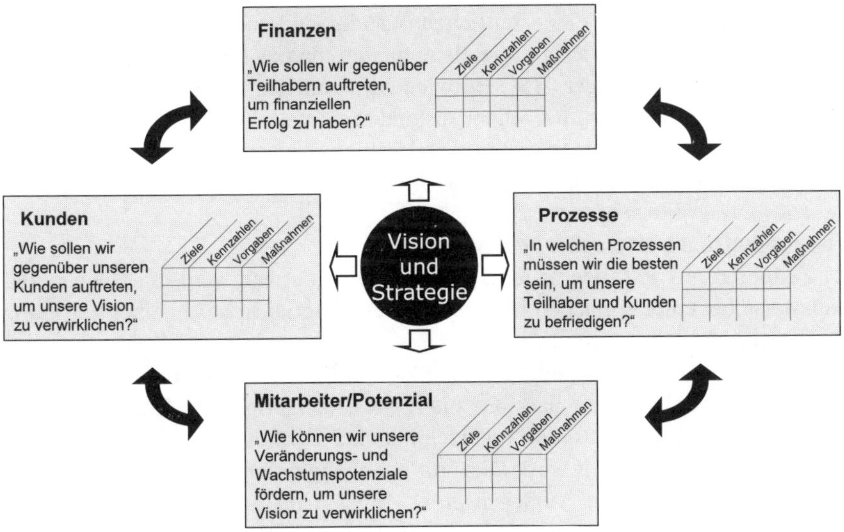

Abb. 8. Darstellung der Elemente einer Balanced Scorecard (Kaplan u. Norton 1997, S. 24)

Kritische Punkte bei der Entwicklung einer BSC aus Sicht von KU

Geht man davon aus, dass, unabhängig von der Art und Weise der Strategiebestimmung, ob geplant oder ungeplant, eine Unternehmensstrategie auch in kleinen Unternehmen existiert, kann argumentiert werden, dass eine solche Strategie auch konsequent und zielgerichtet umgesetzt werden muss (Füglistaller et al. 2003).

Voraussetzung für die Entwicklung, Einführung und Anwendung einer Balanced Scorecard in großen wie kleinen Unternehmen ist eine existierende Unternehmensstrategie. Die Existenz der Unternehmensstrategie ist eine notwendige Voraussetzung für die erfolgreiche Entwicklung einer Balanced Scorecard im Unternehmen, da deren Aufgabe grundsätzlich nur die Umsetzung der Strategie ist (Kaplan u. Norton 1997).

Die vorangegangenen Ausführungen machen den ersten kritischen Punkt bei der Entwicklung einer BSC für KU deutlich. Die notwendige Vorarbeit für die Entwicklung der Unternehmensstrategie, Mission, Vision und des Leitbildes ist erheblich und aus dem Stegreif kaum zu leisten. Einerseits findet die Auseinandersetzung mit Fragestellungen dieser Art häufig erstmals statt, andererseits müssen zusätzlich zur eigentlichen Entwicklungszeit der BSC weitere Ressourcen aufgewendet werden, um die Voraussetzungen für eine erfolgreiche Entwicklungsarbeit zu schaffen (Scheibeler 2004).

Teil dieser vorbereitenden Maßnahmen sind Workshops, in denen das Konzept der BSC vorgestellt und vertieft wird. Sowohl konzeptionelles Wissen als auch die verwendeten methodischen Werkzeuge sollen vorgestellt und den Mitarbeitern vermittelt werden. Darüber hinaus soll der Umgang mit strategischen Zielen und ihrer Rolle in der BSC an konkreten Beispielen verdeutlicht werden, um ein Gefühl für Aufbau und Wirkungsweise des Konzepts zu vermitteln. Zusammenfassend kann festgehalten werden, dass sämtliche Phasen der Vorbereitung und Entwicklung einer BSC zum einen zeitlich aufwändig sind und zum anderen ohne externe Unterstützung schwierig zu realisieren sind, da das benötigte Methodenwissen zur Durchführung der BSC-Entwicklung zumeist nicht im Unternehmen vorhanden ist. Aus den vorhergehenden Punkten leitet sich als zentrale Problemstellung kleiner Unternehmen die knappe Verfügbarkeit zeitlicher und finanzieller Ressourcen ab (Vohl 2004).

Wissenschaftliche Betrachtung der BSC

Der Zeithorizont von Modernisierungsprozessen reicht von wenigen Wochen, beispielsweise bei einer einfachen Umstellung des Materialflusses in einer Fertigung, bis zu mehreren Jahren, wie es bei der Umsetzung eines Ganzheitlichen Produktionssystems der Fall sein kann (Spath 2003). Soll ein Unternehmen erfolgreich modernisiert werden, setzt dies ein planvolles, zielgerichtetes Handeln voraus, welches unter Berücksichtigung unterschiedlicher Zeithorizonte durch die Unternehmensstrategie bestimmt wird. Dies gilt unabhängig von der Größe des betrachteten Unternehmens. Die Modernisierung eines Unternehmens erfordert unter Umständen eine Reihe tief greifender Umwälzungen. Diese können Fehlentwicklungen zur Folge haben, sollten sie nicht hinreichend auf die Situation des Unternehmens am Markt ausgerichtet sein. Eine schriftlich fixierte, in sich schlüssige Strategie ist daher auch für KU zwingend erforderlich. Die BSC kann als geeignetes Werkzeug zur Überprüfung und Umsetzung der Strategie dienen, da die Formulierung strategischer Ziele unterstützt und ihr sinnvoller Zusammenhang durch die Methodik der BSC hinterfragt wird (Vohl 2004). Darüber hinaus ermöglicht die BSC, die Umsetzung der strategischen Ziele voranzutreiben. Hierbei berücksichtigt sie sowohl kurz- als auch langfristige Ziele. Sie hilft jedoch dabei, die Strategie zu hinterfragen und umzusetzen.

Entscheidende Vorteile des BSC-Konzeptes sind die ganzheitliche Betrachtung des Unternehmens, die Quantifizierung der gesetzten Ziele mittels Kennzahlen sowie deren sinnvolle Zusammenfassung zu verschiedenen Elementen oder Perspektiven (vgl. Abb. 8). Die Maßnahmen bezüglich der Perspektiven Finanzen, Kunden, Mitarbeiter und Prozesse werden sowohl mit finanzwirtschaftlichen Kennzahlen, als auch mit nicht monetär quantifizierten Indikatoren gemessen, was dem Einnehmen einer einseitigen Perspektive vorbeugt. Somit kann der Erfolg der Maßnahmen für jedes einzelne Element ständig hinterfragt werden und diese gegebenenfalls angepasst werden. Weiterhin bietet eine Aufschlüsselung in die verschiedenen Perspektiven die Möglichkeit für ein KMU die eigenen Stärken und Schwächen in den einzelnen Handlungsfeldern auszumachen, um somit Maßnahmen zur Verbesserung der Kunden- und Mitarbeiterorientierung oder der eigenen Prozesse zu ergreifen.

Zwischenfazit: Zu berücksichtigende Besonderheiten von KMU

Die Unternehmen des Projekts ProfiL hatten vor Projektbeginn keine Erfahrungen mit der Erstellung und Durchführung einer Balanced Scorecard. Es wurden zwar einzelne Unternehmenskerngrößen bzw. -kennzahlen ermittelt und teilweise über

Aushänge an die Mitarbeiter weitergegeben. Diese waren jedoch unstrukturiert und unvollständig. Das Konzept der BSC und die anzuwendenden Methoden mussten daher vorher vermittelt und geübt werden, da bisher kein systematisches strategisches Vorgehen praktiziert wurde. Die Ableitung strategischer Ziele stellt eine neue Herausforderung dar, der sich die Unternehmen bisher nicht gestellt haben.

Die Unternehmensführung in kleinen Unternehmen ist oftmals stark operativ geprägt (Pfohl u. Arnold 2006), woraus sich die Forderung nach einer Fokussierung auf umsetzungsrelevante Fragestellungen der BSC-Entwicklung ergibt. Im Rahmen des durchgeführten BSC-Workshops bedeutete dies, dass während der Entwicklung der BSC bei Bedarf von der geplanten Vorgehensweise abgewichen wurde, wenn eine andere Vorgehensweise eine zügigere Zielerreichung versprach. Die gesammelten Erfahrungen wurden daraufhin durch mehrere Anpassungen des Modells zur Durchführung der BSC-Entwicklung umgesetzt und in den weiteren Partnerunternehmen des Projekts ProfiL angewendet. Das Ziel der BSC-Workshops ist es, die KMU zu einer eigenständigen Entwicklung und Aufrechterhaltung der BSC zu befähigen, da der Zukauf externer Beratungsleistungen aufgrund der begrenzten finanziellen Ressourcen nicht tragbar ist.

Entwicklung der BSC im Rahmen von ProfiL

Das Modell zur Entwicklung der BSC und das darauf aufbauende Workshop-Konzept basieren auf dem von Horváth beschriebenen Vorgehen zur Entwicklung einer Balanced Scorecard (Horváth 2000). Dabei wird das systematische Vorgehen von Hórvath übernommen und der Inhalt in drei Workshops aufgeteilt, die entsprechend mit den Aufgabenblöcken korrespondieren (vgl. Abb. 9).

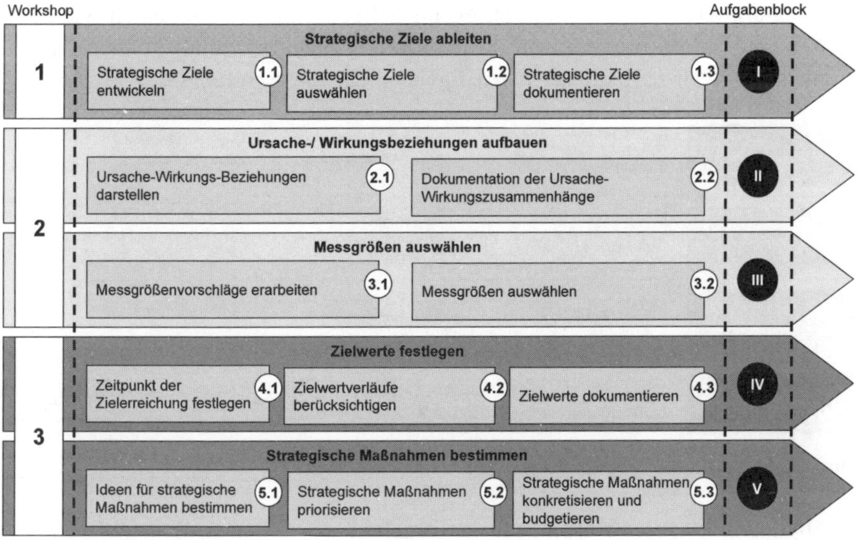

Abb. 9. Vorgehen bei der Entwicklung einer BSC (Horváth 2000)

Im Folgenden wird das Vorgehen während der Workshops beschrieben und die Ergebnisse der Aufgabenblöcke zusammengefasst. Die Durchführung der Workshops fand unter Mitwirkung von zwei externen Beratern (Forschungspartner) und dem jeweiligen Geschäftsführer des Unternehmens statt.

Aufgabenblock I

Zentrales Anliegen von Aufgabenblock I ist die Entwicklung möglicher strategischer Ziele. Diese werden auf wenige, tatsächlich relevante reduziert und konkret formuliert. Die Ergebnisse der SWOT-Analyse (vgl. Kap. 1) dienen als Eingangsgröße für weitere Schritte. Im anschließenden Arbeitsschritt werden sie gruppiert und bezüglich ihres Konkretisierungsgrades hinterfragt. Die strategische Bedeutung der Ziele wird definiert und die Relevanz für das Unternehmen begründet. Resultat der Gruppierung, Definition und Begründung ist eine Einschränkung auf einen Umfang von etwa fünfzehn Zielen. Die sorgfältige Dokumentation der Ergebnisse, vorrangig der Ziele einschließlich Definition und Zielbegründung, ist Teil der Nachbereitung der Workshops.

Zentraler Punkt bei der Ableitung der strategischen Ziele ist die intensive Diskussion der Ziele. Aus der Sicht von KU stellt dieser Sachverhalt ein Problem dar, da nicht in jedem Fall ausreichend qualifizierte Personen zur Verfügung stehen und externe Berater aus Kostengründen zumeist nicht eingesetzt werden können. Zudem soll der Fokus des Workshops ausdrücklich auf der Befähigung der Unternehmen zur eigenständigen Durchführung, Entwicklung und Anwendung der BSC liegen. Diese Problematik verlangt demnach eine weiterführende Lösung. Ein Ansatz ist das Patenschaftsmodell, welches im Folgenden noch näher erläutert wird. Es ist im Verlauf des Workshops möglich, zu jedem Zeitpunkt vorhergegangene Schritte zu wiederholen und Änderungen vorzunehmen. Die Unternehmen können eigenständig nach den jeweilig vorliegenden Bedingungen entscheiden wie stringent sie sich an die vorgegebene Strukturierung halten. Oftmals können Abweichungen schneller zu qualitativ befriedigenden Ergebnissen führen.

Abb. 10. Beispielhafte Ergebnisse des Aufgabenblocks I

Abbildung 10 zeigt beispielhaft das Ergebnis des ersten Aufgabenblocks. Die Ziele sind zusammengefasst und in ihrem Konkretisierungsgrad gleichwertig.

Darüber hinaus wurden für jedes der Ziele eine genaue Definition und eine Begründung der strategischen Bedeutsamkeit erarbeitet.

Aufgabenblock II

Aufgabenblock II beschäftigt sich mit der Herstellung von Ursache-Wirkungs-Beziehungen zwischen den strategischen Zielen. Die Beziehungen stellen nicht nur deren Abhängigkeiten dar, sondern verdeutlichen auch Wechselwirkungseffekte und machen diese nachvollziehbar und erklärbar. Die verwendete Methode verlangt, dass ausschließlich beabsichtigte Zusammenhänge dargestellt werden. Dies dient einerseits der Übersicht, andererseits wird so sichergestellt, dass es sich bei dem Ursache-Wirkungs-Modell um eine Darstellung der Unternehmensstrategie handelt.

Ein beispielhaftes Ergebnis der im Projekt verwendeten Methode ist in Abbildung 11 dargestellt und zeigt das entstandene Zielsystem. Die gefundenen Zusammenhänge werden nummeriert in Form von Pfeilen dargestellt und stichwortartig festgehalten. Im Workshop wurde als praktikabelste Lösung das parallele Arbeiten mit Beamer und Pinnwand entwickelt. Auf der Pinnwand waren zu jeder Zeit die Ziele mit Definition und Begründung verfügbar und mit der Präsentationssoftware konnten auf elektronischem Weg Zielzusammenhänge sofort eingearbeitet werden.

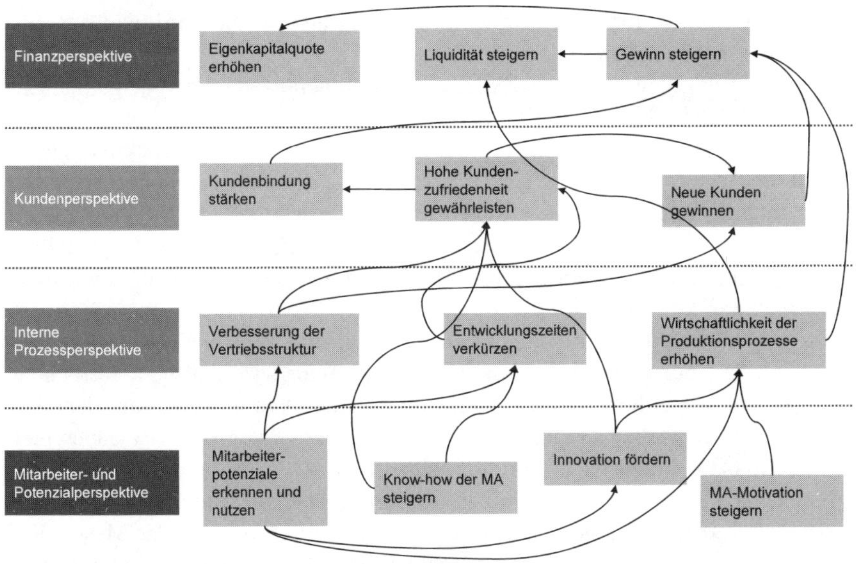

Abb. 11. Beispiel für Ursache-Wirkungs-Beziehungen

Die Dokumentation der Zusammenhänge erfolgt auf Metaplankarten an der Pinnwand. Diese Vorgehensweise gibt einerseits eine gute Übersicht über alle zurzeit relevanten Informationen und erlaubt andererseits bei Bedarf ein unkompliziertes Anpassen von Zieldefinitionen oder -begründungen. Sind die

Ursache-Wirkungs-Beziehungen abgeleitet, wird diskutiert, ob das Zielsystem redundante Zusammenhänge enthält. Es geht bei der Vorgehensweise nicht darum die Vollständigkeit des Zielsystem zu überprüfen, sondern vielmehr die Rolle jedes einzelnen Ziels zu hinterfragen.

Die Formulierung der Ursache-Wirkungs-Beziehungen findet stichwortartig statt, wie es bereits beim vorhergehenden Aufgabenblock der Fall war. Diese Form der Dokumentation deckt das Bedürfnis nach einer zügigen, pragmatischen Arbeitsweise ab und wird als ausreichend und praktikabel erachtet. Es muss jedoch darauf geachtet werden, dass trotz dieser Vorgehensweise die Ziele dennoch unmissverständlich und detailliert genug beschrieben sind.

Aufgabenblock III

Im Verlauf von Aufgabenblock III sollen Messgrößen zu den in den vorhergehenden Aufgabenblöcken erarbeiteten strategischen Zielen entwickelt, ausgewählt und dokumentiert werden. Auf Basis dieser Betrachtung und unter der Voraussetzung, dass diese Kennzahlen oder Messgroßen ein eindeutiger Indikator für das Erreichen der Ziele sind und den Erreichungsgrad widerspiegeln, werden Vorschläge für die Erarbeitung von Messgrößen entwickelt. Hierbei werden die Ziele systematisch betrachtet und zunächst auf bereits im Unternehmen erhobene Kennzahlen überprüft, um zusätzlichen Erhebungsaufwand zu vermeiden. Es sollte jedoch dringend vermieden werden, dass aus den existierenden Kennzahlen eine ansatzweise passende für jedes strategische Ziel ausgewählt wird und von der idealen Messgröße abgewichen wird.

Bei der Diskussion der Messgrößen stellte sich heraus, dass gerade zu den Zielen der Finanzperspektive häufig Kennzahlen im Unternehmen erhoben werden. Beginnt die Suche nach Messgrößen für die Ziele der Kundenperspektive, gestaltet sich die Arbeit oftmals schwieriger. Dennoch ist es letztlich möglich, Messgrößen zu finden, die den geforderten Kriterien gerecht werden. Um die Findung von Messgrößen zu erleichtern, wird die von Horvàth vorgeschlagene Fragestellung zur Ableitung von Messgrößen verwendet: „Woran erkennen wir, dass wir unser Ziel erreichen?".

Sie erweist sich als gute Hilfe, führt jedoch in manchem Fall zu strittigen Ergebnissen, da, anders als geplant, die Frage nach einer wirtschaftlichen Erhebbarkeit nur schwer außer Betracht gelassen werden kann. Eine von der Aufwand/Nutzen-Schätzung entkoppelte Diskussion der Messgrößen ist daher nicht zielführend. Die Frage nach dem Verhältnis von Aufwand und Nutzen kommt während der Findung der Messgrößen immer wieder zur Sprache, was die Notwendigkeit verdeutlicht, sie gänzlich in den Erarbeitungsprozess der Messgrößen zu integrieren und nicht isoliert zu betrachten. Ein Beispiel für die gelungene Erstellung von Messgrößenvorschlägen für ein Ziel der Kundenperspektive ist in Abbildung 12 dargestellt.

6 Den Kunden begeistern Mögliche Messgröße	Beschreibung der Messgröße	Frequenz der Erhebung im Rahmen der BSC	Daten-quelle	Vorhandene Datenbasis
Lieferzeit: Rückstände	Ø RST (Rückstände in Stk.) im Monat	Monatlich	Monats-statistik	> 5 Jahre
Flexibilität	Mittelwert der Flexibilitäts-bewertungen	Jährlich	Aktions-bogen	1 Auswertung
Kunden-sonder-wünsche	Anzahl erfüllter Kundensonder-wünsche	Jährlich	Vertrieb	keine

Abb. 12. Beispielhafte Erstellung von Messgrößenvorschlägen

Das Ziel den Kunden zu begeistern wird hier zunächst in drei Messgrößen erfasst. Welche dieser Größen letztlich die beste Wahl bei der Messung des Ziels darstellt, muss im Anschluss entschieden werden oder ergibt sich während der Anwendung der BSC. Denkbar ist auch, dass alle Messgrößen bestehen bleiben, wobei darauf geachtet werden soll, je strategischem Ziel nicht mehr als drei, besser jedoch nur eine Messgröße zu erheben. Dies stellt sicher, dass die Übersichtlichkeit der BSC nicht leidet, der Erhebungsaufwand nicht zu groß wird und die Aussage der Messgrößen hinsichtlich des Grades der Zielerreichung eindeutig bleibt.

Um die Messgrößen möglichst umfassend zu beschreiben, werden zusätzlich zur Benennung der Größe auch die genaue Beschreibung, die Frequenz der geplanten Messung, die Datenquelle und die vorhandene Datenbasis erfasst. Im Zug der Wirtschaftlichkeitsdiskussion bekommt dieses Vorgehen besonderes Gewicht, da auf diese Weise sofort ersichtlich ist, welche der Messgrößen sich mit geringem Aufwand generieren lässt und bei welcher es einer tiefer gehenden Vorbereitung bedarf. Zugunsten welcher Messgröße die Entscheidung fällt, ist letztlich eine Frage der Abwägung zwischen Aussagekraft und Wirtschaftlichkeit der Erhebung. Es lässt sich festhalten, dass tendenziell, auch bei abweichender Aussagekraft, jene Messgröße gewählt wird, die den geringeren Erhebungsaufwand verspricht, um die Anwendung der BSC nicht durch einen zu hohen Aufwand während der Erhebung zu gefährden. Gegenüber der Entwicklung von Messgrößen für die Ziele der Kundenperspektive ist die Bestimmung von Messgrößen für die Prozessperspektive zumeist einfacher. Hierbei handelt es sich häufig um durch harte Zahlen untermauerte Prozessabläufe. Messgrößen zur Mitarbeiter- und Potenzialperspektive müssen dagegen auf ähnliche Weise wie die Messgrößen für die Kundenperspektive erschlossen werden.

Die Messung der Zielerreichung mittels Messgrößen lässt einen hohen Aufwand während der Pflege der BSC vermuten. Je nachdem, wie ausgeglichen die

Mischung von bereits vorhandenen zu neu zu erhebenden Messgrößen ist, werden erhebliche Mehrbelastungen erwartet.

Aufgabenblock IV

Aufgabenblock IV soll zu einer vollständigen Zielbeschreibung führen, in dem den Messgrößen der strategischen Ziele ein konkreter Zielwert zugewiesen wird. So soll die Grundlage für eine sinnvolle Priorisierung strategischer Maßnahmen geschaffen werden. Der Zeitpunkt der Zielerreichung soll unter Berücksichtigung der Ursache-Wirkungs-Beziehungen festgelegt werden. Hierzu wird in einem weiteren Schritt der Zielwertverlauf über den betrachteten Zeitraum aufgetragen. Die Betrachtung wird mittels eines Zeitstrahls visualisiert, der zunächst nur die Zeitpunkte der Zielerreichung wiedergibt. Ein Beispiel für einen solchen Zeitstrahl zeigt Abbildung 13.

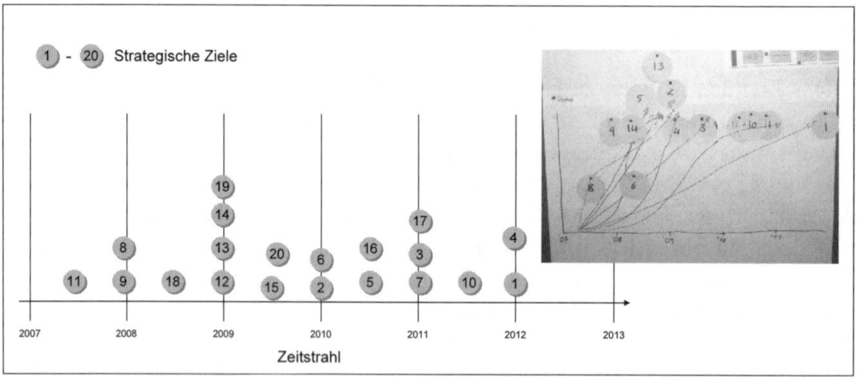

Abb. 13. Beispielhafte qualitative Erstellung der Zielwertverlauf mittels eines Zeitstrahls

Für die Festlegung eines Zeitpunktes zur Zielerreichung wird einerseits das von Abbildung 11 bekannte Zielsystem und darüber hinaus eine Matrix verwendet, in welcher alle Ursache-Wirkungs-Beziehungen eingetragen sind, um schnell jene Ziele auszumachen, die als Treiber für viele weitere Ziele fungieren und damit zeitlich vorrangig zu verfolgen sind. Diese Matrix ist in der folgenden Abbildung 14 dargestellt. Art und Weise der Erstellung und Dokumentation des Zeitstrahls bleiben den Workshop-Teilnehmern überlassen, da die in diesem Schritt durchgeführte Arbeit lediglich eine Arbeitsgrundlage für den folgenden Aufgabenblock V darstellt.

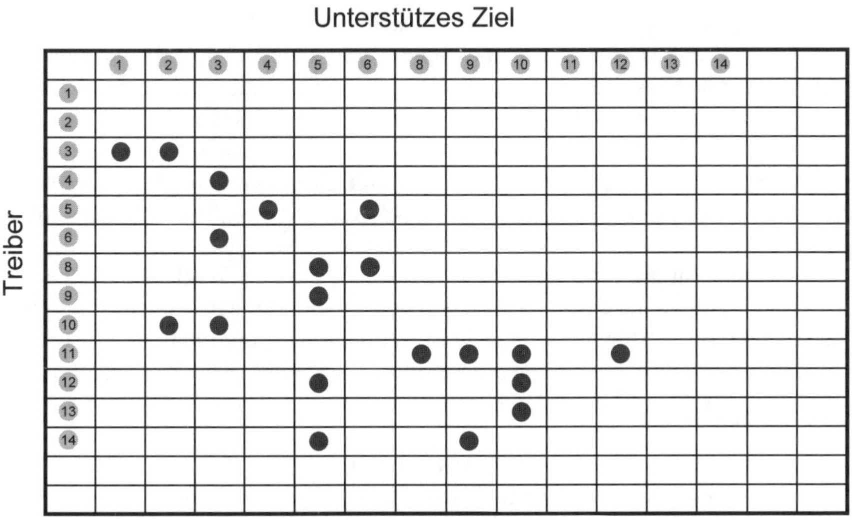

Abb. 14. Beispielhafte Matrixübersicht der Treiber und der unterstützenden Ziele

Im Verlauf des Workshops zeigte sich, dass eine weitere Formalisierung dieses Aufgabenblocks nicht notwendig ist. Alle Teilnehmer kamen durchweg zu Ergebnissen, die dem Anspruch hinsichtlich einer fundierten Basis für die Bestimmung und Priorisierung von strategischen Maßnahmen genügen.

Aufgabenblock V

Aufgabenblock V schließt die Entwicklung der BSC ab. Es werden strategische Maßnahmen entwickelt und priorisiert, welche daraufhin in einem konkreten Zeitplan festgehalten werden. Die Ermittlung von Vorschlägen für strategische Maßnahmen lässt sich methodisch gut unterstützen (s. Kap. 4.6). Allerdings haben sich die Geschäftsführer in den vorherigen Aufgabenblöcken bereits intensiv mit den Inhalten ihrer jeweiligen BSC auseinandergesetzt, so dass während der BSC-Entwicklung bereits konkrete Vorstellungen über die notwendigen Maßnahmen zur Erreichung der gesteckten Ziele entstanden sind.

Um die strategischen Maßnahmen zu sammeln und zu konkretisieren, haben im Projekt ProfiL jeweils zwei Geschäftsführer zusammengearbeitet und so von den Ideen des Konterparts profitiert. Auf diese Weise hat jeder Geschäftsführer die Position eines Beraters eingenommen, der dem jeweils anderen Unternehmer zur Seite stand. Nachdem auf diese Weise die Ideen für strategische Maßnahmen gesammelt wurden, konkretisierten die Workshop-Teilnehmer ihre Maßnahmen. Dabei wurde einmal mehr deutlich, dass Diskussionspartner mit unterschiedlichen Perspektiven eine notwendige Bereicherung bei der Durchführung dieses Schrittes sind. Der externe Blick auf die eigene Unternehmung kann oft den entscheidenden Impuls für eine qualitativ hochwertige Planung geben.

Der detaillierten Planung geht eine Priorisierung der Maßnahmen voraus. Diese wird durch die Zuhilfenahme eines Portfolios unterstützt. Im Portfolio sollen die strategischen Maßnahmen hinsichtlich ihres voraussichtlichen Aufwands und Nutzens eingeordnet werden. Auf diese Weise lassen sich die Maßnahmen einfach identifizieren, die bei einem geringen Aufwand einen hohen Nutzen versprechen und folglich schnellstmöglich eingeleitet werden sollten. Auch kann das Portfolio dazu dienen, die übrigen Maßnahmen sinnvoll zu priorisieren. Der Einsatz des Portfolios erweist sich als äußerst praktikabel, da die Anwendung intuitiv erfolgen kann.

Im letzten Aufgabenblock hat es sich bewährt, dass die Workshop-Teilnehmer nicht durch ein zu stark formalisiertes Vorgehen einschränkt wurden. Eine grobe Vorgabe der zur Verfügung stehenden Mittel reicht aus, um fundierte Planungsergebnisse zu erzielen, die so konkret sind, dass sie ohne weiteres in das Stadium der Umsetzung überführt werden können.

Praktische Erfahrungen der Industriepartner

Die Projektarbeiten von Seiten der beteiligten Industriepartner fokussierten sich immer auf den „Bottom-Up-Ansatz", um die Bedürfnisse und Anforderungen kleiner Unternehmen im Rahmen der Projektarbeiten vollständig zu berücksichtigen. Die vielfältigen Diskussionen, wie eine passgenaue Darstellung und Umsetzung von Zielen und Anforderungen in den kleinen Unternehmen erfolgen sollte, mündete in dem Ergebnis, dass ein Werkzeug benötigt wird, um schnell, einfach und übersichtlich wichtige Firmendaten verarbeiten zu können.

Das Werkzeug Balanced Scorecard hatte sich dabei als der ideale Kandidat herauskristallisiert, da hier eine vollständige Übersicht der vier wesentlichen Blickrichtungen eines Unternehmens gegeben wird. Die allgemeinen Aussagen zur BSC waren allerdings eher von Punkten wie „sehr aufwändig", „umständlich", „kann sich nur ein großes Unternehmen leisten", „benötigt komplexe Softwareunterstützung" geprägt. Trotzdem gelang es den Industriepartnern, die einfachen grundsätzlichen Konzepte der BSC so aufzuarbeiten, dass inzwischen alle Unternehmen eine umfassende BSC mit vertretbarem Aufwand pflegen. Wenn die BSC einmal aufgebaut ist, was in der Realisierung während der Projektphase in mehreren Workshops erfolgte, ist nur noch die Pflege der einzelnen Teilbereiche durchzuführen. Dies kann mit einem überschaubaren Aufwand realisiert werden. Der Aufwand bei den betrachteten Industriepartnern liegt bei einigen Stunden pro Monat.

Die Umsetzung der BSC erforderte ein zweistufiges Herangehen, wobei in der ersten Stufe alle Industriepartner gemeinsam in einem zweitägigen Workshop geschult wurden. Hier konnten die Industriepartner mit den Grundzügen der BSC vertraut gemacht werden und erste Umsetzungsbeispiele erarbeiten. Danach erfolgten zweitägige Workshops in den einzelnen Unternehmen, wo die Firmen ihre BSC individuell ausgearbeitet, verfeinert und angepasst haben. Diese Arbeiten waren sehr eng mit der Ermittlung von Messgrößen verbunden, da diese wesentliche Inputs für die BSC darstellen. In der praktischen Erfahrung bei der Umsetzung der BSC in den Unternehmen hat sich dann trotz des hohen Initialaufwandes gezeigt, dass ein hervorragendes Werkzeug entwickelt wurde, um die Umsetzung von Modernisierungsmaßnahmen in kleinen Unternehmen zu unterstützen und zu kontrollieren.

Thesen und Handlungsempfehlungen für Geschäftsführer von KMU bei der Entwicklung einer BSC

Generell lässt sich die Entwicklung einer BSC auch in kleinen Unternehmen durchführen. Sie wird dort von den Beteiligten auch als Ansatz zum strategischen Management anerkannt. Die in der Praxis entwickelten BSC entsprechen hinsichtlich ihrer inhaltlichen und qualitativen Ausprägung größtenteils den erwarteten Ergebnissen. Das systematische Vorgehen von Hórvath mit fünf Aufgabenblöcken lässt sich schwer realisieren. Aus den Erfahrungen der bei den ProfiL-Industriepartnern durchgeführten BSC-Workshops ergibt sich ein angepasstes BSC-Einführungsmodell für kleine Unternehmen. Abbildung 15 zeigt ein auf vier Aufgabenblöcke zusammengefasstes Vorgehen.

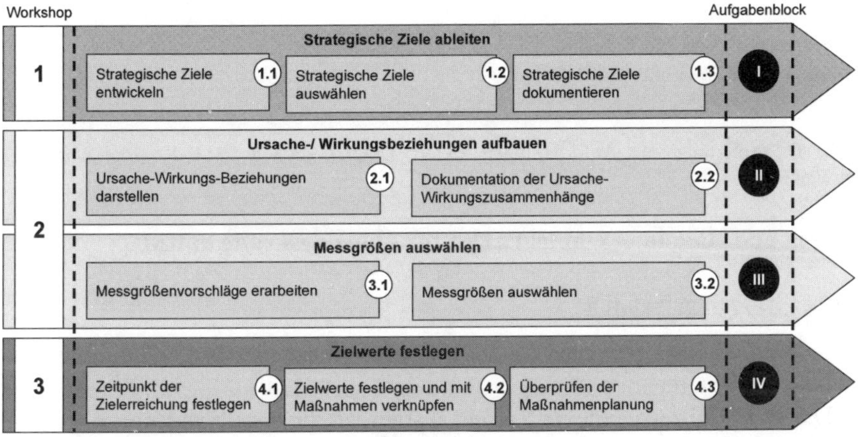

Abb. 15. Angepasstes BSC-Einführungsmodell für kleine Unternehmen

Das Modell sieht dabei die Entwicklung in drei Workshops vor, wobei über die eigentlichen Workshops hinaus auch Vor- und Nachbereitung beispielsweise für eine ausführliche Dokumentation der Ergebnisse eingeplant werden müssen.

Die Abbildung 16 verdeutlicht schematisch die Anforderungen von kleinen Unternehmen an BSC-Konzept und BSC-Entwicklung. Wie bereits erwähnt, besitzen KMU zumeist keine Erfahrung bei der Erstellung einer Balanced Scorecard bzw. besitzen nicht die personellen, zeitlichen und finanziellen Kapazitäten, um die Entwicklung einer BSC neben der zumeist operativ geprägten Unternehmensführung voranzutreiben. Demzufolge wird externe Unterstützung benötigt, um der Unternehmensführung aufzuzeigen, wie sie eine BSC eigenständig entwickeln und zukünftig anwenden soll. Es hat sich herausgestellt, dass ein pragmatisches, methodisches Vorgehen die Erfolgschancen der BSC bei der Erstellung und Anwendung erhöhen kann sowie eine integrierte Vorgehensweise bei der BSC-Entwicklung in KMU eingesetzt werden sollte.

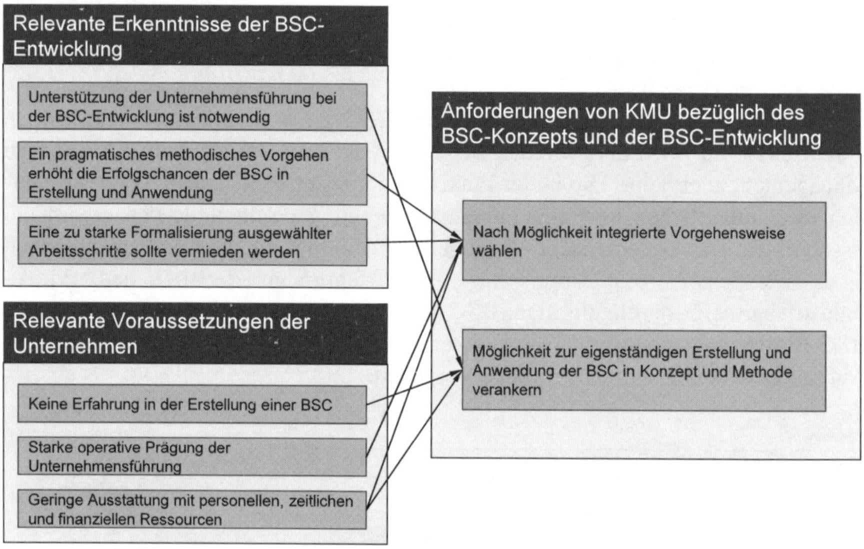

Abb. 16. Ableitung von Anforderungen kleiner Unternehmen an BSC-Konzept und BSC-Entwicklung

Thesen und Handlungsempfehlungen für Führungskräfte in KMU

Thesen zu Erfolgsfaktoren

- Im Vorfeld einer geplanten BSC-Entwicklung muss in jedem Fall die Entwicklung der Unternehmensstrategie stattfinden.
- Das BSC-Konzept sollte im Vorfeld ausführlich vorgestellt werden.
- Externe Berater sollen dem jeweiligen Unternehmen zur Verfügung stehen, um die Entwicklung der BSC voranzutreiben und die Ergebnisse zu diskutieren. Der externe Blick auf die Unternehmung stellt einen wichtigen Impuls für die Entwicklung der BSC dar.
- Eine zügige Vorgehensweise erhöht die Akzeptanz der BSC.
- Das Vorgehen sollte nicht zu stark formalisiert werden. Gerade die Durchführung der Aufgabenblöcke IV und V bzw. des Aufgabenblocks IV im angepassten BSC-Einführungsmodell haben von dem bewussten Offenlassen der Vorgehensweise und Form profitieren können.
- Eine Einschätzung der für die BSC-Konzept-Schulung und die Durchführung der Workshops benötigten Zeiten liefert Abbildung 17. Die Werte basieren auf den Erfahrungen, welche während der BSC-Entwicklung bei den ProfiL-Industriepartnern gemacht wurden.
- Die Inhalte der BSC sollten den Mitarbeitern durch eine geeignete Visualisierung vermittelt werden. Dies trägt zum Verständnis der Unternehmensziele, des

eigenen Einflusses auf die Unternehmensziele und der Steigerung der Mitarbeitermotivation bei. Ein entsprechendes Visualisierungskonzept kann darüber hinaus die Entwicklung selbstorganisierenden Verhaltens unterstützen, indem die Mitarbeiter eine Rückmeldung über die Wirksamkeit ihrer Aktivitäten im Unternehmen erhalten und so in die Lage versetzt werden, Rückschlüsse auf die Ausübung ihrer Tätigkeiten ziehen können.

	Unternehmensführung				Externe Berater			
	Vor-bereitung	Durch-führung	Nach-bereitung	Summe	Vor-bereitung	Durch-führung	Nach-bereitung	Summe
Konzept-Workshop BSC	½ Tag	1½ Tage	0 Tag	2 Tage	½ Tag	1½ Tage	0 Tag	2 Tage
1 AB I	½ Tag	1 Tag	1 Tag	2½ Tag	½ Tag	1 Tag	1 Tag	2½ Tag
2 AB II, AB III	½ Tag	1 Tag	½ Tag	2 Tage	½ Tag	1 Tag	½ Tag	2 Tage
3 AB IV	½ Tag	1 Tag	½ Tag	2 Tage	½ Tag	1 Tag	½ Tag	2 Tage
Summe				**8½ Tage**				**8½ Tage**

Abb. 17. Zeitbedarf für die BSC-Entwicklung für kleine Unternehmen bei Nutzung des angepassten BSC-Einführungsmodells

- Für die Unternehmen ist bei der BSC-Erstellung, -Anwendung und -Überprüfung eine externe Perspektive sehr hilfreich. Jedoch ist eine finanzielle Belastung durch externe Beratungsunternehmen oftmals für die Unternehmen nicht tragbar. Hier bietet sich im Rahmen des Projekts ProfiL, aber auch außerhalb davon, die Option zur vertrauensvollen Zusammenarbeit zwischen zwei oder mehr Unternehmen an. Darüber hinaus wurde ein Patenschaftsmodell entwickelt, indem mindestens zwei Unternehmen eine Patenschaft für die BSC des Partnerunternehmens übernehmen. Damit kann eine externe Perspektive hinzugewonnen werden und die dauerhafte Anwendung des Konzepts sichergestellt werden. Weitere Vorteile des Patenschaftsmodells sind das Profitieren vom strategischen Lernen des anderen Unternehmers und die Sicherung der Qualität der eigenen Strategieentwicklung und -umsetzung. Den beteiligten Unternehmen bleibt bei diesem Modell die Selbständigkeit bei Fragen der BSC erhalten und weitere Synergieeffekte sind zu erwarten. Jeder Teilnehmer fungiert als Multiplikator strategischen Wissens und Lernens.
- Die Einsatzbereiche des Patenschaftsmodells können sowohl in der Entwicklung, als auch in der Anwendung liegen. Im Rahmen des Projekts ProfiL wurde eine parallele Vorgehensweise in der Anwendungsphase durchgeführt. Die Überprüfungsschritte wurden somit direkt nach Abschluss bei dem einen Unternehmen bei dem zweiten wiederholt. Die Durchführung des Modells gliedert sich in vier wesentliche Schritte. Als erstes muss eine Grundlage für die Patenschaft durch Vorstellung der BSC (Erfahrungsaustausch) und eigene Reflexion

geschaffen werden. Der zweite Schritt beinhaltet die Durchführung der strategischen Überprüfung und anschließend werden im dritten Schritt die entwickelten Messgrößen und Maßnahmen überprüft. Die letzte Phase besteht aus dem Sicherstellen der Umsetzung beschlossener und notwendiger Anpassungen, die BSC wird erneut vorgestellt und durch den Paten geprüft. Der größte Nutzen des Patenschaftsmodells ist nicht die Kontrollfunktion des Paten, sondern vielmehr die Möglichkeit zur Reflexion und Diskussion der eigenen strategischen Standpunkte und Ziele. Die Zusammenarbeit an sich stellt einen entscheidenden Faktor bei der Sicherstellung der Aufrechterhaltung des Konzepts dar.

Thesen zu Misserfolgsfaktoren

- Die Erstellung einer BSC bindet viele Ressourcen (insbesondere Zeit) im Unternehmen.
- Fehlende strategische Ausrichtung des Unternehmens und fehlendes Wissen zu strategischen Zusammenhängen.

4 Gestaltung transparenter Geschäftsprozesse

Lars Bergmann, Isabel Crespo, Jürgen Fleischmann

„Der Betrieb ist in Wirklichkeit ein fortwährender Prozess, eine ununterbrochene Leistungskette. [...] anzustreben ist in jedem Fall eine klare Prozessgliederung.“
(Nordsieck 1906-1984)

Was ist ein Geschäftsprozess?
Ein Geschäftsprozess beschreibt eine sich regelmäßig wiederholende Folge von Arbeitsschritten oder Tätigkeiten, um ein definiertes Ergebnis zu erzielen. Geschäftsprozesse besitzen daher immer ein definiertes Ziel, einen Auslöser und ein Ergebnis. In der Regel verlaufen Geschäftsprozesse abteilungs- und bereichsübergreifend. Zur Abbildung von Geschäftsprozessen sind daher Mitarbeiter aus verschiedenen Abteilungen/Bereichen einzubinden. Ein typisches Beispiel für einen Geschäftsprozess in produzierenden Unternehmen ist der Auftragsabwicklungsprozess. Der Kunde löst mit seinem Auftrag den Prozess aus, der als Ergebnis die Auslieferung eines Produktes zur Folge hat. Je nach Art des Geschäftsprozesses und Größe eines Unternehmens sind unterschiedlich viele Mitarbeiter an einem Prozess beteiligt.

Kritik an Geschäftsprozessen aus Sicht von KMU
Transparenz in Geschäftsprozessen bedingt zumeist deren grafische Visualisierung. Für KMU geht mit der Erstellung von grafischen Geschäftsprozessmodellen ein hoher zeitlicher Aufwand für Aufnahme und Modellierung einher. Insbesondere Workshops zur erstmaligen Aufnahme von Arbeitsschritten und Prozessstrukturen erfordert Zeit aller beteiligten Mitarbeiter. Aufgrund der relativ geringen Anzahl an Mitarbeitern in kleinen Unternehmen wird die Notwendigkeit zur Abbildung der Geschäftsprozesse als nicht hoch eingeschätzt, da alle Mitarbeiter einen guten Überblick über die betrieblichen Abläufe haben. Der enge Kontakt zwischen Mitarbeitern wird als ausreichend für die Besprechung, Abstimmung und Koordination der betrieblichen Abläufe gesehen. Auch für die Pflege und regelmäßige Aktualisierung ist ein hoher zeitlicher Aufwand notwendig, der sich durch die gewonnene Transparenz der Prozesse kaum rechtfertigen lässt.

Wissenschaftliche Betrachtung der Geschäftsprozesse
„Sowohl im umgangssprachlichen als auch im wissenschaftlichen Sprachgebrauch steht der Begriff Prozess bzw. das entsprechende Präfix oder Suffix für Vorgänge oder Geschehen, denen die zeitliche Dynamik gemein ist. Allgemein sind Prozesse durch Zeit beanspruchende, zusammengehörende Tätigkeiten gekennzeichnet“ (Bogaschewsky u. Rollberg 1998). In der Literatur existiert eine Vielzahl unterschiedlicher Definitionen des Prozessbegriffs, die häufig mit der Intention des

jeweiligen Autors verknüpft sind, jedoch alle die Haupteigenschaften von Prozessen erfassen. An dieser Stelle wird eine Definition verwendet, die einerseits leicht verständlich ist und andererseits die Merkmale im Sinne einer prozessorientierten Organisationssicht abbildet.

> „Ein Prozess verknüpft mindestens zwei Aktivitäten und zwar unabhängig von strukturorganisatorischen Grenzen. Ein Prozess produziert aus Input ein materielles oder immaterielles Prozessergebnis für einen oder mehrere unternehmensinterne oder -externe Prozesskunden" (Zachau 1995).

Das Prozessschema beschreibt ein Prozesselement, das durch einen definierten Input, Output und die Transformationsaktivitäten innerhalb des Prozesses gekennzeichnet sind. Der Output eines Prozesses wird immer auf einen – internen oder externen – Kunden bezogen und sollte vor allem messbar sein. Für den Kunden sind in erster Linie die wertsteigernden Aktivitäten relevant. Unterschieden wird hierbei zwischen primärem und sekundärem Input und Output, wobei der primäre Input den direkten Anstoß für die Prozesstätigkeit ist und der primäre Output das Prozessende festlegt (Engelmann 1995). In Bezug auf den Inhalt und die Komplexität kann die Gestalt eines Prozesses erheblich variieren, ist jedoch immer durch seine Prozessgrenzen eindeutig abgrenzbar. „Im Sinne einer prozessorientierten Organisationsgestaltung bedarf es [...] zunächst der Feststellung inhaltlich abgeschlossener Erfüllungsvorgänge, die in einem logischen inneren Zusammenhang stehen" (Gaitanides 1983). Dabei stehen als Abgrenzungskriterien nicht nur die einzelnen Funktionen im Vordergrund, sondern zudem auch die reale Situation in der Organisation. Beispielsweise können Beschaffungsvorgänge und die dazu notwendige Finanzierung in einem Prozess abgebildet werden, obwohl die funktionale Sichtweise dies zunächst nicht erkennen lässt. Die Prozessorientierung kann als Managementperspektive, organisatorisches Gestaltungskonzept und Chance zur Effektivitäts- und Effizienzsteigerung verstanden werden.

Die Prozessabgrenzung unterliegt zudem der Prozesshierarchie innerhalb der Organisation mit der Folge, dass die Konkretisierungsniveaus der jeweiligen Stufe angepasst werden. Bei Produktionsprozessen kann der materielle In- und Output als Grenze des Prozesses festgelegt werden. Bei Geschäftsprozessen erfolgt eine Strukturierung jedoch häufig über einen konkreten Problembezug. Die Festlegung der Abgrenzung ist ein subjektiv beeinflusster Entscheidungsprozess der beteiligten Personen (Gaitanides 1983). Für eine konkrete Prozessbeschreibung ist in einem nächsten Schritt die Zerlegung der Prozesse in Teilprozesse und einzelne Aktivitäten notwendig. Eine Abfolge aufeinander aufbauender Teilprozesse wird als Prozesskette bezeichnet. Die hierarchische Untergliederung erfolgt hinsichtlich des Aufgabenumfangs der Elemente zwischen Aktivitäten, Teilprozessen und Hauptprozessen.

Eine sehr bekannte Darstellung von Prozessen auf einer hohen Abstraktionsebene ist das Modell der *Wertschöpfungskette* von Porter, in dem eine Unterteilung der unternehmerischen Aktivitäten in wertschöpfende (primäre Wertaktivitäten) und unterstützende Aktivitäten stattfindet (s. Abb. 18) (Griese 2001).

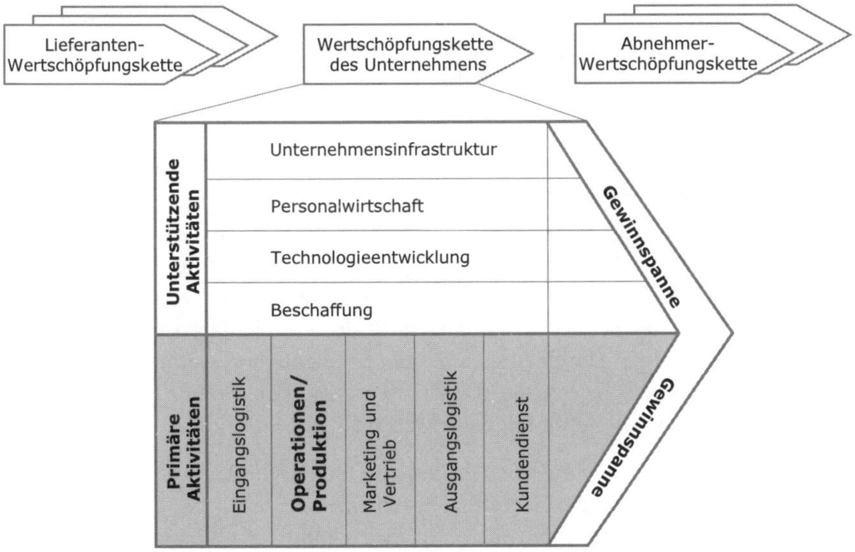

Abb. 18. Die Prozesse der Wertschöpfungskette nach Porter (Porter 1986)

Die unternehmensweite (Neu-) Gestaltung von Geschäftsprozessen eröffnet den Unternehmen unterschiedliche Handlungsoptionen. Die Optimierung der Wertschöpfung kann beispielsweise durch In- und/oder Outsourcing von Unternehmensfunktionen vollzogen werden. Mit der gezielten Nutzung der vorhandenen Kapazitäten und Anpassungen durch deren Auf- oder Abbau können die Ressourcen und Potenziale des Unternehmens effektiver genutzt werden (Fink 2003). Geschäftsprozesse tangieren nicht zwangsläufig nur eine Organisation, sondern können auch zwischen mehreren Unternehmen definiert werden. Ein frühes Beispiel für eine solche Verknüpfung ist das Just-in-Time Prinzip. In einer globalisierten Welt mit weltweiten Lieferanten und Kunden steigt die Notwendigkeit der Zusammenarbeit mehrerer Unternehmen stetig an. Neue Kooperationsformen wie beispielsweise Produktionsnetzwerke, Simultaneous Engineering und Just-in-Sequence Lieferanten gehören mittlerweile zu etablierten Lösungen des Managements in großen Unternehmen.

In der Literatur finden sich diverse Typologisierungen von Geschäftsprozessen (s. Tabelle 1). Einige sind eher praxisorientiert gewählt, andere versuchen möglichst umfangreich den Stand der theoretischen Erkenntnisse widerzuspiegeln. Gleichwohl können gewisse Gemeinsamkeiten bei den Unterscheidungen der einzelnen Prozesse bei verschiedenen Autoren festgestellt werden.

Tabelle 1. Geschäftsprozesstypen nach (Griese 2001)

Kreuz	Crux/Schwilling	Hitzel / Kühn	Andere Autoren
Prozesse mit Hebelwirkung	Steuerungsprozesse	Lenkungsprozesse	Managementprozesse
Schlüsselprozesse	Primäre Prozesse	Kernprozesse	Kernprozesse
Opportunistische Prozesse Unterstützende Prozesse	Sekundäre Prozesse	Stützprozesse	Unterstützungsprozesse

In der Literatur wird ferner zwischen *Kernprozessen*, *Unterstützungsprozessen* und *Steuerungs-* bzw. *Führungsprozessen* unterschieden (s. Abb. 19) (Töpfer u. Caprano 1996). Diese Unterscheidung bildet die Basis für eine sehr große Anzahl unterschiedlicher Abhandlungen zur Thematik der Geschäftsprozesse. Inhaltlich sind die definitorischen Abgrenzungen der unterschiedlichen Autoren jedoch ähnlich. Die Kernprozesse beinhalten die Kernwertschöpfungsketten des Unternehmens. *Kernprozesse* sind durch folgende Merkmale gekennzeichnet:

- *Wahrnehmbarer Kundennutzen*: Für den durch den Kunden wahrgenommenen Nutzen ist dieser bereit ein Entgelt zu bezahlen.
- *Spezifität*: Der Prozess kann eindeutig durch eine Kombination von Input-, Output- und Transaktionen beschrieben und abgegrenzt werden.
- *Nicht-Imitierbarkeit*: Durch eine einzigartige Kombination der Ressourcen muss der Prozess nicht imitierbar sein, da er sonst von einem Konkurrenten übernommen werden kann und der spezifische Vorteil schwindet. Dafür sorgt sowohl eine Selektion spezifischer Ressourcen als auch die Regulation und Allokation.
- *Nicht-Substituierbarkeit*: Kernprozesse dürfen nicht durch andere Problemlösungen ersetzbar sein, dies gilt auch im Fall neuer Technologien und neuen Wissens. Dies bedeutet, dass die Kernprozesse nicht statisch betrachtet werden dürfen, sondern ständig den aktuellen Technologien und Randbedingungen angepasst werden müssen (Griese 2001).

An die *Unterstützungsprozesse* werden hinsichtlich der Merkmale weniger klare Kriterien angelegt. Sie sollen sicherstellen, dass die Ressourcenausstattung der Kernprozesse gewährleistet ist und die Abläufe frei von Behinderungen vollzogen werden können. Unterstützungsprozesse sind weniger spezifiziert und dürfen durchaus leichter imitierbar sein, da diese Prozesse bei einem möglichen Outsourcing nicht zwangsläufig mit dem Verlust von Kernkompetenzen und -fähigkeiten verbunden sind. Unterstützungsprozesse müssen als eigenständige Module unabhängig von den Kernprozessen betrachtet werden, damit sie einerseits einem Benchmarking unterzogen werden können und andererseits die Kernprozesse – wenn eine klare Trennung erfolgt – schlanker und damit überschaubarer werden.

Führungsprozesse dienen der übergeordneten Steuerung der Kernprozesse und umfassen den Ziel- und Strategiefindungsprozess sowie die notwendigen Controllingaktivitäten, die Bereitstellung der notwendigen Humanressourcen und die Einordnung des Prozesses in die betrieblichen und überbetrieblichen Wertschöpfungsketten (Bogaschewsky u. Rollberg 1998). Allerdings ist die Zweiteilung zwischen Kern- und Unterstützungsprozessen in der Literatur zum Thema Prozessoptimierung am weitesten verbreitet. Die Ergebnisse der Managementprozesse werden oft auch als lenkende Vorgaben für das Prozessmanagement im engeren Sinne beschrieben.

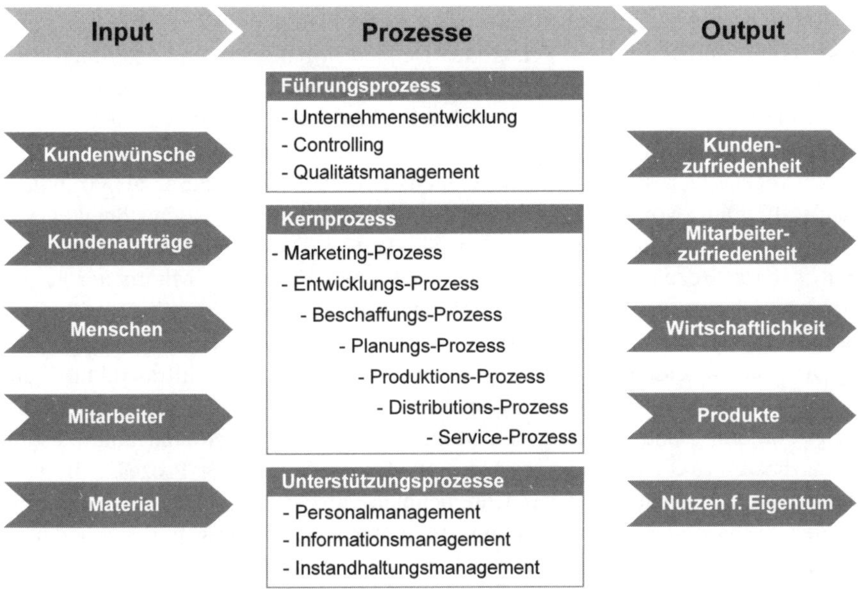

Abb. 19. Führungs-, Kern- und Unterstützungsprozesse

Neben den hierarchischen und typologischen Abgrenzungen von Prozessen kann zudem eine Unterscheidung bezüglich der Organisationsebene vorgenommen werden. Davenport/Short unterscheiden folgende Kategorien (Davenport u. Short 1990; Engelmann 1995):

- *Interorganisatorische Prozesse*: verlaufen zwischen zwei oder mehreren Organisationen.
- *Interfunktionale Prozesse*: verlaufen zwischen den organisatorischen Funktionsbereichen innerhalb einer Gesamtorganisation, wobei sich die interorganisatorischen Prozesse in interfunktionale Prozesse zerlegen lassen.
- *Interpersonale Prozesse*: laufen zwischen Einzelpersonen und/oder Gruppen ab.
- *Stellenbezogene Prozesse*: werden jeweils von einem Stelleninhaber abgearbeitet.

Modellierte Geschäftsprozesse schaffen Transparenz über die betrieblichen Abläufe und ermöglichen es, dass allen Mitarbeitern alle Abläufe eindeutig bekannt sind. Insbesondere für Prozesse mit vielen beteiligten Mitarbeitern unterstützt die grafische Modellierung der Prozesse die Bildung eines gemeinsamen Verständnisses. Werden Prozessverantwortliche benannt und Verantwortungen für Aufgaben und Entscheidungen klar definiert, können unnötige Warte- und Liegezeiten innerhalb von Prozessen deutlich gesenkt werden. Das Wissen über wichtige Schnittstellen zwischen verschiedenen Prozessen bietet darüber hinaus die Möglichkeit, mögliche Brüche und Kommunikationsbarrieren im Unternehmensalltag zu beseitigen und Durchlaufzeiten zu verkürzen.

Neben dem rein praktischen Nutzen im Alltag bieten modellierte Geschäftsprozesse die Grundlage für ein verstärktes Denken in bereichs- und abteilungsübergreifenden Prozessen. Somit sind modellierte und abgestimmte Geschäftsprozesse ein wichtiger Baustein für die Entwicklung einer Kultur des Prozessdenkens, bei der alle Mitarbeiter in der kontinuierlichen Verbesserung und Gestaltung der Prozesse eingebunden sind. Weiterhin eignen sich Geschäftsprozesse als Grundlage zur Bestimmung von Prozesskennzahlen, um die aktuelle Leistungsfähigkeit von Prozessen zu messen. Diese Leistungsfähigkeit (z.B. die Durchlaufzeit pro Auftrag) kann in Bezug zu der Anzahl der am Prozess beteiligten Mitarbeiter gesetzt werden und ermöglicht damit die Bildung von aussagefähigen Kennzahlen zur Bewertung von Geschäftsprozessen (z.B. 10 Mitarbeiterstunden pro Auftrag).

Die Unterscheidung in Führungs-, Unterstützungs- (oder Infrastruktur-) und Kernprozesse ist im Rahmen der Modernisierung von Bedeutung. Für die Initiierung, Förderung und Lenkung von Modernisierungsprozessen sind Führungsprozesse die zentrale Grundlage (s. Abb. 20). Dazu gehören alle Prozesse die dazu dienen, die Mitarbeiter und das Unternehmen auf die Unternehmensziele auszurichten. Insbesondere die Gestaltung effizienter Unterstützungsprozesse kann als Stellhebel für die Unterstützung und Verbesserung der Kernprozesse dienen. Die Gestaltung leistungsfähiger Unterstützungs- bzw. Infrastrukturprozesse ist eine wichtige Grundlage zur Steigerung der eigentlichen Kernprozesse.

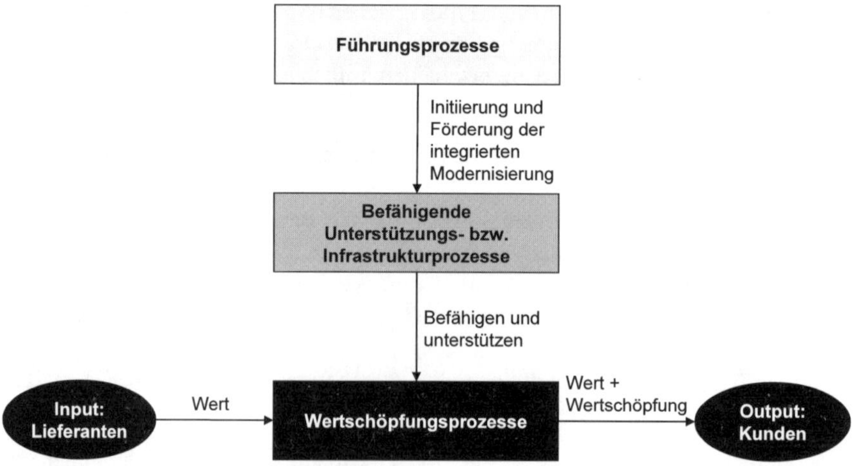

Abb. 20. Zusammenhang zwischen Führungs-, Infrastruktur- und Wertschöpfungsprozessen im Kontext der Modernisierung

Zwischenfazit: Zu berücksichtigende Besonderheiten von KMU

Im Rahmen der integrierten Modernisierung kleiner Unternehmen stellt die Modellierung von Geschäftsprozessen ein Werkzeug zur Schaffung unterbrechungsfreier und störungstoleranter Abläufe dar. Im Verlauf des Wachstums kleiner Unternehmen entwickeln sich Prozesse oftmals ohne eine direkte Vorgabe, sondern aufgrund der notwendigen Arbeitsschritte. Dies kann zur Folge haben, dass die Übersicht darüber verloren geht, welche Mitarbeiter zu welchem Anteil in welchen Prozessen mitwirken. Auch die Abhängigkeit der Prozesse von Entscheidungen kann ohne Wissen über die konkreten Abläufe dazu führen, dass langsame Entscheidungen die Abwicklung von Prozessen ungewollt verzögern.

Vor diesem Hintergrund stellt die Darstellung von Geschäftsprozessen auch für KMU ein wertvolles Instrument dar, um einfache und schlanke Abläufe zu gewährleisten. Um den Aufwand für die Prozessmodellierung in KMU zu minimieren, kann das Detaillierungsniveau der Prozesse in KMU gering gewählt werden. Damit werden nur die wesentlichen Aktivitäten dargestellt, ohne auf einzelne Tätigkeiten einzugehen.

Anwendung der Geschäftsprozesse im Rahmen von ProfiL

Alle Projektpartner hatten bereits im Vorfeld des ProfiL-Projektes in unterschiedlicher Ausprägung Erfahrungen mit der Gestaltung von Geschäftsprozessen gesammelt. Aufgrund der unterschiedlichen Detaillierungsniveaus und Aktualität der bestehenden Geschäftsprozesse wurden in allen beteiligten Unternehmen die Geschäftsprozesse neu aufgenommen. Da die Projektpartner in ihrer firmenspezifischen Ausprägung sich deutlich unterschieden, musste die Aufnahme der Geschäftsprozesse unternehmensindividuell erfolgen. Weitere zentrale Ziele der Geschäftsprozessaufnahme und -modellierung bestanden sowohl in der Steigerung der Transparenz der betrieblichen Abläufe, der Förderung des bereichsübergreifenden Denkens, dem Abbau von Abteilungs- und Bereichsdenken als auch in der Schaffung einer Grundlage für die Identifikation von Schwachstellen in der Aufbau- und Ablauforganisation.

Nach einer Einführung in das Thema durch die Forschungspartner wurden die Geschäftsprozesse der Unternehmen im Rahmen von Workshops zunächst diskutiert, anschließend aufgenommen und modelliert und schließlich verbessert. Zur grafischen Modellierung der Geschäftsprozesse wurde dabei die Software ViFlow 4 der Firma Vicon GmbH eingesetzt, die dem Projekt ProfiL durch die Firma Vicon GmbH kostenlos zur Verfügung gestellt wurde. Zu Beginn wurde mit dem Geschäftsführer zunächst eine Prozesslandkarte entwickelt. Die Prozesslandkarte ist eine Übersicht über alle Prozesse. Diese Vorgehensweise ist eine wichtige Voraussetzung für die Abgrenzung verschiedener Prozesse und für die Festlegung einer geeigneten Granulierung. Ziel ist es, eine sinnvolle und handhabbare Anzahl einzelner Prozesse festzulegen, die alle Mitarbeiter eindeutig verstehen müssen.

Als nächster Schritt findet die Prozessaufnahme der voneinander abgegrenzten Prozesse in Form von Prozessaufnahme-Workshops statt. An dem Workshop nehmen neben allen am Prozess beteiligten Mitarbeitern meist auch die Geschäftsführer teil. Die Mitarbeiter werden hinsichtlich des Ablaufs ihrer alltäglichen

Tätigkeiten und Aktivitäten befragt. Unter Zuhilfenahme von Karten werden somit zu Beginn alle relevanten Aktivitäten und Tätigkeiten des Prozesses notiert und zusammengehörende Aktivitäten und Tätigkeiten zu beschreibenden Aktivitätsüberschriften verdichtet. Als nächstes werden diese Aktivitäten in die logische Reihenfolge des Prozesses gebracht, um die Abfolge der Aktivitäten zu ermitteln. Im letzten Schritt der Prozessaufnahme werden die Aktivitäten den verschiedenen am Prozess beteiligten Mitarbeitern in Form von Mitarbeiter-Rollen zugeordnet. Die im Prozess verarbeiteten und bewegten Informationen und Materialien werden in Form von Linienverbindungen zwischen den Aktivitäten vermerkt, um den logischen Prozessablauf zu vervollständigen.

Als Ergebnis der Prozessaufnahme liegt ein Ist-Geschäftsprozess vor, der den derzeitigen Ablauf beschreibt. Dieser Ist-Geschäftsprozess stellt im Folgenden die Grundlage für das Auffinden von Schwachpunkten und Verbesserungspotenzialen dar. Gemeinsam mit allen prozessbeteiligten Mitarbeitern werden Probleme des Alltags erfragt und in dem Ist-Geschäftsprozess notiert. Durch die Wahl einer neuen Farbe ist es möglich, besondere Schwachpunkte des Prozesses zu visualisieren. Weiterhin erfolgt die Abfrage von Vorschlägen für die Verbesserung der Schwachpunkte des Prozesses. Auch diese Vorschläge werden zunächst im Ist-Geschäftsprozess notiert (s. Abb. 21).

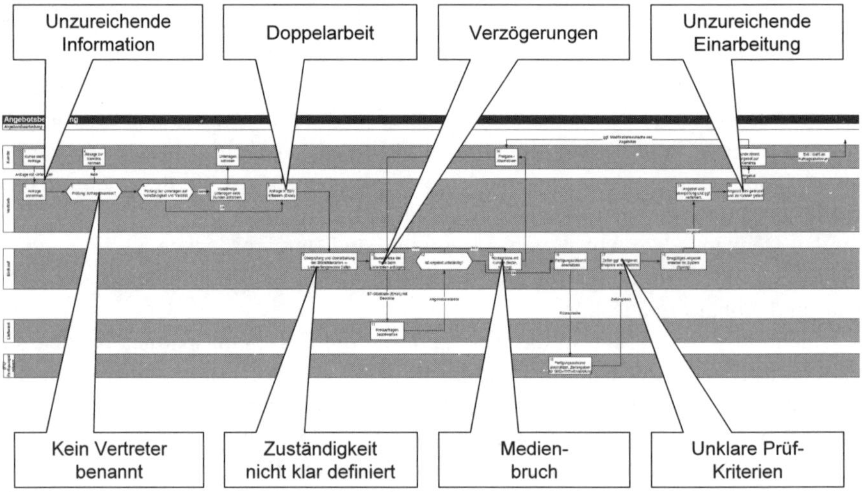

Abb. 21. Modellierter Geschäftsprozess mit markierten Verbesserungspotenzialen

Basierend auf den gefundenen Schwachstellen und Verbesserungsansätzen werden im Folgenden gemeinsam mit allen Mitarbeitern und dem Geschäftsführer Möglichkeiten zur Umgestaltung des Ist-Prozesses zu einem Soll-Prozess erarbeitet. Bei der Erstellung des Soll-Geschäftsprozesses wird versucht, folgende Ansatzpunkte zur Verbesserung systematisch aufzufinden (Töpfer u. Caprano 1996; Griese 2001; Eckardt 2001):

- Standards einführen

- Entscheidungsspielräume vergrößern
- Vermeidung von Schleifen und Rücksprüngen
- Änderung der Reihenfolge
- Einfügen eines Vorgangs
- Weglassen von Vorgängen
- Zusammenfassen von Vorgängen
- Parallelisierung

Nach der Modellierung und fallbasierten Verbesserung der Geschäftsprozesse erfolgt zur Umsetzungsförderung eine Verknüpfung von Geschäftsprozessen und der Balanced Scorecard. Durch die Nutzung von Prozesskennzahlen in der Balanced Scorecard wird ein direkter Bezug zwischen den Geschäftsprozessen und dem Führungs- und Kommunikationsinstrument Balanced Scorecard hergestellt (vgl. Kap. 3).

Als wesentlicher Vorteil der Geschäftsprozessaufnahmen, -modellierung und -optimierung wurde die Einbindung aller Mitarbeiter bewertet. Bei der Prozessaufnahme dokumentiert jeder Mitarbeiter seine Sicht auf die bestehenden Prozesse. Als Folge können Widersprüche über verschiedene Folgen und Tätigkeiten innerhalb von Prozessen aufgedeckt werden. Die intensive Auseinandersetzung mit der Aufnahme der Prozesse führt darüber hinaus zu dem Effekt, dass die Geschäftsführer ein deutlich klareres Bild von den aktuellen Abläufen bekommen. Im Alltag geht dieses Wissen über die Ist-Prozesse leicht verloren und verhindert somit die Verbesserung und Neugestaltung von Prozessen und Verantwortlichkeiten.

Neben den dargestellten Vorteilen wurde jedoch eine Reihe von Nachteilen erkannt, die an dieser Stelle nicht unbeleuchtet bleiben sollen. Zunächst kostet die Aufnahme und Modellierung von Prozessen Zeit und eine Reihe von Diskussionen unter Einbindung vieler Mitarbeiter. Nicht immer kann diese Zeit aufgebracht werden. Darüber hinaus wurde beobachtet, dass nach der Dokumentation von Prozessen die Leistungsfähigkeit von Prozessen sank. Dieses Phänomen kann eintreten, wenn die dokumentierten Prozessgrafiken als „neue" Arbeitsanweisung verstanden werden und keine ausreichende Abstimmung bei der Erstellung stattfindet. Zum Teil werden die Geschäftsprozesse auch als ein nicht mehr veränderbarer Zustand von den Mitarbeitern verstanden oder der Aufwand für eine Veränderung der nun gedruckten Prozesse als sehr hoch eingeschätzt. Als Folge werden keine Vorschläge von den Mitarbeitern zur Verbesserung oder Veränderung der Prozesse mehr gemacht. Schließlich muss berücksichtigt werden, dass eine professionelle Software zur Abbildung von Geschäftsprozessen ca. 1.000 Euro kostet. Darüber hinaus wird noch eine Einarbeitungszeit von ca. 1 Woche für die Eingabe und Pflege von Geschäftsprozessen benötigt. Auch dies motiviert die externe Unterstützung, mit der die Prozessanalyse effizient durchgeführt werden kann.

Thesen und Handlungsempfehlungen für Führungskräfte in KMU

Thesen zu Erfolgsfaktoren

- Die Erstellung von Ist- und Soll-Prozessen sollte im Rahmen von Workshops unter Einbindung aller Mitarbeiter erfolgen.
- Alle Mitarbeiter müssen mindestens diejenigen Prozesse kennen, in denen sie mitwirken. Deutlich besser ist es, wenn alle Mitarbeiter einen Überblick über die vor- und nachgelagerten Prozesse und insbesondere die Prozessschnittstellen haben.
- Eine regelmäßige Überprüfung und Verbesserung der Prozesse durch die Mitarbeiter stellt einen wesentlichen Erfolgsfaktor dar.
- Ein einfacher Zugang zu den grafischen Prozessen, z.B. in Form ausgehängter Prozesse ist Grundlage für die Auseinandersetzung mit dem Thema Prozesse und damit auch Voraussetzung für das Denken in Prozessen.
- Die Definition von Mitarbeitern als prozessverantwortliche Personen ist eine wichtige Grundlage für die Verbesserung von Prozessen.
- Im Rahmen der Aufnahme und Modellierung von Geschäftsprozessen können Prozesskennzahlen zur Bestimmung der Leistungsfähigkeit von Prozessen definiert werden.
- Die Einbindung externer Know-how Träger zum Thema Geschäftsprozessaufnahme, -modellierung und -optimierung kann hilfreich sein.

Thesen zu Misserfolgsfaktoren

- Eine *einmalige Aufnahme* von Geschäftsprozessen *ohne regelmäßige* gemeinsame *Überprüfung* und *Verbesserung* durch die Mitarbeiter kann zur Verfestigung schlechter Abläufe und zum Desinteresse der Mitarbeiter an modellierten Prozessen führen.
- Können die Mitarbeiter *nicht* zu einem *Denken in Prozessen* motiviert werden und erfolgt keine regelmäßig *wiederkehrende Auseinandersetzung mit den Prozessen*, ist die grafische Darstellung der Geschäftsprozesse weitgehend nutzlos.
- Eine *zu detaillierte Abbildung von Prozessen* auf der Detaillierungsstufe von einzelnen Tätigkeiten führt zu unübersichtlichen Prozessen mit zu vielen Details.

5 Denken in Wertschöpfung und Verschwendung

Lars Bergmann, Michael Lacker

„Es geht nicht nur darum, dass man die richtigen Dinge tut, sondern man muss die Dinge auch richtig tun." (Peter F. Drucker, 1909-2005)

Was ist Wertschöpfung und Verschwendung?

Eine Antwort auf die Frage welche Arbeitsschritte, Aktivitäten und Prozesse als wertschöpfend betrachtet werden können, erhält man durch die Überlegung, ob der Kunde bereit ist dafür zu zahlen. Kunden sind sicher bereit dafür zu zahlen, dass z.B. die Räder an ihrem neuen PKW sicher montiert sind. Die im Unternehmen notwendigen logistischen Prozesse, die die Räder zu ihrem Montageort transportieren, sind aus Sicht des Kunden dagegen mit keinem Wert verbunden. Insofern ist er nicht bereit dafür zu zahlen und sämtliche internen logistischen Aktivitäten sind entsprechend nicht wertschöpfend. Verschwendung bzw. nicht wertschöpfende Arbeit umfasst alle Aktivitäten, Tätigkeiten und Prozesse, die Zeit, Ressourcen und/oder Raum kosten, aber nicht zur Erfüllung der Kundenanforderungen beitragen. Verschwendung ist damit der Teil der Arbeit, für den der Kunde nicht zahlt, z.B. den internen Transport von Bauteilen zum Montageort.

Wertschöpfende Arbeit umfasst dagegen alle Aktivitäten, Tätigkeiten und Prozesse, die Rohwaren oder Informationen umwandeln oder formen, um (interne und externe) Kundenanforderungen zu erfüllen (Liker u. Meier 2007). Wertschöpfende Arbeit ist der Teil der Arbeit, für den der Kunde bereits ist zu zahlen, z.B. die Montage von Bauteilen zu einem Produkt. In der betrieblichen Praxis gilt es daher, den Anteil wertschöpfender Arbeit zu maximieren und den Anteil nicht wertschöpfender Arbeit zu minimieren. Dabei muss berücksichtigt werden, dass nicht wertschöpfende Arbeit zwar minimiert, jedoch nicht vollständig eliminiert werden kann. Sämtliche innerbetrieblichen logistischen Prozesse, z.B. die Materialbereitstellung an Arbeitsstationen, sind aus Sicht von Kunden zwar nicht wertschöpfend, können aber aufgrund ihrer Notwendigkeit nicht beseitigt werden. Daher ist es ein zentrales Ziel, zunächst Transparenz darüber zu erlangen, welche Arbeitsschritte wertschöpfend und welche nicht wertschöpfend sind, um anschließend im Sinne eines kontinuierlichen Verbesserungsprozesses den Anteil der nicht wertschöpfenden Arbeit auf ein minimal notwendiges Maß zu reduzieren.

Kritik an einem Denken in Wertschöpfung und Verschwendung aus Sicht von KMU

Eine von KMU oftmals angeführte Kritik an der systematischen Suche und Beseitigung bzw. Minimierung von Verschwendung besteht in dem Argument, dass KMU schon aufgrund ihrer geringen Größe schlank sind und es daher kaum Verschwendung und Optimierungspotenzial gibt. Die Durchführung von Workshops mit Mitarbeitern oder systematische Zeitaufnahmen von Prozessschritten zur gezielten Suche nach Verschwendungen wird somit kritisch gesehen, da wertvolle Zeit der Mitarbeiter für die Produktion verloren geht und weiterhin kaum direkt greifbarer Nutzen entsteht.

Aus der geringen Anzahl von Mitarbeitern in KMU resultiert ein weiterer kritischer Aspekt. Werden bei der Suche nach Verschwendung Aktivitäten als nicht wertschöpfend erkannt, kann dies eine Abwertung der Tätigkeiten von einzelnen Mitarbeitern zur Folge haben. Durch das enge Beziehungsgeflecht in KMU können in Folge Spannungen zwischen Mitarbeitern entstehen, da kein Mitarbeiter gern die nicht wertschöpfenden aber dennoch erforderlichen Aktivitäten durchführen möchte.

Wissenschaftliche Betrachtung von Wertschöpfung und Verschwendung

Jede Tätigkeit, Aktivität und jeder Prozess und damit jede Art von Arbeit setzt sich aus wertschöpfenden und nicht wertschöpfenden Teilen zusammen (Ohno 2005; Spath 2003). Während die Bestückung elektronischer Bauteile auf Leiterplatten einen Wert im Sinne des Kundennutzens schöpft, stellt das Warten des Maschinenbedieners auf das Ende des Bestückungsvorganges eine Verschwendung dar. Im Produktionsalltag ist es möglich, dass Mitarbeiter in der SMD-Produktion in einer Schicht mehrere Stunden Wartezeiten unterliegen, weil z.B. die Ablauforganisation nicht optimal gestaltet ist. Eine weit verbreitete Art von Verschwendung in produzierenden KMU ist im Bereich der Materialbestände zu finden. Oftmals werden bewusst hohe Materialbestände als Kompensation für Fehllieferungen und Maschinenausfälle gehalten, um auf der Kundenseite stets eine hoher Lieferbereitschaft aufzuweisen. Die hohen Materialbestände sind damit fester Bestandteil der Produktionsstrategie. In diesem Sinne ist Verschwendung die Folge von vorgelagerten Problemen wie z.B. der unzureichenden Arbeitsorganisation oder Lieferantenintegration und dient der Verhinderung und Unterdrückung von Folgeproblemen. Das vorrangige Ziel der Beseitigung von Verschwendung ist folglich die Vermeidung derjenigen Probleme, die durch Verschwendung kompensiert werden können (Ohno 2005). Dies setzt die Entwicklung stabiler, fehlertoleranter Prozesse voraus, da für alle Störungen in schlanken Prozessen mit geringen Beständen Lösungen entwickelt werden müssen, die Produktionsausfälle verhindern (Liker 2004).

Im Bereich der Produktion wird von Verschwendung in Bezug auf die Verschwendung bei der Herstellung oder Veredelung von Produkten gesprochen. Nach den Grundgedanken des Toyota-Produktionssystems werden sieben Arten der Verschwendung unterschieden (Ohno 2005):

1. Überproduktion:

Wird eine größere Menge produziert als geplant oder benötigt ist, spricht man von Überproduktion. Gründe dafür können sein: zu viele Mitarbeiter aufgrund schlechter Kapazitätsplanung, Aufbau von Lagerbeständen als Sicherheit gegen Maschinenstörungen bzw. gegen schlechte Produktionsqualität. Tabelle 2 gibt eine Übersicht zu Ursachen, Symptomen und Auswirkungen der Überproduktion.

Tabelle 2. Ursachen, Symptome und Auswirkungen der Verschwendungsart Überproduktion

	Überproduktion
Ursachen	• Geringe Produktionsflexibilität führt zu Fertigwarenlager zur Vermeidung von Lieferschwierigkeiten • Zeitlich nicht abgestimmte Mitarbeiter, Kapazitäten und Produktionsverfahren • Produktion und Lagerbewirtschaftung nach Plan, nicht nach realem Bedarf
Symptome	• Volle Lager • Große Mengen von Fertigwarenbeständen
Auswirkungen	• Hoher Bedarf an Lagerfläche • Bindung von Umlaufkapital • Verbrauch von Rohstoffen, Energie und Arbeitskraft ohne gegenüberstehende Einnahmen

2. Überflüssige Bewegungen von Menschen und Maschinen

Eine ungünstige und damit nicht ergonomische Anordnung von Werkzeugen oder Werkstücken führt zu überflüssigen Bewegungen von Mitarbeitern. Auch lange Anfahrwege von Werkstücken und Werkzeugen führen zu überflüssigen Bewegungen und damit unter Umständen zu Wartezeiten des Maschinenbedieners. In Tabelle 3 sind Ursachen, Symptome und Auswirkungen überflüssiger Bewegungen dargestellt.

Tabelle 3. Ursachen, Symptome und Auswirkungen der Verschwendungsart Bewegung

	Überflüssige Bewegungen
Ursachen	• Ungenügend geplante Arbeitsplätze und ungenügende Berücksichtigung ergonomischer Kriterien • Keine oder ungenügend standardisierte Arbeitsplätze
Symptome	• Nachlassende Arbeitsqualität im Laufe einer Schicht • Gesundheitliche Probleme der Mitarbeiter • Hoher Wegeaufwand
Auswirkungen	• Erhöhte Produktfehlerrate und erhöhter Krankenstand • Produktivitätsverluste • Erhöhte Durchlaufzeiten

3. Wartezeiten von Menschen und Maschinen

Wartezeiten des Bedieners bzw. der Maschine entstehen z.B. durch fehlendes Material, durch Stillstandszeiten von Maschinen infolge von Störungen, oder durch ungünstige Prozesszeiten: Maschine arbeitet – Werker wartet bis er das nächste Werkstück einlegen kann. Tabelle 4 fasst Ursachen, Symptome und Auswirkungen von Wartezeiten zusammen.

Tabelle 4. Ursachen, Symptome und Auswirkungen der Verschwendungsart Wartezeiten

	Wartezeiten
Ursachen	• Nicht synchronisierte Fertigungsprozesse • Starre Zuordnung „ein Mitarbeiter – eine Maschine" • Hohe Rüst- und Maschinenausfallzeiten • Informations- und Medienbrüche
Symptome	• Warten auf vorhergehende Prozessschritte und Warten auf Reparatur / Rüsten der Maschine • Warten, dass die Maschine ihren Bearbeitungsschritt beendet
Auswirkungen	• Produktivitätsverluste • Erhöhter Personalbedarf • Unterauslastung bestehender Kapazitäten

4. Transport

Transporte jeder Art, ob mit Stapler, Fahrrad, Handhubwagen usw. sind Verschwendung, da sie Material und Werkstück durch diese Aktionen nicht dem Endzustand näher bringen, sondern nur ihre Position in der Fabrik verändern. Tabelle 5 gibt eine Übersicht zu Ursachen, Symptomen und Auswirkungen von Transporten.

Tabelle 5. Ursachen, Symptome und Auswirkungen der Verschwendungsart Transporte

	Transporte
Ursachen	• Keine Fließfertigung mit weit auseinander liegenden Stationen • Unzureichend geplante Fertigungsprozesse
Symptome	• Hoher innerbetrieblicher Logistikaufwand • Ständiges Aus- und Einpacken von Zwischenprodukten • Zu spätes oder zu frühes Eintreffen der Teile
Auswirkungen	• Hoher Bedarf an Transportkapazitäten • Hohe Bestände an Zwischenprodukten • Warten auf Material

5. Überbearbeitung

Im Sinne zu aufwändiger und/oder überflüssiger Arbeitsgänge hat man ein Bauteil überbearbeitet, wenn z.B. eine Bohrung tiefer als notwendig ist. Vor allem beim Thema Prüfen kann oftmals optimiert werden. Sehr häufig werden Bauteile einfach „überprüft". Die Schwierigkeit besteht darin, herauszufinden, dass man wirklich „überbearbeitet". In Tabelle 6 sind Ursachen, Symptome und Auswirkungen einer unnötigen Überbearbeitung dargestellt.

Tabelle 6. Ursachen, Symptome und Auswirkungen der Verschwendungsart Überbearbeitung

	Überbearbeitung
Ursachen	• Schlecht ausgelegte Prozesse • Unklar definierte Aufgaben und Mangel an Information und Kommunikation
Symptome	• Mehrfaches Prüfen • Mehrfaches Bearbeiten
Auswirkungen	• Produktivitätsverluste • Steigende Kosten ohne einhergehende Umsatzsteigerungen

6. Materialbestände

In Rohstoff- bzw. Fertigteillagern aber auch in der Produktion verursachen hohe Bestände überflüssige Kapitalkosten. Ein hoher Lagerbestand folgt unmittelbar aus der Überproduktion und einer "Nicht-In-Takt-Produktion". Die Tabelle 7 gibt einen Überblick der Ursachen, Symptome und Auswirkungen der Verschwendungsart Materialbestände.

Tabelle 7. Ursachen, Symptome und Auswirkungen der Verschwendungsart Materialbestände

	Lager- und Materialbestände
Ursachen	• Unsicheres Lieferverhalten des internen oder externen Zulieferers • Qualitätsprobleme beim internen oder externen Zulieferer • Fertigung in großen Losen durch den internen Zulieferer
Symptome	• Nachlassende Arbeitsqualität im Laufe einer Schicht • Gesundheitliche Probleme der Mitarbeiter • Hoher Wegeaufwand
Auswirkungen	• Erhöhte Produktfehlerrate und erhöhter Krankenstand • Produktivitätsverluste • Erhöhte Durchlaufzeiten

7. Nacharbeit und Ausschuss

Gefertigte Teile, die qualitativ nicht in Ordnung sind, können im nachfolgenden Prozess nicht weiterbearbeitet bzw. an den Kunden ausgeliefert werden. Sie müssen nachgearbeitet oder als Ausschuss entsorgt werden, was zu höheren Herstellkosten führt. Tabelle 8 gibt eine Übersicht zu Ursachen, Symptomen und Auswirkungen von Nacharbeit und Ausschuss.

Tabelle 8. Ursachen, Symptome und Auswirkungen der Verschwendungsart Nacharbeit und Ausschuss

	Nacharbeit und Ausschuss
Ursachen	• Keine integrierte Qualitätskontrolle • Ungenügende Qualifikation der Mitarbeiter und Beherrschung des Herstellungsprozesses
Symptome	• Hohe Ausschussraten • Behälter mit gesperrten Teilen • Lieferengpässe aufgrund von Qualitätsproblemen
Auswirkungen	• Reklamationen vom Kunden • Nacharbeitskosten und Kosten durch Weiterverarbeitung defekter Produkte (Schrottveredelung) • Verlust an Zeit, Energie, Material

Verschwendung jeglicher Art wird im Japanischen als *Muda* bezeichnet. Verfahren zur Erkennung und Beseitigung der Verschwendung werden in der Literatur daher auch als *Verschwendungsbeseitigung*, *Muda-Elimination* oder *Muda-Hunting* bezeichnet.

Im Rahmen der Modernisierung kleiner Unternehmen dient die systematische Beseitigung von Verschwendung als wichtige Grundlage zur Verbesserung der Arbeitseffizienz. Eine wesentliche Grundlage dafür ist die Qualifizierung und Sensibilisierung von Mitarbeitern hinsichtlich Verschwendungen im Sinne wertschöpfender und nicht wertschöpfender Tätigkeiten, Aktivitäten, Prozessen und Gegenständen. Können die Mitarbeiter schnell zwischen wertschöpfenden und nicht wertschöpfenden Aktivitäten und Gegenständen unterscheiden, ist die Grundlage zur Identifikation von Verschwendungen und zur kontinuierlichen Verbesserung geschaffen.

Durch die Schaffung eines Anreizes zur Beseitigung von Verschwendungen können im folgenden Schritt systematisch nicht wertschöpfende Aktivitäten und Gegenstände durch bessere Lösungen ersetzt werden. Dazu ist es notwendig, die gesamte Prozesskette aus der Perspektive des Kunden kritisch zu hinterfragen und zu prüfen, für welche Aktivitäten der Kunde bereit ist, Geld zu bezahlen (Liker u. Meier 2007). Alle Aktivitäten, für die die Antwort auf die Frage mit „Nein" beantwortet werden kann, können grundsätzlich als nicht wertschöpfend betrachtet werden. Natürlich sind eine Reihe verschiedener nicht wertschöpfender Aktivitäten zur Aufrechterhaltung der wertschöpfenden Aktivitäten notwendig, jedoch gilt es, im Rahmen der Verschwendungsbeseitigung fortlaufend den Gesamtanteil der nicht wertschöpfenden Aktivitäten zu minimieren.

Zwischenfazit: Zu berücksichtigende Besonderheiten von KMU

Auch in kleinen Unternehmen finden sich in der Regel nicht wertschöpfende Aktivitäten. Ein häufig aufzufindendes Beispiel liegt im Bereich von Lagern und Zwischenlagern in der Produktion. Während ein gewisser Materialbestand für die Produktion notwendig ist, verursachen einzelne Störungen und Unklarheiten im betrieblichen Ablauf oftmals die Entstehung kleiner Zwischenlager. Im Verlaufe der Zeit werden dadurch temporäre Zwischenlager zu fest etablierten Lagerorten. Um diese Lagerorte bedienen zu können, steigt die Anzahl der Transportbehälter gleichermaßen.

Während die sieben Arten der Verschwendung überflüssige Aktivitäten, Tätigkeiten, Prozesse, Zeiten und Materialien umfassen, die den Wert eines Produktes nicht erhöhen, sind oftmals auch nicht wertschöpfende Aktivitäten, Tätigkeiten, Prozesse aufgrund der betrieblichen Rahmenbedingungen für die Erstellung von Produkten notwendig (s. Abb. 22).

Abb. 22. Verteilung wertschöpfender und nicht wertschöpfender Aktivitäten, Tätigkeiten und Prozesse

Zur gezielten Beseitigung von Verschwendung kann in kleinen Unternehmen das Wissen und die Fähigkeit zur Unterscheidung von wertschöpfenden und nicht wertschöpfenden Aktivitäten vermittelt werden. Durch die Unterstützung bei der Erkennung von Verschwendung können Mitarbeiter dahingehend geschult werden, „Verschwendung zu sehen". Durch die Kombination von Vorschlagwesen und Anreizsystem kann die Suche und Beseitigung von Verschwendung gezielt unterstützt werden. Dabei muss jedoch berücksichtigt werden, dass ein langfristiger Prozess notwendig ist, um bei allen Mitarbeitern das Erkennen und Beseitigen von Verschwendungen zu entwickeln.

Anwendung der Beseitigung von Verschwendung im Rahmen von ProfiL

In der Durchführung der Projektarbeiten hatte sich gezeigt, dass in den kleinen Unternehmen und hier speziell bei den Mitarbeitern wenig methodisches Grundlagenwissen zum Thema Wertschöpfung und Verschwendung vorhanden war. Aus diesem Grund wurde zu Beginn der Projektarbeiten im Wesentlichen die Methodenkompetenz der Mitarbeiter geschult und dies zuerst anhand der sieben Arten der Verschwendung und der 5 S-Methode zur Vermeidung von Verschwendung (siehe Anhang 1).

Dieses methodische Herangehen kann sehr gut in praktischen Beispielen aufgezeigt werden und die Mitarbeiter konnten sehr schnell erkennen, warum es sinnvoll ist, nicht wertschöpfende Aktivitäten durch geeignete Lösungen zu minimieren. Sehr interessant war dabei, dass die Thematik „Verschwendung und Wertschöpfung“ in keinem der Unternehmen vor dem Projekt bewusst wahrgenommen wurde, sondern dieses Thema eigentlich nicht existierte.

Die Einbringung der Mitarbeiter in die Workshops war sehr unterschiedlich. Es gab Mitarbeiter, die sehr interessiert an der Mitarbeit waren, während andere Mitarbeiter Desinteresse signalisierten. Hier ist auch zu berücksichtigen, dass die Methodenworkshops zu Beginn des Projektes durchgeführt wurden und sozusagen den Einstieg in die operative Projektarbeit durch Schulungsmaßnahmen bei den Unternehmen darstellten. Das Verständnis für Wertschöpfung und Verschwendung hat sich im Laufe des Projektes bei vielen Mitarbeitern erhöht, so dass auch zum Ende des Forschungsvorhabens ProfiL noch immer neue Optimierungspotenziale zu Vermeidung von Verschwendung gefunden werden.

Zusammenfassend lässt sich somit sagen, dass die Begriffe „Wertschöpfung und Verschwendung“ inzwischen von allen Beteiligten wahrgenommen werden. Die Umsetzung selbst ist firmenindividuell ein kontinuierlicher Prozess, der im Rahmen der kontinuierlichen Verbesserung immer wieder erneut angestoßen werden muss (s. Kap. 6).

Thesen und Handlungsempfehlungen für Führungskräfte in KMU

<u>Thesen zu Erfolgsfaktoren</u>

- Schulung aller Mitarbeiter in den sieben Arten der Verschwendung.
- Schaffen einer Kultur, die eine bewusste und offene Diskussion über wertschöpfende und nicht wertschöpfende Aktivitäten ermöglicht und fördert.
- Regelmäßige Durchführung von Workshops zur Identifikation von Verschwendungen und zur Erarbeitung von Lösungen zur Vermeidung und Minimierung von Verschwendung.
- Einbindung des Themas Wertschöpfung und Verschwendung in den kontinuierlichen Verbesserungsprozess.

<u>Thesen zu Misserfolgsfaktoren</u>

- Unzureichendes Verständnis zur Unterscheidung wertschöpfender und nicht wertschöpfender Tätigkeiten.
- Unzureichende Förderung und Motivation der Mitarbeiter regelmäßig nach Verschwendung zu suchen, diese zu benennen und Vorschläge zur Minimierung der Verschwendung zu machen.

6 Kontinuierliche Verbesserungsprozesse

Isabel Crespo, Lars Bergmann, Stefan Portmann

„Wer aufhört, besser werden zu wollen, hört auf, gut zu sein.“ (Marie von Ebner-Eschenbach 1830-1916)

Was ist ein Kontinuierlicher Verbesserungsprozess?
Zur Definition des Kontinuierlichen Verbesserungsprozesses (KVP) ist es notwendig, zuerst die Begriffe Ideenmanagement und Betriebliches Vorschlagswesen (BVW) zu erläutern. Oberflächlich betrachtet, scheinen diese drei Begriffe denselben Sachverhalt zu beschreiben. Dies ist jedoch nur teilweise richtig. Die drei Begrifflichkeiten können zwar grundsätzlich mit Verbesserungsaktivitäten im Unternehmen in Zusammenhang gebracht werden und stehen auch miteinander in Verbindung, können aber dennoch voneinander abgegrenzt werden (s. Abb. 23). Zur Verdeutlichung der Unterschiede und um ein einheitliches Verständnis der verwendeten Grundbegriffe im Rahmen dieses Projektes zu gewährleisten, werden sie an dieser Stelle kurz vorgestellt.

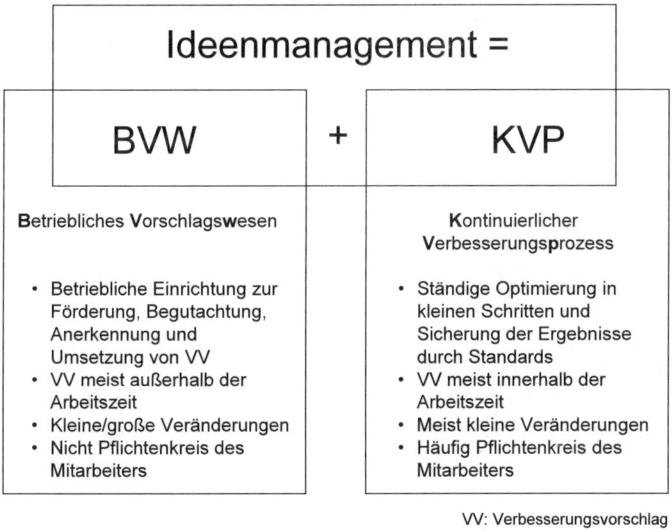

Abb. 23. Abgrenzung der Begriffe Ideenmanagement, Betriebliches Vorschlagswesen und Kontinuierlicher Verbesserungsprozess (Dombrowski et al. 2007b)

Der Begriff Ideenmanagement ist am umfassendsten und beschreibt die „gemeinsame Einführung und Durchführung des Betrieblichen Vorschlagswesens und des Kontinuierlichen Verbesserungsprozesses“ (Schat u. Pierson 2005). Die grundsätzlichen Ziele des Ideenmanagements sind dabei die Verbesserung von Prozessen und Abläufen im Unternehmen und die Erhöhung der Mitarbeitermotivation. Als Ergebnisse des Ideenmanagements können oftmals vereinfachte, erleichterte und beschleunigte Abläufe erreicht werden, die meist mit Qualitätsverbesserung, Kostensenkung und einer höheren Arbeitssicherheit einhergehen (Schat u. Pierson 2005).

Das Betriebliche Vorschlagswesen (BVW) stellt eine Form der institutionellen Realisierung des Ideenmanagements dar. Beim BVW handelt es sich um „eine betriebliche Einrichtung zur Förderung, Begutachtung, Anerkennung und Umsetzung von Verbesserungsvorschlägen der Mitarbeiter" (Nickel 1999). Die Verbesserungsvorschläge (VV) werden beim Betrieblichen Vorschlagswesen von den Mitarbeitern meist außerhalb der Arbeitszeit erarbeitet und können sowohl kleine aber auch große Veränderungen betreffen. Meistens befassen sich diese Verbesserungsvorschläge nicht mit dem unmittelbaren Aufgaben- und Pflichtbereich der einreichenden Mitarbeiter. Nach einer Begutachtung durch Fachleute werden die Vorschläge im Falle einer Realisierung prämiert (Schat u. Pierson 2005; Wahren u. Bälder 1998). Der Ablauf für die Bearbeitung eines Verbesserungsvorschlags ist bei der klassischen Ausprägung des BVW standardisiert und erfolgt gemäß einer vorgegebenen Regelung.

In der Vergangenheit kam es oft vor, dass das BVW aufgrund komplex gestalteter Abläufe sehr träge agierte und somit durch lange Reaktions- und Durchlaufzeiten mehrere Monate vergingen bis eine Idee umgesetzt und prämiert wurde (Bracht et al. 1997; Schat u. Pierson 2005). Eine der gravierendsten Folgen war eine Demotivation der Mitarbeiter, da sie keine zeitnahe Rückmeldung über den Erfolg ihrer Ideen erhielten. Aufgrund dieser Problematik versuchten viele Unternehmen ihr BVW zu reorganisieren und zu optimieren (Läge 2002). Es gibt jedoch keine gesetzliche Grundlage für die Gestaltung und den Ablauf des BVW. Dennoch ist gemäß § 87 BetrVG Absatz 1 Satz 12 das Mitbestimmungsrecht des Betriebsrates bei der Einrichtung eines BVW zu berücksichtigen (Schat u. Pierson 2005).

Im Vergleich zum BVW zielt der Kontinuierliche Verbesserungsprozess (KVP) auf kleine aber permanente Verbesserungen ab, die oft vom Mitarbeiter direkt umgesetzt werden können, da es sich zumeist um Verbesserungen im unmittelbaren Aufgaben- und Pflichtenbereich des Mitarbeiters handelt. Dies können beispielsweise Veränderungen bei technischen Einrichtungen oder Arbeitsabläufen sein. Die Verbesserungen werden oft in Gruppenarbeit und während der Arbeitszeit erstellt (Schat u. Pierson 2005; Wahren u. Bälder 1998). Ist der KVP im Unternehmen gut organisiert, wird aktiv an der Erstellung von Verbesserungsvorschlägen gearbeitet. Der Vorgesetzte regt beispielsweise durch erlernte Fragetechniken die Diskussion im Team an, so dass ein kontinuierlicher Ideenfluss entsteht. Weiterhin ist er in der Beobachtung von Abläufen geschult und war schon bei der Umsetzung vorhergehender Vorschläge eingebunden. Zudem besitzt er ein umfassendes und detailliertes Verständnis über die betrachteten Arbeitsprozesse und -mittel. Die Mitarbeiter werden von ihm fortlaufend aufgefordert, Methoden, Werkzeuge, Prozesse und Arbeitsabläufe zu hinterfragen und Verbesserungen vorzunehmen (Dombrowski et al. 2006).

Oftmals wird versucht, in Workshops Lösungen für ein bestimmtes Problem zu erarbeiten. Nachdem die Verbesserungsmaßnahme umgesetzt worden ist, muss deren Erfolg direkt oder kurz nach der Umsetzung überprüft werden. Führt die Lösung zu einer messbaren Verbesserung und stellt somit eine bessere Alternative als der momentane Zustand dar, sollte diese Idee auch in anderen Bereichen übertragen werden, indem der Vorschlag als neuer Standard für das Unternehmen formuliert wird. Natürlich gilt dieser Standard nur so lange, bis eine noch bessere Lösung erarbeitet wurde und als neuer Standard definiert wird (Dombrowski et al. 2006; Spath 2003). Grundsätzlich existiert kein gesetzlicher Rahmen für den KVP. Dennoch sollte der KVP im Rahmen einer Betriebsvereinbarung geregelt sein, da der Betriebsrat in der Praxis die Möglichkeit besitzt, die KVP-Einführung zu erschweren (Schat u. Pierson 2005).

Kritik am Kontinuierlichen Verbesserungsprozess, Betrieblichen Vorschlagswesen und Ideenmanagement aus Sicht von KMU

Die Einführung eines formalisierten Betrieblichen Vorschlagswesens kommt in KMU selten vor. Der gesetzliche Rahmen, der zu hohe Aufwand für die Dokumentation, die Bewertung, Einführung und Vergütung von Vorschlägen sowie die Steuerung dieses neuen Prozesses mit festgelegten Verantwortlichkeiten erschweren die Etablierung eines Vorschlagswesens (Schat u. Pierson 2005). Aufkommende Ideen und Vorschläge werden in der Praxis in Pausen oder während der Arbeitszeit unter den Mitarbeitern diskutiert und falls nötig an den Geschäftsführer mündlich kommuniziert. Dieser Prozess ist informeller Natur und erfordert im Unternehmen nur einen geringen Verwaltungsaufwand. Die Praxis in KMU zeigt, dass gute Ideen von den Mitarbeitern und dem Geschäftsführer umgehend und ohne weiteres umgesetzt werden. Das Fehlen eines geeigneten Instrumentes zur Beteiligung der Mitarbeiter an möglichen Einsparungen stellt ein Hemmnis für die Einführung eines formalisierten BVW dar. Aufgrund der oftmals schwierigen Abschätzbarkeit des Effektes einer Verbesserungsmaßnahme kann eine konkrete Prämie für den vorschlagenden Mitarbeiter nicht eindeutig ermittelt werden. Ansätze des Ideenmanagements existieren zwar auch in KMU, werden aber nicht als solche wahrgenommen. Deswegen wird leider nicht das ganze Potenzial der eingebrachten Vorschläge oder Verbesserungen ausgeschöpft. Außerdem sind Geschäftsführer von KMU oftmals nicht ausreichend qualifiziert für die Einführung des KVP Konzeptes. Weiterhin muss der Geschäftsführer Zeit für die Einführung und Unterstützung einplanen und vorhalten, was durch eine hohe Auslastung im Tagesgeschäft erschwert wird.

Im Projekt ProfiL wurde daher ein für KMU spezifisches Konzept entwickelt, das kleine Unternehmen befähigt, eine kontinuierliche Verbesserung der Leistungsfähigkeit zu erreichen. Dies geschieht auf Basis des Betrieblichen Vorschlagswesens sowie der Philosophie, Methodik und Mitarbeitereinbindung des kontinuierlichen Verbesserungsprozesses unter Berücksichtigung der Ganzheitlichkeit des Ideenmanagements. Das Konzept wurde bei der Firma PR-Tronik, wie im Folgenden näher erläutert, umgesetzt.

Wissenschaftliche Betrachtung des Kontinuierlichen Verbesserungsprozesses

Eines der fundamentalen Ziele jedes Unternehmens sollte die kontinuierliche Verbesserung der eigenen Leistungsfähigkeit sein. Daher ist das Erfassen von Mitarbeiterideen und deren Umsetzung für eine ständige Verbesserung von Prozessen, Arbeitsabläufen, Arbeitsplätzen, Anlagen oder Maschinen von immenser Wichtigkeit. Die Notwendigkeit eines funktionierenden Ideenmanagements ist somit gegeben. Der Kontinuierliche Verbesserungsprozess als Bestandteil des Ideenmanagements stellt in diesem Zusammenhang eine wichtige Aufgabe der Führungskräfte dar, da diese die Anleitung zur Ideensuche und Problemlösung übernehmen müssen (Spear u. Bowen 1999).

Im Rahmen des Ideenmanagements ist auch die administrative Bearbeitung von Vorschlägen festzulegen, um den gesetzlichen Anforderungen und geschlossenen Betriebsvereinbarungen nachzukommen. Dabei muss der bürokratische Aufwand möglichst gering gehalten werden, um kurze Durchlaufzeiten bis zur Entscheidung über eine Realisierung zu erreichen. Der im Ideenmanagement beinhaltete Kontinuierliche Verbesserungsprozess bildet die Grundlage für eine langfristige Optimierung von Unternehmen und ist daher ein wichtiges Element des unternehmensweiten Qualitätsmanagements. Neben den operativen Prozessen (z. B. Vertrieb, Einkauf, Entwicklung, Produktion) umfasst der Kontinuierliche Verbesserungsprozess auch die Führungs- und Lenkungsprozesse des Unternehmens. Auf operativer Ebene wird im Rahmen der kontinuierlichen Verbesserung die Effizienz der operativen Prozesse gesteigert, so dass gleich- oder höherwertige Ergebnisse mit weniger Aufwand erzielt werden („die Dinge richtig tun"). Auf normativer und strategischer Ebene konzentriert sich der Kontinuierliche Verbesserungsprozess auf die Verbesserung der Effektivität, um die strategische Ausrichtung und die strategische Vorgehensweise des Unternehmens zu verbessern („die richtigen Dinge tun").

Sowohl im BVW als auch im KVP werden Verbesserungsvorschläge oder Ideen erarbeitet, realisiert und anschließend prämiert. Neben dem Aufzeigen eines Missstandes beinhaltet ein Verbesserungsvorschlag oder eine Idee ebenso konkrete Hinweise zur Durchführung einer Veränderung, um den Missstand zu beseitigen. Es wird dabei eine neue Vorgehensweise oder Lösung formuliert, deren Detaillierungsgrad jedoch noch nicht sehr hoch sein muss. Die Beschreibung muss jedoch ausreichen, so dass auf der Basis der gegebenen Hinweise Fachleute umsetzbare Lösungen entwickeln können. Es darf sich nicht um eine patentwürdige Idee handeln, da für patentfähige Vorschläge das Arbeitnehmererfindungsgesetz Gültigkeit hat und nicht die rechtlichen Grundlagen des Ideenmanagements gelten (Schat u. Pierson 2005).

In einigen Unternehmen werden BVW und KVP als voneinander unabhängige Elemente des Ideenmanagements behandelt. Dennoch können beim KVP entwickelte Verbesserungsvorschläge auch im BVW bewertet werden oder umgekehrt. Dies ist dann möglich, wenn es die Natur des Vorschlags erlaubt. Ein wichtiges

Kriterium in diesem Zusammenhang ist die Zugehörigkeit des Vorschlages zum Pflichtenkreis. BVW und der KVP sollten sich im Rahmen des Ideenmanagements ergänzen. Besonders bei der Gestaltung der Anreizsysteme ist dieses zu berücksichtigen, da beispielsweise Vorschläge beim KVP häufig als Gruppenleistung erarbeitet werden, und somit die Möglichkeit bestehen muss, die Prämie aufzuteilen (Schat u. Pierson 2005).

Zwischenfazit: Zu berücksichtigende Besonderheiten von kleinen Unternehmen

Damit in kleinen Unternehmen der KVP im Rahmen eines Ideenmanagements sein volles Potenzial entfalten kann, ist ein formeller Prozess mit einem definierten Ablauf von der Ideendokumentation bis zur Ideenbewertung und -umsetzung einzuführen. Ohne eine systematische Erfassung und Bewertung von Verbesserungsvorschlägen oder Ideen bleiben eine Rückkopplung zu den Ideengebern und eine Messung des Mehrwertes für das Unternehmen aus. In der Folge sinkt die Motivation und die Bereitschaft von Mitarbeitern weitere Ideen einzureichen, da nicht nachvollziehbar ist, wie die Entscheidung über eine Umsetzung bereits eingereichter Ideen gefallen ist und begründet wurde. Ist eine Umsetzung von Ideen nicht möglich, müssen die Gründe den Mitarbeitern ebenfalls nachvollziehbar dargelegt werden.

Eine grundlegende Voraussetzung für die Umsetzung Kontinuierlicher Verbesserungsprozesse ist die Bereitschaft der Geschäftsführung, gute und machbare Ideen zeitnah umzusetzen. Nachdem Ideen positiv bewertet wurden, gilt es, den Mitarbeitern die Bevollmächtigung zur selbstständigen Umsetzung der Ideen zu erteilen bzw. ihnen in Form von KVP-Teams die Verantwortung für die Umsetzung zu übertragen. Ebenso müssen die dafür notwendigen finanziellen und zeitlichen Ressourcen zur Verfügung gestellt werden. Folglich können sich Mitarbeiter mit der umgesetzten Lösung identifizieren und werden zur Einreichung weiterer Ideen motiviert (Wahren u. Bälder 1998). Damit die Bereitschaft zum Auffinden von neuen unternehmensweiten Verbesserungspotenzialen langfristig geschaffen werden kann, ist es notwendig eine Unternehmenskultur zu entwickeln, in der Ideen ausdrücklich erwünscht sind. Damit verbunden ist die gezielte Unterstützung von Mitarbeitern bei der Ideenfindung und -umsetzung durch die Geschäftsführung.

Der neue Prozess muss durch die Geschäftsführung verankert und allen Mitarbeitern kommuniziert werden. In diesem Zusammenhang müssen die Verantwortlichkeiten und Befugnisse klar definiert werden.

Die Einführung eines Betrieblichen Vorschlagswesens, wie es in der Literatur und in der Praxis großer Unternehmen bekannt ist, ist in KMU nicht ratsam. Die formalisierte Struktur sowie der gesetzliche Rahmen eines BVW gehen weit über die Bedarfe und Anforderungen hinaus, die ein KMU an ein Verbesserungssystem stellt.

Anwendung des Kontinuierlichen Verbesserungsprozesses, des Betrieblichen Vorschlagswesens und des Ideenmanagements im Rahmen von ProfiL

In Rahmen des Forschungsprojekts ProfiL wurde bei dem Unternehmen PR-Tronik ein Ideenmanagement-Konzept entwickelt und umgesetzt. Eine der bei der Balanced Scorecard-Erstellung definierten strategischen Maßnahmen für PR-Tronik war die Einführung eines Kontinuierlichen Verbesserungsprozesses. Die Einführung des KVP wurde daher im Rahmen eines Ideenmanagement-Konzepts integriert. Das Ideenmanagement-Konzept für PR-Tronik hat drei wesentliche Teilaspekte, die in der folgenden Abbildung 24 dargestellt sind.

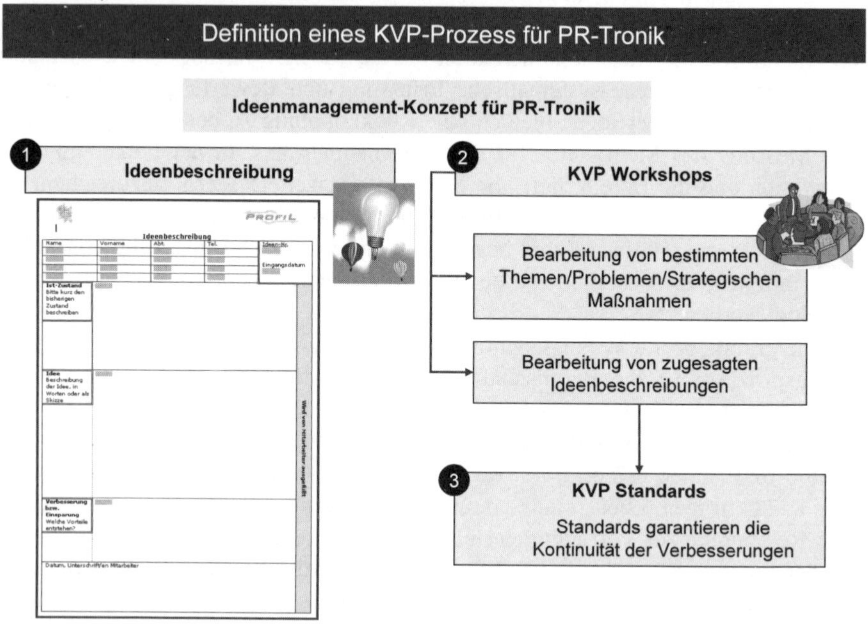

Abb. 24. Beispielhafte Darstellung des Ideenmanagement-Konzepts für PR-Tronik

Diese drei Teilaspekte sind: die *Ideenbeschreibung*, die *KVP-Workshops* und die Entwicklung von *KVP-Standards*. Die Ideenbeschreibung basiert auf der Methodik des Betrieblichen Vorschlagswesens und stellt einen gut organisierten, unbürokratischen Prozess zur Dokumentation der Ideen oder Vorschläge dar. Die KVP-Workshops sowie die Entwicklung von Standards dienen zur Umsetzung eines funktionierenden Kontinuierlichen Verbesserungsprozesses und somit zur permanenten Suche und Weiterentwicklung von Ideen in allen Bereichen des Unternehmens.

Ein neuer Prozess zur Ideenbeschreibung/-bewertung wurde ebenfalls entwickelt und eingeführt und innerhalb einer Mitarbeiterversammlung allen Mitarbeitern bekannt gegeben. Der Prozess ist in Abbildung 25 dargestellt.

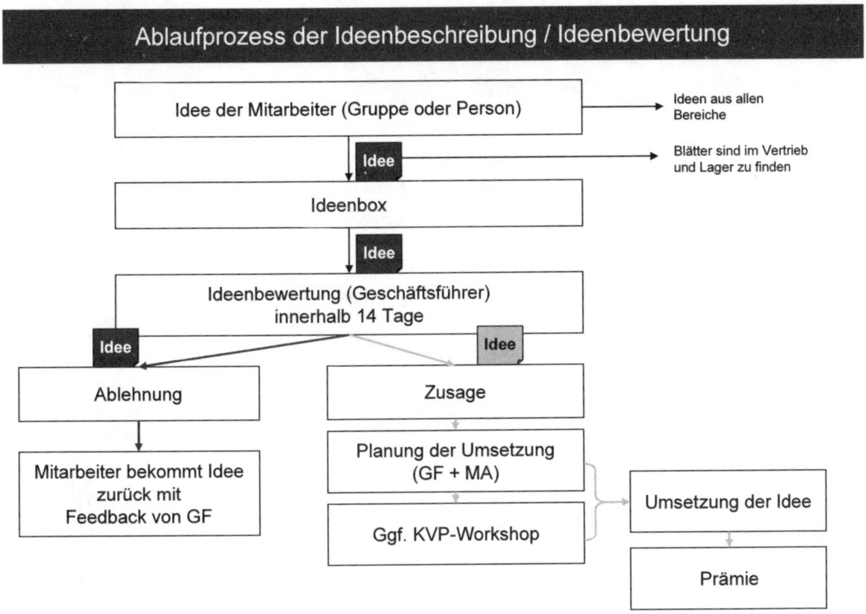

Abb. 25. Ablaufprozess der Ideenbeschreibung/-bewertung

Die Mitarbeiter wurden angeregt, Ideen zur Verbesserung von Prozessen oder Aktivitäten in allen Bereichen des Unternehmens zu erarbeiten und einzureichen. Ein Ideenblatt wird als Dokument für die Einreichung, Bewertung und gegebenenfalls Planung der Umsetzung der Idee benutzt. Bei der Ideenbeschreibung werden folgende Daten dokumentiert: Persönliche Daten der einreichenden Mitarbeiter, Beschreibung des Ist-Zustandes, Beschreibung der Idee in Worten oder als Skizze und anschließend soweit möglich die Verbesserung, Einsparung oder die Vorteile, die sich aus einer Realisierung ergeben würden. Die Ideenblätter sind in der Abbildung 26 zu sehen.

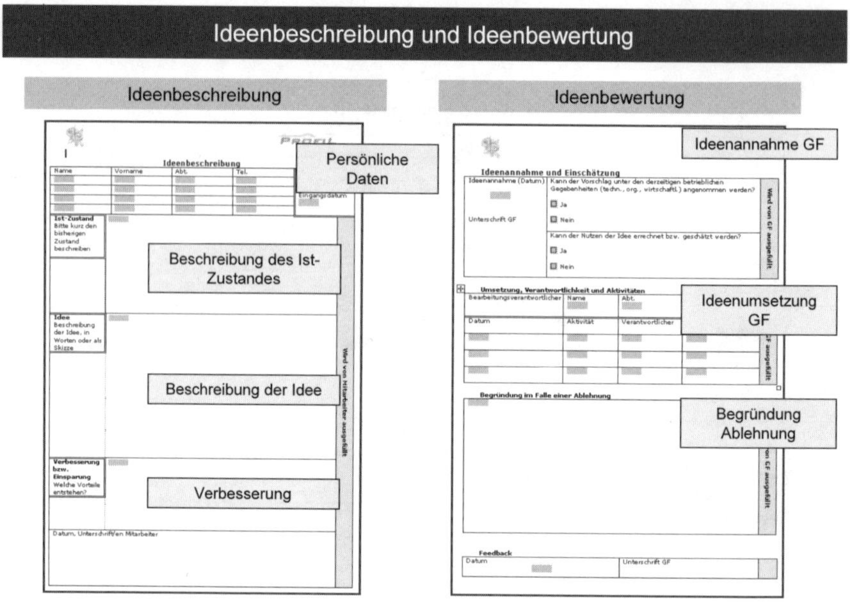

Abb. 26. Ideenblatt für PR-Tronik: Ideenbeschreibung und Ideenbewertung

Im nächsten Schritt wird das Ideenblatt in die bereitgestellte Ideenbox eingeworfen. Der Geschäftsführer hat nun die Verantwortung und die Aufgabe innerhalb von vierzehn Tagen diese Idee zu bewerten und dem einreichenden Mitarbeiter ein Feedback in Form einer begründeten Ablehnung oder Zusage zukommen zu lassen. Der Geschäftsführer bewertet hierfür auf der Rückseite des Ideenblattes, ob die Umsetzung der eingereichten Idee unter den derzeitigen betrieblichen Gegebenheiten (technisch, organisatorisch und wirtschaftlich) sinnvoll ist und ob der Nutzen der Idee quantifiziert, d. h. errechnet bzw. geschätzt, werden kann. Die zeitnahe Rückmeldung und die Begründung der Entscheidung sind wichtig, um die Motivation der Mitarbeiter für die Erarbeitung und Einreichung neuer Vorschläge aufrecht zu erhalten bzw. zu erhöhen. Wird die Idee als positiv bewertet, hat der Geschäftsführer anschließend die Aufgabe die Umsetzung zu planen oder zu delegieren. Hierfür müssen Bearbeitungsverantwortliche ernannt sowie ein Zeitplan erstellt werden. Den betroffenen Mitarbeitern muss bekannt gegeben werden, wer für die Umsetzung dieser neuen Idee verantwortlich ist, damit sie sich am Veränderungsprozess beteiligen, eigene Vorschläge einbringen und sich selbst in der Lösung wiederfinden können.

Bei der Planung der Umsetzung oder für die Adaption einer erarbeiteten Lösung auf andere Bereiche im Unternehmen soll ein KVP-Workshop angestoßen werden. Der KVP-Workshop kann zum einen zur Ideenfindung bei einem definierten Problem, Thema oder einer strategischen Maßnahme dienen oder zum anderen, um die Umsetzung einer positiv bewerteten Idee zu erarbeiten. Die Teilnehmer sind der Geschäftsführer, die Mitarbeiter, die die Ideenbeschreibung eingereicht haben sowie die Mitarbeiter, die direkt von diesem Problem und der Umsetzung der Idee betroffen sind. Es sollten in der Einführungsphase des KVP keine Probleme thematisiert werden, die von den Mitarbeitern emotional gesehen werden. Nach der Umsetzung einer Idee oder eines Verbesserungsvorschlags sollte diese neue Lösung als Standard definiert werden. Dies hat den Grund, dass die angestrebte hohe Prozesssicherheit nur dann erreicht wird, je häufiger der Prozess auf die gleiche Art und Weise durchgeführt wird. Diese „gleiche Art und Weise" wird durch die Einführung und Bekanntgabe eines Standards gesichert. Darüber hinaus dienen die KVP-Standards zur Absicherung des erreichten Verbesserungsniveaus, zur Einhaltung von Qualität, Kostenvorgaben, Terminen etc. und sind die Basis für weitere Ideen und Verbesserungen.

Thesen und Handlungsempfehlungen für Führungskräfte in KMU

Im vorliegenden Beispiel haben sich für das Ideenmanagement die Einrichtung eines standardisierten Prozesses zur Ideenbeschreibung und -bewertung sowie der Einsatz von KVP-Workshops und Standards gut bewährt. Die Herausforderung in der Umsetzung liegt in der Akzeptanz der neuen Rollen im KVP für Geschäftsführer und insbesondere für die Mitarbeiter. Dies kann durch geeignete Schulungs- und Trainingsmaßnahmen und Freiräume zur Ideengenerierung unterstützt werden.

<u>Thesen zu Erfolgsfaktoren</u>

- Bei der Einführung eines Ideenmanagements und des dazu gehörigen KVP müssen die Mitarbeiter im Mittelpunkt stehen. Mitarbeiter, die ihre Vorschläge umgesetzt sehen, engagieren sich stärker sowohl bei ihrer täglichen Arbeit als auch bei der Verbesserung der Prozessabläufe im Unternehmen.
- Der Mitarbeiter muss innerhalb kurzer Zeit ein Feedback für seine Idee oder den Verbesserungsvorschlag erhalten, unabhängig davon ob die Idee umgesetzt wird oder nicht. Dieses Vorgehen ist sehr wichtig, um die Beteiligung und Motivation der Mitarbeiter aufrecht zu erhalten.
- Die Kultur des Unternehmens sollte Vertrauen aufweisen. Die Mitarbeiter müssen Fehler machen dürfen. Es wird kein Schuldiger gesucht, sondern die Fehlerursache und die nachhaltige Beseitigung.
- Ein Prämiensystem, das einfach und für jedermann nachvollziehbar ist, schafft weitere Anreize. Bei PR-Tronik wurden beispielsweise umgesetzte Vorschläge mit Prämien zwischen 50 und 100 Euro vergütet.

<u>Thesen zu Misserfolgsfaktoren</u>

- Für die erfolgreiche Einführung eines Ideenmanagements müssen nicht nur Sachmittel sondern auch Personalkapazitäten vom täglichen Geschäft freigestellt werden.
- Der Geschäftsführer muss sich intensiv engagieren, die Mitarbeiter sollen ihn als Initiator und Treiber des Ideenmanagements sehen. Er ist über einen länge-

ren Zeithorizont für die kontinuierliche Aufrechterhaltung und weitere Entwicklung verantwortlich.
- Das Ideenmanagement soll in der Strategie des Unternehmens verankert werden und als eines der strategischen Ziele des Unternehmens für Mitarbeiter und Geschäftsführer gesehen werden.
- Zu viel Bürokratie schadet dem Ideenmanagement und ist insbesondere bei kleinen Unternehmen nur auf das unbedingt Notwendige zu beschränken.

7 Selbstorganisiertes Arbeiten in KMU

Isabel Crespo, Anne Spychala, Thomas Lacker

„Wir müssen unser Unternehmen so organisieren, dass wir die Schnellsten sind. Deshalb müssen wir den Mitarbeitern den Umgang mit ihrer Zeit selbst überlassen." (Heinz Fischer, Europa-Chef Administration, Hewlett-Packard)

Was ist selbstorganisiertes Arbeiten?

Im Kontext des Projekts ProfiL wird selbstorganisiertes Arbeiten als eigenständiges Bearbeiten von Arbeitsaufträgen verstanden und beinhaltet die Bearbeitung durch (teil-)autonome Arbeitsgruppen mit eigenen Entscheidungsbereichen. Dabei übernehmen die Mitarbeiter zahlreiche Zuständigkeiten ihrer bisherigen Vorgesetzten (z. B. Planung der Arbeitsabläufe, Behebung von Schwierigkeiten). Sollen Mitarbeiter selbstorganisiert arbeiten, also auch Entscheidungen eigenständig treffen, so müssen sie dies (a) können, (b) dürfen und (c) wollen.

Die grundlegendste Voraussetzung für selbstorganisierte Arbeit betrifft die Qualifikation der Mitarbeiter, bzw. das (a) „Können". Die Mitarbeiter müssen entsprechende fachliche/methodische, aber auch organisatorische und (bei der Bearbeitung in Gruppen) soziale Fähigkeiten besitzen. Außerdem müssen notwendige Informationen verfügbar sein, um eigene Entscheidungen fundiert treffen zu können. Hierfür müssen den Mitarbeitern geeignete Werkzeuge (z. B. Prozessbeschreibungen, Kennzahlen, Kapazitätsprofile) zur Hand gegeben werden. Auch Informationen über die zu erreichenden Arbeitsergebnisse und Prozessabläufe in den nachgelagerten Arbeitsbereichen sowie über die strategischen Unternehmensziele (in Form einer vereinfachten Visualisierung der in Kapitel 3 vorgestellten Balanced Scorecard darstellbar) sind notwendig, um Zusammenhänge besser verstehen zu können und auf diese Weise zielorientierte Entscheidungen im Sinne des Unternehmens zu treffen.

Selbstorganisiertes Arbeiten kann jedoch nicht als Modernisierungsmaßnahme eingeführt werden, lediglich die Entstehung der Selbstorganisation kann unterstützt und gefördert werden. Neben der Qualifizierung der Mitarbeiter muss es den Mitarbeitern formal erlaubt sein, eigene Entscheidungen zu treffen, z. B. darüber, welche Arbeitsmittel sie einsetzen und in welcher Reihenfolge sie bestimmte Teilaufgaben abarbeiten. Die Mitarbeiter (b) „dürfen" Entscheidungen treffen, wenn genügend Informationen zur Wirkung ihrer Tätigkeiten zur Verfügung stehen und die Geschäftsführer den Mitarbeitern Entscheidungsfreiräume zur Verfügung stellen. Die Geschäftsführer müssen in einem ersten Schritt klare Aussagen treffen, inwieweit die Mitarbeiter bestimmte Entscheidungen eigenständig fällen dürfen. Normen und Vorgaben zur Ausführung der Arbeit sollten mit den betroffenen Mitarbeitern gemeinsam erstellt werden. Außerdem sollten die Mitarbeiter zumindest bei Bedarf (zum Beispiel bei Störungen) die Vorgaben an die jeweilige Situation anpassen dürfen.

Schließlich spielt auch die Motivation der Mitarbeiter eine entscheidende Rolle, bzw. das (c) „Wollen". Vor allem gering qualifizierte Mitarbeiter fürchten oft Überforderung, wenn sie nur grobe Arbeitsvorgaben bekommen statt genaueren Anweisungen, welche konkreten Aufgaben sie bearbeiten und wie sie diese ausführen sollen. Andererseits führt eine größere Autonomie der Mitarbeiter meistens zu größerer Zufriedenheit mit der Arbeit, erhöhter Arbeitsmotivation, besserer Leistung, größerer erlebter Sinnhaftigkeit der eigenen Arbeit, gesteigertem Verantwortungsgefühl und geringeren Fehltagen (Fried u. Ferris 1987; Humphrey et al. 2007). Motivierte Mitarbeiter sind Voraussetzung für die Entstehung selbstorganisierter Arbeit.

Um die Qualifikation der Mitarbeiter als grundlegendste Voraussetzung für selbstorganisierte Arbeit zu fördern ist ein Konzept zur kontinuierlichen Mitarbeiterqualifizierung notwendig. Im Kapitel 4.8 des Teils 1 wurde das im Forschungsprojekt ProfiL entwickelte Qualifizierungskonzept näher erläutert.

Wissenschaftliche Betrachtung der Selbstorganisation

Zum Verständnis des Begriffes Selbstorganisation muss der komplementäre Begriff Fremdorganisation verstanden werden. Bei einer Fremdorganisation wird ein Unternehmen bis auf Detailebene durch Regeln gestaltet und gelenkt. Göbel beschreibt den Zusammenhang zwischen Fremd- und Selbstorganisation als: „Die autonome Komplementärorganisation (d. h. die Selbstorganisation) meint das Ausfüllen von Handlungsspielräumen durch die Organisierten selbst, welche die Fremdorganisation lässt. […] Die mit dieser Form der Selbstorganisation verbundenen Vorteile, wie bessere Ausnutzung des Wissens vor Ort und stärkere Motivation der Mitarbeiter, führt heute zu einer wachsenden Verbreitung in der Praxis. Die Reduzierung der Fremdvorgaben (Stichworte: Entbürokratisierung, Abbau der Hierarchie) wird ebenso postuliert wie der Aufbau autonomer Einheiten, welche sich weitgehend selbst organisieren (z. B. Arbeitszeiten und Aufgabenverteilung selbst festlegen)" (Göbel 1998). Der ideale Grad der Selbstorganisation kann nicht allgemeingültig für alle Unternehmen definiert werden. Es muss zuvor analysiert werden, in welchen Unternehmensbereichen die Entstehung von Selbstorganisation überhaupt möglich und sinnvoll ist, nach welcher Vorgehensweise Normen und Regeln im Unternehmen gebildet werden und wie das Verhältnis von Fremdorganisation und Selbstorganisation im gegenwärtigen Zustand ist.

In der Praxis wird unter Selbstorganisation die Reduzierung organisatorischer und planerischer Vorgaben im Arbeitsprozess verstanden. Die praxisorientierte Ausprägung der Selbstorganisation ist durch drei wichtige Eigenschaften charakterisiert. Zum Ersten sind selbstkoordinierende Arbeitsgruppen in ihrer Gesamtheit als Gruppe für die Ergebnisse der Arbeit verantwortlich, zum Zweiten sind Teilaufgaben nicht den einzelnen Gruppenmitgliedern fest zugeordnet, sondern die Verantwortlichkeiten werden von Fall zu Fall von der Gruppe definiert und im Wege der Selbstbestimmung einzelnen Mitgliedern zugewiesen. Zum Dritten kontrollieren die Gruppenmitglieder die Ergebnisse ihrer Arbeit selbst

(Kieser 1994). Als Beispiel einer sich selbstkoordinierenden Arbeitsgruppe kann eine Fertigungsinsel angesehen werden. In dieser Fertigungsinsel werden „Produktteile oder Endprodukte möglichst vollständig" gefertigt. Zudem ist sie durch eine „weitgehende Selbststeuerung der Arbeits- und Kooperationsprozesse, verbunden mit Planungs-, Entscheidungs- und Kontrollfunktionen innerhalb vorgegebener Rahmenbedingungen und Verzicht auf eine zu starre Arbeitsteilung und demzufolge eine Erweiterung des Dispositionsspielraums für den Einzelnen" gekennzeichnet (AWF 1984). Da die Mitglieder dieser Arbeitsgruppen sich stärker mit ihrer Arbeit identifizieren und demzufolge eine höhere Motivation entwickeln, ist nicht nur eine höhere Flexibilität, sondern insbesondere eine qualitativ höhere Arbeitsleistung gewährleistet. Günstige Voraussetzungen für die Einrichtung solcher Gruppen bieten neue Produktions- und Informationstechniken (Kieser u. Kubicek 1992).

Zusammenfassend ist festzustellen, dass die Voraussetzungen der Selbstorganisation durch Fremdorganisation erst geschaffen werden müssen: Aufgaben müssen neu zugeschnitten, neuartige Planungs- und Informationssysteme eingerichtet, Lohnsysteme gegebenenfalls umgestaltet und Rollen neu definiert werden (Hackmann 1986).

Kritik an selbstorganisiertem Arbeiten aus Sicht von KMU

Im Kontext des Projekts ProfiL bezieht sich die Selbstorganisation einerseits auf die Aufbauorganisation, die die Aufteilung der Aufgaben eines Unternehmens auf verschiedene Einheiten und die Beziehungen zwischen diesen Einheiten regelt (REFA 1993). Andererseits bezieht sie sich auf die Ablauforganisation, welche die zur Erfüllung der Arbeitsaufgaben notwendigen Arbeitschritte mit Hilfe von Betriebs- und Arbeitsmitteln in räumlicher und zeitlicher Reihenfolge festlegt (REFA 1993). Bezüglich der Aufbau- und Ablauforganisation bedeutet die Selbstorganisation, dass in einer bestimmten hierarchischen Struktur Regeln und Verhaltensnormen autonom entstehen, also beispielsweise Arbeitsabläufe.

Die vorangegangene Darstellung verdeutlicht, dass Selbstorganisation nicht im engeren Sinne des Wortes eingeführt werden kann, sondern die Entstehung derselben lediglich unterstützt werden kann, da die von den Mitarbeitern verlangten Tätigkeiten zunächst entsprechende Fähigkeiten erfordern. In der Praxis ist somit eine Weiterbildung der Mitarbeiter notwendig, um selbstorganisiertes Arbeiten erfolgreich zu implementieren (vgl. Kap. 7). Weiterbildung ist, gerade vor dem Hintergrund der kleinen Unternehmen, eine nicht unerhebliche Investition in die Mitarbeiter. Neben dem finanziellen Aufwand muss berücksichtigt werden, dass die Mitarbeiter in der Zeit der Weiterbildungsmaßnahme nicht für operative Tätigkeiten zur Verfügung stehen. Vor dem Hintergrund der begrenzten finanziellen und personellen Ressourcen bedeutet dies eine erhebliche Belastung für die Unternehmen.

Zwischenfazit: Zu berücksichtigende Besonderheiten von KMU

KMU haben gegenüber großen Unternehmen häufig den Vorteil, dass sie spezielle Kundenwünsche flexibel erfüllen können und sich so gegen größere Wettbewerber oder Wettbewerber aus dem Ausland abgrenzen (Pfohl u. Arnold 2006). Diesen Vorteil gilt es zu bewahren und auszubauen. Produktives und eigenverantwortliches Handeln ist notwendig, um dauerhaft konkurrenzfähig zu bleiben und die Fähigkeit zur Innovation zu erhalten. Ein hohes Qualifikationsniveau der Mitarbeiter schafft Sicherheit in einem Unternehmensumfeld, das von starkem Konkurrenzdruck geprägt ist. Eventueller Schulungsbedarf der Mitarbeiter lässt sich unter anderem in jährlichen Mitarbeitergesprächen feststellen. Entsprechende Schulungsmaßnahmen können außerhalb, aber auch innerhalb des Unternehmens stattfinden. Auch ist es möglich, Arbeitsgruppen aus Mitarbeitern mit verschiedenen Qualifikationen zu bilden, so dass ein gegenseitiger Lehr- und Lernprozess stattfinden kann.

Das eigenständige Bearbeiten von Aufträgen in autonomen Arbeitsgruppen oder durch einzelne Mitarbeiter stellt außerdem eine wichtige Grundlage für das Wachstum eines Unternehmens dar. Kleine Unternehmen können oft noch problemlos durch eine einzelne Führungsperson vollständig gesteuert werden. Je mehr Mitarbeiter aber mit der Bearbeitung der Aufträge beschäftigt sind und im Unternehmen organisiert werden müssen, desto notwendiger wird es, Aufgaben und Entscheidungen zu delegieren. Durch die Schaffung teilautonomer Arbeitsgruppen sinkt die Komplexität und Anzahl der Entscheidungen für den Geschäftsführer, so dass das Unternehmen weiterhin erfolgreich durch ihn gesteuert werden kann.

Die Motivation der Mitarbeiter lässt sich beispielsweise durch Einzelgespräche mit jedem Mitarbeiter in Erfahrung bringen. Dabei sollten vor allem bei niedriger Veränderungsbereitschaft die Gründe des Mitarbeiters hinterfragt werden. Mitunter lassen sich hier bereits falsche Vorstellungen und Erwartungen des Mitarbeiters durch genauere Informationen über seinen zukünftigen Aufgaben- und Verantwortungsbereich aus dem Weg räumen. Außerdem ist eine schrittweise Erweiterung der Handlungs- und Entscheidungsbefugnisse sinnvoll. Dabei können Entscheidungen zunächst gemeinsam mit den direkten Vorgesetzten getroffen werden, bevor sie auf die Arbeitsgruppe übertragen werden.

Anwendung des selbstorganisierten Arbeitens im Rahmen von ProfiL

Ein Ziel des Forschungsprojekts ProfiL war die verbesserte Selbstorganisation der Mitarbeiter bei der Bearbeitung ihrer Aufgaben. Die Ausgangslage und Voraussetzungen bei den Industriepartnern waren sehr unterschiedlich: von stark selbstorganisierten Mitarbeitern (z. B. im Vertrieb der Firma PR-Tronik) bis hin zu fest etablierten Arbeitsprozessen, die nur wenig Freiraum in der Produktion ließen (z. B. in unterschiedlicher Intensität bei den Firmen Fleischmann UNITRO Störmeldesysteme, IntrObest und IntrOnic). Der Erfolg des selbstorganisierten Arbeitens im Projekt muss ebenfalls von Unternehmen zu Unternehmen unterschiedlich beurteilt werden. Bei allen Industriepartnern konnten Ansätze zum selbstorganisierten Arbeiten insbesondere dort identifiziert werden, wo flexible Kapazitätsplanungen erforderlich sind. In der praktischen Umsetzung mussten jedoch erst die Voraussetzungen für selbstorganisiertes Arbeiten durch umfangreiche Fremdorganisation geschaffen werden. Dafür wurden vorhandene Prozessschritte modifiziert, Problemlösungsverfahren zur Strukturierung der komplexen Entscheidungsproblematik vorgegeben, unterstützende Informationssysteme gestaltet und Kommunikationstrainings durchgeführt. So wurde bei der Firma Fleischmann UNITRO Störmeldesysteme beispielsweise die Grobplanung der Arbeitsaufträge weiterhin gemeinsam mit der Produktionsleitung durchgeführt, während die Mitarbeiter selbst die Feinplanung der Aufträge übernahmen und für ihre jeweiligen Auftragsbereiche voll verantwortlich waren. Eine weitere Ausprägung der selbstorganisierten Arbeit entstand in der Firma IntrOnic. Verschiedene Prozessschritte wurden neu angeordnet, darüber hinaus wurden zwei Abteilungen zusammengelegt. Die Prozessschritte Bohren und Fräsen erfolgen nun innerhalb der neuen Abteilung, die Maschinen werden durch die Mitarbeiter selbstständig bedient und die Arbeitsaufträge werden aufeinander abgestimmt. Aus der früheren hierarchischen Zuordnung: „1 Mitarbeiter - 1 Prozessschritt" wurde eine flexible Zuordnung, bei der zwei Mitarbeiter beide Prozessschritte beherrschen. Hierdurch ergibt sich eine höhere Redundanz und somit eine größere Verfügbarkeit der Maschinen auch im Falle von Urlaub oder Krankheit.

Bei den Mitarbeitern aller Industriepartner existierten Vorbehalte und Hemmnisse, welche die Entstehung des selbstorganisierten Arbeitens im Verlauf des Forschungsprojektes behinderten. Grundsätzlich war nicht jeder Mitarbeiter bereit, mehr Verantwortung zu übernehmen. Bei der Übernahme von mehr Verantwortung sehen die Mitarbeiter im Vordergrund die Gefahr, Fehler zu verursachen und dafür kritisiert zu werden. Daher ist grundsätzlich eine Eingewöhnungs- oder Einlernphase sinnvoll, in der die Mitarbeiter langsam an die neuen Aufgaben und Verantwortungen herangeführt werden. Weitere Hemmnisse ergaben sich bei einigen Industriepartnern dadurch, dass mehr Selbstverantwortung bei der Arbeitseinteilung zu Ungerechtigkeiten zwischen den Mitarbeitern führen kann. Mitarbeiter konnten Arbeit stärker auf andere übertragen, indem sie die gegebenen Freiräume der Selbstorganisation nutzten.

Als gutes Beispiel für die Reaktion und Einstellung der Mitarbeiter gegenüber den Ansätzen der selbstorganisierten Arbeit ist das Unternehmen IntrObest. In diesem Unternehmen wurden im Rahmen einer Arbeitsplatzanalyse Vorschläge erarbeitet, um Bereiche zu identifizieren, in welchen selbstorganisiertes Arbeiten sinnvoll sein könnte. Hierbei wurde die Möglichkeit zur Erweiterung der Handlungs- und Entscheidungsbefugnisse der Mitarbeiter in einem Bereich der Fertigung besonders deutlich. In diesem Bereich arbeiteten mehrere Mitarbeiter unabhängig voneinander an ähnlichen Aufgaben, wobei die genaue Aufgabenplanung durch den Fertigungsleiter vorgenommen wurde. Der Geschäftsführer besprach die Ergebnisse der Arbeitsplatzanalyse mit den Mitarbeitern. Diese beurteilten ihre Handlungs- und Entscheidungsfreiheiten subjektiv höher als dies in der Arbeitsplatzanalyse ermittelt wurde. Einer vollständig eigenen Planung und Bearbeitung der Arbeitsaufträge standen die Mitarbeiter ablehnend gegenüber. Dennoch gelang es, einen ersten Schritt zur stärkeren selbstorganisierten Arbeit zu beschreiten, indem die Mitarbeiter zukünftig selbstständiger, ohne den Fertigungsleiter, aber in enger Absprache untereinander Entscheidungen treffen und Aufträge bearbeiten. Somit konnte der Fertigungsleiter zum Teil entlastet werden.

Die oben beschriebene Arbeitsplatzanalyse und die daraufhin erzielten Erfolge verdeutlichen, dass selbstorganisiertes Verhalten im Unternehmen Potenziale aufweist, die für eine intensivere Nutzung sprechen. Ebenso deutlich geworden ist jedoch, dass es sich bei den bisher erzielten Erfolgen lediglich um erste Schritte handelt. Die Mitarbeiter sind oftmals nicht bereit, eine angestrebte stärkere Selbstorganisation zu tragen. Zusammenfassend kann festgehalten werden, dass die Mitarbeiter nicht nur die Entscheidungsbefugnis erhalten, sondern ebenso ausreichend qualifiziert sein müssen, um die Entscheidungsfreiräume ausfüllen zu können. Hier liegt der Ansatzpunkt für das weitere Vorgehen.

Praktische Erfahrungen der Industriepartner

Im Rahmen des Projekts ProfiL verfolgte der Geschäftsführer der Firma IntrObest unter anderem das Ziel einer stärkeren Selbstorganisation in seinem Unternehmen. Die Erfahrung der Firma IntrObest hat gezeigt, dass die Produktionsmitarbeiter nur begrenzt den Wunsch nach höherer Selbstorganisation haben. Eine möglichst freie Arbeitsgestaltung ist erwünscht, doch das Übernehmen von Verantwortung empfinden sie oft als abschreckend. Sie sehen ihre Aufgabe vorwiegend darin, die jeweils anstehenden Aufträge möglichst effizient und fehlerfrei zu bearbeiten. Hierbei unterstützen sie sich in einem hohen Grad, entwickeln einen starken Team-Gedanken und ein gemeinsames „Wir"-Gefühl. Doch die Entscheidung darüber, welcher Auftrag als nächstes gefertigt werden soll, die Abstimmung mit Kunden über Prioritäten oder gar die technische Klärung von nicht eindeutigen Aufträgen schätzen sie als schwer ein. Die Produktionsmitarbeiter wünschen hierfür einen Fertigungsleiter, dem sie vertrauen und der die terminlichen und technischen Entscheidungen trifft. Wenn Mitarbeiter feststellen, dass ein Auftrag von ihnen alleine nicht in der erforderlichen Zeit bearbeitet werden kann, suchen sie Unterstützung und finden Hilfe bei den Kolleginnen und Kollegen. Auch bei technischen Schwierigkeiten wird versucht, Probleme zunächst gemeinsam zu lösen, bevor der Fertigungsleiter befragt wird. Im Zweifel werden jedoch Änderungsvorschläge erst mit dem Fertigungsleiter besprochen und seine Freigabe erbeten, da ein Verantwortungsträger gesucht wird. Die Rückbestätigung durch den Fertigungsleiter ist für sie unbedingt erforderlich. Es hat sich gezeigt, dass durch eine enge und offene Zusammenarbeit das Qualitätsniveau, die Effizienz und das Einzelwissen der Mitarbeiter spürbar gesteigert und der Zusammenhalt im Team deutlich verbessert wird. Auch werden neue Mitarbeiter umfassender und nachhaltiger eingearbeitet als durch Einzelschulungen. Allerdings ist sorgfältig darauf zu achten, dass neue Mitarbeiter auch menschlich in das Sozialgefüge passen. Sehr gut funktioniert bei IntrObest die selbstorganisierte Arbeit in den Bereichen Einkauf, Materialwirtschaft und Fertigungsplanung. Termine werden entsprechend den Kapazitäts- und Zielvorgaben abgestimmt und koordiniert. Auch Urlaubsvertretungen werden selbständig untereinander geregelt und Vorkehrungen getroffen.

Die Entscheidungsbereiche, in denen selbstorganisiertes Arbeiten im Verlauf des Projektes erfolgreich und einfach implementiert werden konnte, waren:

- Freie Einteilung der Arbeitszeit (von 6:00 bis 20:00 Uhr): Die Mitarbeiter können entsprechend ihren Lebensumständen und Verkehrsbedingungen frei entscheiden, wie sie ihre Arbeitszeiten verteilen.
- Eigenständige Planung von Urlaub und Urlaubsvertretungen: Die Mitarbeiter besprechen untereinander, wer wann Urlaub nehmen möchte und versuchen dabei, eine Unterbesetzung zu vermeiden.
- Abteilungsinterne Teamarbeit in der Produktion: Maximale gegenseitige Hilfe und Unterstützung bei gemeinsamer Ausrichtung auf die Ziele.
- „Patenschaften" für die Einarbeitung neuer Mitarbeiter.
- Bereichsübergreifende Zusammenarbeit der Bereiche Fertigungsplanung, Einkauf und Materialwirtschaft.

Bereiche, die nur unter großen Schwierigkeiten von den Mitarbeitern selbstorganisiert werden konnten, waren:

- Auswahl der nächsten zu bearbeitenden Aufträge.
- Selbstständige Klärung von technischen Fragen.
- Selbstständige Definition und Umsetzung von Maßnahmen zur Problemkorrektur.

Thesen und Handlungsempfehlungen für Führungskräfte in KMU

<u>Thesen zu Erfolgsfaktoren</u>

- Es sollte nicht versucht werden, selbstorganisiertes Arbeiten einzuführen, sondern es müssen die Voraussetzungen für eine Selbstorganisation geschaffen werden.
- Die Qualifizierung der Mitarbeiter stellt die konkrete Herausforderung bei der Entwicklung selbstorganisierten Arbeitens dar: Schulungsbedarf muss regelmäßig ermittelt und die Qualifikation stetig erweitert werden.

<u>Thesen zu Misserfolgsfaktoren</u>

- Ohne Einbindung der Mitarbeiter über die Einführung von selbstorganisiertem Arbeiten entscheiden.
- Entscheidungsunsicherheiten der Mitarbeiter ignorieren.
- Vom ersten Tag an perfektes Funktionieren der teilautonomen Arbeitsgruppen erwarten.

8 Erschließung externer Ressourcen durch Unternehmensnetzwerke

Lars Bergmann, Thomas Lacker

> „Verbunden werden auch die Schwachen mächtig." (Friedrich Schiller, Wilhelm Tell, I, 3, Stauffacher)

Was sind Unternehmensnetzwerke?

Jedes Unternehmensnetzwerk basiert auf einem *sozialen Netzwerk*. Einer häufig zitierten Definition zufolge ist dies:

> „(...) a specific set of linkages among a defined set of actors, with the additional property that the characteristics of these linkages as a whole may be used to interpret the social behaviour of the actors involved." (Mitchell 1969)

Demnach fokussiert der Netzwerkbegriff auf die sozialen Beziehungen zwischen Akteuren, bei denen es sich um einzelne Individuen, Gruppen von Individuen oder ganze Organisationen handeln kann. Bezieht man den Netzwerkbegriff auf betriebswirtschaftliche Sachverhalte, so ist von den Beziehungen der Akteure in und zwischen Unternehmen die Rede, also von Unternehmensnetzwerken. Unterschieden wird dabei grundsätzlich in *intraorganisationale* (unternehmensintern) und *interorganisationale* (unternehmensübergreifende) Unternehmensnetzwerke, wobei letztere die für dieses Buch relevanten darstellen und unternehmensinterne Netzwerke hier nicht weiter betrachtet werden (Gilbert 2003).

Grundsätzlich wird unter einem Unternehmensnetzwerk ein Koordinationskonzept zwischen Markt und Hierarchie verstanden. Mehrere rechtlich selbstständige und formal unabhängige Unternehmungen verfolgen ein gemeinsames Ziel, indem sie ihre Individualziele, zumindest in Teilen, einem gemeinschaftlichem Kollektivziel unterordnen. Die Form der Zusammenarbeit kann dabei auf unterschiedlichste Art und Weise ausgestaltet sein. Das Spektrum an Ausgestaltungsmöglichkeiten von Unternehmensnetzwerken reicht von typischen Zuliefererverhältnissen über gemeinsame Lern- oder Forschungsprojekte bis hin zu Joint Ventures (Siebert 2001).

Kritik an Unternehmensnetzwerken aus Sicht von KMU

Ein wesentlicher Kritikpunkt an der Teilnahme und Mitwirkung in Unternehmensnetzwerken von KMU besteht in dem möglichen Risiko des internen Know-how Abflusses. Durch das Kopieren von Prozessen und Produkten durch einen Netzwerkpartner können die eigenen strategischen Erfolgsfaktoren in kurzer Zeit derart geschwächt werden, dass die Wettbewerbsfähigkeit im Vergleich zur Konkurrenz stark absinkt. Darüber hinaus bedarf eine Teilnahme in Unternehmensnetzwerken der aktiven Mitwirkung der Geschäftsführung und einzelner Mitarbeiter. Damit verbunden ist in der Praxis ein beträchtlicher Zeitaufwand für persönliche Treffen sowie Austausch- und Koordinationsaktivitäten. Aufgrund der oftmals knappen Personalsituation und Einbindung in das operative Tagesgeschäft im Unternehmen wird der Aufwand für die Anbahnung und Mitwirkung in Unternehmensnetzwerken von KMU in der Regel als zu hoch bewertet. Aus der Perspektive des Nutzens der Vernetzung stellt sich in der Praxis weiterhin die Frage, ob die Partnerkonstellation eine zielgerichtete Nutzung des Netzwerkes für eigene Fragestellungen und Probleme überhaupt ermöglicht. Durch die Spezialisierung vieler KMU werden Unterschiede zwischen den Unternehmen als hoch eingeschätzt, was einen gegenseitigen Austausch erschwert. Insgesamt ergibt sich damit aus Sicht von KMU ein schlechtes Aufwand-Nutzen-Verhältnis für die Teilnahme und Mitwirkung in Unternehmensnetzwerken.

Wissenschaftliche Betrachtung von Unternehmensnetzwerken

Externe oder interorganisationale Netzwerke bestehen aus mehreren rechtlich und wirtschaftlich eigenständigen Unternehmen. Gegenstand derartiger Kooperationen kann der gesamte Prozess der Entwicklung, Herstellung und Vermarktung von Produkten und Dienstleistungen sein. Die Zusammenarbeit kann sich jedoch auch auf nur eine oder wenige Funktionen beziehen, so dass die kooperierenden Unternehmen bezüglich anderer Funktionsbereiche weiterhin zueinander im Wettbewerb stehen. Dadurch sollen Synergieeffekte oder Wettbewerbsvorteile erreicht werden, die ohne Kooperation aufgrund fehlender Ressourcen nicht möglich wären (Herrmann et al. 2006b). Sie können nach dem Ort der Aktivität oder nach der Kooperationsrichtung eingeteilt werden. Beispiele für eine Unterteilung nach dem Ort der Aktivität sind regionale, nationale oder globale Zusammenarbeit. Werden externe Netzwerke nach der Kooperationsrichtung unterteilt, wird unterschieden, ob die zusammenarbeitenden Unternehmen aus unterschiedlichen Umfeldern stammen oder ob sie einander in der Wertschöpfungskette folgen. Wenn die Netzwerkpartner gemeinsam eine übergeordnete Strategie verfolgen, so wird auch von strategischen Netzwerken gesprochen. Diese unterscheiden sich von anderen Netzwerken vor allem dadurch, dass sie hierarchisch organisiert sind und von einem oder mehreren Kooperationspartnern die strategische Führung übernommen wird.

Bevor sich Unternehmungen zu einem Netzwerk zusammenschließen, beurteilt jedes potenzielle Mitglied für sich selbst, welche Vor- und Nachteile eine netzwerkartige Zusammenarbeit mit sich bringt. Thoms führt in diesem Zusammenhang den Begriff des 'Netzwerk*wertes*' ein, dessen Definition sowohl für eine monetäre Bewertung als auch für eine Berücksichtigung nichtmonetärer Aspekte der Zusammenarbeit verwendet werden kann. Nach ihm wird der Wert interorganisationaler Unternehmensnetzwerke „(...) als Maß der Vorziehenswürdigkeit aufgefasst, die sich aus der Einschätzung des gesamten Netzwerknutzens und sämtlicher Kosten des Netzwerkes aus der Sicht der beteiligten Unternehmen ergibt“ (Thoms 2003). Die Realisierung von strategischen Vorteilen bzw. Nutzenpotenzialen wird dabei immer im Verhältnis von strategischen Optionen und den jeweilig anfallenden Kosten gesehen (s. Abb. 27) (Thoms 2003).

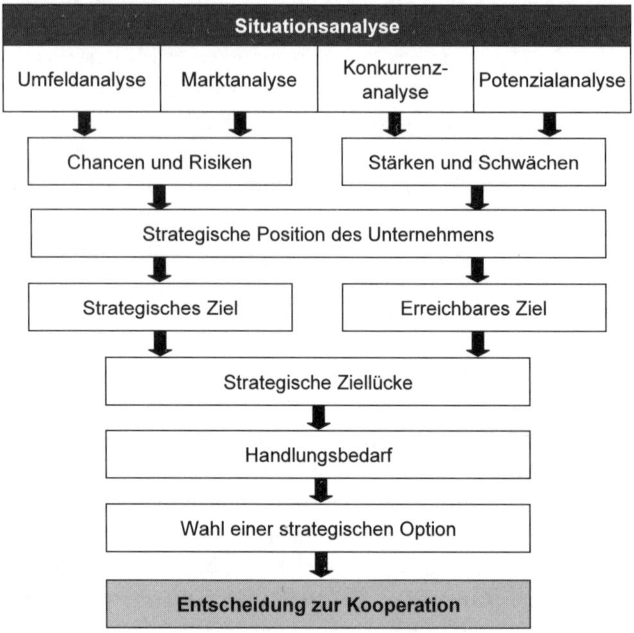

Abb. 27. Prozess der Kooperationsentscheidung

Grundsätzlich kann davon ausgegangen werden, dass Kooperationen dann gebildet werden, wenn die Zusammenarbeit Potenziale zur Schaffung von Wert für die beteiligten Netzwerkunternehmen beinhaltet (Thoms 2003). Diese Potenziale, welche auch als Grundmotive für die Bildung eines Unternehmensnetzwerkes gelten, beruhen auf den Vorteilen (wie bspw. Wettbewerbs- und Einkaufsvorteile), die sich die Netzwerkunternehmungen durch die Partnerschaft erhoffen. Identifiziert werden können sie im Rahmen der Motive und Ziele interorganisationaler Unternehmensnetzwerke (Michel 1996). Die Errichtung und Aufrechterhaltung von Unternehmensnetzwerken kann aufgrund sehr unterschiedlicher individueller Motive erfolgen. Dementsprechend umfangreich sind auch die Gründe, die die verschiedenen Unternehmen dazu veranlassen miteinander zu kooperieren.

Ein wichtiger Grund für eine interorganisationale Zusammenarbeit in Netzwerken ist, die Überwindung von Marktzugangsschranken oder anderen politischen bzw. juristischen Beschränkungen zu erleichtern. Dies wird für die Unternehmen aufgrund des ansteigenden globalen Protektionismus immer bedeutender (Thoms 2003). Durch die Vernetzungsaktivitäten lassen sich *Märkte* schneller *erschließen* und der Zutritt zu strategischen Feldern vereinfachen, wodurch die Möglichkeit entsteht eine wirtschaftliche Machtposition (zum Beispiel durch gemeinsame Entwicklung von Produkten und Diensten) aufzubauen. Gleichzeitig können die

Netzwerkunternehmen auf diese Weise Markteintrittsbarrieren aufbauen, um die Konkurrenz zu verdrängen (Mayer 2000).

Ein weiteres Motiv für die Bildung eines strategischen Netzwerkes liegt darin, untereinander unternehmensinternes *Know-how auszutauschen*, zu *kombinieren* und *weiterzuentwickeln* (Herrmann et al. 2008a). Die Gründe für eine derartige Preisgabe und Kombination von Wissens- und Erfahrungsbeständen sind vor allem auf die stetig steigende Konvergenz der Technologien, deren immer schneller voranschreitende Weiterentwicklung sowie die sich verkürzenden Produkt- und Technologielebenszyklen zurückführen (Thoms 2003). Ferner ist die damit verbundene Notwendigkeit von Forschungsaktivitäten im Alleingang nur selten zu bewältigen. Der Vorteil eines Unternehmensnetzwerkes liegt diesbezüglich in der Bündelung von sich ergänzendem Know-how, der sich dadurch entwickelnden Systemkompetenz, der Arbeitsteilung bei der Generierung neuen Wissens und der Zugriffsmöglichkeit auf eine größere Ausgangsbasis erfolgsrelevanter Ressourcen. Durch die Kombination dieser Ressourcen, wie beispielsweise Erfahrungen über spezielle Produkte, Prozesse und Dienste kann die Innovationsfähigkeit deutlich verbessert werden (Mayer 2000; Herrmann et al. 2007d; Herrmann et al. 2006c).

Der Einfluss des *Faktors Zeit* auf die Wettbewerbssituation eines Unternehmens ist mit der stetig wachsenden Zahl globaler Konkurrenten längst zu einem wichtigen Erfolgsfaktor geworden (Schwamborn 1994). Aufgrund der Knappheit der Zeitressource wird die Realisierung von Zeitvorteilen zu einem entscheidenden Motiv für die Bildung von Netzwerken mit Wettbewerber und Lieferanten (Thoms 2003). Ein entscheidender Vorteil von Netzwerken gegenüber auf sich allein gestellte Unternehmungen ist der, dass sich die einzelnen Netzwerkpartner auf ihre Kernkompetenzen spezialisieren können. Durch die Kombination des komplementären Know-hows wird ein erheblicher Zeitaufwand eingespart, der für die Generierung einer entsprechenden Wissens- und Erfahrungsbasis der Einzelunternehmungen notwendig wäre. Außerdem können durch eine kollektive Zusammenarbeit in Forschung und Entwicklung Entwicklungszeiten deutlich reduziert, Kapazitäten besser ausgelastet und die Reaktionszeiten verkürzt werden, um kurzfristiger auf Nachfrage- und Wettbewerbsveränderungen zu reagieren (Mayer 2000).

Ein weiteres Motiv, welches ausschlaggebend für die Gründung eines strategischen Netzwerkes ist, umschließt die Möglichkeit *Kosteneinsparungspotenziale* zu realisieren. Durch interorganisationale Arbeitsteilung und die kernkompetenzorientierte Spezialisierung entstehen synergieinduzierte Kostenvorteile. Diese sind auf den Umstand zurückzuführen, dass die erzielte Gemeinschaftsleistung größer ist als die Summe der Einzelleistungen. Durch die Zusammenlegung von Forschungs- und Entwicklungsabteilungen können außerdem erhebliche Fixkostenbeträge eingespart werden, ebenso durch gemeinsame Beschaffungs-, Werbe- und Ausbildungsaktivitäten. Eine Beschaffung bei ausgewählten Bezugsquellen mit günstigen Konditionen kann zu einer erheblichen Senkung der Materialkosten führen (Michel 1996). Auch durch Ausnutzung von Erfahrungskurveneffekten resultiert eine Einsparung von Kosten (Schwamborn 1994).

Neben der Kostenreduktion streben Unternehmen die *Reduzierung von Risiken* an. Der Vorteil eines interorganisationalen Netzwerkes liegt dabei darin, dass die Misserfolge von den Partnerunternehmen gemeinschaftlich getragen werden. Außerdem können aufgrund der Spezialisierung auf die jeweiligen Kernkompetenzen Erfolgspotenziale ausgeschöpft werden, welche die Wettbewerbsposition verstärken und das Fehlschlagrisiko herabsetzen. Als Nebeneffekt der kooperativen Zusammenarbeit verringert sich gleichzeitig die Anzahl von Konkurrenten (Mayer 2000).

Ein weiteres Ziel, welches mit der Bildung von Unternehmensnetzwerken verfolgt wird, ist die *Verbesserung der Produkt- und Dienstleistungsqualität.* Aufgrund der Zusammenarbeit hinsichtlich gemeinsamer Problemlösungen und einem überbetrieblichen Erfahrungsaustausch können Verbesserungspotenziale systematisch aufgedeckt werden. Das Schließen dieser Lücken durch gegenseitiges Lernen und Aneignen komplementären Wissens sowie dessen Verbreitung innerhalb der eigenen Unternehmung kann die Qualität der angebotenen Leistungen steigern (REFA 1993). Die Netzwerkunternehmungen haben dabei prinzipiell die Möglichkeit auf eine gemeinsame Wissensbasis zurückzugreifen (Thoms 2003). Der Umstand, dass manche Stärken leichter zu erlernen sind als andere, kann dabei allerdings zu einer einseitigen Bevorteilung eines Netzwerkunternehmens und damit zum Scheitern der Zusammenarbeit führen (Schwamborn 1994). Des Weiteren können durch eine gemeinsame Beratung und gegebenenfalls auch durch eine gemeinsame Zertifizierung Kosteneinsparungen realisiert werden. Festzuhalten ist jedoch, dass eine Qualitätsfähigkeit der Netzwerkunternehmungen nur dann erreicht wird, wenn auch alle Partner diese Fähigkeit besitzen. Grundsätzlich kann jedoch davon ausgegangen werden, dass das Setzen von Qualitätsanforderungen und -standards in einem Netzwerk zu einer deutlichen Steigerung der Produkt- und Dienstleistungsqualität führt.

Zur Beschreibung verschiedener Netzwerktypen können vier Typen von Unternehmensnetzwerken unterschieden werden (Klein 1996): *Tausch-Netzwerke* sind operativ orientiert, verfügen über eine relativ offene bzw. lose Struktur und dienen einem pareto-optimalen, reziproken wirtschaftlichen Austausch von Informationen, Gütern und/oder Leistungen. Der Austausch findet dabei zwischen gleichberechtigten Transaktionspartnern statt, die jedoch hinsichtlich ihrer Interessen sehr heterogen sein können. Gebildet werden Tausch-Netzwerke aufgrund von bestehenden Hürden für reine Markttransaktionen, wie beispielsweise einer schwierigen Ermittlung von Preisen oder dem Fehlen von geeigneten Tauschpartnern. Mitunter weisen sie eine zu geringe Kohärenz auf, so dass keine ausreichend große Basis zur Schaffung und Nutzung von Synergien vorhanden ist und Interessenkonflikte den Nutzen der Zusammenarbeit infrage stellen. Als Beispiele für diese Netzwerkform gelten etwa Barter-Geschäfte, horizontale Informationspartnerschaften im Tourismus oder Arbeitsgemeinschaften (Klein 1996).

Fokale Netzwerke gelten als eine der häufigsten Netzwerkformen und zeichnen sich durch eng gekoppelte Lieferbeziehungen und eine dominante Organisation (hub firm) in der Mitte aus. Die fokale Unternehmung ist mehr als andere für die strategische Ausrichtung der Zusammenarbeit sowie die Ausgestaltung der operativen Beziehungen verantwortlich. Aufgrund der hierarchischen Beziehungen zwischen den Partnern sind fokale Netzwerke mit *stabilen* und *strategischen Netzwerken* vergleichbar (Beck 1998). Die Dominanz der zentralen Koordinationsinstanz bremst jedoch genau wie etwaige Interessenkonflikte die Kreativität im Netzwerk. Außerdem führen eine zu enge Bindung und eine zu starke Fokussierung auf die jeweiligen Partner zunehmend zu strukturellen Schwachstellen. Auch die Wettbewerbsposition der beteiligten Unternehmen ist durch eine zu starke Immunisierung gegenüber dem Außenwettbewerb gefährdet. Als Beispiele führt Klein unter anderem Lieferantennetzwerke, zentral strategisch geführte Allianzen und Verlagsunternehmen an (Klein 1996).

Clubs oder „kooperative Netzwerke" sind demgegenüber durch weitgehend gleichberechtigte, wechselseitig voneinander abhängige Partner charakterisiert. Diese weisen eine hohe Übereinstimmung bezüglich Zielsetzung, Denk- und Arbeitsweisen, Managementsystemen, etc. auf. Integrations- und Interdependenzgrad sind höher als bei Tausch-Netzwerken. So werden beispielsweise komplementäre Ressourcen zum gegenseitigen Nutzen gebündelt und Reziprozität durch vertrauensvolle Maßnahmen verstärkt. Um die Komplexität des Netzwerkes und die Heterogenität der Interessen zu begrenzen, werden Mitglieder sorgfältig ausgewählt und deren Kreis begrenzt. Das Risiko dieses Netzwerktypus liegt insbesondere im Aufwand zum Aufbau und zur Aufrechterhaltung der Vertrauensbasis begründet. Als Beispiele werden etwa horizontale Vertriebsnetzwerke und Clans genannt (Klein 1996).

Das *Lern-Netzwerk* als vierter Netzwerktyp ist meist projektbezogen und weniger programm- als vielmehr ressourcengesteuert. Im Vordergrund steht der Austausch von Wissen sowie gemeinsames Lernen. Selbst bei ungleichen Partnern handelt es sich um weitgehend gleichberechtigte Beziehungen. Voraussetzung für Innovationen in derartigen Netzwerken sind stabile Beziehungen und das Wissen um die jeweiligen Kompetenzen, sowie deren Zusammenwirken. Die Teilnehmerzahl ist aufgrund der Sensibilität der ausgetauschten Informationen häufig begrenzt und die Zusammenarbeit als Konsortium institutionalisiert. Bei Lern-Netzwerken führen meist asymmetrische Lerngeschwindigkeiten zu Konflikten. Ein Beispiel für ein solches Netzwerk ist das Forschungsnetzwerk (Klein 1996).

Die folgende Tabelle 9 gibt einen zusammenfassenden Überblick über die kennzeichnenden Merkmale der verschiedenen Netzwerktypen.

Tabelle 9. Typologisierung von Netzwerktypen (Klein 1996)

	Tausch-Netzwerke	Fokale Netzwerke	Clubs	Lern-Netzwerke
Austausch-charakteristik	Wechselseitiger Ressourcenaustausch	Enge Lieferbeziehungen	Ressourcen-Pooling	Know-how-Austausch
Interaktionsmedium	Funktionale Äquivalenz	Strategie & Macht	Vertrauen, personelle Verflechtung	Absprache & Verhandlung
Offenheit	Relativ offener Verbund	Bestimmt durch fokale Unternehmung	Klare Außengrenzen	Begrenzte Teilnehmerzahl
Hauptfunktion	Effizienter Informationsaustausch	Operative Kopplung	Gemeinsame Infrastruktur	Infrastruktur für die Zusammenarbeit
Integrationsgrad	Gering	Enge Kopplung	Mittlere operative & starke kulturelle Integration	Eng gekoppelter Informationsaustausch
Strukturelle Schwachstellen	Geringe Kohärenz	Geringer Binnenwettbewerb	Vertrauensbasis latent gefährdet	Asymmetrische Lerngeschwindigkeit

Zwischenfazit: Zu berücksichtigende Besonderheiten von KMU

Ob für den Austausch von Mitarbeitern, gemeinsame Schulungen oder den Austausch von Wissen - Unternehmensnetzwerke bieten ein großes Potenzial um externe Möglichkeiten für das eigene Unternehmen nutzbar zu machen (Eurostat 2005; Herrmann et al. 2006b).

Insbesondere in Zeiten schnellen Wandels ist eine zielorientierte Vernetzung von KMU eine wichtige Grundlage, um Veränderungen schnell zu erkennen und Möglichkeiten gemeinsam mit Partnern zu erschließen. Die Möglichkeiten, welche sich durch die intensive und vertrauensvolle Diskussion mit anderen Geschäftsführern von KMU ergeben, stellen einen hohen und nicht ersetzbaren Wert für die Entscheidungsfindung und Gestaltung von KMU dar.

Eine Vernetzung mit Geschäftsführern anderer KMU hat einen Nutzenbeitrag für die Zusammenarbeit in operativen, strategischen und normativen Aufgaben. So kann im operativen Bereich z.B. eine gemeinsame Produkt- oder Prozessentwicklung erfolgen. Auch der temporäre Austausch von Mitarbeitern bietet KMU die Möglichkeit kurzfristig Kapazitätsengpässe und -überhang auszugleichen. Darüber hinaus bieten vertrauensvolle Beziehungen zwischen Geschäftsführern von KMU die Chance, sich gegenseitig bei der Entwicklung von Vision, Mission, Leitbild und Strategie zu unterstützen. Dabei kommt es vornehmlich auf die Möglichkeit des gegenseitigen Feedbacks auf einer vertrauensvollen Ebene an. Gut vernetzte KMU Geschäftsführer können sich so gegenseitig dabei unterstützen die entwickelten Visionen, Missionen, Leitbilder und Strategien zu reflektieren.

Eine langfristig orientierte Unterstützung bei der kontinuierlichen Verbesserung von Prozessen kann nachhaltig durch die kontinuierliche Aufnahme von externem Wissen und Erfahrungen von Vernetzungspartnern unterstützt werden. Ohne die regelmäßige Aufnahme externen Wissens gelangen Unternehmen schnell – dem Verlauf einer flachen S-Kurve folgend – in eine Stagnation, da das Potenzial für weitergehende Verbesserungen nicht erkannt wird (Herrmann et al. 2006b, 2006c).

Der Aufbau von Unternehmensnetzwerken und unternehmensübergreifenden Beziehungen ist für KMU zunächst mit persönlichem, insb. zeitlichem Aufwand für die Geschäftsführung verbunden. Der persönliche Kontakt zu Personen anderer Unternehmen ist jedoch die Voraussetzung für die Schaffung von Vertrauen als auch die Grundlage der Vernetzung.

Anwendung der Vernetzung im Rahmen von ProfiL

Die Ausgangssituation der KMU Projektpartner im Verbundprojekt ProfiL stellt aus Sicht der Unternehmensvernetzung eine Besonderheit dar. Ein wesentlicher Teil der Projektpartner konnte bereits auf eine erfolgreiche Zusammenarbeit in dem Verbundprojekt „Perflex" zurückblicken. Somit existierte bereits vor Beginn des Projektes ProfiL eine Vernetzung dieser Unternehmen auf Basis persönlicher Kontakte zwischen den Geschäftsführern. Im Rahmen des Verbundprojektes ProfiL erfolgte somit eine intensive vertrauensbasierte Zusammenarbeit zwischen den Geschäftsführern von Beginn an. Diese Situation ermöglichte eine offene und tiefgehende wechselseitige Diskussion über alle Bereiche der Projektarbeit hinweg.

Im Rahmen des ProfiL-Verbundes wurde der Kontakt innerhalb des Netzwerkes intensiv gepflegt. Während der Projektlaufzeit konnte ein sehr hohes Vertrauen der einzelnen Geschäftsführer untereinander aufgebaut werden, so dass regelmäßig in gemeinsamen Arbeitsgruppensitzungen (so genannte Südgipfel) die Projektarbeiten durchgeführt wurden. Die Interaktion der Partner basierte dabei im Wesentlichen auf einer vertrauensvollen Zusammenarbeit, damit auch kritische Punkte für das eigene Unternehmen offen diskutiert und Anmerkungen der befreundeten Projektpartner positiv aufgenommen werden konnten. Insbesondere auch sensible Informationen konnten so im engen Kreis diskutiert werden.

Diese offene und verantwortungsvolle Zusammenarbeit war sicher einer der wesentlichen Erfolgsfaktoren für die sehr fruchtbare Projektarbeit im Rahmen des ProfiL-Verbundes. Sehr wesentlich war hier auch, dass obwohl einzelne Partner teilweise im Kunden-/Lieferanten-Verhältnis stehen, dieses bei der Zusammenarbeit keine Rolle gespielt hat. Hier erfolgte die gemeinsame Projektarbeit ausschließlich auf der Geschäftsleitungsebene, die somit unabhängig von der Beziehung der Firmen untereinander durchgeführt werden konnte.

Zunächst konnte die enge Vernetzung zwischen den KMU Partnern zur gegenseitigen Bewertung der Unternehmen sowie zur Entwicklung und Formulierung der Visionen, Missionen und Leitbilder im Rahmen der Strategieentwicklung herangezogen werden. Darüber hinaus konnte die projektinterne Vernetzung für die gegenseitige Einschätzung von Chancen, Risiken, Stärken und Schwächen im Rahmen der SWOT-Analyse genutzt werden. Dabei wurden die im jeweiligen KMU erarbeiteten und dokumentierten Chancen, Risiken, Stärken und Schwächen in offener Runde vorgestellt und diskutiert. Als Resultat konnten alle KMU Partner im ProfiL-Projekt ihre Annahmen stärken bzw. korrigieren. Diese offene Kommunikation führte schlussendlich auch zu gemeinsamen Projekten, bei denen von mehreren Partnern Aufträge abgewickelt werden. Hier konnten beispielsweise Generalaufträge durchgeführt werden, bei denen die Leiterplatten von der Firma IntrOnic kamen, die Bestückung von der Firma IntrObest durchgeführt wurde und das Bauteilemanagement von der Firma PR-Tronik übernommen wurde.

Neben der projektinternen Vernetzung erfolgte eine weiterführende Vernetzung der ProfiL Projektpartner mit dem Unternehmensnetzwerk KIM Kooperationsinitiative Maschinenbau Braunschweig (http://www.made-in-braunschweig.de). Durch netzwerkübergreifende Transferveranstaltungen konnte eine Vernetzung zwischen den ProfiL Partnern und dem KIM Netzwerk hergestellt werden.

In der bisherigen Ausprägung findet das Zusammenarbeiten im Rahmen des Netzwerks ausschließlich auf kommunikativer Ebene statt. Technische Hilfsmittel, um den Datenaustausch zu verbessern, werden bisher noch nicht eingesetzt, obwohl dies z.B. für die gemeinsame Abwicklung von Projekten durchaus hilfreich wäre. Die technische Umsetzung von Methoden, um das Zusammenarbeiten im Netzwerk zu verbessern, ist dabei nur eine zweite Stufe, die immer die vertrauensvolle Kommunikativzusammenarbeit auf Führungsebene in den Unternehmen voraussetzt.

Thesen und Handlungsempfehlungen für Führungskräfte in KMU

Thesen zu Erfolgsfaktoren

- Persönliche Kontakte zu Geschäftsführern anderer Unternehmen.
- Persönliches Kennenlernen der Produktion und Prozesse anderer Unternehmen.
- Aufbau von Vertrauen und Einhalten von Spielregeln.
- Aktives Geben von Ideen und Feedback.

Thesen zu Misserfolgsfaktoren

- Unzureichender persönlicher Kontakt.
- Mangel an Vertrauen für offene Diskussionen über Probleme und Lösungen.
- Ungleichgewicht zwischen Geben und Nehmen im Netzwerk.
- Ausgeprägte Wettbewerbssituation zwischen den Partnern.

9 Kommunikation mit Mitarbeitern

Anne Spychala, Jürgen Fleischmann

„Man kann nicht nicht kommunizieren." (Paul Watzlawick, Kommunikationswissenschaftler, 1921-2007)

Was ist Kommunikation?
Kommunikation ist der Austausch von Nachrichten und Informationen zwischen Mitarbeitern eines Unternehmens (O'Hair et al. 1997). Dieser Austausch kann persönlich, aber z.B. auch per Telefon, E-Mail oder durch Computersysteme erfolgen. In diesem Kapitel betrachten wir die persönliche Kommunikation zwischen Vorgesetzten und Mitarbeitern. Zur persönlichen Kommunikation mit Mitarbeitern zählen sowohl formelle Gespräche mit Mitarbeitern als auch eher informelle Gespräche zwischen Tür und Angel. Die Gespräche können dabei mit einzelnen Mitarbeitern (z.B. jährliches Mitarbeitergespräch) oder mit Gruppen von Mitarbeitern (z.B. regelmäßige Projekt- oder Teambesprechungen) stattfinden.

Kritik an Kommunikationskonzepten aus Sicht von KMU
Die Durchführung formeller Mitarbeitergespräche ist mit persönlichem Zeitaufwand des Vorgesetzten verbunden, den z.B. auch der Geschäftsführer der Firma Fleischmann UNITRO Störmeldesysteme befürchtet. Demgegenüber steht allerdings die Möglichkeit, wichtige Informationen nicht nur zufällig und nebenbei zu erhalten, sondern systematisch. Da im Unternehmen Fleischmann UNITRO Störmeldesysteme formellere Mitarbeitergespräche bisher nur sehr unregelmäßig stattfanden, ist der Geschäftsführer gespannt, ob diese überhaupt auf Akzeptanz bei den Mitarbeitern stoßen. Auf den Vorteil von KMU, kurzfristig direkt mit dem Vorgesetzten sprechen zu können, sollte durch die Einführung systematischer und geplanter Gespräche auf keinen Fall verzichtet werden. Formelle jährliche Mitarbeitergespräche stellen vielmehr eine Ergänzung zur informellen Kommunikation mit den Mitarbeitern dar.

Wissenschaftliche Betrachtung der Kommunikation mit Mitarbeitern
Kommunikation mit Mitarbeitern findet gerade in Kleinunternehmen häufig eher informell, quasi nebenbei, statt. Der Vorgesetzte ist häufig auch selbst in den Produktionsbereichen präsent, so dass Informationen über aktuelle Aufgaben, Aufträge etc. dann direkt besprochen werden können. Kleinunternehmen zeichnen sich durch sehr kurze Informationswege aus, so dass die Informationen sehr schnell und direkt vom Vorgesetzten an die entsprechende Zielperson gelangen. Die Gefahr bei dieser Art der Kommunikation besteht allerdings darin, dass (a) oft nur sehr aktuelle Informationen ausgetauscht werden, (b) Mitarbeiter, je nach Arbeitsplatz und Beziehung zum Vorgesetzen, mehr oder weniger Informationen

bekommen und (c) auch der Vorgesetzte möglicherweise wichtige Informationen (z.B. über den Zustand von Werkzeugen, Maschinen und Materialien oder über schlecht funktionierende Arbeitsabläufe) nur zufällig erhält, wenn er zu den entsprechenden Mitarbeitern einen engeren Kontakt hat oder sich gerade zur richtigen Zeit am entsprechenden Arbeitsplatz aufhält. Daher sollten auch in Kleinunternehmen, neben den informellen täglichen Gesprächen, zusätzlich geplante, formellere Gespräche zwischen Vorgesetzten und Mitarbeitern stattfinden. Dies lässt sich durch jährlich stattfindende Mitarbeitergespräche und regelmäßige Team- oder Projektbesprechungen realisieren.

Jährliche Mitarbeitergespräche helfen, Ergebnisse und Probleme der Zusammenarbeit zu besprechen (d.h. Feedback zu geben) und Beiträge des Mitarbeiters zum Erreichen seiner Ziele und der Ziele des Unternehmens zu bewerten. Außerdem kann erörtert werden, wie Wissen, Können und Verhalten des Mitarbeiters beibehalten oder erweitert werden kann. Hierzu gehören Überlegungen zu Schulungsmaßnahmen, um bisherige Anforderungen zu erfüllen (Defizitausgleich) und neue zu bewältigen (Qualifikationserweiterung). Zusätzlich können im Rahmen von Mitarbeitergesprächen Punkte, die dem Vorgesetzten oder dem Mitarbeiter am Herzen liegen, angesprochen werden. Ein weiterer wesentlicher Aspekt von Mitarbeitergesprächen betrifft die gemeinsame Vereinbarung von Arbeitszielen für das kommende Jahr. Wünsche und Erwartungen seitens des Mitarbeiters, aber auch Grenzen und Möglichkeiten seitens des Vorgesetzten sollten angesprochen werden.

Um Mitarbeitergespräche effektiv nutzen zu können, sollte der Vorgesetzte die Gespräche frühzeitig planen und Termine mit den Mitarbeitern circa zwei bis vier Wochen vorher vereinbaren. Zur Durchführung sollten circa ein bis zwei Stunden störungsfreie Zeit je Mitarbeiter zur Verfügung stehen. Wichtigstes Hilfsmittel zur Vorbereitung, Durchführung und Protokollierung der Mitarbeitergespräche ist ein Gesprächsleitfaden. Dieser Leitfaden sollte Fragen zu folgenden Bereichen enthalten:

Einschätzung der Leistung:

- Was waren Schwerpunktziele und -aufgaben?
- Welche positiven und negativen Ergebnisse wurden erzielt?
- Was waren Gründe für gute und weniger gute Leistungen?
- Welche Stärken und Schwächen besitzt ein Mitarbeiter?

Zusammenarbeit mit dem Vorgesetzten:

- Informiert der Vorgesetzte ausreichend und regelmäßig?
- Überträgt der Vorgesetzte klare Ziele und Aufgaben zur selbstständigen und eigenverantwortlichen Erledigung?
- Werden Arbeitsergebnisse regelmäßig besprochen, wenn sie anfallen? Wie werden Ursachen über Erfolg oder Misserfolg diskutiert?
- An welchen Stellen bedarf es einer stärkeren Unterstützung durch den Vorgesetzten?

Zukünftige Ziele:

- Für welche weiteren beruflichen Tätigkeiten im Unternehmen interessiert sich der Mitarbeiter?
- Was sind seine längerfristigen Ziele?
- Welche Weiterqualifizierung ist nötig?
- Was sind die Schwerpunkte im nächsten Jahr?

Vor dem Gespräch sollten sich sowohl Mitarbeiter als auch Vorgesetzte anhand der Fragen im Leitfaden auf das Gespräch vorbereiten. Während des Gesprächs dient der Leitfaden der Gesprächsstrukturierung und stellt sicher, dass alle Punkte angesprochen werden. Gleichzeitig kann der Vorgesetzte schon während des Gesprächs die wichtigsten Gesprächsinhalte direkt im Leitfaden protokollieren. Dieses Gesprächsprotokoll sollte beiden Gesprächspartnern nach dem Gespräch vorliegen und dient beim Folgegespräch als Vergleichsbasis, so dass die Entwicklung des Mitarbeiters sowie die Erreichung der vereinbarten Ziele verfolgt werden können.

Während des Gesprächs folgen nach einer kurzen Einführungsphase – in der eine entspannte Atmosphäre geschaffen werden soll, Sinn und Ziel des Gesprächs erklärt werden, sowie Respekt, Offenheit und Vertrauen als Gesprächsbasis vereinbart werden – die eigentlichen inhaltlichen Themen anhand des Gesprächsleitfadens. Am Ende der inhaltlichen Phase des Gesprächs stehen konkrete Maßnahmen fest: Ziele, Verbesserungspunkte seitens des Mitarbeiters, des Vorgesetzten oder der Arbeitsabläufe, Schulungsmaßnahmen. Zum Abschluss des Gesprächs sollten die wichtigsten Punkte des Gesprächs kurz zusammengefasst werden, wobei gemeinsame aber auch unterschiedliche Auffassungen klar herausgestellt werden sollten. Außerdem kann der Vorgesetzte an dieser Stelle darauf eingehen, ob und wie zukünftige Mitarbeitergespräche noch optimiert werden können.

Zur Durchführung sollten Vorgesetzte neben den inhaltlichen Aspekten folgende Merkmale der Gesprächsführung beachten:

1. Der Vorgesetzte sollte sich auf den Gesprächspartner einstellen, das heißt, er sollte ihm aufmerksam zuhören und nachfragen, um seinen Standpunkt zu verstehen. Möchte man mehr Informationen vom Mitarbeiter bekommen, kann man "offene" Fragen ("Wie ist es Ihnen gelungen, den Kunden zu gewinnen?") nutzen. Sie ermuntern den Mitarbeiter, mehr zum Thema zu sagen. Will man stattdessen das Gespräch auf wichtige Punkte und zum Leitfaden zurückbringen, sollte man eher "geschlossene" Fragen verwenden ("Glauben Sie, dass Sie die Ziele erreicht haben?").
2. Das Gespräch soll konstruktiv geführt werden. Standpunkte sollten sowohl vom Vorgesetzen als auch vom Mitarbeiter anhand von Fakten und Beispielen begründet werden.
3. Das Gespräch dient dem gegenseitigen Feedback. Dazu ist der Mitarbeiter im Gespräch ein gleichberechtigter Gesprächspartner. Feedback vom Mitarbeiter, z.B. zum Führungsstil, sollte vom Vorgesetzen genauso ernst genommen werden, wie es auch vom Mitarbeiter erwartet wird.
4. Weder Lob noch Kritik sollten übertrieben oder heruntergespielt werden, sondern ehrliche Informationen helfen beiden Seiten am meisten. Dabei sollte der Vorgesetzte das Verhalten des Mitarbeiters ansprechen und nicht ihn als Person loben oder kritisieren.
5. Am Ende der einzelnen Themen und am Ende des Gespräches sollte der Vorgesetzte das Besprochene noch einmal in eigenen Worten wiederholen und zusammenfassen. Damit lässt sich das Gespräch deutlicher strukturieren und steuern. Außerdem kann sich der Vorgesetzte dadurch versichern, dass er alles so verstanden hat, wie es der Mitarbeiter meinte.
6. Beide Gesprächspartner sollten das Gespräch nach Möglichkeit ruhig und entspannt führen. Treten dennoch Situationen auf, in denen der Mitarbeiter sehr emotional reagiert, sollte der Vorgesetzte dies direkt ansprechen, um die Situation zu entspannen ("Das klingt, als wären Sie verärgert.").

Zwischenfazit: Zu berücksichtigende Besonderheiten von KMU

Die Situation im Unternehmen Fleischmann UNITRO Störmeldesysteme ist derzeit trotz Überstundenbedarf sehr entspannt. Die Mitarbeiter haben eine positive Einstellung zur Arbeit und sind dem Unternehmen gegenüber neutral bis positiv eingestellt. Bisher findet die Kommunikation im Unternehmen sehr viel zwischen Tür und Angel statt. Mitarbeitergespräche wurden bis dato sehr unregelmäßig und meist nur in angespannten Situationen durchgeführt, z.B. wenn bei den Mitarbeitern Unzufriedenheit herrschte, weil kein Weihnachtsgeld ausgezahlt werden konnte. Die letzten Mitarbeitergespräche liegen circa vier Jahre zurück. Wenn gezielt Zeit für Mitarbeitergespräche verwendet wurde, so wurden diese meist kaum vorbereitet. Es wurde bisher noch nie ein Leitfaden benutzt und die Gespräche wurden nur selten protokolliert (Ausnahmen waren z.B. Zeitreduzierung, Gehaltserhöhung, Neueinstellung).

Anwendung von Kommunikationskonzepten im Rahmen von ProfiL

Im Rahmen des Projektes ProfiL wurde ein Leitfaden zur Durchführung von jährlichen Mitarbeitergesprächen erstellt. Dieser wurde als Vorbereitungsmaterial dem Unternehmen Fleischmann UNITRO Störmeldesysteme zur Verfügung gestellt und eine Woche später erfolgte eine Schulung des Geschäftsführers des Unternehmens. Dabei wurden zunächst allgemeine Informationen zu Mitarbeitergesprächen gegeben (Ziele, Vorbereitung, Durchführung, Konsequenzen). Anschließend wurden Fragen zur Durchführung von Mitarbeitergesprächen und zum vorbereiteten Leitfaden geklärt. Danach führte der Geschäftsführer ein Referenzgespräch mit einem Mitarbeiter, der sich ebenfalls anhand des Leitfadens auf das Gespräch vorbereitet hatte. Das Gespräch dauerte circa 70 Minuten. Im Anschluss daran wurde dieses Gespräch zu dritt besprochen (Geschäftsführer, Mitarbeiter, Psychologin), um festzustellen, ob der Leitfaden verständlich und nutzbar ist. Die Gespräche mit den anderen Mitarbeitern fanden in den darauf folgenden Wochen statt. Die Mitarbeiter erhielten außerdem einen kurzen Fragebogen, in dem sie das Gespräch einschätzen sollten.

Das Referenzgespräch war ruhig und entspannt und wurde sowohl vom Geschäftsführer als auch vom Mitarbeiter sehr positiv beurteilt. Für den Mitarbeiter war es eine Gelegenheit, in Ruhe verschiedene Punkte mit dem Vorgesetzten zu besprechen und Feedback zu seiner Arbeitsleistung zu bekommen. Außerdem bekam der Mitarbeiter Impulse für sein weiteres Arbeiten durch neue Sichtweisen. Der Geschäftsführer schätzte das Feedback der Mitarbeiter als sehr wertvoll ein, da es half, Möglichkeiten zur Verbesserung der Arbeitsabläufe im Unternehmen abzuleiten. Für den Geschäftsführer bemerkenswert war die Fähigkeit seiner Mitarbeiter, eigene Schwächen zu erkennen.

Außerdem wurden im Unternehmen Fleischmann UNITRO Störmeldesysteme wöchentliche Besprechungen sowie Projektbesprechungen im Ein- bzw. Zweimonatszyklus wieder eingeführt, da sich bei einer Mitarbeiterbefragung im Rahmen des Projektes ProfiL zeigte, dass sich die Mitarbeiter nicht optimal informiert fühlten. Die Wiedereinführung der wöchentlichen Besprechungen wurde sowohl von der Geschäftsführung als auch von den Mitarbeitern positiv beurteilt. Auch die Projektbesprechungen wurden als nützlich beurteilt. Jedoch zeigte sich, dass in diesem Unternehmen der ursprüngliche Einmonatszyklus zu häufig ist, so dass der Abstand zwischen den Projektbesprechungen vergrößert wurde.

Sowohl die jährlichen Mitarbeitergespräche als auch die wöchentlichen Besprechungen und die Projektbesprechungen sollen in der Zukunft weiter geführt werden.

Neben den jährlichen Mitarbeitergesprächen und regelmäßigen wöchentlichen Besprechungen kann man die Kommunikation mit den Mitarbeitern im Rahmen des Projektes ganz allgemein in zwei weiteren wesentlichen Teilbereichen sehen, zum einen die aktive Mitarbeit am Projekt und die Möglichkeit, sich hier einzubringen und zum anderen den Aufbau von Strukturen, die eine verbesserte Kommunikation innerhalb des Unternehmens ermöglichen. Diese allgemeinen Erfahrungen im Rahmen des Projektes ProfiL sollen hier ebenfalls kurz geschildert werden:

Die Einbindung der Mitarbeiter in das Projekt war aus der praktischen Erfahrung heraus sehr zwiespältig. Das Interesse schwankte je nach Auslastung der Fertigung stark, insbesondere wenn die Mitarbeiter viel Arbeit hatten wurde die Projektarbeit eher als unnötige Mehrarbeit empfunden. In manchen Bereichen mussten darüber hinaus auch lieb gewonnene Prozessschritte verändert oder ganz abgeschafft werden. Mit Veränderungen wurden teilweise auch zusätzliche Prozesse implementiert, die einen Zusatzaufwand erforderten und daher von den Mitarbeitern eher abgelehnt wurden. Beispielsweise wurde bei der Firma PR-Tronik zur Vereinfachung des Wareneinganges dieser auf Barcodeerfassung umgestellt und die Daten per Scanner erfasst. Da der erste Scanner nicht besonders praktisch war, wurden trotz der Anschaffung eines neuen Scanners die Daten nach wie vor von Hand erfasst. Die Begründung war sehr interessant und lautete: „Das ist man gewohnt und es geht schneller!" Hier konnte erst auf Anweisung der Geschäftsleitung der Wareneingangsprozess umgestellt werden und funktioniert nun unter Einsatz des Scanners sehr gut.

Positiv zu vermerken ist allerdings, dass mit wachsender Veränderung und dem Fortschreiten des Projektes vermehrt die positiven Ergebnisse wahrgenommen wurden und sich daraus auch ein verstärktes Engagement in der Projektmitarbeit bei den Mitarbeitern ergeben hatte.

Durch die verbesserten Kommunikationsstrukturen konnten die Mitarbeiter selbst auch einen verbesserten Einblick ins Unternehmen und die Prozessabläufe bekommen, was wiederum für die Akzeptanz der Projektarbeiten positiv war. Da es sich bei den Projektpartnern um kleine Unternehmen handelt, in der die Geschäftsleitung im Wesentlichen einen guten persönlichen Kontakt zu den Mitarbeitern hat und hier auch das familiäre Umfeld noch kennt, besteht eine gute persönliche Basis, auf der die betriebsinterne Kommunikation weitergeführt werden kann.

Als grundsätzlich wichtig im Kontext der Modernisierung hat sich auch die Präsentation wichtiger Kennzahlen herausgestellt. Dies kann ohne Einschränkung für alle Projektpartner gesagt werden, sodass inzwischen bei allen Unternehmen die wichtigsten Kennzahlen bzw. der Stand einzelner Teilprojekte über eine zentrale Tafel veröffentlicht werden. Hier konnte auch von Seiten der Mitarbeiter eine gewisse Motivation beobachtet werden, sich stärker und besser in die Projektarbeiten mit einzubringen. Es war sichtbar eine deutliche Verbesserung in der betriebsinternen Kommunikation festzustellen, d.h. es änderte sich im Unternehmen etwas zum Positiven und so wurde der gesamte Prozess ernster und durchaus positiver wahrgenommen.

Thesen und Handlungsempfehlungen für Führungskräfte in KMU

Thesen zu Erfolgsfaktoren

- Neben der täglichen informellen Kommunikation sollten auch regelmäßige, geplante Team- oder Projektbesprechungen stattfinden.
- Ergänzend zum normalen Tagesgeschäft sollten jährliche Mitarbeitergespräche durchgeführt werden.
- Vorgesetzter und Mitarbeiter sollten sich anhand eines Leitfadens auf das Mitarbeitergespräch vorbereiten.
- Das Gespräch sollte protokolliert werden.
- Am Ende des Gesprächs sollten konkrete Maßnahmen feststehen: Ziele, Verbesserungspunkte, Schulungsmaßnahmen.

Thesen zu Misserfolgsfaktoren

- Besprechungen und Mitarbeitergespräche werden nicht vorbereitet.
- Im Gespräch erarbeitete Punkte werden protokolliert, jedoch nicht umgesetzt.
- Formelle Besprechungen und Mitarbeitergespräche ersetzen die, für kleine Unternehmen typische, tägliche informelle Kommunikation.

10 Mitarbeiterbefragung

Anne Spychala, Sabine Sonnentag

„Wer nicht neugierig ist, erfährt nichts.“ *(*Johann Wolfgang von Goethe, 1749-1832)

Was ist Mitarbeiterbefragung?

Schwerpunkt dieses Kapitels sind schriftliche Befragungen der Mitarbeiter. Dabei füllen die Mitarbeiter selbstständig einen standardisierten Fragebogen aus. Dieser kann als Papierform vorliegen oder z.B. auch per Mausklick im unternehmenseigenen Intranet ausgefüllt werden. Im Zusammenhang mit der sozialen Beurteilung von Veränderungen im Unternehmen sollten Fragen zu förderlichen Arbeitsbedingungen, Stressoren am Arbeitsplatz und potenziellen Auswirkungen auf die Mitarbeiter gestellt werden (vgl. Teil 1, Kap. 4.7). Darüber hinaus lässt sich eine schriftliche Befragung aber auch nutzen, um ein möglichst repräsentatives Meinungsbild über spezielle Thematiken zu erhalten (z.B. neu eingeführte Mitarbeitergespräche, Informationsfluss im Unternehmen), was wiederum als Grundlage für Gestaltungsmaßnahmen dienen kann. Standardisierte Befragungen zeichnen sich darüber hinaus vor allem durch Effizienz und Vergleichbarkeit aus.

Kritik an Mitarbeiterbefragung aus Sicht von KMU

Nachteilig an standardisierten Befragungen ist eine mangelnde Flexibilität. Oft können sich die Befragten nicht eindeutig mit den Antwortvorgaben identifizieren und finden keine für sich passende Antwort. Füllen die Mitarbeiter den Fragebogen selbstständig aus, können außerdem mögliche Verständnisprobleme nicht behoben werden. Dies kann zu Motivationsverlusten und damit einhergehend zu einer geringeren Beteiligung an der Befragung führen. Um diesen Nachteilen entgegen zu wirken, empfiehlt es sich, neben Fragen mit festen Antwortvorgaben auch so genannte offene Fragen zu nutzen, bei denen die Mitarbeiter ihre Antwort frei formulieren können. Auch spielt die generelle Information der Mitarbeiter eine entscheidende Rolle für die Motivation zur Beteiligung an einer Befragung. Mögliche Vorbehalte der Mitarbeiter lassen sich oft durch konkrete Informationen zu Zielen, Inhalten und organisatorischem Ablauf der Befragung mindern. Außerdem sollte die Unternehmensführung die Bedeutung der Befragung für das Unternehmen und die Mitarbeiter aufzeigen. Hier ist auch eine Einbindung des Betriebsrates sinnvoll.

Bei schriftlichen Befragungen kann es zudem zu unehrlichen Antworten kommen, wenn die Mitarbeiter Sanktionen aufgrund ihrer Antworten befürchten. Im Gegensatz zu persönlichen Gesprächen hat man aber bei schriftlichen Befragungen die Möglichkeit, die Befragung anonym zu gestalten, wodurch ehrliche Antworten der Mitarbeiter wahrscheinlicher werden. Dazu gehört einerseits, dass an keiner Stelle des Fragebogens der Name der befragten Person auftritt und andererseits, dass die Fragebogen möglichst in verschlossenen Umschlägen gesammelt werden.

Wissenschaftliche Betrachtung der Mitarbeiterbefragung

Der grundsätzliche Ablauf einer Mitarbeiterbefragung beinhaltet die Aspekte

- Planung und Vorbereitung.
- Information der Mitarbeiter.
- Durchführung der Befragung.
- Auswertung.
- Darstellung der Ergebnisse.

Der konkrete Inhalt einer Befragung wird maßgeblich von den Zielen, die mit der Befragung verknüpft sind, bestimmt. Eine Mitarbeiterbefragung, die der Bewertung von Modernisierungsmaßnahmen dient, sollte im idealen Fall in gleicher Weise vor dem Beginn der Veränderungsprozesse und dann in regelmäßigen Abständen während der Veränderungen und nach Abschluss der konkreten Veränderungen stattfinden. Mitarbeiterbefragungen, mit denen gezielt Informationen über mögliche Gestaltungserfordernisse in bestimmten Bereichen erfasst werden sollen, können dagegen auch einmalig erfolgen.

Ein Fragebogen sollte nach inhaltlichen Bereichen klar strukturiert sein. Der Aufbau innerhalb der einzelnen Bereiche sollte dann nach Möglichkeit trichterförmig sein, das heißt, hier ist es günstig mit eher allgemeinen Fragen zu beginnen und dann spezifischer auf einzelne Themen einzugehen. Grundsätzlich sollten alle Fragen so verhaltensbeschreibend und konkret wie möglich formuliert sein, um unterschiedliche Interpretationen einer Frage zu vermeiden. Außerdem kann man Missverständnissen vorbeugen, indem man mit jeder Frage nur einen Aspekt abfragt. Eine weitere Möglichkeit um fälschlichen Interpretationen entgegenzuwirken besteht darin, zu einem Befragungsthema mehrere Fragen mit verschiedenen Aspekten des Befragungsthemas zu stellen und diese Fragen dann gemittelt auszuwerten. Generell bieten sich zwei Fragetechniken an: offene Fragen, bei denen die Befragten ihre Antwort frei formulieren (z.B. „Wie können die eingeführten Mitarbeitergespräche verbessert werden?“) und Fragen mit festen Antwortvorgaben, bei denen die Befragten eine der vorgegebenen Antworten auswählen. Hierbei kann es im einfachsten Fall nur zwei Antwortvorgaben geben (z.B. „Wie beurteilen Sie Mitarbeitergespräche?“: wichtig – unwichtig). Abstufungen (z.B. sehr wichtig – wichtig – unwichtig – sehr unwichtig) bilden die Realität allerdings genauer ab, wobei fünf oder sieben Antwortkategorien üblich sind (Borg 2003).

Um eine Mitarbeiterbefragung zur sozialen Bewertung von Modernisierungsmaßnahmen auszuwerten, bieten sich Vorher-Nachher-Vergleiche einzelner Befragungsthemen an. Hierbei werden die Antworten der befragten Personen zu einzelnen Fragen bzw. Befragungsthemen gemittelt und dann die Ausprägungen dieser Mittelwerte zu den verschiedenen Zeiten der Mitarbeiterbefragung miteinander verglichen. Dies kann zunächst beschreibend z.B. in Säulendiagrammen dargestellt werden. Darüber hinaus existieren verschiedene statistische Verfahren um festzustellen, ob mögliche Unterschiede zwischen zwei Mittelwerten statistisch bedeutsam sind oder ob es sich um zufällige Effekte handelt (Bortz 2005). Antworten auf offene Fragen sollten gesammelt und nach Möglichkeit in Kategorien zusammengefasst werden. Die Ergebnisse sollten zügig nach Abschluss der Befragung den Mitarbeitern zur Verfügung gestellt werden. Hierbei ist auf eine verständliche Darstellung zu achten.

Zwischenfazit: Zu berücksichtigende Besonderheiten von KMU

In KMU ist es häufig leicht und schnell möglich, die Mitarbeiter über eine bevorstehende Befragung zu informieren und mögliche Bedenken gegen eine Befragung durch den direkteren Kontakt zwischen Unternehmensführung und Mitarbeitern aus dem Weg zu räumen. Dagegen ist es besonders in kleinen Unternehmen sehr wichtig, die Fragen sorgfältig auszuwählen, so dass keine Rückschlüsse auf einzelne Mitarbeiter möglich sind und die Anonymität gewahrt bleibt. In der Forschung häufig genutzte Fragen zu Alter, Geschlecht, Unternehmenszugehörigkeit etc., mit denen analysiert wird, ob verschiedene Gruppen von Mitarbeitern die gestellten Fragen systematisch unterschiedlich beantworten (z.B. generelle Ablehnung von Mitarbeitergesprächen in Abteilung A, aber generelle Zustimmung in Abteilung B), sollten in kleinen Unternehmen eher vermieden werden. Hier ist oft leicht erkennbar, wer sich z.B. hinter der 45jährigen, weiblichen Person aus Abteilung A verbirgt.

Generell sollten möglichst viele Mitarbeiter an einer Befragung teilnehmen, um ein für das Unternehmen repräsentatives Ergebnis zu erhalten. Um gemittelte Aussagen der Mitarbeiter beurteilen zu können, ohne die Anonymität der Befragten zu gefährden, sollten Aussagen nach Möglichkeit erst ab einer Mindestanzahl von zehn teilnehmenden Mitarbeitern getroffen werden. Vor allem in sehr kleinen Unternehmen kann dies mitunter schwierig sein, da insgesamt zu wenig Mitarbeiter im Unternehmen arbeiten. Um hier dennoch verlässliche und gleichzeitig ausreichend anonyme Aussagen zu erhalten, sollte man hier die Aussagen aller Mitarbeiter mitteln. In größeren Unternehmen ist es dagegen zusätzlich auch möglich, Aussagen abteilungsweise auszuwerten.

Anwendung von Mitarbeiterbefragungen im Rahmen von ProfiL

Im Rahmen des Projektes ProfiL wurden bei den KMU Partnern IntrObest GmbH & Co. KG, IntrOnic GmbH & Co. KG, PR-Tronik Elektronik Handels GmbH und Fleischmann UNITRO Störmeldesysteme in der ersten Phase des Projektes sowie gegen Ende des Projektes schriftliche Mitarbeiterbefragungen durchgeführt, um die Modernisierungsprozesse in den Unternehmen auch auf der Mitarbeiterebene beurteilen zu können. Hierfür wurde ein Fragebogen mit Fragen zu förderlichen Arbeitsbedingungen (Handlungs- und Entscheidungsfreiräume, Betriebsklima, Unterstützung durch Vorgesetzte und Kollegen), zu möglichen Stressoren (Zeitdruck, Arbeitsunterbrechungen, Probleme im Arbeitsablauf, sowie Über- und Unterforderung der Mitarbeiter) und zu potenziellen Auswirkungen belastender Arbeitssituationen (Befinden und Gesundheit, Initiative bei der Arbeit, individuelle Leistung, Teamleistung) erstellt.

Darüber hinaus wurde speziell der Bereich Informationsfluss im Unternehmen näher betrachtet. An diesem Beispiel soll die Umsetzung eines Themas in einen Fragebogen und mögliche Darstellungen der Ergebnisse gezeigt werden (s. Abb. 28): Fragen 1 bis 5 sind Beispiele für Fragen mit festen Antwortvorgaben. Um die Informiertheit der Befragten zu beurteilen wurden die Antworten dieser fünf Fragen gemittelt. Frage 6 ist eine offene Frage. Bei der Frage 7 sind auch Antworten vorgegeben, hier sind allerdings mehrere Nennungen möglich. Die Fragen 8 bis 14 stellen wieder Fragen mit festen Antwortvorgaben dar. Diese Fragen wurden einzeln ausgewertet und nicht gemittelt, da hier die Informationen jeder einzelnen Frage von Interesse waren. Weitere Beispiele für die konkrete Umsetzung von Mitarbeiterbefragungen finden sich auch in (Domsch u. Ladwig 2006).

Im Folgenden finden Sie eine Reihe von Fragen über Ihre Arbeit. Dabei geht es um die Arbeitsbedingungen und nicht darum, wie gut oder wie schlecht Sie persönlich die Arbeit verrichten. Stellen Sie sich vor, dass ein Kollege oder eine Kollegin mit dem gleichen Wissen und Können die Fragen genauso beantworten müsste wie Sie. Bitte geben Sie an, inwiefern die folgenden Aussagen auf Ihre Arbeit zutreffen, indem Sie zu jeder Aussage die betreffende Zahl markieren.

		gar nicht	kaum	teils-teils	sehr	völlig
1	Wie sind Sie als Mitarbeiter über Ihre Arbeit und das, was in Ihrer Firma geschieht, informiert?	1	2	3	4	5
2	Bekommen Sie notwendige Informationen rechtzeitig?	1	2	3	4	5
3	Ist die Menge an Informationen, die Sie bekommen, angemessen?	1	2	3	4	5
4	Haben Sie einen Überblick über das Firmengeschehen?	1	2	3	4	5
5	Haben Sie einen Überblick über die Aufgaben Ihrer Kollegen?	1	2	3	4	5

6 Welche zusätzlichen Informationen wünschen Sie sich für die Ausführung Ihrer Arbeit? ______________________

____

7 Woher erhalten Sie die für Ihre Arbeit notwendigen Informationen? (*Mehrfachnennungen möglich*)

- von meinem Vorgesetzten ( )
- von Kollegen ( )
- durch Notizen auf Formularen ( )
- durch Computerprogramme ( )
- durch Kennzahlen (z.B. Losgrößen, Umsatzzahlen, Reklamationsquoten...) ( )
- durch E-Mails ( )
- durch Besprechungen ( )

	Woher würden Sie gern mehr oder auch weniger Informationen erhalten?	Ich möchte **weniger Informationen** erhalten...	Die Menge an Informationen ist **genau richtig**.	Ich möchte **mehr Informationen** erhalten...
8	...von meinem Vorgesetzten	☐	☐	☐
9	...von Kollegen	☐	☐	☐
10	...durch Notizen auf Formularen	☐	☐	☐
11	...durch Computerprogramme	☐	☐	☐
12	...durch Kennzahlen	☐	☐	☐
13	...durch E-Mails	☐	☐	☐
14	...durch Besprechungen	☐	☐	☐

Abb. 28. Auszug aus der Mitarbeiterbefragung im Projekt ProfiL, in Anlehnung an (Franke u. Winterstein 1996)

Die folgenden Abbildungen (Abb. 29 bis Abb. 31) zeigen die Ergebnisse des eben vorgestellten Bereichs Informationsfluss.

Die Mitarbeiter der KMU Partner im Verbundprojekt ProfiL fühlten sich zu beiden Erhebungszeitpunkten mittelmäßig informiert (s. Abb. 29).

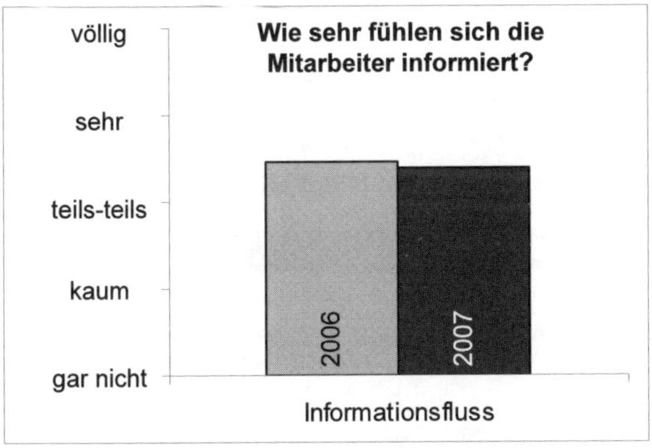

Abb. 29. Mittelwerte der Fragen 1 bis 5 (Informationsfluss)

Die meisten Mitarbeiter bekamen sowohl 2006 als auch 2007 arbeitsrelevante Informationen vor allem durch ihre Vorgesetzten und Kollegen. Informationen durch Notizen und Kennzahlen nahmen während der Projektlaufzeit deutlich an Bedeutung zu, während die Veränderungen in den anderen Bereichen statistisch nicht bedeutsam waren (s. Abb. 30).

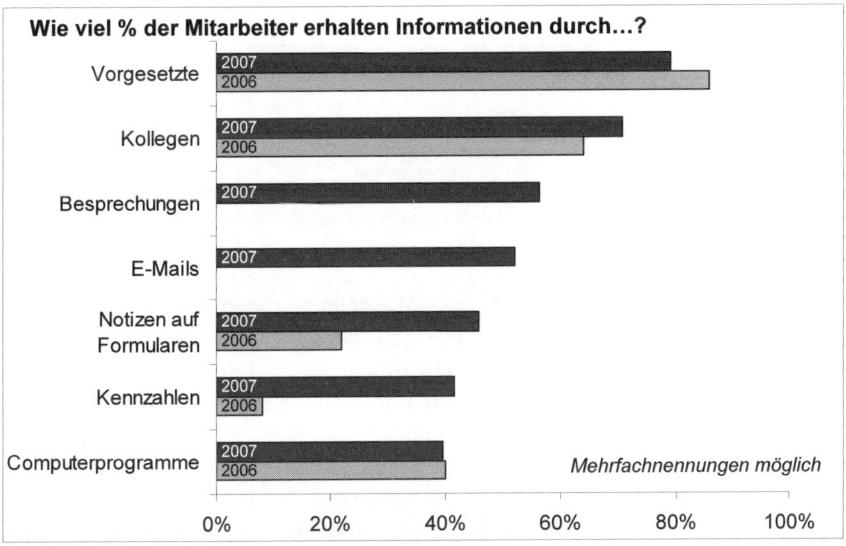

Abb. 30. Prozentualer Anteil der befragten Mitarbeiter, die arbeitsrelevante Informationen von Vorgesetzten, Kollegen, durch Besprechungen, E-Mails, Notizen, Kennzahlen und Computerprogrammen erhalten (Frage 7)

Die Mehrheit der befragten Mitarbeiter beurteilte gegen Projektende die erhaltenen Informationen durch Vorgesetzte, Kollegen, Besprechungen, E-Mails, Notizen, Kennzahlen und Computerprogramme als angemessen. Circa 40% der befragten Mitarbeiter wünschten sich zukünftig mehr Informationen durch ihre Vorgesetzten, wogegen sich circa 19% der Mitarbeiter zukünftig weniger Informationen durch E-Mails und Notizen wünschen (s. Abb. 31).

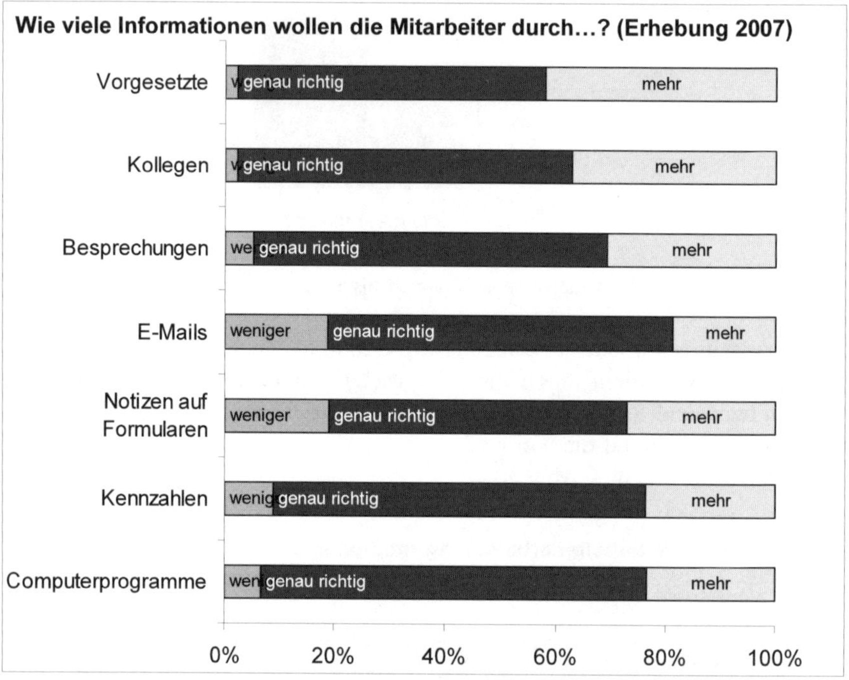

Abb. 31. Prozentualer Anteil der befragten Mitarbeiter, die zukünftig weniger, genauso viel oder mehr arbeitsrelevante Informationen aus den genannten Bereichen erhalten wollen (Fragen 8 bis 14)

Beim Vergleich der restlichen Themen der Mitarbeiterbefragung zwischen den Jahren 2006 und 2007 ergaben sich keine statistisch bedeutsamen Veränderungen bei förderlichen Arbeitsbedingungen (Handlungs- und Entscheidungsfreiräume, Betriebsklima, Unterstützung durch Vorgesetzte und Kollegen) und potenziellen Auswirkungen belastender Arbeitssituationen (Befinden und Gesundheit, Initiative bei der Arbeit, individuelle Leistung, Teamleistung). Bezüglich der Stressoren zeigte sich eine statistisch bedeutsame Abnahme des Zeitdrucks, während die restlichen Stressoren (Arbeitsunterbrechungen, Probleme im Arbeitsablauf, sowie Über- und Unterforderung der Mitarbeiter) unverändert blieben.

Insgesamt ergab sich in der Mitarbeiterbefragung ein positives Bild. Trotz der zusätzlichen Anforderungen durch die Projektarbeit beurteilten die Mitarbeiter auch gegen Ende der Projektlaufzeit die Arbeitsbedingungen gleich bleibend gut.

Thesen und Handlungsempfehlungen für Führungskräfte in KMU

Thesen zu Erfolgsfaktoren

- Vor und nach Modernisierungsmaßnahmen Mitarbeiterbefragungen durchführen.
- Anonymität sicherstellen.
- Freiwilligkeit der Befragung beachten.
- Mitarbeiter ausreichend über Befragungen informieren und im Anschluss Ergebnisse der Befragung vorstellen.
- Ergebnisse in konkrete Taten umsetzen.

Thesen zu Misserfolgsfaktoren

- Ergebnisse in der Schublade verschwinden lassen, ohne sie in Maßnahmen umzusetzen.

Teil 3: Softwarekonzept zur Unterstützung der integrierten Modernisierung

Lars Bergmann

Die strategisch orientierte Gestaltung von Veränderungen ist die zentrale Aufgabe der integrierten Modernisierung. Eine wesentliche Aktivität stellt dabei die Identifikation und Auswahl von geeigneten Konzepten und Methoden dar. Die Verantwortung für diese Aufgaben kommt in kleinen und mittleren Unternehmen dem Eigentümer bzw. der Geschäftsführung zu. Aufgrund der Rahmenbedingungen in KMU, wie z.B. ein Mangel an Zeit und Wissen über Konzepte und Methoden (vgl. Teil 1, Kap. 2.1), stellt die Umsetzung dieser Aufgaben eine große Herausforderung für viele kleine und mittlere Unternehmen dar.

Die Auswahl von Konzepten und Methoden geht entsprechend des systemischen Problemlösungszyklus mit einer Reihe von Aufgaben einher. Dazu gehören die Definition von Zielen und Einflussfaktoren, die Ist-Analyse des Unternehmens, die Vernetzung dieser Informationen und die Ableitung von Maßnahmen. Die Beschaffung, Verdichtung und Interpretation von Informationen bilden dabei die zentrale Entscheidungsgrundlage für die Auswahl von Konzepten und Methoden. Insbesondere die Aufgaben der Informationsbeschaffung und Informationsvernetzung sowie der anschließenden Interpretation zur Ableitung von Handlungsfeldern können durch die Geschäftsführung kleiner und mittlerer Unternehmen oftmals nicht ohne eine Unterstützung durchgeführt werden. Vor diesem Hintergrund wurde im Rahmen des Projektes ProfiL eine Softwarelösung konzipiert und entwickelt, die einen strategieorientierten Modernisierungsprozess in kleinen und mittleren Unternehmen unterstützt.

In den folgenden Kapiteln wird das ProfiL-Softwarekonzept vorgestellt. Dazu wird im Kapitel 1 zunächst erörtert, welche Aufgaben durch eine Software im Kontext von Modernisierungsprozessen unterstützt werden können. Auf Basis der dargestellten Funktionen erfolgt daraufhin im Kapitel 2 die Vorstellung der entwickelten Module. Abschließend werden im Kapitel 3 anhand ausgewählter Beispiele Anwendungsmöglichkeiten der Software vorgestellt.

Die ProfiL-Software kann im Internet unter http://ppsd.profil-kmu.de nach einer Anmeldung genutzt werden. In der Software ist ein Beispielprojekt enthalten, welches dem Anwender eine schnelle Einarbeitung ermöglicht.

1 Anforderungen an das ProfiL-Softwarekonzept

Lars Bergmann

Das ProfiL-Softwarekonzept verfolgt das Ziel, Aufgaben und Entscheidungen im Kontext der integrierten Modernisierung entlang der Schritte des Problemlösungszyklus zu unterstützen. Damit versteht sich die Software als ein Entscheidungsunterstützungsinstrument für die Aufgaben im Vorgehenskonzept der integrierten Modernisierung. Die Schritte des Problemlösungszyklus sowie die grundlegende Rolle von Entscheidungen im Rahmen der Modernisierung wurden im Kapitel 4 des Teils 1 eingehend erläutert.

Insbesondere die Unterstützung der Identifikation und Auswahl von geeigneten Konzepten und Methoden ist das zentrale Ziel der ProfiL-Software. Ausgehend von der Erfassung strategischer Ziele und wichtiger Einflussfaktoren gilt es, die Ist-Analyse des Unternehmens, die Interpretation der Ist-Situation sowie die Bewertung verschiedener Handlungsalternativen als Grundlage für Entscheidungen über alternative Konzepte und Methoden durchgängig zu unterstützen. Die Anwendung der Software fördert darüber hinaus das Gesamtverständnis über die Zusammenhänge zwischen strategischen Zielen, strategischen Fähigkeiten und Lösungsbausteinen (z.B. Methoden, Prinzipien, etc.) (Herrmann u. Bergmann 2007a; Herrmann et al. 2008d).

Durch den Einsatz einer Software werden Entscheidungsprozesse strukturiert und transparent gestaltet. Werden wichtige Arbeitsschritte der Modernisierung wie z.B. die Formulierung strategischer Ziele, die Bewertung der Ist-Situation oder die Ableitung von Handlungsfeldern und Lösungsbausteinen durch eine Software strukturiert nacheinander durchlaufen, wird die Gefahr des Vergessens wichtiger Schritte verhindert. Durch den Einsatz von Wissenskomponenten in der Software kann darüber hinaus die Qualität von Entscheidungen deutlich gesteigert werden. Insbesondere Wissen über die Zusammenhänge von strategischen Fähigkeiten, funktionalen Anforderungen und geeigneter Lösungsbausteine kann in Form einer Wissensdatenbank für die Unterstützung von Modernisierungsprozessen herangezogen werden.

Eine Entscheidungsunterstützung für die Auswahl von Handlungsfeldern und den Einsatz von Konzepten und Methoden erfordert die Berücksichtigung verschiedener Entscheidungsalternativen sowie die Betrachtung möglicher Wechselwirkungen. Daher müssen auf Basis der Situationsanalyse verschiedene mögliche Entscheidungsalternativen zunächst gefunden und anschließend hinsichtlich zu erwartender Wechselwirkungen bewertet werden.

Aufgrund der unterschiedlichen Abstraktionsgrade und Anforderungen der verschiedenen Aktivitäten in den fünf Schritten des Problemlösungszyklus können nicht alle Schritte durchgängig durch eine Software unterstützt werden. So kann z.B. eine Ist-Bewertung eines Produktionssystems durch ein strukturiertes Selbstbewertungsschema softwarebasiert unterstützt werden. Auf Basis bereitgestellter Informationen lassen sich unter Nutzung von Wissenskomponenten gezielt Vorschläge für den Einsatz von Konzepten ableiten, die direkt als Entscheidungsunterstützung herangezogen werden können. Dagegen können z.B. die Wettbewerbs- und Umfeldanalyse nicht direkt mit Softwaresystemen durchgeführt werden, da eine Vielzahl von Informationen aus unterschiedlichsten Quellen hochgradig miteinander vernetzt werden müssen. Auch die Entwicklung strategischer Ziele kann aufgrund der vielfältigen kreativen Denk- und Entscheidungsprozesse nicht direkt durch eine Software unterstützt werden.

Eine Software zur Unterstützung von Modernisierungsprozessen unterscheidet sich darüber hinaus von gängigen Softwareprodukten hinsichtlich der Häufigkeit der Softwarenutzung sowie der Anwenderzielgruppe. Gängige Softwareprodukte wie z.B. Textverarbeitungen, Tabellenkalkulationen und Produktionsplanungs- und -steuerungssysteme unterstützen in der Regel täglich die produktiven Tätigkeiten im Unternehmen. Die Ergebnisse dieser Softwarewerkzeuge, d.h. ein Brief, eine Rechnung oder ein Produktionsplan können somit täglich im Arbeitsprozess verwendet werden oder unterstützen diesen direkt. Dagegen wird eine Software zur Unterstützung von Modernisierungsprozessen in größeren zeitlichen Abständen, etwa in der Größenordnung von Monaten, verwendet. Aufgrund der zum Teil anspruchsvollen Aufgaben im Problemlösungszyklus ist ein ganzheitlicher Überblick über das Unternehmen notwendig. Bezüglich der Anwenderzielgruppe fokussiert die ProfiL-Software daher auf die Geschäftsführung bzw. den Eigentümer von KMU. Auch die Anwendung der Software durch externe Berater bildet ein Einsatzszenario, in dem z.B. ein externer Berater die Geschäftsführung bei der Erfassung der Ist-Situation und der Interpretation alternativer Handlungsfelder unterstützt.

Im Folgenden werden diejenigen Aufgaben des Problemlösungszyklus dargestellt, die durch das ProfiL-Softwarekonzept entlang der fünf Schritte des Problemlösungszyklus unterstützt werden (s. Abb. 1). Zu diesem Zweck werden zu jedem Schritt die entwickelten Funktionen zugeordnet und kurz dargestellt. Da die einzelnen Funktionen in Form von Modulen in der Software implementiert sind, erfolgt die ausführliche Beschreibung der Funktionen im Anschluss in Kapitel 2.

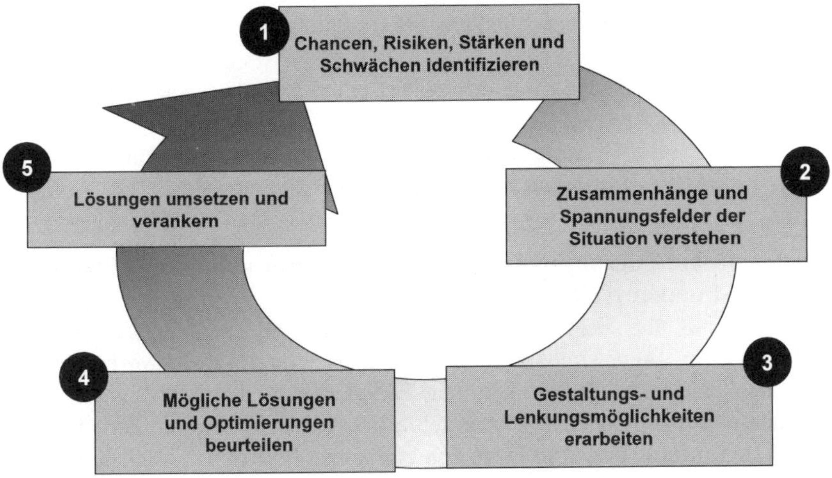

Abb. 1. Systemischer Problemlösungszyklus zur Lösung komplexer Probleme (Gomez et al. 1975; Ninck et al. 2004)

Funktionale Anforderungen des Schritts 1: Chancen und Risiken sowie Stärken und Schwächen identifizieren

Die Identifikation von Chancen, Risiken, Stärken und Schwächen erfordert die Durchführung umfassender Analyse- und Bewertungsprozesse von Wettbewerbern, Märkten und des eigenen Unternehmens. Dabei kann die Analyse und Bewertung der Stärken und Schwächen des eigenen Unternehmens durch einen strukturierten Selbstbewertungsprozess gezielt unterstützt werden. Weiterhin ist es erforderlich, die zur Erreichung strategischer Ziele des Unternehmens notwendigen Fähigkeiten zu erfassen. Die dabei ermittelten Informationen über die Ist-Situation können dazu verwendet werden, Handlungsfelder und Prioritäten zu bestimmen. Weiterhin können bekannte Einflussfaktoren, die den Modernisierungsprozess positiv oder negativ beeinflussen können, durch die Software erfasst und hinsichtlich ihrer Auftrittswahrscheinlichkeit in verschiedenen Prozessen im Unternehmen bewertet werden. Diese Informationen können zur Bestimmung und Abwägung relevanter Handlungsfelder verwendet werden. Die Analyse von Chancen und Risiken des Unternehmensumfeldes (z.B. Wettbewerbsinformationen, Gesetzesänderungen, etc.) kann dagegen aufgrund der erforderlichen Rechercheprozesse durch eine Software nicht direkt unterstützt werden. Durch eine Software können somit folgende Aufgaben im Schritt 1 unterstützt werden:

- Unterstützung der Erfassung und Gewichtung strategischer Unternehmensziele.
- Unterstützung der Ermittlung und Gewichtung strategischer Fähigkeiten des Produktionssystems, die zur Umsetzung der strategischen Ziele benötigt werden.
- Unterstützung der Erfassung von Einflussfaktoren und Bewertung der Auftrittswahrscheinlichkeit der Einflussfaktoren.

- Unterstützung einer strukturierten Abbildung des Produktionssystems in Form von Prozessmodulen einschließlich der enthaltenen Prozessschritte und Prozesselemente.
- Unterstützung der Erfassung des potenziellen Ausmaßes der Auswirkungen von Einflussfaktoren auf die verschiedenen Prozessmodule.
- Unterstützung der Bewertung der Ist-Situation der Prozessmodule des Produktionssystems auf Basis einer Selbstbewertung.

Funktionale Anforderungen des Schritts 2: Zusammenhänge und Spannungsfelder der Situation verstehen

Um Verständnis über bestehende Zusammenhänge und Spannungsfelder im Unternehmen zu erlangen, müssen im Schritt 2, basierend auf der vorhergehenden Erfassung von Zielen, Einflussfaktoren, Fähigkeiten und der Ist-Situation, diese Informationen miteinander in Bezug gebracht werden. Zu diesem Zweck können die erfassten Informationen in Form von grafischen Portfolios visualisiert werden. Da das Erkennen von Zusammenhängen ein anspruchsvoller Schritt im Vorgehensmodell ist, müssen die ermittelten Informationen auf verschiedene Arten miteinander in Bezug gebracht werden. Damit können Erkenntnisse über Zusammenhänge der Ist-Situation erkannt werden, die als Grundlage zur Ableitung von Gestaltungsmöglichkeiten herangezogen werden können. Für Schritt 2 ergeben sich damit folgende Anforderungen für das Softwarekonzept:

- Unterstützung der Interpretation der Auswirkungen und Auftrittswahrscheinlichkeiten von Einflussfaktoren in Prozessmodulen durch Visualisierung.
- Unterstützung der Ableitung von Verbesserungspotenzialen für alle Prozessmodule im Produktionssystem durch Visualisierung der Verbesserungspotenziale und der strategischen Relevanz verschiedener Handlungsfelder.
- Unterstützung der Ermittlung von Abhängigkeiten von Hardware-Elementen in Prozessmodulen, die eine Verbesserung durch Konzepte und Methoden möglicherweise erschweren oder verhindern können.

Funktionale Anforderungen des Schritts 3: Gestaltungs- und Lenkungsmöglichkeiten erarbeiten

Ziel des Schritts 3 ist es, auf Basis der in den ersten zwei Schritten entwickelten Erkenntnis über die Situation des Unternehmens und die bestehenden Schwachstellen und Spannungsfelder, neue Gestaltungsmöglichkeiten zu ermitteln. Zur Unterstützung der Erarbeitung sinnvoller Handlungsfelder für den Modernisierungsprozess sind Funktionen zur Überführung der zuvor identifizierten Verbesserungspotenziale in eine Projektliste erforderlich. Im Rahmen dieses Schritts sind einzelne Konzepte und Methoden für jedes der erfassten Prozessmodule abzuwägen. Insbesondere eine Betrachtung der Abhängigkeiten bestimmter Schwachstellen von Maschinen und Anlagen ist notwendig, da nicht jede Schwachstelle durch die Einführung neuer Konzepte und Methoden beseitigt werden kann. Durch eine Software können im Schritt 3 somit folgende Aufgaben unterstützt werden:

- Unterstützung der Überführung von Handlungsfeldern jedes Prozessmoduls in eine vorläufige Projektliste mit möglichen Konzepten und Methoden.
- Bereitstellung einer Übersicht aller ermittelten Konzepte und Methoden.
- Bereitstellung von Informationen und Wissen zu Konzepten und Methoden.
- Unterstützung der Abwägung zwischen dem Einsatz neuer Konzepte und Methoden und einer Anpassung bestehender Anlagen und Maschinen der Prozessmodule.

Funktionale Anforderungen des Schritts 4: Mögliche Lösungen und Optimierungen beurteilen

Bevor die identifizierten Konzepte und Methoden eingeführt werden, ist es notwendig, mögliche Wechselwirkungen zu ermitteln und alternative Lösungen im Schritt 4 zu erörtern. Zu diesem Zweck müssen verschiedene alternative Lösungen bezüglich ihrer Wechselwirkungen und Aufwendungen systematisch bewertet werden. Im Rahmen der Software sind dazu die geplanten Konzepte und Methoden vor dem Hintergrund bestehender Einflussfaktoren und betrieblicher Rahmenbedingungen hinsichtlich ihrer positiven und negativen Auswirkungen zu analysieren. Im Rahmen einer Cross-Impact-Analyse können sowohl die fördernden als auch die hemmenden Eigenschaften von Konzepten und Methoden bewertet werden. Durch die Überführung dieser Bewertung in ein Interpretationsnetz können Wechselwirkungen erkannt und kurz-, mittel- und langfristige Effekte von Konzepten und Methoden ermittelt werden. Für Schritt 4 ergeben sich damit folgende Anforderungen für das Softwarekonzept:

- Unterstützung bei der Erfassung potenzieller fördernder und hemmender Wechselwirkungen von Konzepten und Methoden durch eine Cross-Impact-Analyse.
- Überführung der Cross-Impact-Analyse in ein grafisches Interpretationsnetz als Interpretationshilfe für die Analyse der geplanten Projektsituation.
- Unterstützung der Abschätzung von Aufwendungen für die Einführung von Methoden durch Bereitstellung von Methodeninformationen.

Funktionale Anforderungen des Schritts 5: Lösungen umsetzen und verankern

Der Schritt 5 im Vorgehensmodell besteht in der Umsetzung und Verankerung der entwickelten Lösungen. Aufgrund des Praxisbezugs kann dieser Schritt durch eine Software nicht direkt unterstützt werden. Jedoch kann die praktische Umsetzung durch die Bereitstellung von Methodenwissen und möglichen Kennzahlen zur Fortschrittsüberwachung gefördert werden. Damit ergeben sich für Schritt 5 folgende Anforderungen für das Softwarekonzept:

- Bereitstellung von umsetzungsorientierten Informationen und Wissen zur Implementierung von Konzepten und Methoden.

- Bereitstellung von Vorlagedokumenten und operativen Anleitungen einschließlich geeigneter Kennzahlen.

Auf Basis der beschriebenen Anforderungen werden im folgenden Kapitel 2 die entwickelten Module der ProfiL-Software beschrieben. Die entwickelten Module bündeln dabei verschiedene Funktionen, so dass eine durchgängige Anwendung der Software gefördert wird. Die Software strukturiert auf Basis der Funktionen das Wissen über ein Produktionssystem und verhindert damit, dass einzelne Informationen unberücksichtigt bleiben. Indem der Anwender einen Ein- und Ausgabeprozess mit der Software durchläuft, wird ein Bezug zwischen strategischen Zielen, Einflussfaktoren, der Struktur des Produktionssystems, der Ist-Situation des Produktionssystems sowie Methoden und Konzepten zur Verbesserung hergestellt. Die ganzheitliche Vernetzung dieser Informationen in der Software fördert die strukturierte Auseinandersetzung mit dem Thema der Produktionssystemgestaltung und unterstützt somit einen langfristigen Verbesserungsprozess. Abbildung 2 fasst das Konzept mit seinen Ein- und Ausgaben sowie den verwendeten Datenbanken zusammen.

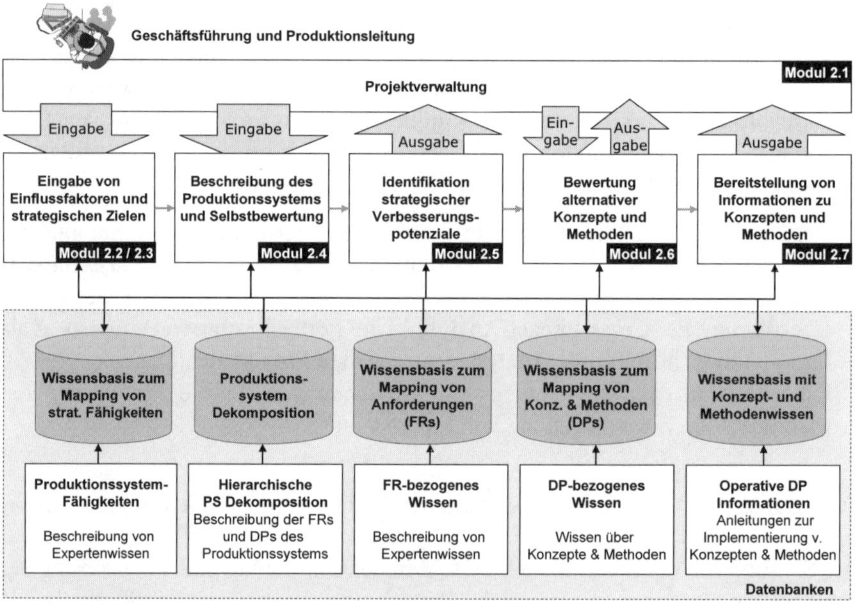

Abb. 2. Konzeptionelle Struktur und Informationsfluss der ProfiL-Software

Die Module der Software unterstützen die Eingabe von Informationen (z.B. strategische Ziele) und vernetzen diese anschließend mit Informationen, die in Datenbanken hinterlegt sind (z.B. Expertenwissen über Methoden). Durch verschiedene aufeinander abgestimmte Eingaben und anschließende Ausgaben wird der Anwender durch die Software geführt und erhält dabei eine strukturierte Entscheidungsunterstützung bei der Auswahl geeigneter Konzepte und Methoden.

2 *ProfiL-Software zur Unterstützung der integrierten Modernisierung*

Lars Bergmann, Uwe Lesta

Nachdem die Anforderungen an eine Software zur Unterstützung von Modernisierungsprozessen in KMU in Kapitel 1 definiert wurden, können diese nun in Softwaremodule überführt werden. Ziel der Modularisierung ist es, verschiedene Funktionen aufgabenorientiert in eine übersichtliche Anzahl an Modulen zu überführen. In den folgenden Kapiteln 2.1 bis 2.7 werden die entwickelten Module vorgestellt und die darin implementierten Funktionen erläutert.

2.1 Modul Projektverwaltung

Die ProfiL-Software basiert auf einer internetbasierten Softwarearchitektur die es dem Anwender ermöglicht, ohne lokale Installation die Software zu benutzen. Nach der Anmeldung eines Anwenders auf der Internetseite erhält der Anwender Zugriff auf die Projektverwaltung (s. Abb. 3).

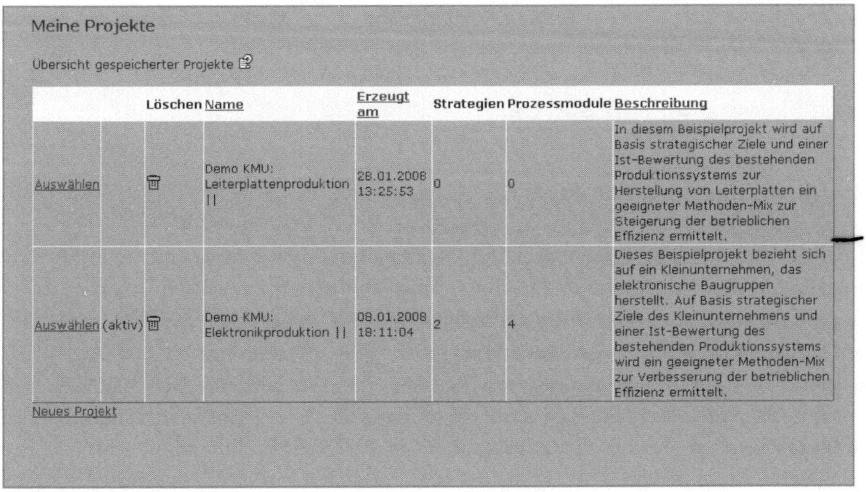

		Löschen	Name	Erzeugt am	Strategien	Prozessmodule	Beschreibung
Auswählen			Demo KMU: Leiterplattenproduktion ||	28.01.2008 13:25:53	0	0	In diesem Beispielprojekt wird auf Basis strategischer Ziele und einer Ist-Bewertung des bestehenden Produktionssystems zur Herstellung von Leiterplatten ein geeigneter Methoden-Mix zur Steigerung der betrieblichen Effizienz ermittelt.
Auswählen	(aktiv)		Demo KMU: Elektronikproduktion ||	08.01.2008 18:11:04	2	4	Dieses Beispielprojekt bezieht sich auf ein Kleinunternehmen, das elektronische Baugruppen herstellt. Auf Basis strategischer Ziele des Kleinunternehmens und einer Ist-Bewertung des bestehenden Produktionssystems wird ein geeigneter Methoden-Mix zur Verbesserung der betrieblichen Effizienz ermittelt.

Abb. 3. Projektverwaltung

Der Anwender erhält einen Überblick über die bereits existierenden Projekte und kann zur weiterführenden Bearbeitung oder Analyse eines der Projekte auswählen. Zu den bereits angelegten Projekten werden neben dem Projektnamen die hinterlegte Projektbeschreibung sowie die enthaltene Anzahl an Strategien und Prozessmodulen angezeigt. Existiert noch kein Projekt, wird aus der Projektverwaltung heraus über die Schaltfläche „Neues Projekt" ein neues Projekt angelegt. Nicht mehr benötigte Projekte können über das Papierkorb-Icon gelöscht werden.

Nach dem Anlegen eines neuen Projektes können mit der Funktion „Projektbeschreibung" der Name, eine allgemeine Projektbeschreibung sowie eine Beschreibung des betrachteten Produktionssystems hinterlegt werden (s. Abb. 4). Die Beschreibung des Produktionssystems unterstützt im Fall mehrerer zu betrachtender Produktionssysteme eine Abgrenzung des Untersuchungsfokus. Der Projektname sowie die allgemeine Projektbeschreibung werden in der Übersichtstabelle der Projektverwaltung angezeigt und unterstützen das einfache Auffinden bestehender Projekte.

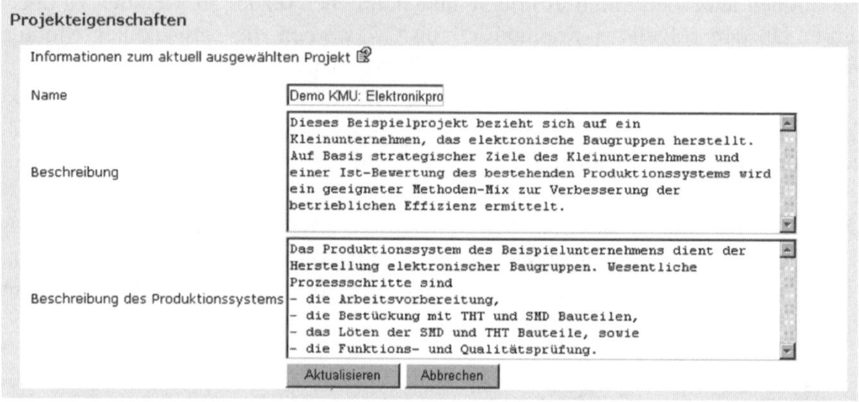

Abb. 4. Projektbeschreibung

2.2 Modul Einflussfaktoren

Im Rahmen der Strategieentwicklung werden wichtige interne und externe Einflussfaktoren ermittelt, die die Verbesserung des betrachteten Produktionssystems beeinflussen können. Das Menü „Einflussfaktoren" unterstützt die Erfassung dieser Faktoren (s. Abb. 5). Da verschiedene Einflussfaktoren mit einer unterschiedlichen Wahrscheinlichkeit auftreten können, kann neben der Bezeichnung von Einflussfaktoren auch die erwartete bzw. geschätzte Auftrittswahrscheinlichkeit definiert werden. Die Auftrittswahrscheinlichkeit beschreibt dabei, mit welcher Wahrscheinlichkeit ein Faktor auftritt und seine beeinflussende (fördernde oder hemmende) Wirkung entfaltet.

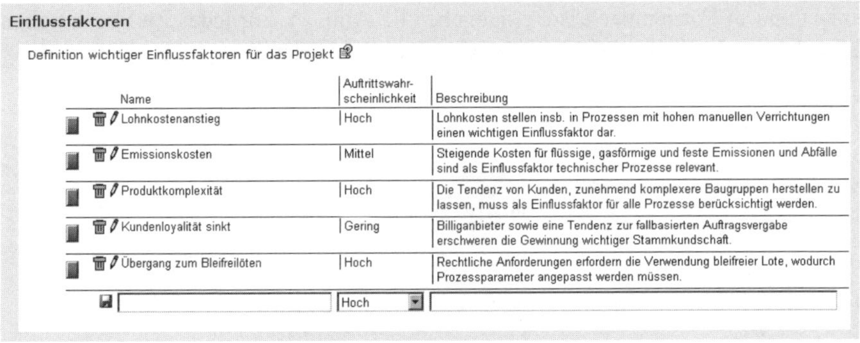

Abb. 5. Definition von Einflussfaktoren

Einflussfaktoren treten nicht nur mit einer unterschiedlichen Wahrscheinlichkeit auf, sondern wirken auch in unterschiedlicher Stärke auf die verschiedenen Prozesse in einem Produktionssystem. Durch die unterschiedlichen Auswirkungen der Einflussfaktoren kann die Relevanz für Verbesserungen bestimmter Prozesse beeinflusst werden. Zur Erfassung des Grades der Auswirkungen auf verschiedene Prozessmodule in einem Produktionssystem kann im Modul Produktionssystem (s. Kap. 2.4) der Einflussgrad für jedes Prozessmodul spezifiziert werden.

2.3 Modul Strategie

Das Modul Strategie dient der Erfassung und Gewichtung strategischer Ziele und stellt damit eine wesentliche Grundlage zur Priorisierung von Handlungsfeldern dar. Eine Strategie besteht dabei immer aus einer Beschreibung, der verbalen Definition strategischer Ziele, der wechselseitigen Gewichtung dieser strategischen Ziele sowie der Zuordnung strategischer Fähigkeiten des Produktionssystems zu den definierten Zielen. Zur Definition einer Strategie wird zunächst eine verbale Beschreibung der Strategieeigenschaften eingegeben (s. Abb. 6). Die Kurzbeschreibung der Strategie dient der Abgrenzung verschiedener Strategien und erleichtert das Wiederfinden bestimmter Strategien.

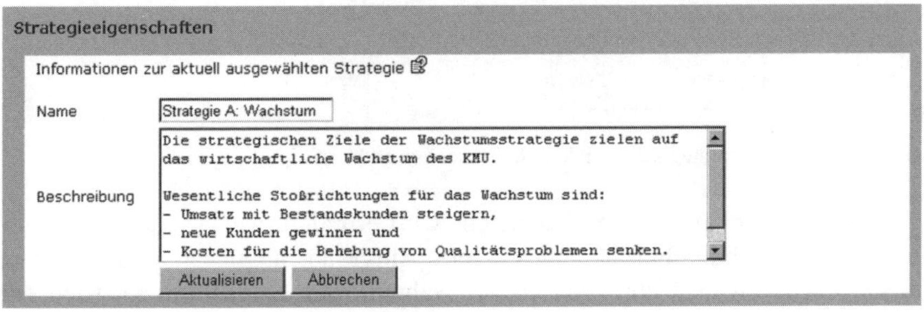

Abb. 6. Definition der Strategieeigenschaften

Nach der Beschreibung der Strategie werden die strategischen Ziele verbal definiert und in Form einer Liste eingegeben (s. Abb. 7). Für jedes Ziel kann neben dem Namen des Ziels eine kurze Beschreibung zur Erläuterung hinterlegt werden.

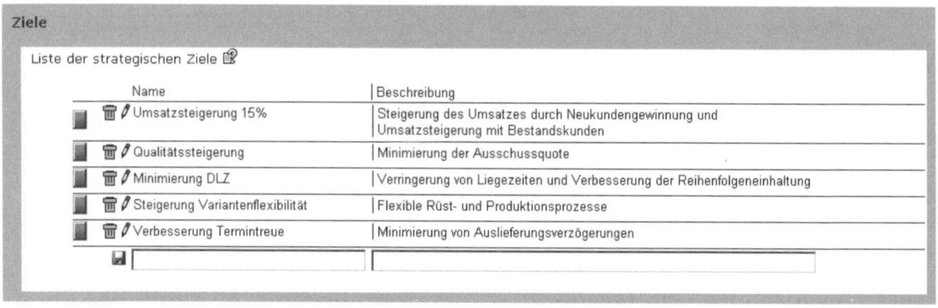

Abb. 7. Definition von strategischen Zielen

Aufgrund der möglichen Vielzahl verschiedener strategischer Ziele ist es notwendig, Klarheit über die relative Bedeutung der einzelnen Ziele zu schaffen. Zu diesem Zweck werden die definierten Ziele nach der Eingabe wechselseitig gewichtet. Bei der freien Abschätzung der Verhältnismäßigkeiten von Zielen kann es im Rahmen der Gewichtung zu Inkonsistenzen kommen. Schon bei mehr als 3 Zielen kann die verhältnismäßige Gewichtung der Ziele durch einen Anwender nicht ohne Widersprüche durchgeführt werden. Vor diesem Hintergrund erfolgt eine Gewichtung der zuvor definierten Ziele mittels eines paarweisen Vergleichs, um eine priorisierte Rangfolge der Ziele zu erhalten (s. Abb. 8).

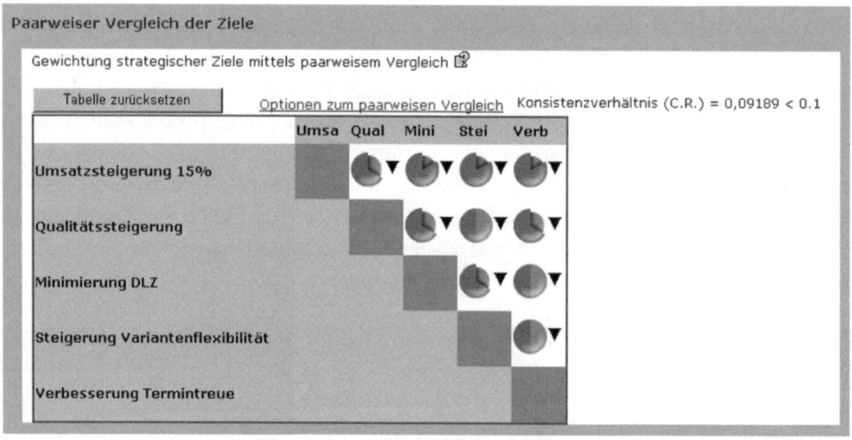

Abb. 8. Gewichtung strategischer Ziele mittels paarweisen Vergleichs

Im Rahmen des paarweisen Vergleichs wird ermittelt, welche Ziele wichtiger und weniger wichtig sind als andere Ziele. Aufgrund möglicher Inkonsistenzen der eingegebenen Gewichtungen erfolgt während der Eingabe automatisch ein Konsistenzcheck. Das Ergebnis der aktuellen Bewertungskonsistenz wird stets angezeigt und ermöglicht so dem Anwender, die vorgenommene Zielgewichtung zu überprüfen. Als Resultat des paarweisen Vergleichs erhält der Anwender eine Rangfolge der definierten strategischen Ziele.

Für die Ableitung wichtiger Handlungsfelder zur Modernisierung eines Produktionssystems ist es weiterhin notwendig, die Bedeutung strategisch relevanter Fähigkeiten (z.B. Kosten, Qualität, Durchlaufzeiten, etc.) zu ermitteln. Nachdem strategische Ziele erfasst und gewichtet wurden, müssen für jedes definierte Ziel die Relevanz bestimmter strategischer Fähigkeiten zugeordnet werden, die zur Erreichung der Ziele notwendig sind (s. Abb. 9). Wird als strategisches Ziel zum Beispiel eine Kostensenkung verfolgt, so kommt der strategischen Fähigkeitsdimension „Kosten" eine große Bedeutung zu. Indem für jedes definierte Ziel die Relevanz der strategischen Fähigkeiten bewertet wird, kann die Bedeutung der strategischen Fähigkeiten insgesamt ermittelt werden. Als Ergebnis werden im Softwaresystem die relevanten strategischen Fähigkeiten in gewichteter Rangfolge gespeichert und stehen als Grundlage für die Priorisierung von Handlungsfeldern zur Verfügung.

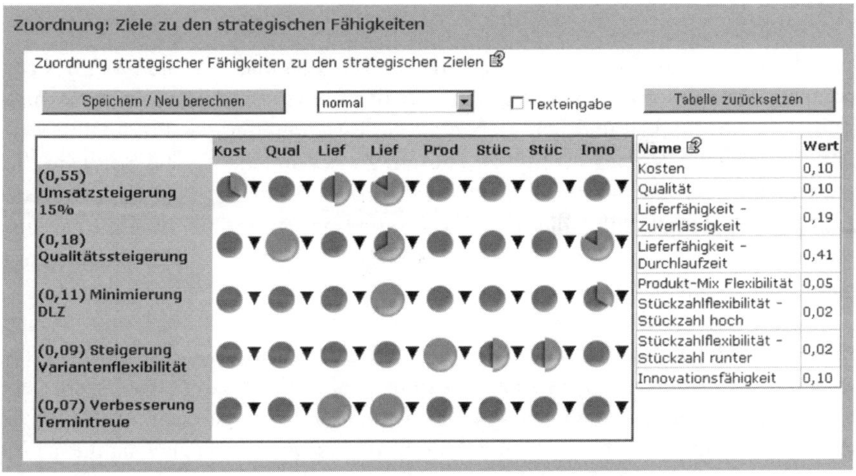

Abb. 9. Zuordnung strategischer Fähigkeiten zu strategischen Zielen

Nachdem die strategischen Ziele eingegeben und gewichtet sowie strategische Fähigkeiten zugeordnet wurden, ist eine Strategie vollständig und kann als Eingangsgröße für die Auswertungen verwendet werden. Zur Untersuchung alternativer Strategien können verschiedene Strategien angelegt und gespeichert werden. Im Rahmen einer späteren Auswertung können so verschiedene Strategien hinsichtlich ihrer Auswirkungen auf die Priorisierung von Handlungsfeldern miteinander verglichen werden. Die jeweils ausgewählte Strategie wird als aktiv in der Auswahlliste der Strategien angezeigt (s. Abb. 10).

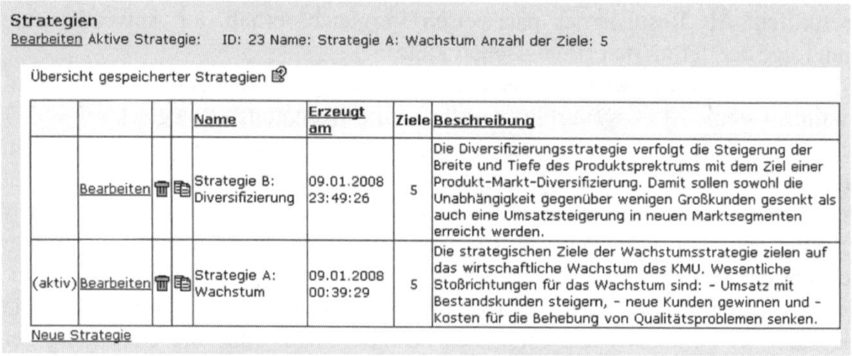

Strategien
Bearbeiten Aktive Strategie: ID: 23 Name: Strategie A: Wachstum Anzahl der Ziele: 5

Übersicht gespeicherter Strategien

				Name	Erzeugt am	Ziele	Beschreibung
	Bearbeiten			Strategie B: Diversifizierung	09.01.2008 23:49:26	5	Die Diversifizierungsstrategie verfolgt die Steigerung der Breite und Tiefe des Produktsprektrums mit dem Ziel einer Produkt-Markt-Diversifizierung. Damit sollen sowohl die Unabhängigkeit gegenüber wenigen Großkunden gesenkt als auch eine Umsatzsteigerung in neuen Marktsegmenten erreicht werden.
(aktiv)	Bearbeiten			Strategie A: Wachstum	09.01.2008 00:39:29	5	Die strategischen Ziele der Wachstumsstrategie zielen auf das wirtschaftliche Wachstum des KMU. Wesentliche Stoßrichtungen für das Wachstum sind: - Umsatz mit Bestandskunden steigern, - neue Kunden gewinnen und - Kosten für die Behebung von Qualitätsproblemen senken.

Neue Strategie

Abb. 10. Auswahlliste für gespeicherte Strategien

2.4 Modul Produktionssystem

Nach der Definition von Strategien erfolgt die Eingabe und Beschreibung des betrachteten Produktionssystems. Für eine Analyse eines Produktionssystems hinsichtlich seiner Stärken und Schwächen ist die Beschreibung des Produktionssystems eine zentrale Voraussetzung. Zu diesem Zweck unterstützt die Software die Beschreibung von Produktionssystemen in Form sogenannter Prozessmodule (s. Abb. 11). Prozessmodule gliedern das Produktionssystem in voneinander abgrenzbare funktionale Bereiche (z.B. Arbeitsvorbereitung, SMD-Bestückung, Qualitätssicherung, etc.).

Die Gliederung des Produktionssystems in Prozessmodule ist weiterhin für eine präzise Selbstbewertung erforderlich, da eine Beantwortung von Fragen im Rahmen einer Selbstbewertung in Bezug auf ein ganzes Produktionssystem eine erhebliche Ungenauigkeit erzeugen würde. So kann z.B. ein Qualitätsproblem in der Arbeitsvorbereitung bestehen, während die SMD-Bestückung keine Qualitätsprobleme aufweist. Erfolgt lediglich eine pauschale Bewertung des gesamten Produktionssystems bezüglich bestehender Qualitätsprobleme, so sind eine differenzierte Beurteilung der Ist-Situation und die anschließende Ableitung von Lösungsbausteinen nicht möglich.

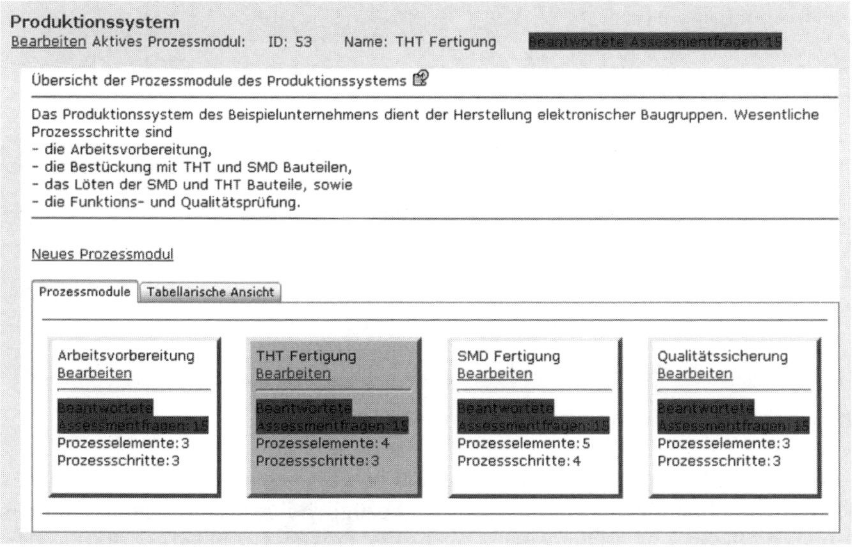

Abb. 11. Übersicht definierter Prozessmodule

Die Definition von Prozessmodulen beginnt mit der Eingabe allgemeiner Eigenschaften des Prozessmoduls (s. Abb. 12). Neben einem Namen des Prozessmoduls ist zunächst die Eingabe einer Ordnungsnummer für die Sortierung des Prozessmoduls erforderlich. Weiterhin kann eine kurze Beschreibung hinzugefügt werden. Darüber hinaus ist es erforderlich, die grundsätzliche Organisationsform des betrachteten Prozessmoduls auszuwählen. Dabei kann zwischen den Organisationsformen Werkstattfertigung, flexible Fertigungszelle, Lean Zelle und (hoch-) automatisierte Linie ausgewählt werden. Die Definition der Organisationsform wird im Rahmen der Auswertung dazu verwendet, mögliche Konzepte und Methoden hinsichtlich ihres potenziellen Nutzens für das Prozessmodul zu interpretieren. Während z.B. bei einer Werkstattfertigung die Einführung von qualitätsbezogenen Methoden vergleichsweise aufwändig ist, können z.B. bei automatisierten Linien deutlich effektivere Maßnahmen zur durchgängigen Qualitätssicherung eingeführt werden.

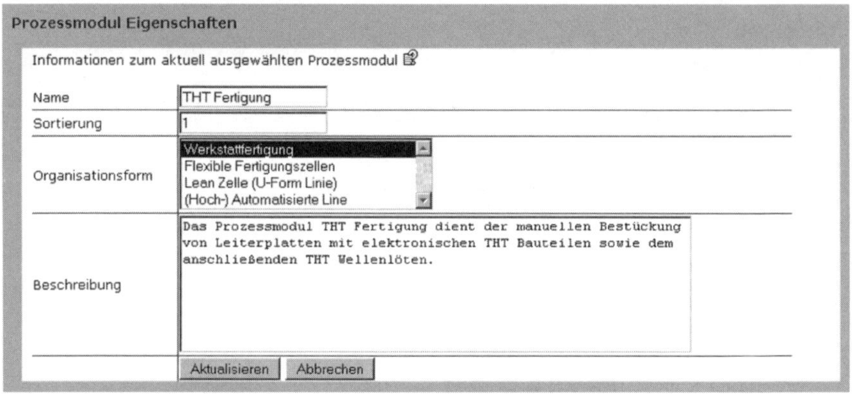

Abb. 12. Eingabe und Beschreibung von Prozessmodulen

Nachdem ein Prozessmodul angelegt und beschrieben ist, werden als nächstes die zu Beginn hinterlegten Einflussfaktoren bezüglich ihres Einflussgrades auf das betrachtete Prozessmodul bewertet (s. Abb. 13). Da sich verschiedene Einflussfaktoren unterschiedlich stark auf verschiedene Prozessmodule auswirken können, ist es notwendig, eine Bewertung des Einflussgrades von jedem Einflussfaktor auf das Prozessmodul vorzunehmen. Während z.B. Prozessmodule mit einem hohen manuellen Arbeitsanteil stark von dem Einflussfaktor Lohnkostenanstieg betroffen sind, kann der Einfluss auf weitgehend automatisierte Prozessmodule als deutlich geringer angenommen werden.

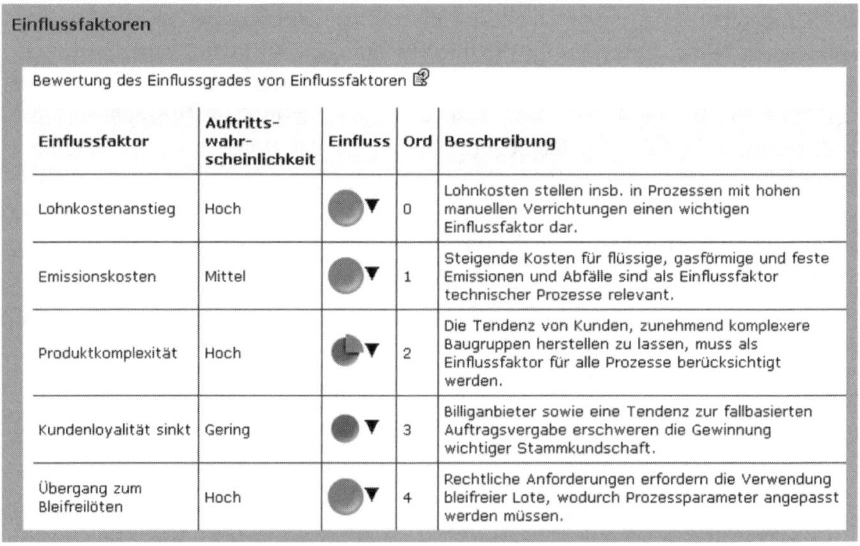

Einflussfaktoren

Bewertung des Einflussgrades von Einflussfaktoren

Einflussfaktor	Auftritts-wahr-scheinlichkeit	Einfluss	Ord	Beschreibung
Lohnkostenanstieg	Hoch	▼	0	Lohnkosten stellen insb. in Prozessen mit hohen manuellen Verrichtungen einen wichtigen Einflussfaktor dar.
Emissionskosten	Mittel	▼	1	Steigende Kosten für flüssige, gasförmige und feste Emissionen und Abfälle sind als Einflussfaktor technischer Prozesse relevant.
Produktkomplexität	Hoch	▼	2	Die Tendenz von Kunden, zunehmend komplexere Baugruppen herstellen zu lassen, muss als Einflussfaktor für alle Prozesse berücksichtigt werden.
Kundenloyalität sinkt	Gering	▼	3	Billiganbieter sowie eine Tendenz zur fallbasierten Auftragsvergabe erschweren die Gewinnung wichtiger Stammkundschaft.
Übergang zum Bleifreilöten	Hoch	▼	4	Rechtliche Anforderungen erfordern die Verwendung bleifreier Lote, wodurch Prozessparameter angepasst werden müssen.

Abb. 13. Bewertung des Einflussgrades von Einflussfaktoren auf ein Prozessmodul

Jedes Prozessmodul besteht aus verschiedenen Prozesselementen wie z.B. Maschinen, Werkzeugen, Förderbändern, etc. und erfüllt damit eine Reihe von bestimmten Prozessschritten. Jedes Prozesselement ist damit an der Erfüllung bestimmter Prozessschritte beteiligt. Während eine Maschine und ein Werkzeug z.B. mehrere Bearbeitungsschritte an einem Werkstück durchführen, dient z.B. ein Förderband dem Transport des Werkstückes. Das Softwaremodul Produktionssystem erlaubt die Erfassung der Prozesselemente und Prozessschritte für jedes zuvor definierte Prozessmodul (s. Abb. 14 und Abb. 15). Die Eingabe der Prozesselemente und Prozessschritte erfolgt in Form von Listen.

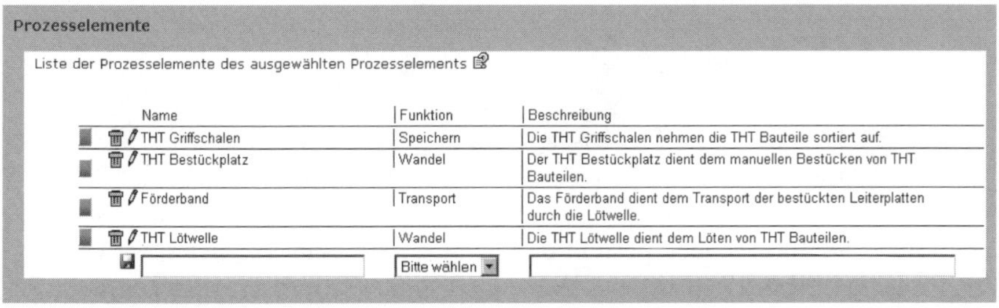
Prozesselemente

Liste der Prozesselemente des ausgewählten Prozesselements

Name	Funktion	Beschreibung
THT Griffschalen	Speichern	Die THT Griffschalen nehmen die THT Bauteile sortiert auf.
THT Bestückplatz	Wandel	Der THT Bestückplatz dient dem manuellen Bestücken von THT Bauteilen.
Förderband	Transport	Das Förderband dient dem Transport der bestückten Leiterplatten durch die Lötwelle.
THT Lötwelle	Wandel	Die THT Lötwelle dient dem Löten von THT Bauteilen.
	Bitte wählen	

Abb. 14. Eingabe von Prozesselementen

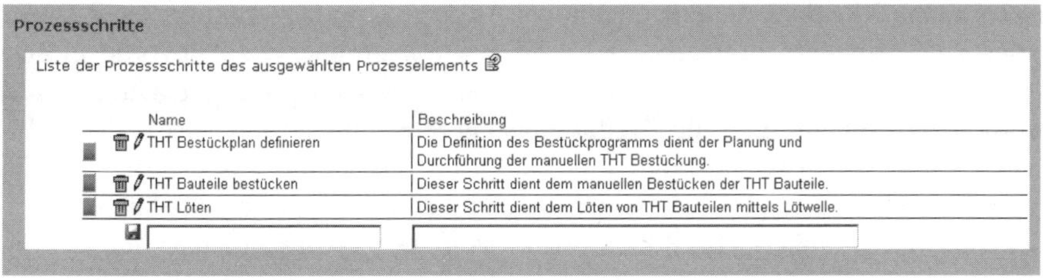
Prozessschritte

Liste der Prozessschritte des ausgewählten Prozesselements

Name	Beschreibung
THT Bestückplan definieren	Die Definition des Bestückprogramms dient der Planung und Durchführung der manuellen THT Bestückung.
THT Bauteile bestücken	Dieser Schritt dient dem manuellen Bestücken der THT Bauteile.
THT Löten	Dieser Schritt dient dem Löten von THT Bauteilen mittels Lötwelle.

Abb. 15. Eingabe von Prozessschritten

Nach der Eingabe der Prozesselemente und Prozessschritte erfolgt eine Zuordnung von Prozesselementen zu den jeweiligen Prozessschritten über eine Zuordnungsmatrix (s. Abb. 16). Durch die Zuordnung wird definiert, welche Prozesselemente an der Durchführung der einzelnen Prozessschritte beteiligt sind. Diese Zuordnung erlaubt im Rahmen der späteren Auswertung die Interpretation von kritischen Prozesselementen und den daraus resultierenden kritischen Prozessschritten.

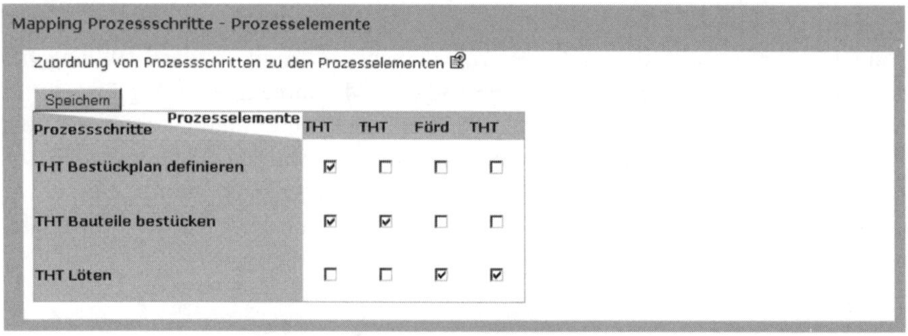

Abb. 16. Zuordnung von Prozesselementen zu Prozessschritten

Nach der Definition der Prozesselemente und Prozessschritte wird für das ausgewählte Prozessmodul mittels einer Selbstbewertung die aktuelle Ist-Situation bewertet. Zu diesem Zweck werden 15 Fragen bezüglich der Erfüllung bestimmter funktionaler Anforderungen gestellt und dazu jeweils fünf mögliche Antwortlevel vorgegeben (s. Abb. 17). Der Anwender kann somit für jede Frage die aktuelle Ist-Situation des Prozessmoduls durch Selektion einer Antwort qualitativ einordnen und damit eine umfassende Selbstbewertung durchführen. Die Selbstbewertung bietet so die Möglichkeit, eine qualitative Aussage über den funktionalen Zustand eines Prozessmoduls zu treffen. Bei jeder Frage kann über das Antwortlevel hinaus eine Abhängigkeit der Antwort von bestimmten Prozesselementen definiert werden. So können z.B. die Produktionsunterbrechungen von bestimmten Maschinen und Anlagen abhängig sein. Durch die Definition von Abhängigkeiten zwischen bestimmten Prozesselementen und Erfüllungsgraden wird im Rahmen der Auswertung ein ganzheitliches Bild von den Prozessmodulen aufgezeigt. Gleichzeitig wird deutlich, ob durch die Einführung bestimmter Konzepte und Methoden ggf. eine Verbesserung erzielt werden kann, oder ob für die Verbesserung eines Prozessmoduls die Optimierung von Maschinen und Anlagen erforderlich ist.

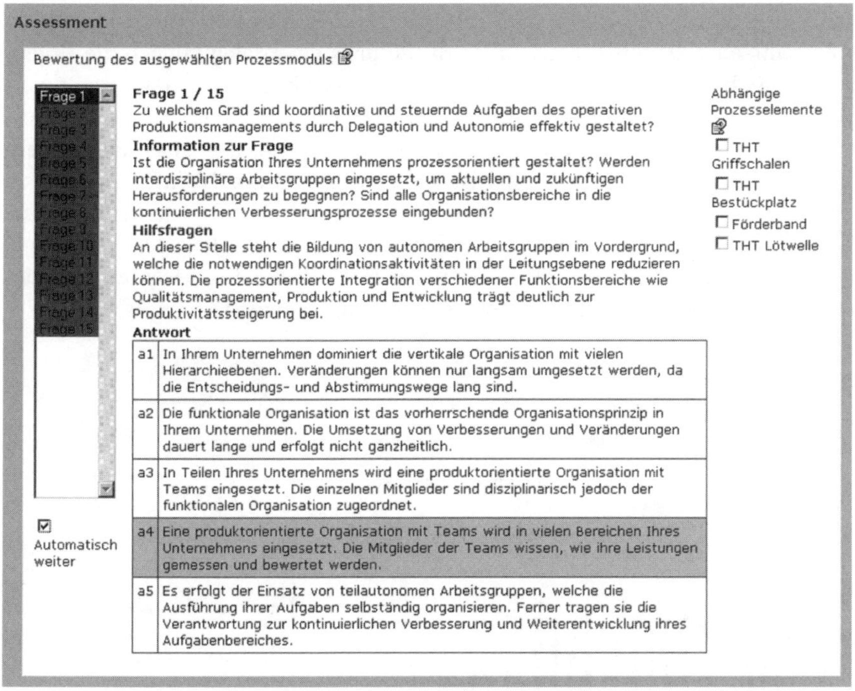

Abb. 17. Selbstbewertung der Ist-Situation

Nach der Durchführung der Selbstbewertung ist die Eingabe eines Prozessmoduls vollständig. Um im nächsten Schritt eine Auswertung durchführen zu können, müssen für alle definierten Prozessmodule die Prozesselemente, Prozessschritte sowie die Selbstbewertung vollständig hinterlegt sein. In der Übersicht der Prozessmodule (s. Abb. 11) wird durch eine grüne Markierung angezeigt, ob alle notwendigen Eingaben im System hinterlegt sind.

2.5 Modul Auswertung

Nachdem die Informationen zu der Strategie, den Einflussfaktoren, den Prozessmodulen und der Ist-Situation durch den Anwender eingegeben sind, können diese Informationen durch Zuhilfenahme der Software ausgewertet werden. Ziel der Auswertung ist die Visualisierung der Stärken und Schwächen der Prozessmodule des Produktionssystems aus verschiedenen Perspektiven. Zur Auswertung bestehender Stärken und Schwächen stehen verschiedene grafische Ausgaben zur Verfügung. Auf Basis der grafischen Ausgaben können Handlungsfelder identifiziert sowie zugehörige Konzepte und Methoden ausgewählt werden. Um die Ausprägungen der Ergebnisse über verschiedene Prozessmodule direkt miteinander vergleichen zu können, steht in jeder Auswertung ein Drop-down Feld zur Verfügung, mit dem zwischen den verschiedenen Prozessmodulen umgeschaltet werden kann.

Zur einfachen Identifikation von Verbesserungspotenzialen können die Ergebnisse der Selbstbewertung direkt in Form von Balkendiagrammen dargestellt werden (s. Abb. 18). Sobald der Anwender den Mauszeiger über die Balken der Auswertung bewegt, werden Informationen zu den zugehörigen Handlungsfeldern angezeigt. Durch das Auswählen der Balken kann der Anwender Informationen zu jedem der 15 Handlungsfelder abrufen. Der Anwender kann weiterhin relevante Handlungsfelder selektieren und diese damit in eine Liste relevanter Handlungsfelder (auf der rechten Seite) hinzufügen. Innerhalb dieser Liste werden für jedes Prozessmodul wichtige Handlungsfelder zwischengespeichert.

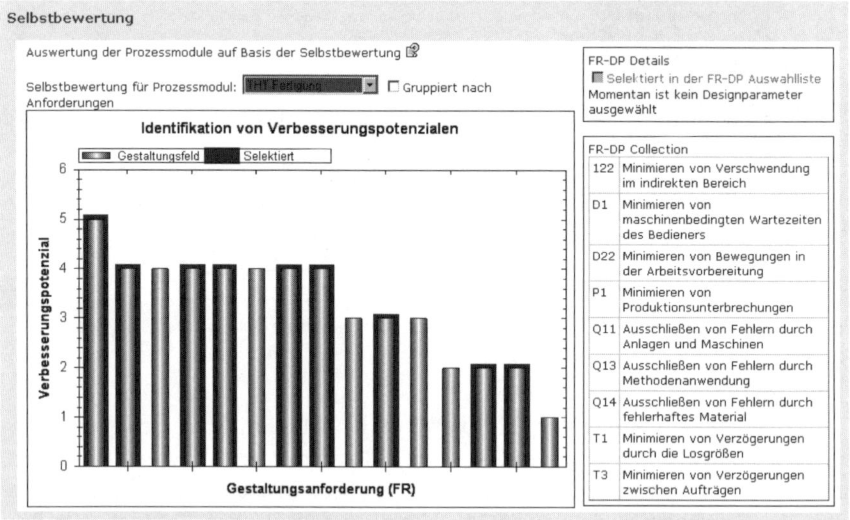

Abb. 18. Auswertung von Verbesserungspotenzialen

Über die auf die aktuelle Ist-Situation bezogene Auswertung hinaus, besteht die Möglichkeit einer strategieorientierten Analyse (s. Abb. 19). Eine strategisch orientierte Analyse erlaubt die Einbeziehung der strategisch relevanten Ziele und Fähigkeiten und damit eine Portfolioanalyse der Schwachstellen. Das Portfolio setzt dabei die strategische Relevanz der Handlungsfelder ins Verhältnis zum aktuellen Verbesserungspotenzial. Dabei ergibt sich die strategische Relevanz aus der Verknüpfung der gewichteten strategischen Fähigkeiten und der Ist-Situation. Somit ermöglicht das Portfolio die Identifikation langfristig wichtiger Handlungsfelder. Anforderungen, die sowohl für die Umsetzung strategischer Ziele wichtig sind, als auch derzeit ein großes Verbesserungspotenzial aufweisen, stellen besonders relevante Handlungsfelder dar. Auch in dieser Ansicht kann der Anwender durch auswählen der Handlungsfelder im Portfolio diese selektieren und in die Liste relevanter Handlungsfelder hinzufügen.

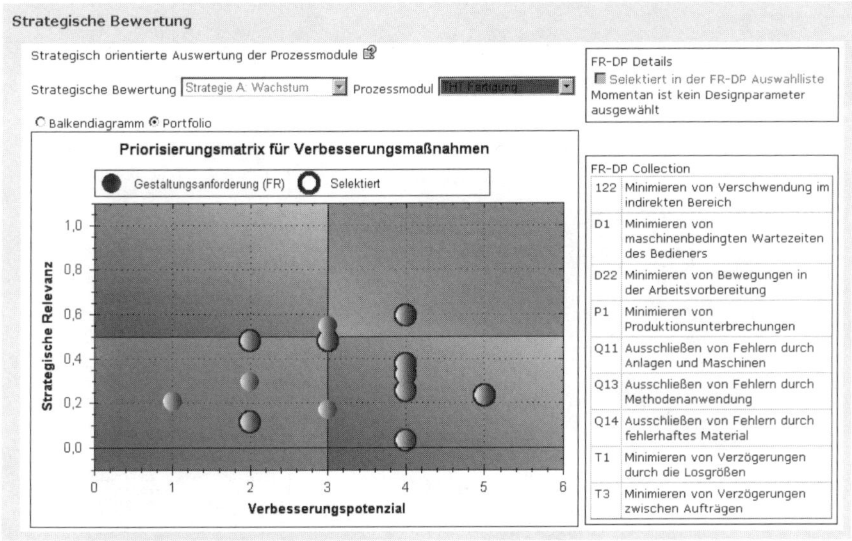

Abb. 19. Strategieorientierte Auswertung von Verbesserungspotenzialen

Für kleine und mittlere Unternehmen ist es von großer Bedeutung, die zu erwartenden zeitlichen, finanziellen und personellen Aufwendungen bei der Einführung neuer Konzepte und Methoden im Vorfeld abschätzen zu können. Ein unerwartet hoher Aufwand kann leicht zu einem Risikofaktor für die langfristige Umsetzung und Verankerung werden. Damit kommt der Bereitstellung von qualitativem Wissen über zu erwartende Aufwendungen für neue Konzepte und Methoden eine wichtige Funktion zu.

Zur Unterstützung bei der Abschätzung des Realisierungsaufwandes für die Umsetzung von Verbesserungen in einzelnen Handlungsfeldern kann eine Auswertung zur Aufwandsprognose aufgerufen werden (s. Abb. 20). Grundlage der Aufwandsprognose stellt dabei die gewählte Organisationsform des jeweiligen Prozessmoduls dar. Für jede Organisationsform sind in Abhängigkeit der Handlungsfelder qualitative Aufwandprognosen in der Software hinterlegt. Indem der prognostizierte Realisierungsaufwand in Bezug zu dem bestehenden Verbesserungspotenzial gesetzt wird, können Entscheidungen über die Priorisierung und Auswahl von Handlungsfeldern weiter verfeinert werden. Auch in dieser Ansicht wird die Liste relevanter Handlungsfelder angezeigt, so dass unter Berücksichtigung des Realisierungsaufwandes einzelne Handlungsfelder zu der vorläufigen Projektliste hinzugefügt bzw. abgewählt werden können.

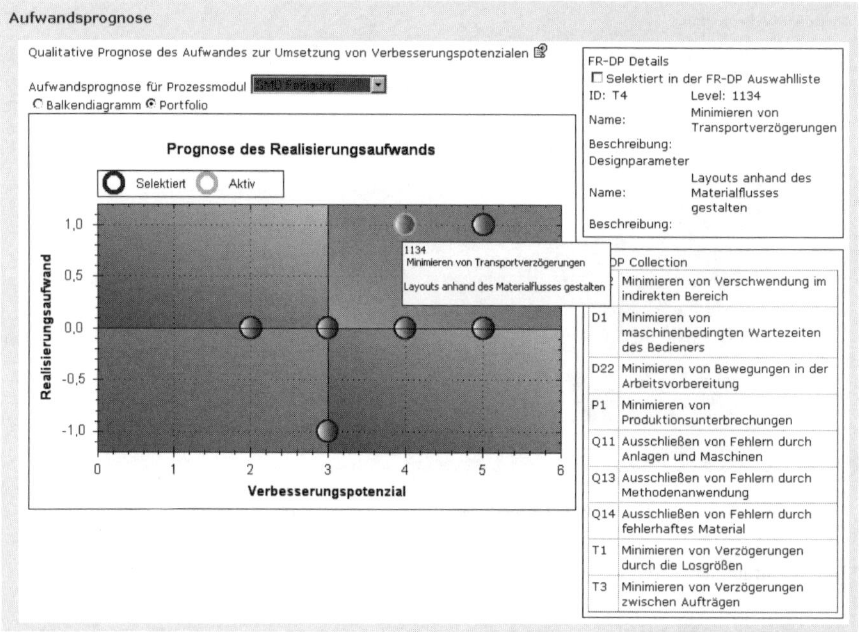

Abb. 20. Prognose des Realisierungsaufwandes von Verbesserungsmaßnahmen in Handlungsfeldern

Eine weitere Möglichkeit der Auswertung besteht hinsichtlich der Identifikation kritischer Einflussfaktoren. Im Rahmen der Eingaben wurde für jeden Einflussfaktor die jeweilige Auftrittswahrscheinlichkeit definiert. Darüber hinaus wurde in Abhängigkeit der Prozessmodule der jeweilige Einflussgrad der Einflussfaktoren bestimmt. Basierend auf diesen Informationen unterstützt die Software die Identifikation kritischer Einflussfaktoren (s. Abb. 21). Die Portfoliodarstellung ermöglicht eine schnelle Ermittlung der kritischen Einflussfaktoren sowohl für jedes einzelne Prozessmodul als auch übergreifend für alle Prozessmodule. Die Einflussfaktoren werden als Punkte im Portfolio dargestellt, wobei die Farbe der Punkte die Zuordnung zu den jeweiligen Prozessmodulen darstellt.

Ziel der Analyse ist es, diejenigen Einflussfaktoren zu identifizieren, die mit hoher Wahrscheinlichkeit auftreten und sich auf ein oder mehrere Prozessmodule stark auswirken. Diese kritischen Einflussfaktoren können die Umsetzung von Verbesserungsmaßnahmen in verschiedenen Prozessmodulen gleichzeitig beeinträchtigen und müssen daher besonders berücksichtigt werden. Das Wissen über kritische Einflussfaktoren kann bei der Auswahl von Konzepten und Methoden mit einbezogen werden. Zu diesem Zweck können die hemmenden Eigenschaften kritischer Einflussfaktoren auf die Einführung bestimmter Methoden im letzten Schritt der Auswertung, der Vernetzungsanalyse, untersucht werden.

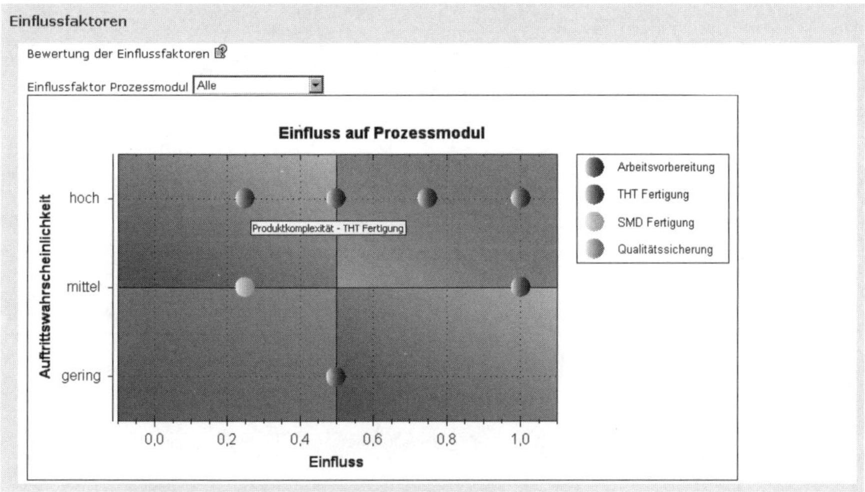

Abb. 21. Identifikation kritischer Einflussfaktoren

Nachdem im Rahmen der grafischen Auswertung eine vorläufige Projektliste mit Handlungsfeldern für Konzepte und Methoden erstellt wurde, können die gesammelten Handlungsfelder in einer tabellarischen Übersicht angezeigt werden (s. Abb. 22). Für jedes Handlungsfeld werden die zugrunde liegenden funktionalen Anforderungen sowie die betroffenen Prozessmodule und abhängigen Prozesselemente angezeigt. Damit erhält der Anwender auf einen Blick eine Übersicht der wichtigsten Informationen der identifizierten Handlungsfelder. Durch die Auswahl eines Handlungsfeldes werden im unteren Bereich die dafür zur Verfügung stehenden möglichen Konzepte und Methoden zur Verbesserung dargestellt. Durch die Auswahl des Namens des Konzeptes bzw. der Methode werden weiterführende Informationen auf der ProfiL-Internetseite angezeigt (vgl. Kap. 2.6).

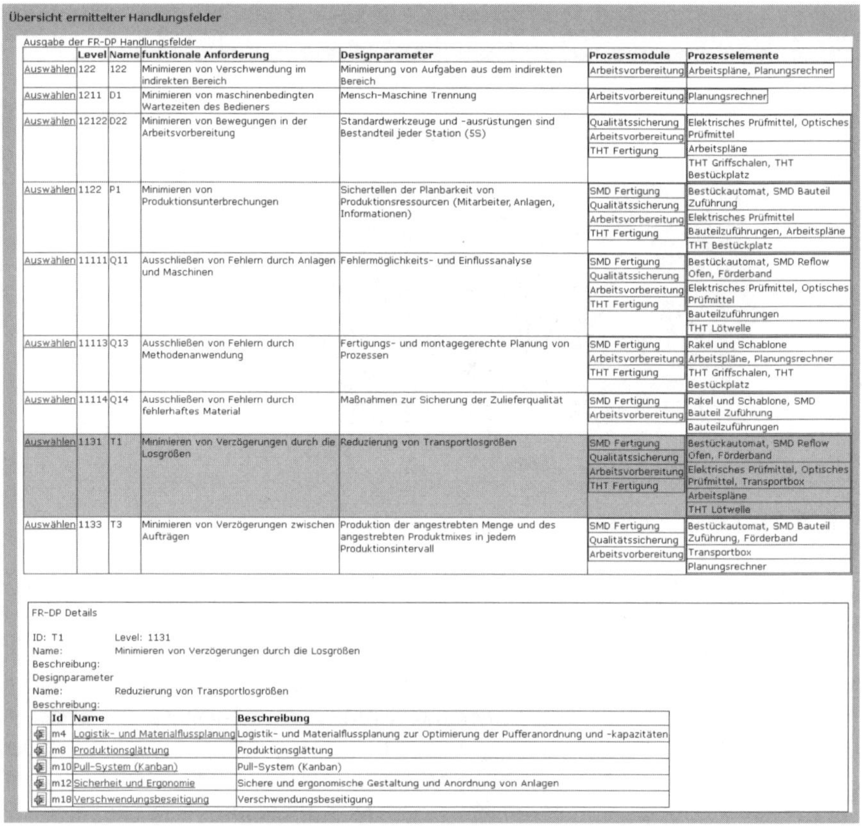

Übersicht ermittelter Handlungsfelder

Ausgabe der FR-DP Handlungsfelder

	Level	Name	funktionale Anforderung	Designparameter	Prozessmodule	Prozesselemente
Auswählen	122	122	Minimieren von Verschwendung im indirekten Bereich	Minimierung von Aufgaben aus dem indirekten Bereich	Arbeitsvorbereitung	Arbeitspläne, Planungsrechner
Auswählen	1211	D1	Minimieren von maschinenbedingten Wartezeiten des Bedieners	Mensch-Maschine Trennung	Arbeitsvorbereitung	Planungsrechner
Auswählen	12122	D22	Minimieren von Bewegungen in der Arbeitsvorbereitung	Standardwerkzeuge und -ausrüstungen sind Bestandteil jeder Station (5S)	Qualitätssicherung Arbeitsvorbereitung THT Fertigung	Elektrisches Prüfmittel, Optisches Prüfmittel Arbeitspläne THT Griffschalen, THT Bestückplatz
Auswählen	1122	P1	Minimieren von Produktionsunterbrechungen	Sichertellen der Planbarkeit von Produktionsressourcen (Mitarbeiter, Anlagen, Informationen)	SMD Fertigung Qualitätssicherung Arbeitsvorbereitung THT Fertigung	Bestückautomat, SMD Bauteil Zuführung Elektrisches Prüfmittel Bauteilzuführungen, Arbeitspläne THT Bestückplatz
Auswählen	11111	Q11	Ausschließen von Fehlern durch Anlagen und Maschinen	Fehlermöglichkeits- und Einflussanalyse	SMD Fertigung Qualitätssicherung Arbeitsvorbereitung THT Fertigung	Bestückautomat, SMD Reflow Ofen, Förderband Elektrisches Prüfmittel, Optisches Prüfmittel Bauteilzuführungen THT Lötwelle
Auswählen	11113	Q13	Ausschließen von Fehlern durch Methodenanwendung	Fertigungs- und montagegerechte Planung von Prozessen	SMD Fertigung Arbeitsvorbereitung THT Fertigung	Rakel und Schablone Arbeitspläne, Planungsrechner THT Griffschalen, THT Bestückplatz
Auswählen	11114	Q14	Ausschließen von Fehlern durch fehlerhaftes Material	Maßnahmen zur Sicherung der Zulieferqualität	SMD Fertigung Arbeitsvorbereitung	Rakel und Schablone, SMD Bauteil Zuführung Bauteilzuführungen
Auswählen	1131	T1	Minimieren von Verzögerungen durch die Losgrößen	Reduzierung von Transportlosgrößen	SMD Fertigung Qualitätssicherung Arbeitsvorbereitung THT Fertigung	Bestückautomat, SMD Reflow Ofen, Förderband Elektrisches Prüfmittel, Optisches Prüfmittel, Transportbox Arbeitspläne THT Lötwelle
Auswählen	1133	T3	Minimieren von Verzögerungen zwischen Aufträgen	Produktion der angestrebten Menge und des angestrebten Produktmixes in jedem Produktionsintervall	SMD Fertigung Qualitätssicherung Arbeitsvorbereitung	Bestückautomat, SMD Bauteil Zuführung, Förderband Transportbox Planungsrechner

FR-DP Details

ID: T1 Level: 1131
Name: Minimieren von Verzögerungen durch die Losgrößen
Beschreibung:
Designparameter
Name: Reduzierung von Transportlosgrößen
Beschreibung:

	Id	Name	Beschreibung
	m4	Logistik- und Materialflussplanung	Logistik- und Materialflussplanung zur Optimierung der Pufferanordnung und -kapazitäten
	m8	Produktionsglättung	Produktionsglättung
	m10	Pull-System (Kanban)	Pull-System (Kanban)
	m12	Sicherheit und Ergonomie	Sichere und ergonomische Gestaltung und Anordnung von Anlagen
	m18	Verschwendungsbeseitigung	Verschwendungsbeseitigung

Abb. 22. Übersicht ermittelter Handlungsfelder

Auf Basis der tabellarischen Übersicht der Handlungsfelder kann der Anwender die im unteren Bildbereich angezeigten Konzepte und Methoden mittels Auswahl des „+“ Symbols in eine Projektliste (s. Abb. 23) übernehmen. Durch diesen Schritt werden die zuvor identifizierten allgemeinen Handlungsfelder zu einer Projektliste auf Basis von Konzepten und Methoden konkretisiert.

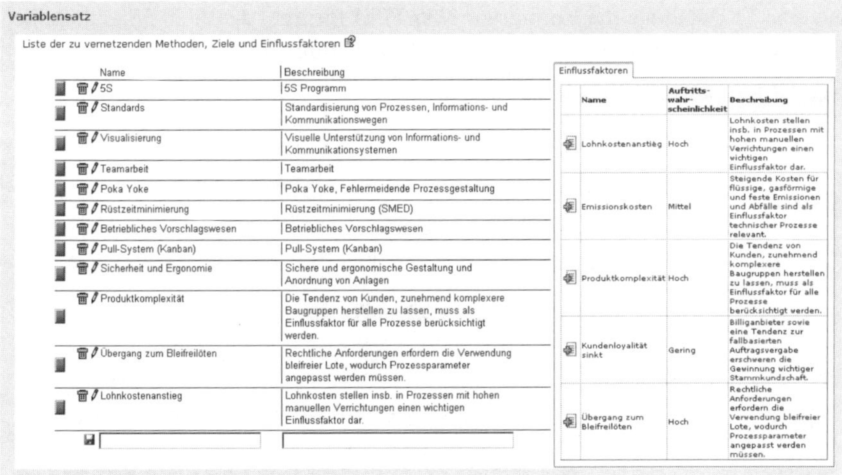

Abb. 23. Projektliste mit neuen Methoden und bestehenden Einflussfaktoren

2.6 Modul Bewertung und Interpretation alternativer Lösungen

Vor der Einführung von Konzepten und Methoden ist es wichtig, mögliche unerwartete Wechselwirkungen oder unerwünschte Nebeneffekte im Vorfeld zu erkennen. Zu diesem Zweck kann der Anwender die Konzepte und Methoden der Projektliste gemeinsam mit den Einflussfaktoren zu einer ganzheitlichen Situationsbeschreibung verdichten, die sich durch die Einführung der Veränderungen ergeben würde. Die ganzheitliche Situationsbeschreibung auf Basis von Einflussfaktoren und Konzepten bzw. Methoden ermöglicht dem Anwender eine ganzheitliche Vernetzung dieser Faktoren vorzunehmen. Ziel dieser Vernetzung ist die Aufstellung einer Wirkungsmatrix, in der fördernde und hemmende Wechselwirkungen erkennbar werden (s. Abb. 24).

Eine Wirkungsmatrix dient dazu, komplexe Abhängigkeiten zwischen verschiedenen Variablen bzw. Maßnahmen eines Systems zu erkennen, indem man sich von der traditionellen Sichtweise des linearen Ursache-Wirkung-Denkens abwendet und sich zu einer ganzheitlichen Betrachtung hinwendet. Sie hilft, alle potenziell möglichen Vernetzungen der verschiedenen Maßnahmen und Einflussfaktoren aufzuzeigen und zu verstehen. Die potenziellen wechselseitigen fördernden und hemmenden Eigenschaften von Einflussfaktoren, Konzepten und Methoden werden somit durch eine Vernetzung in einer Fördermatrix und einer Hemmmatrix transparent gemacht. Die Beziehungen werden dabei qualitativ bewertet, indem definiert wird, ob sie fördernder oder hemmender Natur sind. So kann z.B. die Einführung von Arbeitsstandards die Umsetzung eines kontinuierlichen Verbesserungsprozesses hemmen, da Mitarbeiter aufgrund der bestehenden

Standards eine Unveränderbarkeit einer Situation vermuten. Auf der anderen Seite kann eine 5S-Methode die Einführung von TPM fördern, da die in 5S enthaltenen Schritte auch bei der Methode TPM zum Einsatz kommen.

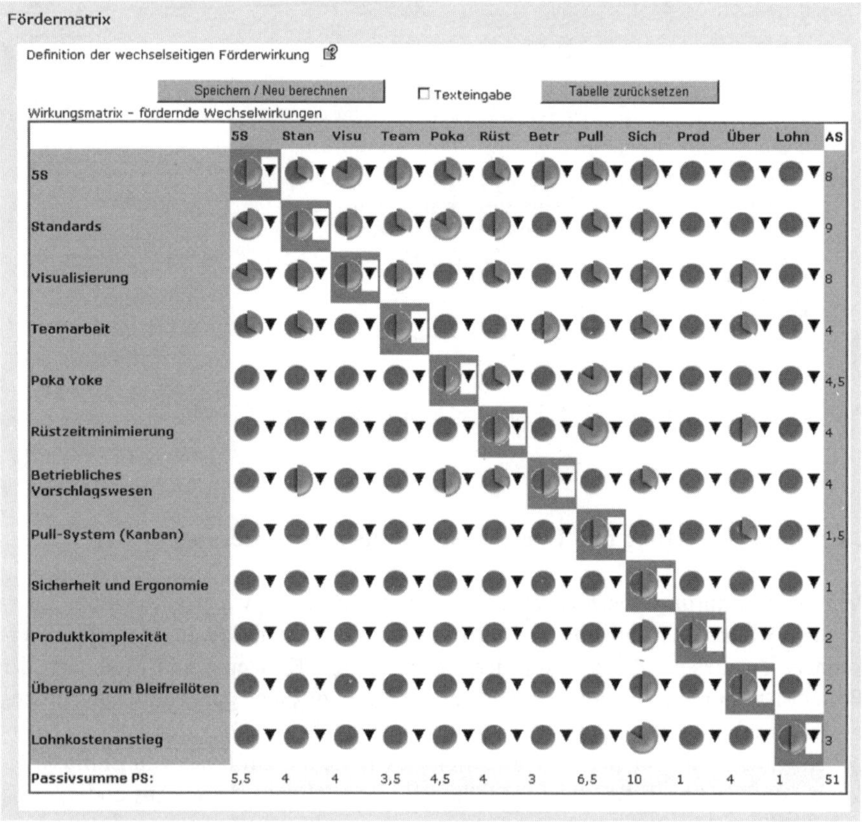

Abb. 24. Cross-Impact-Analyse: Beispiel einer Fördermatrix

Die relative Vernetzung fördernder und hemmender Wirkzusammenhänge erlaubt die Interpretation der Abhängigkeiten von geplanten Maßnahmen. Durch die Bewertung, inwieweit ein Faktor die anderen Faktoren fördert oder hemmt, kann ein umfassendes Verständnis über die zukünftige Situation gewonnen werden. Damit kann eine Wissensgrundlage für wichtige Entscheidungen über Veränderungsmaßnahmen getroffen werden.

Darüber hinaus können die zeitlichen Wirkungen von Rahmenbedingungen und Maßnahmen in Form von kurz-, mittel- und langfristig wirksamen Faktoren durch eine Auswertung mittels eines sogenannten Vernetzungsdiagramms beschrieben werden (s. Abb. 25). Diese Informationen stellen eine fundamentale Grundlage zur zielorientierten Lenkung von Veränderungen dar. Erst mit dem Wissen darüber, ob die Wirkung einer neu eingeführten Methode kurz- oder langfristig zu erwarten ist, können im Verlauf der Zeit sinnvolle Entscheidungen zur Aufrechterhaltung neuer Lösungen getroffen werden. Die Erstellung des Vernetzungsdiagramms aus der Förder- und Hemmmatrix ist im Folgenden kurz erläutert.

Die Bewertungsfelder der Förder- und Hemmmatrix werden durch Auswahl der wechselseitigen Wirkung ausgefüllt. Die Intensität der Wirkung wird dabei entweder als „keine Wirkung = 0“, „schwach = 0,5“, „mittel = 1“ oder „stark = 2“ bewertet. Die Zahlenwerte innerhalb einer Zeile werden anschließend für jede der zehn Variablen addiert. Diese Summen bilden die Aktivsummen (AS) der Variablen und sind eine Kennzahl für die Auswirkungen einer Variablen. Außerdem werden die Summen der Spalten zu den Passivsummen (PS) gebildet. Die Passivsumme ist als Kennzahl für Einwirkungen definiert. Um die Interpretation der Wechselwirkungen zu erleichtern, wird zum einen der Quotient AS/PS gebildet und zum anderen das Produkt AS*PS berechnet. Der Quotient gibt den Aktivitätsgrad einer Methode bzw. eines Einflussfaktors an. Ein Quotient < 1 bedeutet, dass die Einwirkung auf die betreffende Methode bzw. den betreffenden Einflussfaktor größer ist als deren Einfluss auf die anderen und somit im Kontext des Gesamtsystems passiven Charakter besitzt. Bei einem Quotienten > 1 hingegen gilt eine Methode oder ein Einflussfaktor als aktiv. Das Produkt ist ein Maß für die Vernetzungsintensität von Methoden und Einflussfaktoren. Je höher der Wert des Produktes ist, desto stärker ist die entsprechende Methode bzw. der Einflussfaktor in das Wirkungsgefüge des gesamten Systems eingebunden.

Nachdem die wechselseitigen Förder- und Hemmeigenschaften definiert sind, kann das Ergebnis der Vernetzung in Form eines Interpretationsnetzes visualisiert werden (s. Abb. 25). Der Quotient und das Produkt aus Aktiv- und Passivsumme definieren die Lage einer Variablen in einem Interpretationskoordinatensystem. Auf der Ordinate wird die Vernetzung – also das Produkt – aufgetragen und auf der Abszisse (logarithmischer Maßstab) die Aktivität – also der Quotient. Die Wirkungsmatrix wird einmal als Fördermatrix und einmal als Hemmmatrix ausgefüllt, um sowohl die fördernden als auch die hemmenden Wechselwirkungen zu erfassen. In dem Vernetzungsdiagramm werden für jede Variable daher zwei Punktepaare eingetragen, die zur besseren Übersichtlichkeit miteinander verbunden werden. Anhand des Vernetzungsdiagramms kann so die Rolle bzw. Bedeutung jeder einzelnen Methode und jedes Einflussfaktors für das Gesamtsystem bestimmt werden. Auf Basis einer vertikalen Einteilung des Vernetzungsdiagramms in Wirkbereiche können somit kurz-, mittel- und langfristig wirksame Methoden und Einflussfaktoren unterschieden werden. Darüber hinaus ist es z.B. möglich zu erkennen, welche Methoden einen positiven Hebeleffekt für andere Methoden darstellen können. Auch eine Interpretation der Wirkung von Einflussfaktoren wird dabei unterstützt.

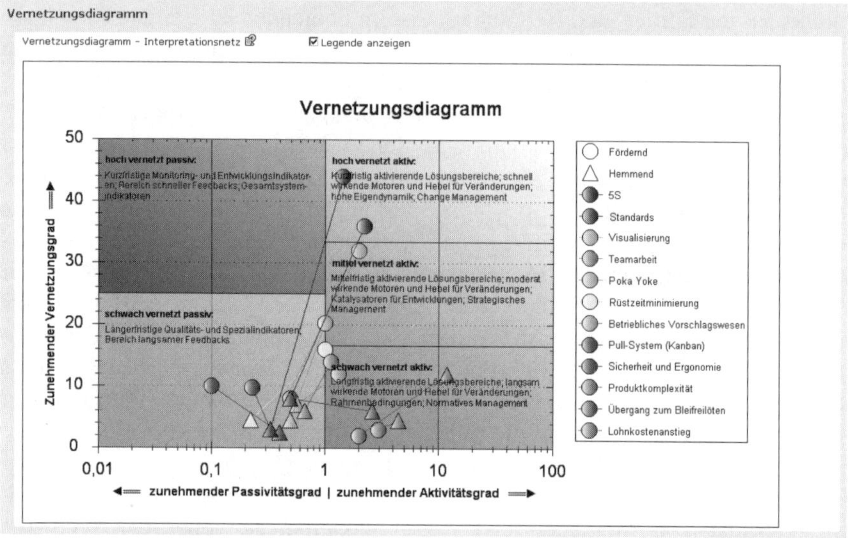

Abb. 25. Vernetzungsdiagramm

Nach der Auswertung des Vernetzungsdiagramms kann entschieden werden, welche Methoden bzw. Methoden-Mixe für die aktuelle Situation des Unternehmens und die einzelnen Prozessmodule sinnvoll sind. Durch die Übernahmen von Methoden in die „Mein Methoden-Mix" Liste kann abschließend ein unternehmensindividuelles Ganzheitliches Produktionssystem konfiguriert werden (s. Abb. 26).

Mein Methoden-Mix

Übersicht strategisch ausgerichteter Methoden

Name	Beschreibung
5S	Einführung 5S Programm
Standards	Einführung von standardisierten Arbeitsplänen und Prozessen
Visualisierung	Einführung von visuellen Prozesskennzahlen zur Entscheidungsunterstützung
Teamarbeit	Einführung teilautonomer und eigenverantwortlicher Arbeitsgruppen
Rüstzeitminimierung	Initiierung von Programmen zur Minimierung von Rüstzeiten

Abb. 26. Unternehmensindividuell konfigurierter Methoden-Mix

2.7 Modul Informationsbereitstellung

Über die Unterstützung der strategieorientierten Konzept- und Methodenauswahl hinaus bietet das Modul Informationsbereitstellung dem Anwender die Möglichkeit, weiterführende Informationen zu einzelnen Konzepten und Methoden abzurufen. Die ProfiL-Software unterstützt die operative Umsetzung von Maßnahmen (z.B. die Einführung einer ganzheitlichen Maschinenwartung oder eines Kanban-Systems, etc.) durch die Bereitstellung von Methodenwissen, Vorlagedokumenten, Kontaktinformationen sowie weiterführenden Literatur- und Internetquellen. Zu diesem Zweck stellt die Software die Informationen für Konzepte und Methoden online bereit (s. Abb. 27). Durch die Auswahl des Namens einer Methode in der Ansicht „Übersicht ermittelter Handlungsfelder" oder „Mein Methoden-Mix" gelangt der Anwender zu der internetbasierten ProfiL-Methodensammlung.

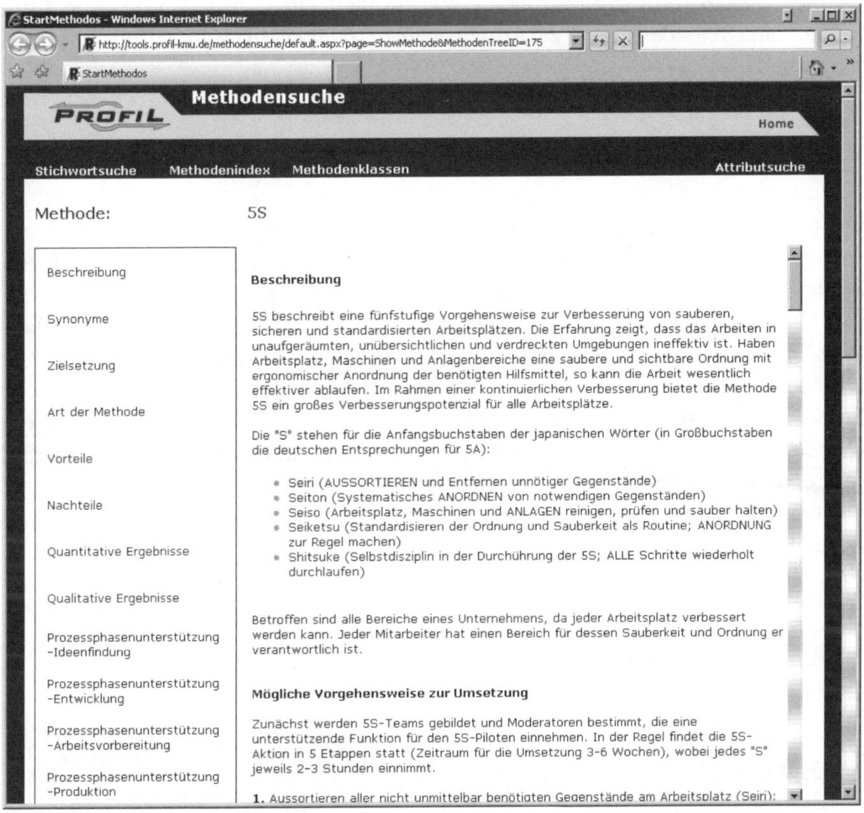

Abb. 27. Informationsbereitstellung zu Konzepten und Methoden

3 Exemplarische Anwendungsbeispiele zur ProfiL-Software

Lars Bergmann

Nachdem im Kapitel 2 die grundlegende Funktionsweise der ProfiL-Software vorgestellt wurde, werden im Folgenden weiterführende Beispiele der Anwendung erläutert. Dabei werden insbesondere die Möglichkeiten zur Ableitung von Konzepten und Methoden sowie zur Analyse von Strategien und Organisationsformen vorgestellt.

3.1 Vergleich von Konzepten und Methoden

In Kapitel 2 wurde die grundsätzliche Vorgehensweise zur Ableitung von Konzepten und Methoden dargestellt. Über die einmalige Ableitung und Auswahl von Methoden hinaus kann die Software dazu verwendet werden, ein Set von Methoden über verschiedene Prozessmodule hinsichtlich ihres potenziellen Nutzenbeitrags zu analysieren. Aufgrund der prozessmodulspezifischen Ist-Situation verschiedener Prozessmodule besteht die Möglichkeit, dass sehr unterschiedliche Schwachstellen in verschiedenen Prozessmodulen vorherrschen. Daraus kann ein sehr unterschiedliches Verbesserungspotenzial bestimmter Methoden resultieren, während die strategische Relevanz für beide Prozessmodule bei gleicher Strategie identisch ist. In Abbildung 28 werden die Arbeitsvorbereitung (a) und die SMD Bestückung (b) als Prozessmodule betrachtet.

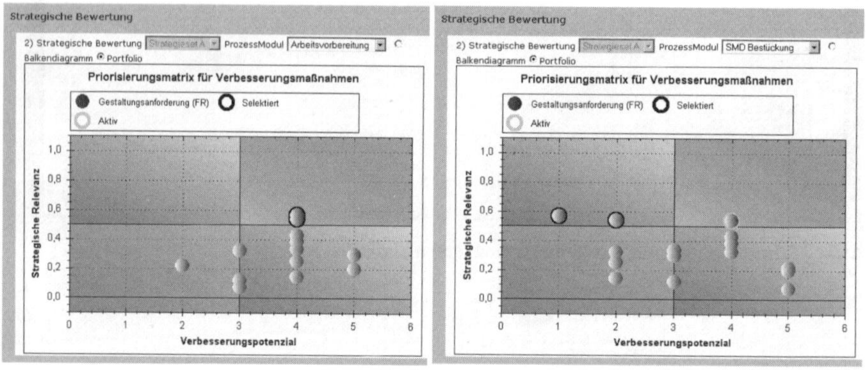

a) b)

Abb. 28. Portfolioanalyse von Verbesserungsmaßnahmen verschiedener Prozessmodule

Im dargestellten Beispiel sind jeweils zwei identische Handlungsfelder selektiert. Die zwei Portfolios zeigen, dass die ausgewählten Handlungsfelder zwar für beide Prozessmodule eine identische strategische Relevanz besitzen, gleichzeitig bestehen jedoch gravierende Unterschiede dieser Handlungsfelder bezüglich der bestehenden Verbesserungspotenziale. Während die zwei ausgewählten Handlungsfelder in der Arbeitsvorbereitung ein hohes Verbesserungspotenzial besitzen, bieten sie im Bereich der SMD Bestückung nur ein sehr geringes Verbesserungspotenzial. Diese Erkenntnis ist von großer Relevanz für die differenzierte Auswahl und Einführung von Konzepten und Methoden in diesem Handlungsfeld. Auf Basis der Portfolioanalyse können somit für jedes Prozessmodul spezifische Methoden ausgewählt werden, ohne dass diese in dem gesamten Unternehmen eingeführt werden müssen. Besteht dagegen auf Basis der Portfolioanalyse einer konkreten Situation ein ähnlich hohes Verbesserungspotenzial in mehreren Prozessmodulen, so kann eine flächendeckende Einführung von Methoden vorgenommen werden.

3.2 Analyse verschiedener Strategien

Eine weitere Analysemöglichkeit besteht in der Untersuchung, inwieweit eine bestimmte Strategie und die dafür benötigten strategischen Fähigkeiten die strategische Relevanz verschiedener Handlungsfelder beeinflussen. Da eine Unternehmensstrategie im Verlaufe der Zeit angepasst bzw. verändert werden kann, ist es von Interesse, für die Auswahl von Strategien die damit verbundenen Veränderungen in der strategischen Relevanz verschiedener Handlungsfelder zu ermitteln. Auf Basis einer Portfolioanalyse lassen sich die strategischen Relevanzen verschiedener Handlungsfelder in Abhängigkeit von verschiedenen Strategien visualisieren (s. Abb. 29).

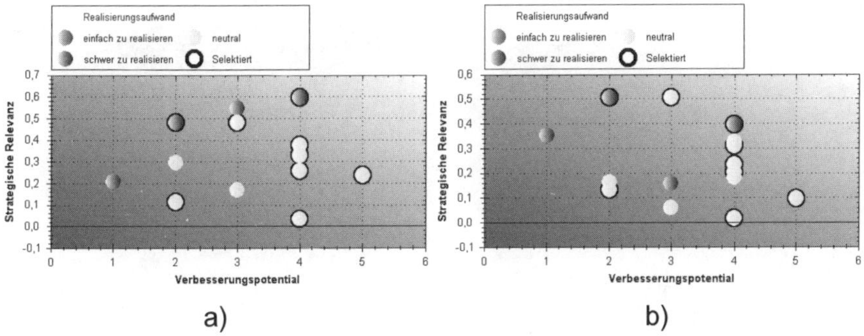

Abb. 29. Portfolioanalyse der strategischen Relevanz bei alternativen Strategien

Das Beispiel zeigt den Einfluss zweier unterschiedlicher Strategien (bzw. verschieden gewichteter strategischer Fähigkeiten) auf die strategische Relevanz von Handlungsfeldern. Während bei der ersten Strategie (a) z.B. der Großteil der schwer zu realisierenden Handlungsfelder eine hohe strategische Relevanz besitzt, ist die strategische Relevanz dieser Handlungsfelder bei der zweiten Strategie (b) geringer. Insgesamt lässt sich erkennen, dass die strategische Relevanz vieler Handlungsfelder bei der zweiten Strategie geringer ist. Dies ist damit zu erklären, dass zur Umsetzung der zweiten Strategie weniger stark ausgeprägte strategische Fähigkeiten notwendig sind. Anhand dieser Auswertung wird deutlich, dass eine verfolgte Strategie und die damit verbundenen notwendigen strategischen Fähigkeiten die Relevanz der Handlungsfelder signifikant beeinflussen. Bevor neue Konzepte und Methoden in verschiedenen Handlungsfeldern eingeführt werden, sollte daher überprüft werden, wie stark der Einfluss der verfolgten Strategie auf die Relevanz der Handlungsfelder ist. Falls die Geschäftsführung eine Veränderung einer strategischen Richtung plant, kann die ProfiL-Software Entscheidungen für bestimmte Handlungsfelder unterstützen und somit verhindern, dass mit großem Aufwand neue Konzepte und Methoden eingeführt werden, die bei der neuen Strategie nur eine geringe strategische Relevanz haben.

3.3 Analyse verschiedener Organisationsformen

Die Art der Organisationsform von Prozessmodulen hat einen großen Einfluss auf den zu erwartenden Aufwand für die Umsetzung von Verbesserungen in verschiedenen Handlungsfeldern. Vor diesem Hintergrund bietet die ProfiL-Software die Möglichkeit, den Einfluss verschiedener Organisationsformen (von verschiedenen Prozessmodulen) auf den zu erwartenden Realisierungsaufwand in bestimmten Handlungsfeldern miteinander zu vergleichen (s. Abb. 30).

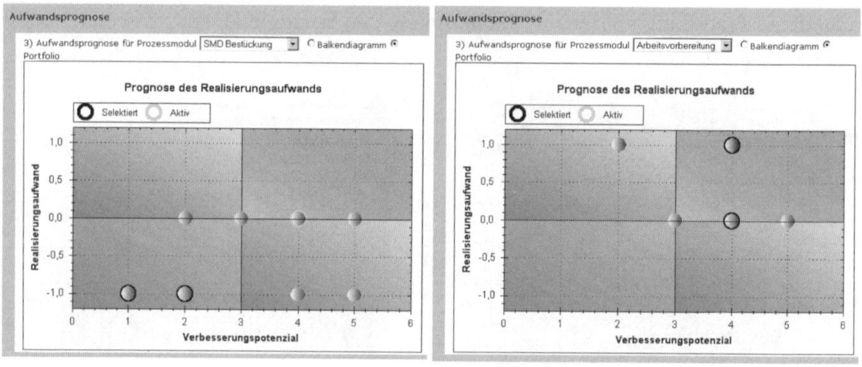

a) b)

Abb. 30. Portfolioanalyse verschiedener Organisationsformen

Im dargestellten Beispiel hat das Prozessmodul SMD Bestückung (a) die Organisationsform „Teilautomatisierte Linie“ und das Prozessmodul Arbeitsvorbereitung (b) die Organisationsform „Werkstattfertigung“. Die Portfoliodarstellung zeigt, dass die zwei selektierten Handlungsfelder im Prozessmodul SMD Bestückung ein geringes Verbesserungspotenzial und einen geringen Realisierungsaufwand haben. Dagegen bieten diese zwei Handlungsfelder im Prozessmodul Arbeitsvorbereitung sehr hohe Verbesserungspotenziale, die sich jedoch nur unter Inkaufnahme eines hohen Realisierungsaufwandes erschließen lassen. Diese differenzierte Betrachtung ermöglicht eine gezielte Abwägung und Entscheidung für die Auswahl von Handlungsfeldern und kann damit eine Fehlinvestition in Optimierungsanstrengungen verhindern.

Zusammenfassung und Ausblick

1 Zusammenfassung

Einer integrierten Modernisierung in kleinen und mittleren Unternehmen kommt für die Sicherung der Überlebensfähigkeit eine entscheidende Rolle zu. Während viele produzierende Unternehmen bereits einzelne Lösungen zur Gestaltung von Führung und Organisation eingeführt haben, verhindern fehlende Teillösungen sowie eine unzureichende wechselseitige Abstimmung und Integration bestehender Teillösungen die umfassende Ausschöpfung von Potenzialen im Unternehmen.

Ziel dieses Buches ist die Vorstellung der Ergebnisse des Verbundprojekts „Produktions- und Organisationsflexibilisierung im Life Cycle – ProfiL", in dem ein umfassendes Konzept zur integrierten Modernisierung kleiner und mittlerer Unternehmen erarbeitet wurde. Auf Basis theoretischer und konzeptioneller Grundlagen wurde das ProfiL-Konzept zur integrierten Modernisierung entwickelt und erfolgreich in vier Kleinunternehmen erprobt. Während im Teil 1 des Buches die konzeptionellen und theoretischen Grundlagen zur integrierten Modernisierung dargestellt werden, erfolgt in Teil 2 die Darstellung der Praxisbausteine aus dem Projekt. Diese praxisnahen Bausteine ermöglichen auch anderen KMU Aufgaben der integrierten Modernisierung nachzuvollziehen und selber umzusetzen. Das entwickelte Softwaretool zur Unterstützung von Modernisierungsprozessen wird im Teil 3 vorgestellt und anhand ausgewählter Beispiele erläutert.

Ausgehend von den besonderen Merkmalen kleiner und mittlerer Unternehmen und den damit einhergehenden Herausforderungen werden im Teil 1 die besonderen Merkmale von KMU und die aktuelle Situation deutscher KMU im europäischen Vergleich aufgezeigt. Dabei wird herausgestellt, dass bestimmte strukturelle und organisatorische Merkmale, wie z.B. die flachen Hierarchien und ein Mangel an hochqualifizierten Führungskräften, besondere Herausforderungen für die Gestaltung und Lenkung von Veränderungen im Rahmen von Modernisierungsprozessen darstellen.

Weiterhin werden auf Basis der Merkmale und Situation von KMU die Anforderungen an ein Konzept zur integrierten Modernisierung für KMU aufgezeigt. Auf Basis bekannter Konzepte und Modelle zur Modernisierung wird dargestellt, in wieweit diese Ansätze für die integrierte Modernisierung kleiner und mittlerer Unternehmen herangezogen werden können. Dabei wird insbesondere auf das Zusammenwirken von Führungs- und Ausführungskonzepten eingegangen. Weiterhin werden der besondere Einfluss der Merkmale von KMU sowie die potenziellen Auswirkungen von Veränderungen auf Mitarbeiter im Rahmen von Modernisierungsprozessen dargestellt. Abschließend werden die Anforderungen an ein Konzept zur integrierten Modernisierung abgeleitet, die als Grundlage zur Entwicklung des ProfiL-Konzeptes zur integrierten Modernisierung kleiner und mittlerer Unternehmen dienen.

Auf Basis der formulierten Anforderungen wird das entwickelte ProfiL-Konzept zur integrierten Modernisierung erläutert. Die wissenschaftliche Grundlage des Konzeptes bildet dabei eine systemorientierte Betrachtung von Unternehmen auf Basis des Modells lebensfähiger Systeme. Mit Hilfe des Modells wird sowohl die Analyse von Stärken und Schwächen eines Unternehmens als auch die Beschreibung der Wirkung von Konzepten und Methoden ermöglicht. Auf dieser Grundlage wird eine Vorgehensweise entwickelt, die es ermöglicht, systematisch Problemfelder auf allen organisatorischen Ebenen des Unternehmens zu beleuchten und Zusammenhänge und Ursachen von Problemen zwischen verschiedenen Unternehmensbereichen und -ebenen zu erkennen. Diese Erkenntnisse über Zusammenhänge von Problemen und Ursachen bilden die Grundlage für die Strategieentwicklung sowie die Organisation und Planung von Veränderungen. Damit Veränderungen zielgerichtet gestaltet werden können, wird ein Ansatz zur Lenkung und Bewertung von Modernisierungsprozessen sowie ein Qualifizierungskonzept für alle Unternehmensebenen vorgestellt.

Im Teil 2 des Buches werden 10 ausgewählte Praxisbeispiele für Aktivitäten der integrierten Modernisierung aus dem Projekt ProfiL vorgestellt. Ausgehend von der Positionsbestimmung eines Unternehmens (Teil 2, Kap. 1) werden konkrete Schritte zur Entwicklung und Formulierung einer Unternehmensstrategie vorgestellt (Teil 2, Kap. 2). Weiterhin wird dargestellt, wie eine Unternehmensstrategie mit Hilfe einer Balanced Scorecard als Führungs- und Kommunikationsinstrument umgesetzt werden kann (Teil 2, Kap. 3). Weitere Praxisbeispiele erläutern die Gestaltung transparenter Geschäftsprozesse (Teil 2, Kap. 4) sowie der Förderung des Denkens von Mitarbeitern in Wertschöpfung und Verschwendung (Teil 2, Kapitel 5). Zur langfristigen Ausrichtung von Modernisierungsprozessen werden die Gestaltung kontinuierlicher Verbesserungsprozesse (Teil 2, Kap. 6) sowie die Förderung selbstorganisierter Arbeit dargestellt (Teil 2, Kap. 7). Um auch externe Ressourcen wie z.B. Wissen und Erfahrungen für den Modernisierungsprozess nutzbar zu machen, erfolgt die Darstellung, wie sich Unternehmen vernetzen und externe Ressourcen erschließen können (Teil 2, Kap. 8). Damit eingeführte Maßnahmen und Veränderungen von Mitarbeitern akzeptiert werden und sie die verfolgten Ziele mittragen, werden Vorgehensweisen zur Kommunikation mit Mitarbeitern vorgestellt (Teil 2, Kap. 9). Abschließend erfolgt eine Darstellung, wie durch gezielte Mitarbeiterbefragungen die Wirkung von Veränderungen auf die Mitarbeitermotivation und die Arbeitsplatzsituation erfasst und bewertet werden kann (Teil 2, Kap. 10).

Im Rahmen des Projektes ProfiL wurde neben dem Konzept zur integrierten Modernisierung eine Software zur Unterstützung von Modernisierungsprozessen entwickelt. Im Teil 3 des Buches werden die entwickelten Softwaremodule sowie die Anwendungsmöglichkeiten der Software erläutert. Im Fokus der Ausführung stehen dabei die Unterstützung der strategisch orientierten Auswahl von Konzepten und Methoden sowie die Analyse potenzieller Wechselwirkungen. Mit Hilfe der Software können somit wichtige Aufgaben im Rahmen der integrierten Modernisierung unterstützt werden. Die ProfiL-Software kann nach einer Anmeldung im Internet unter http://ppsd.profil-kmu.de verwendet werden.

2 Ausblick

Das ProfiL-Konzept zur integrierten Modernisierung befähigt Eigentümer und Geschäftsführer kleiner und mittlerer Unternehmen ihre Unternehmen zielorientiert zu erneuern. Die entwickelte Vorgehensweise basiert dabei auf einem ganzheitlichen Verständnis von den vernetzten Funktionsmechanismen in Unternehmen. Vor diesem Hintergrund kommt dem systemischen Verständnis unternehmerischer Abläufe eine zentrale Bedeutung zu. Während das ProfiL-Konzept einen grundlegenden Rahmen für die notwendigen Aktivitäten, Prozesse und Qualifikationen zur Modernisierung bietet, erfordert die Umsetzung des Konzeptes in der unternehmerischen Praxis kleiner und mittlerer Unternehmen einen hohen zeitlichen Aufwand, insbesondere für die Eigentümer bzw. die Geschäftsführung. Zur Unterstützung der Aufgaben der Ist-Analyse und der Methodenauswahl im Rahmen der Modernisierung kann die ProfiL-Software als Hilfsmittel verwendet werden. Darüber hinaus ergeben sich jedoch weitere Aufgaben, die durch eine Software nicht unterstützt werden können und deshalb zumeist die Unterstützung externer Berater oder anderer Unternehmen bedürfen.

Ein zentrales Anliegen der integrierten Modernisierung liegt in der Gestaltung eines kontinuierlichen Verbesserungsprozesses, das in diesem Sinne die Modernisierung zu einer dauerhaften Aufgabe macht. Zur langfristigen Sicherung der (Über-)lebensfähigkeit eines Unternehmens müssen die Modernisierung täglich gelebt und Veränderungen regelmäßig gestaltet und im Sinne einer Lenkung überprüft werden. Dabei können z.B. durch externe Unternehmenspartner regelmäßig wertvolle Ideen und Verbesserungsvorschläge im Rahmen eines Unternehmensnetzwerkes gewonnen werden. Ein Beispiel für ein solches Lernnetzwerk stellt das *Lean Production System Network* der Region Braunschweig dar (http://www.lpsn.de). Durch wechselseitige Begehungen der Produktion der LPSN-Netzwerkpartner werden regelmäßig Ansatzpunkte für Verbesserungen identifiziert und umgesetzt. Die regelmäßige Wiederholung dieser Vorgehensweise zur Aufnahme externen Wissens stellt dabei einen zentralen Erfolgsfaktor für eine kontinuierliche Modernisierung dar.

Neben der Kontinuität von Modernisierungsanstrengungen stellt die Verankerung neuer Lösungen eine zentrale Herausforderung für Unternehmen dar. Dabei gilt es insbesondere die Faktoren Mensch und Unternehmenskultur im Kontext von Veränderungen bewusst zu integrieren und Veränderungen partizipativ zu gestalten. Die Einbindung der Mitarbeiter in Veränderungsprozesse stellt einen Erfolgsfaktor dar und erfordert sowohl die Integration der Mitarbeiterideen als auch des Feedbacks der Mitarbeiter über erfolgte Veränderungen.

Anhang

1 Ausführungskonzepte

1.1 Kanban

Kanban ist ein Ansatz zur Umsetzung einer selbststeuernden Produktion nach dem Pull-Prinzip und bedeutet aus dem japanischen übersetzt „Karte". Karten sind im Kanban für die Regelung des Materialflusses der einzelnen Produktionsstufen zuständig (Lödding u. Wiendahl 2005). Tritt ein Auftrag in das Produktionssystem ein, wird dieser nach dem Pull-Prinzip erst an die letzte Fertigungsstufe gesendet. Den einzelnen Fertigungsstufen sind kleine Puffer vorgeschaltet, um nach Auftragseingang einen sofortigen Produktionsbeginn sicherzustellen. Durch die Entnahme eines Teiles aus dem vorgelagerten Puffer erhält die nächste Fertigungsstufe durch eine Kanban-Karte einen Fertigungsauftrag (s. Abb. 1). Die benachbarten Fertigungsstufen bilden so einen selbststeuernden Regelkreis (Geiger et al. 2003).

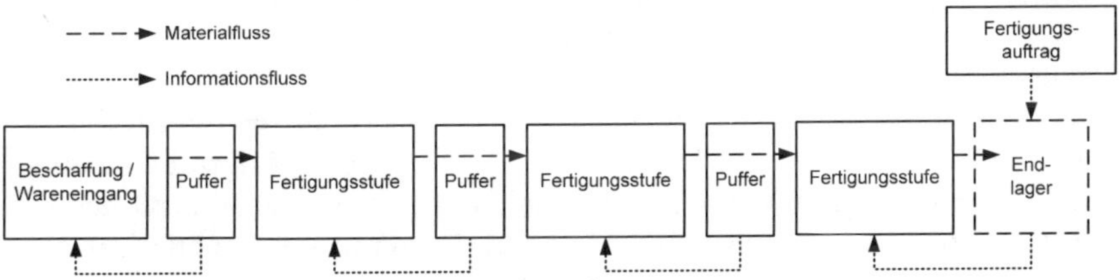

Abb. 1. Kanban Produktionssteuerung nach (Adam 1997, S. 629)

Ziele von Kanban sind (Zäpfel 2000):

- Hohe Termintreue
- Verringerung der Lagerbestände
- Senkung der Durchlaufzeiten

Weiterführende Literatur:
(Wildemann 2006; Geiger et al. 2003)

1.2 Just in Time und Just in Sequence

Das *Just in Time* Prinzip verfolgt das Ziel einer bedarfsgerechten Anlieferung der in der Produktion benötigten Teile zum richtigen Zeitpunkt, zum richtigen Ort und in der richtigen Qualität. Der Zulieferer hat mithilfe der integrierten Informationsverarbeitung direkten Zugriff auf die Materialbedarfsplanung der zu beliefernden Kunden und kann so den Anlieferungszeitpunkt selbst abstimmen (Hansmann 2001). Ein zentrales Merkmal ist, dass jeder Prozess nur das ordert bzw. fertigt, was der nachfolgende Prozess benötigt. Das JIT-Konzept ist daher nach dem Pull-Prinzip aufgebaut (Thaler 1999).

Grundlage für die Einführung vom JIT-Konzept ist eine vertrauensvolle Zusammenarbeit mit den Zulieferern, bspw. bei gemeinsamer Bestandsführung. Neben der Weitergabe sensibler, firmeninterner Daten spielen hier Qualitätsstandards und Zuverlässigkeit eine Rolle. Der Zulieferer muss einen konstant hohen Servicegrad halten, damit es in der Produktion beim Kunden nicht zu Verzögerungen kommt. Im Prozess beim Kunden selbst müssen die benötigten Stückzahlen und Termine mit einer hohen Sicherheit prognostiziert werden können. Basis dafür sind sichere Prozesse. Die Steuerung in einem JIT–Konzept muss zentral erfolgen, damit alle Partner in die Planung einbezogen werden können. Zur Integration der unterschiedlichen Wertschöpfungsstufen sind angemessene Informations- und Kommunikationssysteme unerlässlich. Die Teilnehmer müssen über eine geeignete Infrastruktur miteinander vernetzt sein. Heute geschieht dies meist über Internet und moderne Kommunikationskanäle wie E-Mail-Verkehr (Werner 2002).

Anwendung findet das JIT-Konzept vor allem in der Automobilbranche. Es werden vorwiegend hochwertige Variantenteile und Komponenten mit diesem Verfahren geordert, da sie in einem Lager auf ihren Einsatz wartend eine hohe Kapitalbindung zur Folge hätten.

Als Folge der zunehmenden Variantenvielfalt erfolgt heute die zeitgerechte Bereitstellung der anzuliefernden Teile sequenzgerecht in der richtigen Reihenfolge, wie sie in der Produktion verbaut werden sollen. Diese Art der Anlieferung wird als Just in Sequence bezeichnet (Werner 2002). Der Zulieferer benötigt dafür neben den Daten, die er im Rahmen einer JIT-Anlieferung erhalten würde, weitere Auskünfte über den Produktionsablauf.

Ziele von Just in Time sind (Hansmann 2001):

- Kundenorientierte und kostengünstige Produktion
- Kurze Durchlaufzeiten
- Geringe Lagerbestände
- Hohes Qualitätsniveau

Weiterführende Literatur:
(Wildemann 1991; Wannenwetsch 2005)

1.3 Qualitätszirkel

Qualitätszirkel sind kleine innerbetriebliche Arbeitskreise, die Probleme erfahrungsbezogen und zielorientiert bearbeiten. Ein Qualitätszirkel besteht aus einem Moderator und 3 bis 10 Mitarbeitern aus verschiedenen Arbeitsbereichen, die in regelmäßigen Abständen zusammentreffen, um qualitätsbezogene Probleme und Schwachstellen in ihren Bereichen durch Erfahrungs- und Informationsaustausch gemeinsam zu besprechen und zu lösen (Linß 2005). Dazu werden unter Anleitung des Moderators spezielle Arbeitstechniken, wie z. B. Brainstorming verwendet. Qualitätszirkel können in allen Unternehmensbereichen eingesetzt werden (Rischar u. Titze 1998).

Mit der Einführung von Qualitätszirkeln soll das spezielle Wissen der Mitarbeiter und deren Motivation zur Verbesserung gefördert werden. Die Arbeit im Qualitätszirkel hat das Ziel, alle Mitarbeiter selbstverantwortlich in den Prozess der Leistungserstellung mit einzubinden und das Auftreten von Problemen zu vermeiden. Im Rahmen der Problembearbeitung sollen Probleme identifiziert und Verbesserungsvorschläge erarbeitet werden. Genehmigte Problemlösungen sind selbst umzusetzen und zu kontrollieren.

Die Mitglieder eines Qualitätszirkels kommen entweder aus einem Arbeitsbereich (z.B. Produktion, Montage, Entwicklung usw.) oder problembezogen aus mehreren Bereichen, wobei jeweils Experten als Helfer hinzugezogen werden können. Qualitätszirkel arbeiten parallel zur regulären Organisationsstruktur und deren Einführung verändert somit nicht die vorhandene Funktions- und Arbeitsteilung. Produkt-, Prozess- und soziale Qualität stehen im Blickpunkt. Weitere Aspekte sind Fragen der Arbeitssicherheit, der Arbeitsplatzgestaltung und der Zusammenarbeit mit dem Vorgesetzten. Ausgenommen sind tarifvertraglich geregelte Fragen sowie grundsätzliche Managemententscheidungen und die Themenreligion und -politik.

Ziele eines Qualitätszirkels sind (Linß 2005):

- Kontinuierliche Qualitätsverbesserung
- Nutzung der Gruppendynamik
- Verstärkte Identifikation
- Einbeziehung von Mitarbeitererfahrungen

Weiterführende Literatur:
(Linß 2005; Rischar u. Titze 1998; Warnecke 1996; Binner 2002; Nedeß 1995)

1.4 Statistische Prozesskontrolle

Statistische Prozesskontrolle (engl.: Statistical Process Control, SPC) bedeutet übersetzt statistische Prozessregelung. In ihr werden Produktionsprozesse regelmäßigen Stichprobenprüfungen prozessintern, d. h. im laufenden Produktionsbetrieb unterzogen. Die entnommenen Stichproben werden auf Qualitätsregelkarten grafisch dargestellt und ausgewertet. Qualitative Abweichungen im Produktionsprozess können so schon frühzeitig erkannt und größtenteils im laufenden Produktionsprozess behoben werden. Qualitätsregelkarten finden sowohl bei der Prozessanalyse als auch bei der Prozesslenkung Anwendung (Linß 2005). In Abbildung 2 ist die Funktionsweise der statistischen Prozessregelung und der Qualitätsregelkarten als kleiner Qualitätsregelkreis dargestellt.

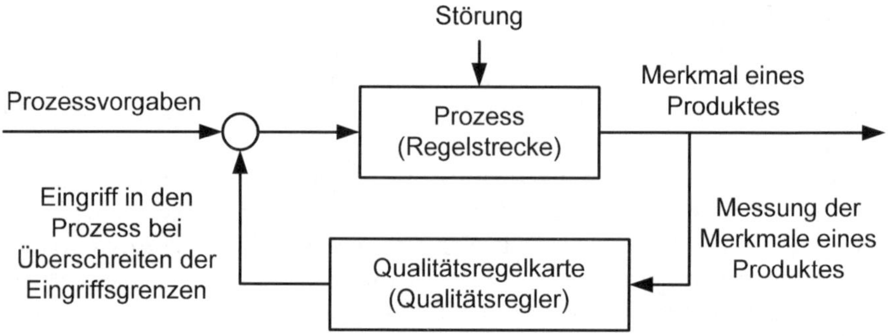

Abb. 2. Qualitätsregelkreis der statistischen Prozesskontrolle

Ziele von Statistical Process Control sind (Linß 2005):

- Fehler vor ihrer Entstehung zu erkennen
- Fehlervermeidung statt Fehlerentdeckung
- Minimierung von Prüfaufwand und Verlusten
- Reduzierung von Ausschuss und Nacharbeit
- Sichere und stabile Prozesse
- Verwirklichung der "Null-Fehlerstrategie“

Weiterführende Literatur:
(Oakland 1998)

1.5 Single Minute Exchange of Die

Single Minute Exchange of Die (SMED) ist ein Ansatz zur Reduzierung der Werkzeugwechselzeiten beim Einrichten und Umrüsten von Maschinen. Die Methode besteht aus Techniken, deren Anwendung es ermöglicht Anlagen in weniger als zehn Minuten zu rüsten (Shingo 1996).

Kurze Rüstzeiten sind für die erfolgreiche Anwendung einer schlanken Fertigung erforderlich, da mit ihnen Unternehmen eine Vielzahl unterschiedlicher Produkte in kleinen Mengen fertigen können. Zudem kann eine bedarfsorientierte sowie nahezu lagerfreie Produktion erreicht werden. Entsprechend hilft SMED Unternehmen, Produkte in kleinen Losgrößen kosteneffektiv zu produzieren.

SMED optimiert die Handhabungsprozesse zwischen Mensch und Maschine bei der Vorbereitung der Ein- und Umrüstvorgänge. Zeitersparnisse können u. a. erreicht werden, indem die Vorbereitung der Rüstvorgänge soweit wie möglich während der Maschinenlaufzeiten erfolgt. Dies wird auch als externer Werkzeugwechsel bezeichnet. SMED setzt sich aus folgenden Teilbereichen zusammen (Kamiske u. Brauer 2006):

- Trennung von internem und externem Werkzeugwechsel
- Inversion vom internen zum externen Werkzeugwechsel
- Einführung funktionaler Standardisierungen von Werkzeugen
- Verwendung funktionaler Spannklemmen
- Verwendung selbstzentrierender Spannvorrichtungen
- Einführung paralleler Handhabungen zur Optimierung der Arbeitsabläufe
- Eliminierung von Justierungsprozessen
- Maschinisierung des Werkzeugwechsels

Ziele von Single Minute Exchange of Die sind (Kamiske u. Brauer 2006):

- Reduzierung der Rüstzeiten
- Flexibilisierung der Produktion
- Senkung der Kosten durch lange Rüstzeiten

Weiterführende Literatur:
(Mcintosh et al. 2000; Shingo 1996; Sekine 1995; Kobayashi 1994)

1.6 Six Sigma

Das Six Sigma-Konzept stellt eine Strategie dar, die darauf ausgerichtet ist, in einer mehrstufigen Wirkungskette vom Kundennutzen ausgehend über die internen Prozesse und Marktleistungen bis zu den Unternehmensergebnissen Verbesserungen zu erzielen. Es sieht vor, die wichtigsten Kundenanforderungen zu erkennen, hieraus Produktcharakteristika zu definieren sowie Produkt- und Prozessmerkmale abzuleiten, um eine mögliche Null-Fehler-Qualität zu erreichen. Ein auf dieser Basis entwickeltes Produkt wird prozessfähig gemacht, um im Fertigungsverfahren das geforderte hohe Qualitätsniveau und damit eine große Kundenzufriedenheit zu erreichen.

Anfänglich stammt Six Sigma aus der Statistik und beschreibt die Standardabweichung eines Prozesses, der mit einer Wahrscheinlichkeit von 99,99966 % fehlerfrei ist (Kamiske u. Brauer 2006). Um diese hohe Prozessgüte zu erreichen, werden Verbesserungsprojekte systematisch mit fest definierten Projektphasen nach der DMAIC-Methode durchgeführt. DMAIC steht für Define Measure Analyse Improve Control. Der Ablauf der DMAIC-Methode erfolgt in fünf aufeinanderfolgenden Schritten (Linß 2005). Die einzelnen Phasen und die dazugehörigen Werkzeuge sind in der Abbildung 3 dargestellt.

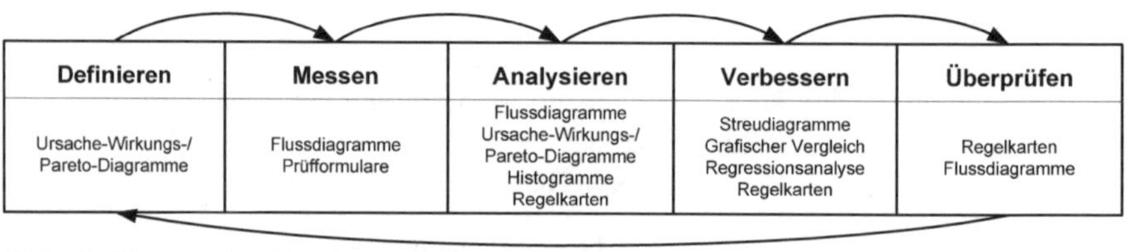

Abb. 3. Phasen der Six-Sigma-Verbesserungsmethodik (Linß 2005, S. 443)

Ziele von Six Sigma sind (Seghezzi 2003):

- Senkung der Fehlerkosten
- Verringerung der Durchlaufzeiten
- Erhöhung der Kundenzufriedenheit

Weiterführende Literatur:
(Magnusson et al. 2004; Angermeier et al. 2001; Töpfer 2007)

1.7 ABC-Analyse

Die ABC-Analyse ist ein Werkzeug zur Gewichtung einzelner Mengen und Werte nach ihrer Häufigkeit. Sie beruht auf dem Paretoprinzip, nachdem ein verhältnismäßig geringer Anteil an Ursachen (~20%) einem verhältnismäßig hohen Anteil an Wirkung (~80%) gegenübersteht. Die ABC-Analyse unterteilt die herangezogenen Daten nach ihrer Wichtigkeit in drei Klassen A, B und C (Werner 2002). Zum Beispiel stellen bei der Klassifizierung von Gütern in der Materialwirtschaft nach der ABC-Analyse etwa 20% der Güter etwa 70% bis 80% des Verbrauchswerts und 40% bis 50% der Güter etwa 5% bis 10% des Verbrauchswerts. Daran ist zu sehen, dass verhältnismäßig wenige Güter (A-Güter) einen verhältnismäßig hohen Verbrauchswert und verhältnismäßig viele Güter (C-Güter) einen verhältnismäßig kleinen Verbrauchswert erreichen (s. Abb. 4) (Günther u. Tempelmeier 2007). Die ABC-Analyse lässt sich vielfältig in den Bereichen der gesamten Wertschöpfungskette einsetzen.

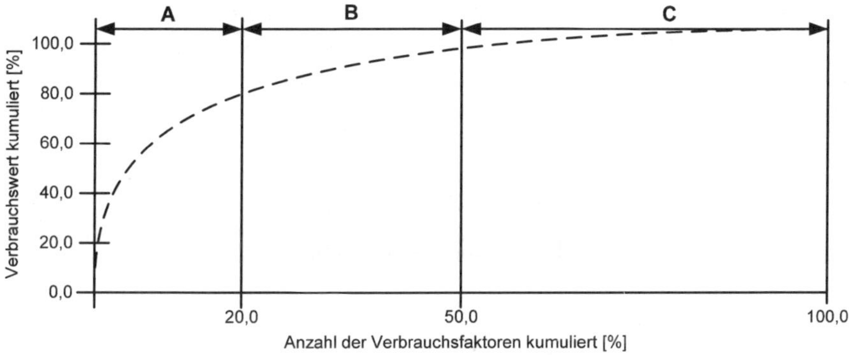

Abb. 4. ABC-Analyse (Günther u. Tempelmeier 2007, S. 179)

Ziele der ABC-Analyse sind (Werner 2002):

- Klassifizierung von Daten nach ihrer Wichtigkeit
- Wesentliches vom Unwesentlichen trennen
- Schnelle und unkomplizierte Anwendbarkeit
- Kosteneinsparungen

Weiterführende Literatur:
(Werner 2002; Wiendahl 1989; Günther u. Tempelmeier 2007)

1.8 Betriebsdatenerfassung

Die Erfassung und Rückmeldung von Daten aus der Fertigung in das PPS-System ist eine elementare Voraussetzung für die weitere Auftragsabwicklung. Verbrauchte Komponentenmengen und produzierte Artikel müssen mengenmäßig gebucht werden. Außerdem interessieren Daten wie die benötigten Mitarbeiter- und Maschinenzeiten, Ausschussmengen sowie auch Prozess- oder Qualitätsdaten. Die Rückmeldung von Daten ist besonders für die Fertigungssteuerung und das Produktions-Controlling wichtig. Diese Daten repräsentieren den Ist-Wert (z. B. Ist-Endtermin) und werden ähnlich wie bei der Qualitätssicherung zur Kontrolle, zur kurz-, mittel- und langfristigen Steuerung und zur Aktualisierung der Plandaten benötigt.

Die Betriebsdatenerfassung (BDE) enthält alle Maßnahmen zur rechnergestützten Datenerfassung von Auftragsdaten, Personaldaten, Maschinendaten, Lagerdaten und Qualitätsdaten. Die Daten werden elektronisch über Markierungsleser, Barcodescanner, OCR-Programme oder direkt aus den Maschinen von den BDE-Systemen eingelesen (Hansmann 2001). Teil der Betriebsdatenerfassung ist die Maschinendatenerfassung (MDE), Qualitätsdatenerfassung (QDE) und die Arbeitszeiterfassung (AZE). So können z. B. Maschinenzustände erfasst, Prüfergebnisse von Fertigteilen unmittelbar ausgewertet und Personenarbeitszeiten archiviert werden (Schöttner 1999).

Ziele der Betriebsdatenerfassung sind (Hansmann 2001):

- Erfassung von Daten aus Produktion, Logistik und Qualität
- Reduzierung von Kosten
- Erhöhung der Datenqualität
- Verbesserung der betrieblichen Abläufe

Weiterführende Literatur:
(Roschmann u. Junghanns 1993; Schöttner 1999; Krämer 2000)

1.9 Produktionsplanungs- und -steuerungssysteme (PPS)

Ein Produktionsplanungs- und -steuerungssystem ist ein Ansatz zur effizienteren Planung und Steuerung des Produktionsablaufs eines Unternehmens. Die Produktionsplanung umfasst dabei alle Aufgaben der Mengen-, Termin- und Kapazitätsplanung und die Steuerung aller Aufgaben der Veranlassung und Überwachung aller Produktionsabläufe. Als Basis der Planung und Steuerung dienen Daten der Grunddatenverwaltung. Sie enthalten u. a. Teiledaten, Erzeugnisstrukturdaten, Arbeitsplandaten und Arbeitsplatzdaten. In Abbildung 5 ist die Grundstruktur eines Produktionsplanungs- und -steuerungssystems dargestellt (Zäpfel 2000).

Abb. 5. Produktionsplanungs- und -steuerungssystem (Zäpfel 2000, S. 191)

Die vier Zielgrößen der PPS sind Bestand, Terminabweichung, Durchlaufzeit und Auslastung. Die Zielgrößen dürfen nicht getrennt voneinander betrachtet werden, da sie zum Teil konkurrierende Ziele darstellen.

Ziele von Produktionsplanungs- und -steuerungssystemen sind:

- Minimierung der Durchlaufzeiten
- Maximierung der Auslastung
- Erhöhung der Termintreue
- Verringerung der Bestände

Weiterführende Literatur:
(Günther u. Tempelmeier 2007; Zäpfel 2000; Wiendahl 1989)

1.10 Supply Chain Management

Supply Chain Management vernetzt mithilfe von Informationsverarbeitung die Wertschöpfungsketten von Unternehmen. Dabei wird die Versorgungskette vollständig von den Kunden über das Unternehmen bis hin zu den Lieferanten in den Informationsaustausch mit einbezogen und somit die Planung und Steuerung der Material- und Informationsflüsse entlang der gesamten Logistikkette ermöglicht (s. Abb. 6) (Hillek u. Nenninger 2000). Vorhandene Bereichs- und Unternehmensgrenzen sollen durch die übergreifenden Prozesse überwunden und abgebaut werden. Verbindungsstellen werden gegenseitig aufeinander abgestimmt (Pfohl 2004). Für die Umsetzung von Supply Chain Management werden entsprechende Komponenten zu Kooperationen, Produktion, Logistik und Qualität angewendet (Werner 2002).

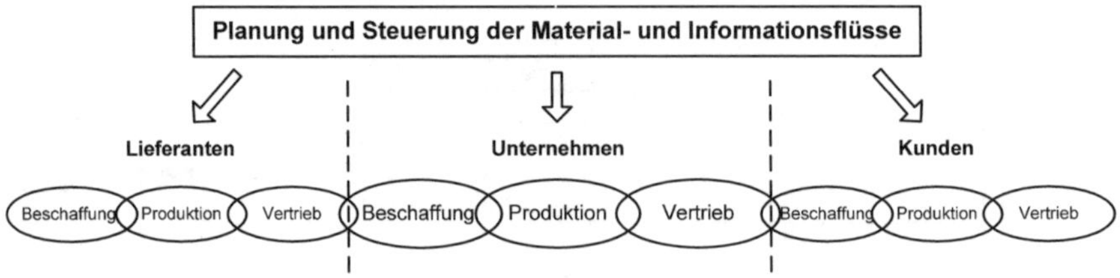

Abb. 6. Supply Chain Management (SCM)

Die Prinzipien, die notwendig sind, um Supply Chain Management erfolgreich umzusetzen sind: Positionierung, Postponement, Planung, Pull-Prinzip und Partnerschaft.

Ziele von Supply Chain Management sind (Hillek u. Nenninger 2000):

- Verbesserung der Kundenzufriedenheit durch zuverlässige und differenzierte Serviceniveaus
- Synchronisation der Bedarfe mit der Versorgung zur Reduzierung von Durchlaufzeiten
- Optimierung der Bestände entlang der kompletten Versorgungskette von Unternehmen
- Flexibilisierung der Ablaufprozesse und bedarfsgerechte Anpassung der Fertigung

Weiterführende Literatur:
(Corsten 2001; Werner 2002; Simchi-Levi et al. 2004)

1.11 Total Productive Maintenance

TPM steht für „Total Productive Maintenance“ und heißt übersetzt „Produktionsumfassende Instandhaltung“. Der Begriff „Total“ weist darauf hin, dass im Gegensatz zur klassischen Instandhaltung, die eher als Hilfsbetrieb oder als Servicefunktion angesehen wird, das TPM-Konzept eine ganzheitliche Betrachtung verfolgt. Ganzheitlich bedeutet in diesem Zusammenhang, dass alle Mitarbeiter in den Verbesserungsprozess miteinbezogen und dass neben den technischen Kriterien auch die 4 M's: Mensch, Maschine, Methode und Material im Konzept eingebunden werden. Das *produktive*, methodische und vorbeugende Aufspüren und Reduzieren aller Verluste im Fertigungsprozess ist Teil des TPM-Konzepts. Dabei werden neben den sporadischen Verlustquellen auch die chronischen Verluste betrachtet.
Der Fokus des TPM-Konzepts liegt auf der Verantwortung aller Mitarbeiter für „ihre“ Maschinen (Hartmann 2007).

Die autonome Instandhaltung „Maintenance“ fördert dadurch eine vorausschauende Instandhaltung und unterstützt das Verantwortungsbewusstsein der Mitarbeiter. Die autonome Instandhaltung durch Maschinenarbeiter in Form von Kleingruppen ist der größte Unterschied des TPM zu anderen Instandhaltungsphilosophien. Bei der Total Productive Maintenance gibt es nach wie vor zentrale Instandhaltungsabteilungen. Durch die Einführung von TPM wird die Instandhaltungsabteilung nicht überflüssig, sondern gewinnt an Bedeutung, da sie weiterhin für das gesamte Instandhaltungsmanagement zuständig ist. Routinearbeiten (Reinigen, Einstellen, Schmieren und Inbetriebnahme) gehen in den Verantwortungsbereich des Maschinenarbeiters über. Dadurch werden die Mitarbeiter der Instandhaltung entlastet. Andere Instandhaltungsaufgaben, z.B. komplizierte Reparaturen, Optimierungen oder Inspektionen die eine spezielle Qualifikation erfordern, bleiben Sache der Instandhaltung (Biedermann 1997).

Ziele von TPM sind:

- Hohe Verfügbarkeit - Kein ungeplanter Stillstand der Betriebsanlagen
- Hohe Qualität - Kein (von den Betriebsanlagen) verursachter Defekt
- Hohe Leistung - Kein Geschwindigkeitsverlust der Betriebsanlagen
- Förderung des rechtzeitigen Erkennens und Behebens von Schwachstellen
- Aktive Einbindung der Mitarbeiter und Erweiterung ihres Aufgabenbereichs

Weiterführende Literatur:
(Westkämper u. Sihn 1998; Wildemann 2005)
(Bloss 1995; Nakajima 1995; Mählck u. Panskus 1993)

1.12 Die 5S-Methode

Die 5S-Methode beschreibt eine fünfstufige Vorgehensweise zur Verbesserung von sauberen, sicheren und standardisierten Arbeitsplätzen. 5 S steht dabei für die 5 Schritte dieser Methode, die alle mit dem Buchstaben „S“ beginnen: *Selektieren, Sortieren, Säubern, Standardisieren und Selbstdisziplin.* Beim *Selektieren* werden alle Gegenstände am Arbeitsplatz (Material, Werkzeuge, ...) aussortiert, die nicht mehr benötigt werden. Dazu werden Gegenstände nach ihrer Gebrauchshäufigkeit klassifiziert und nicht erforderliche Gegenstände weggeworfen oder versteigert. Gegenstände, bei denen nicht sicher ist ob sie noch benötigt werden, können mit einer roten Karte mit „Verfallsdatum“ markiert werden. Meldet sich bis zum Ablauf des Datums niemand, dann werden diese Gegenstände auch aussortiert. Danach werden die verbleibenden Gegenstände *sortiert*, d.h. ihnen wird ein fester Platz zugewiesen und dieser wird gekennzeichnet (z. B. eine Werkzeugwand als so genannte „Schattenwand“, auf welcher der Schatten/Umriss der Werkzeuge aufgezeichnet ist und so sofort erkenntlich ist, wo welches Werkzeug hingehört). Hierbei gilt das Prinzip „Ein Ort für jeden Gegenstand und jeder Gegenstand an seinem Ort. Im dritten Schritt wird der Arbeitsplatz *gesäubert.* Hierzu sind geeignete Reinigungsutensilien zu beschaffen und Verantwortlichkeiten festzulegen. Eine Tabelle zum Abzeichnen als Bestätigung der durchgeführten Reinigung erleichtert das Einhalten einer regelmäßigen Säuberung. Nun beginnt der nächste Schritt, die *Standardisierung*, mit der für die ersten drei Schritte feste Abläufe als Standards definiert werden. Der fünfte Schritt besagt, dass die Durchführung von 5 S zur *Gewohnheit wird*, eigenständig durchgeführt wird und die Standards ständig verbessert werden (Bicheno 2004)

Ziele der 5S-Methode sind:

- Reduzierung von Suchzeiten und von Werkzeug- und Hilfsstoffbeständen
- Vermeidung von Fehlern
- Steigerung des Verantwortungsbewusstseins der Mitarbeiter
- Steigerung der Transparenz der betrieblichen Abläufe sowie Erhöhung der Arbeits- und Prozesssicherheit
- Steigerung der Qualität

Weiterführende Literatur:
(Institut für Angewandte Arbeitswissenschaft 2003; Feggeler u. Neuhaus 2002; Oeltjenbruns 2000; Hirano 1996; Schultetus 2007)

1.13 Standards

Ein *Standard* ist eine einheitliche, weithin anerkannte und meist auch angewandte (oder zumindest angestrebte) Art und Weise, etwas herzustellen oder durchzuführen, die sich gegenüber anderen Arten und Weisen durchgesetzt hat (Shingo 1993).
Im Bereich der Technik und Naturwissenschaften findet der Begriff im allgemeinen Verwendung als Überbegriff für technische Normen (im Sinne von Übereinkünften oder Verordnungen), die sich in der Praxis eine breite Akzeptanz verschafft haben, und für Vereinheitlichungen, die sich ungeplant infolge gesellschaftlicher Prozesse und Erfahrungen der Praxis ergeben, entwickelt und als eine Art stillschweigende Übereinkunft etabliert haben. Ein *Methodenstandard* ist ein planmäßiges Verfahren zum Erreichen eines Ziels, das sich gegenüber anderen Verfahren (etwas herzustellen oder durchzuführen) durchgesetzt hat.

Einige Beispiele für Methodenstandards sind im Folgenden aufgelistet. Das *Standardarbeitsblatt* (SAB) listet die Tätigkeiten des Arbeitsablaufs und diejenigen Schlüsselpunkte auf, die weiterer Präzisierung bedürfen. Sie werden an jeder Arbeitsstation ausgehängt. SAB's dokumentieren alle prozessrelevanten Daten für einen Takt oder einen Arbeitszyklus. Sie enthalten beispielsweise: notwendige Werkzeuge, Maschinen, Einbaumaterial, Vorgaben zu Beständen/Puffern und Sicherheitshinweise. Ein *standardisierter Materialbestand* definiert den Maximalbestand, der zwischen zwei Prozessen oder innerhalb eines Prozesses erlaubt ist (Bestand an Halbfertigteilen). Erlaubt ist nicht mehr als der Bestand, der nötig ist, um zwei unabhängige Prozesse zu synchronisieren. *Standardisierte Abläufe bei Qualitätsproblemen* zielen auf eine nachhaltige Behebung von Fehlerursachen ab. Die Abläufe sind standardisiert, um in jedem Fall eine identische Vorgehensweise zu garantieren. So erreicht man, dass bei jedem Fehler nicht nur die Auswirkungen sondern auch die Fehlerursachen beseitigt werden (Spath 2003).

Ziele der Einführung und Einhaltung von Standards sind:

- eine frühzeitige Identifikation von Abweichungen
- eine Anwendung der „best practices“ durch alle Mitarbeiter
- eine Überwachung von Schwankungen
- die Erhöhung der Effizienz durch Verständnis

Weiterführende Literatur:
(Feggeler u. Neuhaus 2002; Spath 2003; Oeltjenbruns 2000; Takeda 2006a; Clarke 2007; Takeda 2006b; Spath 2003)

1.14 Visuelles Management

Das „Visuelle Management“ oder im Englischen „Visual Management“ dient vor allem dazu, Transparenz und eine „Steuerung der Fertigung durch Sicht“ zu schaffen. Ziel ist es, sofort auf einen Blick den Zustand der Fertigung erkennen zu können, ohne die Fertigung selbst zu verlassen, um von anderen Abteilungen oder aus einem Computersystem noch Daten zu beschaffen (Bicheno 2004). Nur wenn Abweichungen vom gewünschten Zustand schnell erkannt werden können – an den Prozessen selbst oder anhand von geeigneten Kennzahlen – können zeitnah Ursachen der Probleme bestimmt und Gegenmaßnahmen eingeleitet werden.

Mittels der Visualisierung wird Wissen aus den rein planerischen Bereichen in die produktionsnahen Bereiche übertragen, wo es bei der Fertigung benötigt wird. Die Mitarbeiter werden durch das Visuelle Management über die aktuell geltenden Standards informiert *(Darstellung bester Weg)* und zur Lösung von Problemen befähigt *(Hilfe zur Selbsthilfe).*

Das Visuelle Management umfasst viele Methoden und Werkzeuge wie z. B. das Anbringen von Kennzeichnungen, gerahmte Stellplätze oder andere farbliche Markierungen sowie leicht einsehbare Nacharbeitszonen, die Mängel in der Qualität sofort sichtbar machen (Spath 2003). Weitere Werkzeuge zum Visuellen Management sind die Reißleine und Andon-Boards. Bei stark verketteten Prozessen kann eine Reißleine eingesetzt werden, die bei Fehlern und Problemen in den Fertigungsprozessen gezogen wird. Das Ziehen der Reißleine bewirkt, dass nach Ablauf des Taktes das Band gestoppt wird, wenn bis dahin das Problem nicht behoben wurde. Sofort nach Ziehen der Leine wird der Fehler durch Signallichter, die an der Linie oder auf dem Andon-Board angebracht sind, visualisiert. Andon-Boards (Andon = japanisch für Laterne) sind in der Fertigung an gut sichtbarer Stelle angebrachte Tafeln. Sie zeigen in der Regel wichtige Produktionskennzahlen (Fortschritt, Fehlerzahl, etc.) sowie Störungen und Anfragen nach Unterstützung für bestimmte Prozesse an.

Ziele der Visualisierung sind:

- Schaffung von Transparenz in der Fertigung
- Schnelle Erkennung von Abweichungen vom gewünschten Zustand
- Zeitnahe Bestimmung von Ursachen der Probleme und Einleitung von Gegenmaßnahmen.
- Unterstützung der kontinuierlichen Verbesserung von Prozessen
- Steigerung der Qualität und Kundenzufriedenheit

Weiterführende Literatur:
(Shingo 1993; Feggeler u. Neuhaus 2002; Imai 1997; Takeda 2006a)

1.15 Verschwendungsbeseitigung

Generell lassen sich Tätigkeiten im Unternehmen in wertschöpfende und nicht wertschöpfende Tätigkeiten unterscheiden. Wertschöpfend sind letztendlich die Vorgänge, bei denen der Wert des (halbfertigen) Produktes erhöht wird und für die der Kunde bereit ist, zu bezahlen (Liker u. Meier 2006). Nicht wertschöpfende Tätigkeiten können notwendig oder nicht notwendig sein. Nicht wertschöpfende und auch nicht notwendige Prozesse stellen Verschwendung dar. Verschwendung wird im Zusammenhang der Ganzheitlichen Produktionssysteme auch häufig mit dem japanischen Ausdruck „Muda“ bezeichnet.

Bei Toyota stand von Anfang an die Vermeidung jeglicher Verschwendung im Mittelpunkt. Durch die Veröffentlichungen von Taiichi Ohno, sind die bei Toyota betrachteten sieben Arten von Verschwendung bekannt (Ohno 2005). Zu den sieben Arten der Verschwendung zählen:

1. Verschwendung in Form von Überproduktion
2. Verschwendung in Form von Wartezeiten
3. Verschwendung durch Transport
4. Verschwendung bei den Prozessen der Produktbearbeitung selbst
5. Verschwendung durch Lagerbestände
6. Verschwendung in Form überflüssiger Bewegungen
7. Verschwendung in Form von defekten Produkten

Neben „Muda“ sind auch „Muri“ und „Mura“ zu vermeiden. Dabei bezeichnet „Muri“ im Japanischen die Überbelastung von sowohl des Menschen als auch der Maschinen. Belastungen über die natürliche Grenze hinaus führen zu Sicherheits- oder Qualitätsproblemen. „Mura“ ist dagegen der japanische Ausdruck für Ungleichmäßigkeit. Ungleichmäßige Auslastungen können durch kurzfristig veränderte Produktionsplanungen oder Probleme wie Maschinenstillstände und Fehlteile verursacht werden. Häufig bewirkt die Ungleichmäßigkeit Verschwendung, da oft das System für den ungünstigsten Fall ausgelegt wird. „Muda“, „Muri“ und „Mura“ werden manchmal unter dem Ausdruck die „3 Ms“ zusammengefasst (Liker 2004).

Ziele der Verschwendungsbeseitigung sind:
- Ausrichtung aller Aktivitäten am Mehrwert für den Kunden (engl.: „customer value“)
- Fokussierung auf wertschöpfende Tätigkeiten und Eliminierung der sieben Arten der Verschwendung

Weiterführende Literatur:
(Imai 1994, 1997; Kobayashi 1994)

1.16 Gruppenarbeit

Von Gruppenarbeit spricht man, wenn mehrere Mitarbeiter als Team gemeinsam eine weitestgehend in sich geschlossene Aufgabe erfüllen, dabei selbstständig die Ausführung der Aufgabe steuern und das Ergebnis im Rahmen der Vorgaben selbst kontrollieren. Bei der Gestaltung von Gruppenarbeit spielen die Auswahl der Gruppenmitglieder und deren Kompetenzen eine sehr wichtige Rolle. Die Mitarbeiter müssen, um den geänderten Anforderungen der Gruppenarbeit zu entsprechen, über geeignete Fähigkeiten verfügen oder qualifiziert werden (Institut für Angewandte Arbeitswissenschaft 2003).

Interaktionen zwischen den Gruppenmitgliedern können entscheidend zum Erfolg oder Misserfolg der Gruppenarbeit beitragen und stellen deshalb immer auch ein Risiko dar. Personelle Fähigkeiten, die über die Fähigkeit eines Mitarbeiters zur Gruppenarbeit entscheiden, sind insbesondere seine Fach-, Methoden- und Sozialkompetenz. Tätigkeiten, die für die Gruppenarbeit geeignet sein sollen, müssen ein Motivierungspotenzial für die Mitarbeiter aufweisen, was durch entsprechende Arbeitsstrukturierung erreicht wird (DMTM 2006).

Eine Vereinfachung der Kommunikation führt zu selbstregelnden Reaktionen auf Störungen und ermöglicht eine weitgehende Selbstorganisation. Durch Erweiterung der Handlungskompetenz der Mitarbeiter ergeben sich für sie auch Weiterentwicklungsmöglichkeiten. Außerdem stehen sie, und nicht die Automatisierung, im Zentrum dieser Methode. Dem entgegen besteht aber die Gefahr, dass eine zu enge Spezialisierung einzelner Mitarbeiter bei fehlenden Regelungsmechanismen einsetzt. Nachteilig wirkt sich hierbei der hohe Zeitaufwand für Abstimmungen und Besprechungen aus. Hinzu kommt, dass eine mehrjährige Phase der Einführung und flächendeckenden Umsetzung nötig ist (Institut für Angewandte Arbeitswissenschaft 2003).

Die Gruppenarbeit kann durch weitere Methoden und Hilfsmittel wie zum Beispiel Qualifikationsmatrix, Gruppengespräch, Arbeitsstrukturierung, Visualisierungstechniken (z. B. Teamtafeln) und Zielvereinbarungen unterstützt werden.

Ziele der Teamarbeit/Gruppenarbeit sind:

- Reduzierung von Abstimmungsverlusten
- Beschleunigung des Auftragsdurchlaufs
- Verbesserung der Flexibilität
- Steigerung des Verantwortungsbewusstseins, der Mitarbeitermotivation und der Arbeitszufriedenheit

Weiterführende Literatur:

(Shingo 1993; Feggeler u. Neuhaus 2002; Spath 2003; Groth u. Kammel 1994; Imai 1994; Schultetus 2007; Bicheno 2004; Oeltjenbruns 2000; Clarke 2007)

1.17 Kontinuierlicher Verbesserungsprozess

Als Grundlage aller Aktivitäten, um gegen die sieben Arten der Verschwendung dauerhaft vorzugehen, steht bei Toyota der kontinuierliche Verbesserungsprozess im Vordergrund, der als *Kaizen* (*kai* = ändern; *zen* = das Gute) bezeichnet wird (Dombrowski et al. 2006). Dabei unterscheidet sich der Prozess der kontinuierlichen Verbesserung deutlich von dem in vielen Unternehmen praktizierten Vorschlagswesen. Ein Verbesserungsvorschlag ist bei Toyota kein „Zufallsprodukt“. Alle Mitarbeiter werden von ihrer zuständigen Führungskraft angehalten, Methoden, Werkzeuge und Arbeitsabläufe zu hinterfragen, zu verbessern, den Erfolg der Maßnahmen zu überprüfen und dadurch neue Standards zu schaffen. Die Ideen werden meist ohne einen großen vorangehenden Bewertungsprozess umgesetzt. Der Mitarbeiter wird bei seiner Ideensuche von seinem Vorgesetzten unterstützt und angeleitet. Viele kleine Vorschläge kann der Mitarbeiter dann selbst umsetzen. Sollte er jedoch dabei Hilfe benötigen, so hilft ihm sein Vorgesetzter (Spear u. Bowen 1999). Die Vorschläge werden finanziell honoriert, wobei die Mehrheit der vielen kleinen Vorschläge auch mit kleinen Beträgen vergütet wird.

Durch das sofortige Umsetzen von Verbesserungen lässt sich überprüfen, ob der gewünschte und vorher formulierte Erfolg erzielt werden konnte. Der Unterschied zwischen erwartetem und tatsächlichem Erfolg kann weiter untersucht werden, wodurch ein besseres Verständnis des Prozesses erzielt wird (Spear 2004). Durch dieses „Experiment“ werden Best-Practice-Vorgehensweisen entwickelt, die zu einem vorläufigen Standard erhoben werden. „Vorläufig“ ist dieser Standard, weil er nur solange gilt, bis neue Probleme entdeckt und gelöst werden und dadurch der Prozess abermals verbessert wird.

Ziele des kontinuierlichen Verbesserungsprozesses sind:
- Förderung von Verantwortung und Initiative
- Erhöhung der Motivation der Mitarbeiter
- Verbesserung der Ergonomie
- Steigerung der Arbeitssicherheit und Verringerung der Monotonie

Weiterführende Literatur:
(Miller 2005; Imai 1997; Bicheno 2004; Heß 1997; Shingo 1993; Feggeler u. Neuhaus 2002; Rois 1999; Imai 1997, 1994; Clarke 2007)

2 Produktionssystem Dekomposition

2.1 Dekomposition: Ebene 1 bis 3

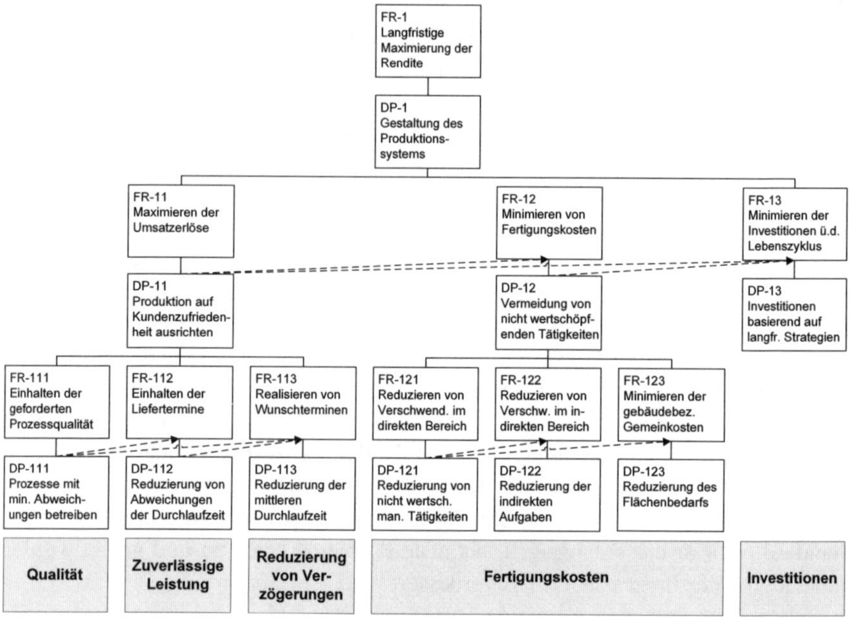

Abb. 7. Dekomposition der Ebenen 1 bis 3, nach (Cochran et al. 2001)

2.2 Dekomposition: Zweig Qualität

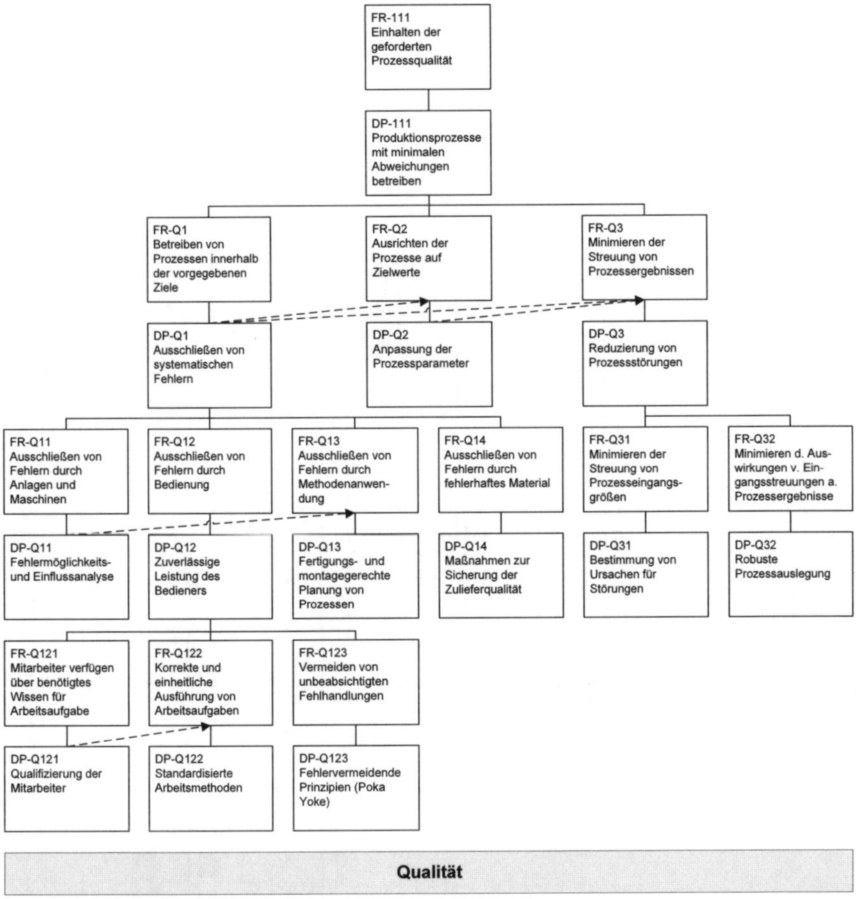

Abb. 8. Dekomposition des Zweiges Qualität, nach (Cochran et al. 2001)

2.3 Dekomposition: Zweig Zuverlässige Leistung I

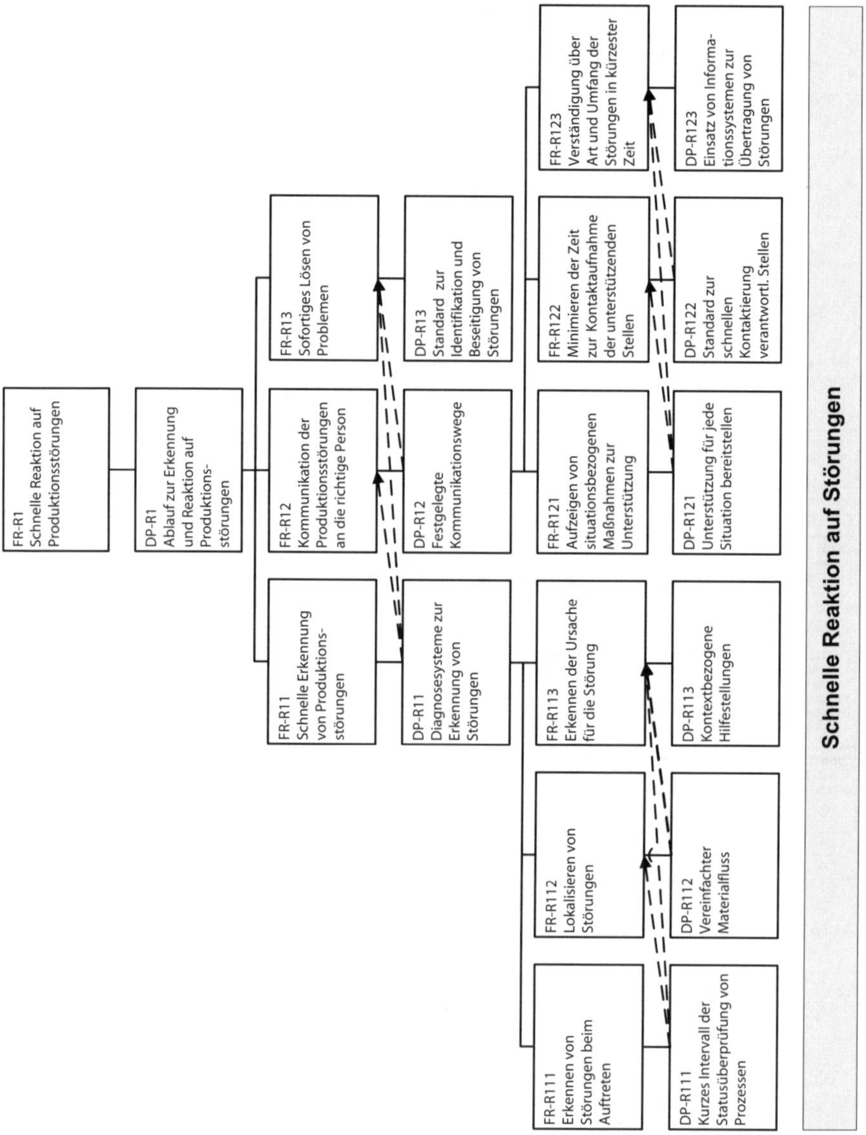

Abb. 9. Dekomposition des Zweiges Zuverlässige Leistung - Schnelle Reaktion auf Störungen, nach (Cochran et al. 2001)

2.4 Dekomposition: Zweig Zuverlässige Leistung II

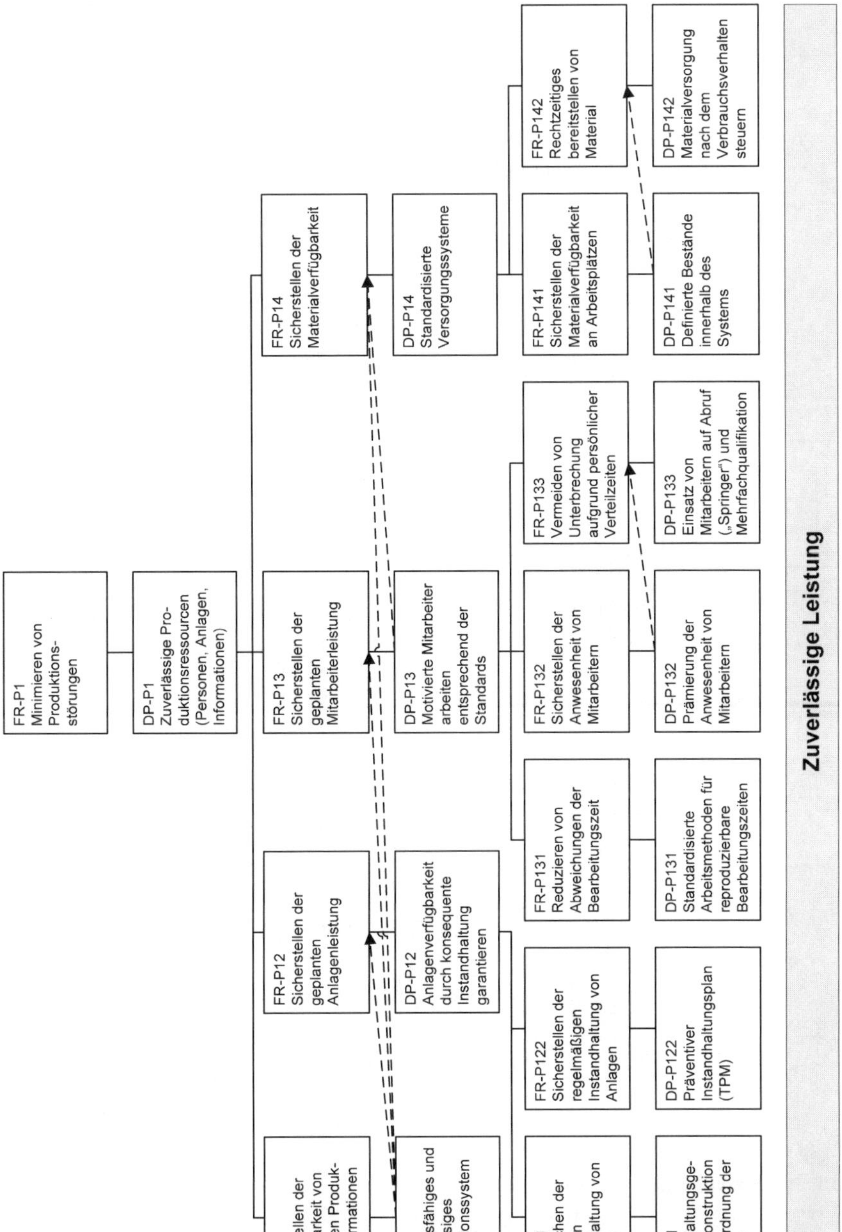

Abb. 10. Dekomposition des Zweiges Zuverlässige Leistung – Minimierung von Produktionsstörungen, nach (Cochran et al. 2001)

2.5 Dekomposition: Zweig Reduzierung von Verzögerungen

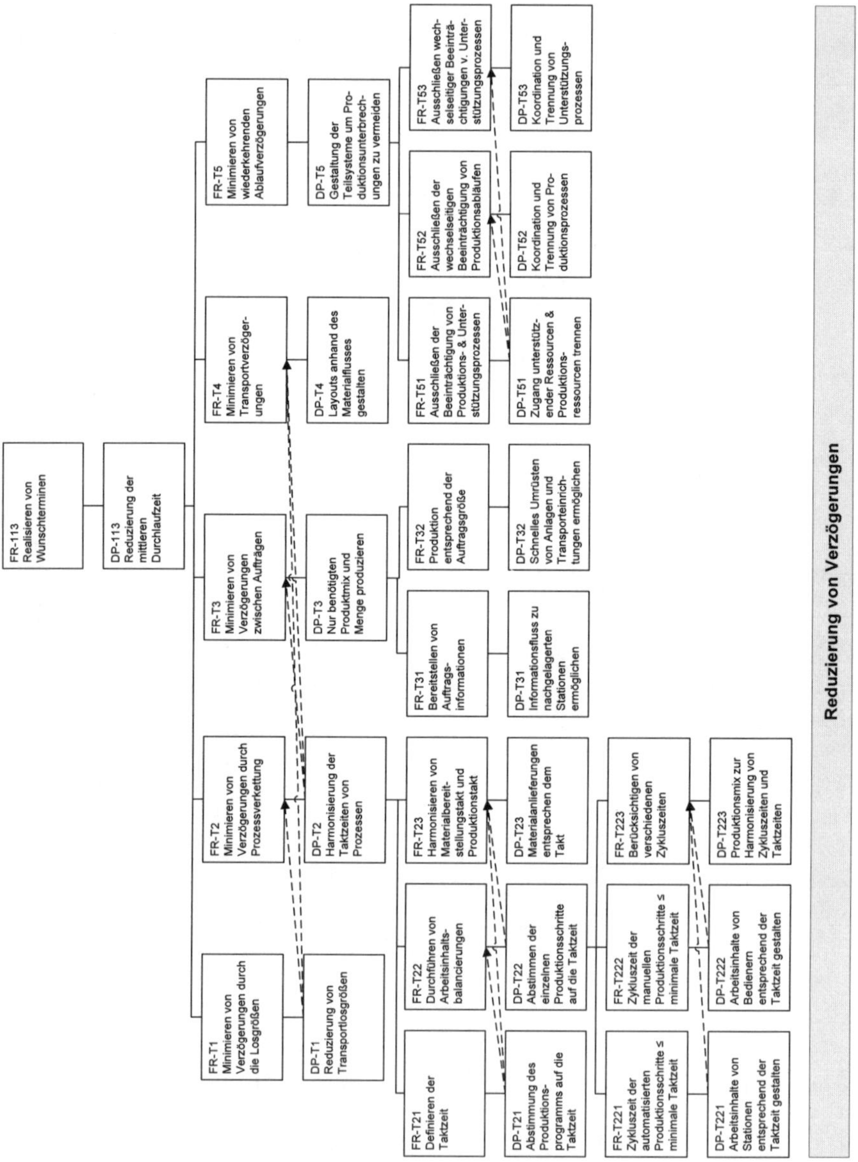

Abb. 11. Dekomposition des Zweiges Reduzierung von Verzögerungen, nach (Cochran et al. 2001)

2.6 Dekomposition: Zweige Fertigungskosten und Investitionen

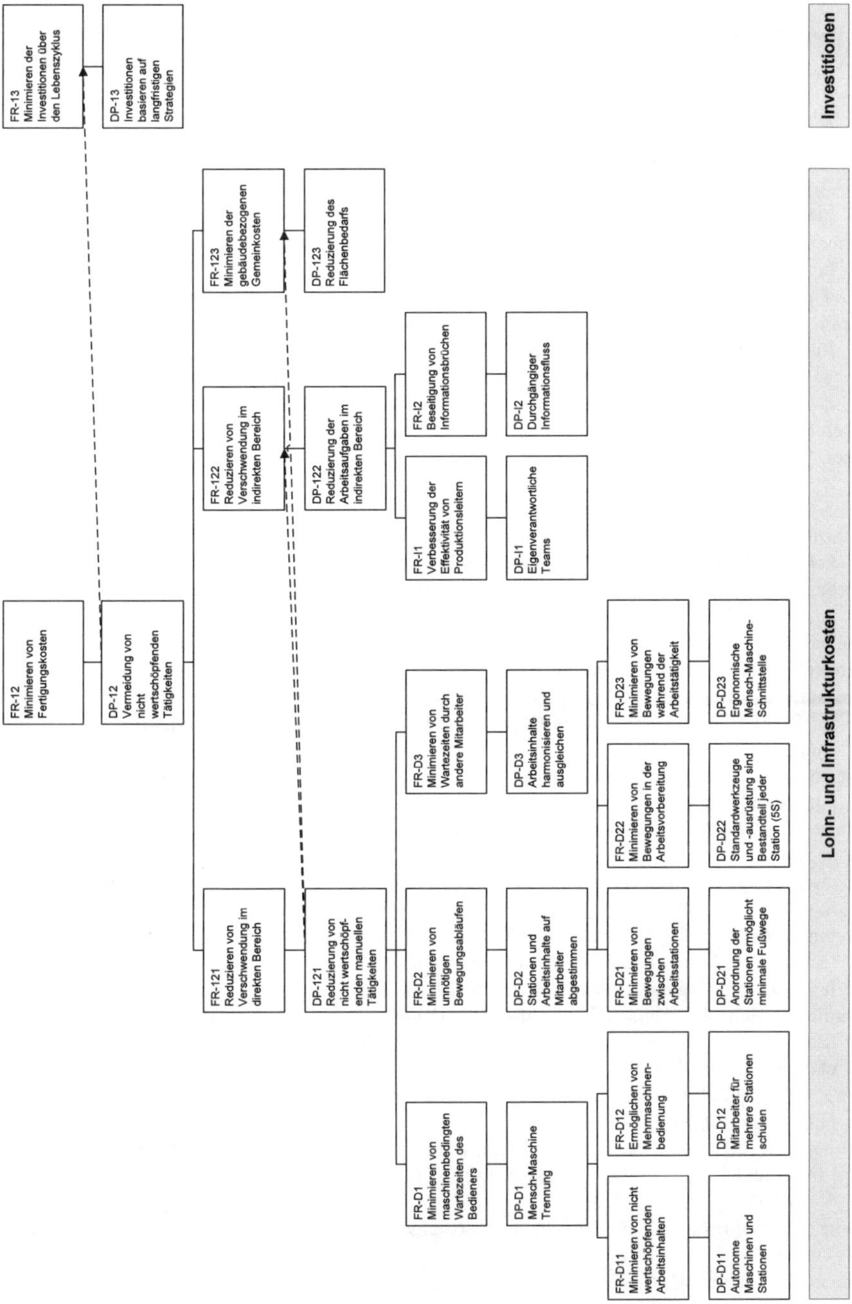

Abb. 12. Dekomposition der Zweige Fertigungskosten und Investitionen, nach (Cochran et al. 2001)

Literaturverzeichnis

Adam, D. (1997) Produktions-Management. 8. Aufl. Wiesbaden: Gabler.
Angermeier, G.; Mai, C.; Lunau, S.; Dalluege, C.; Streckfuß, G.; Weigel, H. (2001) Die neue Zauberformel für Qualität! Teil 1. In: Projekt Magazin 2001, H. 19.
Ansoff, H. (1976) Managing surprise and discontinuity. Strategic response to weak signals. In: Zfbf 28, H. 3, S. 129–152.
Armenakis, A.; Harris, S.; Mossholder, K. (1993) Creating readiness for organizational change. In: Human Relations, S. 681–703.
AWF (1984) Flexible Fertigungsorganisation am Beispiel von Fertigungsinseln. Eschborn.
Bareil, C.; Savoie, A.; Meunier, S. (2007) Patterns of discomfort with organizational change. In: Journal of Change Management, S. 13–24.
Beck, T. (1998) Kosteneffiziente Netzwerkkooperation. Optimierung komplexer Partnerschaften zwischen Unternehmen. Wiesbaden: Deutscher Universitätsverlag.
Beer, S. (1965) Cybernetics and management. 3. impr. London: English University Press.
Beer, S. (1979) The heart of enterprise. Companion volume to Brain of the firm. Chichester: Wiley.
Beer, S. (1981) Brain of the firm. Ed. 2. Chichester: Wiley.
Behringer, S. (2004) Unternehmensbewertung der Mittel- und Kleinbetriebe. Betriebswirtschaftliche Verfahrensweisen. 3. Aufl. Berlin: Schmidt.
Bicheno, J. (2004) The New Lean Toolbox. Towards Fast, Flexible Flow. Buckingham (England): PICSIE Books.
Biedermann, H. (1997) TPM, KVP und Gruppenarbeit. Köln: TÜV Rheinland.
Binner, H. (2002) Prozessorientierte TQM-Umsetzung. München, Wien: Hanser Verlag.
Blecker, T.; Kaluza, B. (2004) Produktionsstrategien – ein vernachlässigtes Forschungsgebiet? In: Braßler, A.; Corsten, Hans (Hrsg.): Entwicklungen im Produktionsmanagement: Franz Vahlen.
Bleicher, K. (2004) Das Konzept Integriertes Management. Visionen, Missionen, Programme. 7. Aufl. Frankfurt am Main: Campus-Verlag.
Bloss, C. (1995) Organisation der Instandhaltung. 1. Aufl. Wiesbaden: Deutscher Universitätsverlag.
Bogaschewsky, R.; Rollberg, R. (1998) Prozessorientiertes Management. Berlin: Springer Verlag.
Bommer, W.; Rich G. A.; Rubin, B. (2005) Changing attitudes about change: Longitudinal effects of transformational leader behavior on employee cynicism about organizational change. In: Journal of Organizational Behavior, S. 733–753.
Bordia, P.; Hunt, E.; Paulsen, N.; Tourish, D.; DiFonzo, N. (2004) Uncertainty during organizational change: Is it all about control? In: European Journal of Work and Organizational Psychology, S. 345–363.
Borg, I. (2003) Führungsinstrument Mitarbeiterbefragung. 3. Aufl. Theorien, Tools und Praxiserfahrungen. Göttingen u.a.: Hogrefe.
Börner, C.J. (2006) Finanzierung. In: Pfohl, Hans-Christian (Hrsg.): Betriebswirtschaftslehre der Mittel- und Kleinbetriebe. Größenspezifische Probleme und Möglichkeiten zu ihrer Lösung. 4. Aufl. Berlin: Erich Schmidt.
Bortz, J. (2005) Statistik für Human- und Sozialwissenschaftler. 6. Aufl. Heidelberg: Springer Verlag.
Bracht, U.; Oelker, K.-C.; Abel, A. (1997) Betriebliches Ideenmanagement. Umgestaltung des Betrieblichen Vorschlagswesens, ein Beispiel aus dem Werk Bremen der Mercedes-Benz AG. In: Zeitschrift für Unternehmensentwicklung und Industrial Engineering, H. 6, S. 289–294.

Bracker, J.; Keats, B.; Pearson, J. (1988) Planing and Financial Performance among Small firmas in a Growth Industry. In: Strategic Management Journal, H. 9, S. 591–603.

Brauer, H. (1996) Produktions- und produktintegrierter Umweltschutz. Berlin: Springer Verlag.

Brennecke, V.; Krug, S.; Winkler, C.; Steger, U. (1998) Effektives Umweltmanagement. Arbeitsprogramm für den betrieblichen Entwicklungsprozess. Berlin: Springer Verlag.

Bullinger, H.-J. (1994) Einführung in das Technologiemanagement. Modelle, Methoden, Praxisbeispiele. 1. Aufl. Stuttgart: Teubner.

Bullinger, H.-J.; Wagner, C.; Ohlhausen, P. (2000) Intellektuelles Kapitel als wesentlicher Bestandteil des Wissensmanagements. In: Krallmann, Hermann; Gronau, Norbert (Hrsg.): Wettbewerbsvorteile durch Wissensmanagement. Methodik und Anwendungen des Knowledge Management. Stuttgart: Schäffer-Poeschel, S. 77ff.

Bundesagentur für Arbeit - Zentralestelle für Arbeitsvermittlung (ZAV) (2006) Mittelstand - der unbekannte Riese! URL: http://www.arbeitsagentur.de/content/de_DE/hauptstelle/a-01/importierter _inhalt/pdf/AMS_Mittelstand.pdf. (Stand: 22. Mai 2006).

Clarke, C. (2007) Forms and functions of standardisation in production systems of the automotive industry: the case of Mercedes-Benz. URL: http://www.diss.fu-berlin.de/2003/82/.

Cochran, D.; Arinez, J.; Duda, J.; Linck, J. (2001) A decomposition approach for manufacturing system design. In: CIRP (Hrsg.): Journal of Manufacturing Systems. Kidlington: Elsevier, S. 371–389.

Commission of the European Communities (2005) European Commission Staff Working Paper, concerning the activities of the European Union for small and medium-sized enterprises. Brussel (170).

Corsten, H. (2001) Einführung in das Supply Chain Management. München, Wien: Oldenbourg.

Davenport, T.; Short, J. (1990) The new industrial engineering. Information technology and business process redesign. Cambridge, MA: Massachusetts Institute of Technology.

Projektwirtschaft, Projektmanagement, Begriffe (August 1987). DIN 69901. Berlin: Beuth Verlag.

DMTM (2006) Beispieldatenbank für Ganzheitliche Produktionssysteme. Deutsche MTM-Vereinigung e.V. URL: http://www.gps.dmtm.com.

Dombrowski, U.; Crespo, I. (2008) Strategy-oriented Qualification Framework as a Supporting Function of Lean Production System implementation in Small and Medium-sized Enterprises. In: Mitsuishi, Mamoru; Kimura, Fumihiko; Ueda, Kanji (Hrsg.): Manufacturing Systems and Technologies for the New Frontier. The 41st CIRP Conference on Manufacturing Systems May 26–28, 2008, Tokyo, Japan. London: Springer Verlag, S. 77–83.

Dombrowski, U.; Crespo, I.; Schmidt, S. (2007a) A Holistic Approach to Production Optimization as an Integral Part of Strategy Development and Implementation in Small and Medium-sized Enterprises. In: 40th CIRP International Seminar on Manufacturing Systems. May 30 - June 1, 2007. Liverpool.

Dombrowski, U.; Hennersdorf, S.; Schmidt, S. (2006) Grundlagen Ganzheitlicher Produktionssysteme. Aus der Herkunft für die Zukunft lernen. In: Zeitschrift für wirtschaftlichen Fabrikbetrieb 101, H. 4, S. 172–177.

Dombrowski, U.; Horatzek, S.; Bothe, T. (2002a) Prozessmodell sinnvoll einsetzen. In: Zeitschrift für Unternehmensentwicklung und Industrial Engineering 51, H. 5, S. 201–206.

Dombrowski, U.; Horatzek, S.; Bothe, T. (2002b) Zeitgemäße Mitarbeiterqualifizierung. In: Zeitschrift für Unternehmensentwicklung und Industrial Engineering 51, H. 4, S. 174–178.

Dombrowski, U.; Horatzek, S.; Zeisig, M. (2002c) Situatives mitarbeiterbezogenes Management der Ressource "Wissen". In: wt Werkstatt Technik online 92, H. 6, S. 312–316.

Dombrowski, U.; Quack, S. (2007) Erfolgreiche Restrukturierungsprojekte durch Mitarbeiterpartizipation. In: Zeitschrift für wirtschaftlichen Fabrikbetrieb 102, H. 9, S. 568–571.

Dombrowski, U.; Schmidt, S.; Tomala, D. (2007b) Analyse und Optimierung des Ideenmanagements. Wie ein gutes Ideenmanagement hilft, die Produktion zu verbessern. In: Zeitschrift für wirtschaftlichen Fabrikbetrieb 102, H. 7-8, S. 461–465.

Dombrowski, U.; Tiedemann, H.; Bothe, T. (2003) Mitarbeiterbildung als strategischer Wettbewerbsfaktor. In: BFT Betonwerk + Fertigteil-Technik, H. 4, S. 6–14.

Domsch, M.; Ladwig, D. (2006) Handbuch Mitarbeiterbefragung. 2. Aufl. Berlin, Heidelberg: Springer Verlag.

Dörler, K. (1988) Reorganisationen in mittleren Unternehmungen. Bern: Haupt Verlag.

Drucker, P. (1992) Die Zukunft managen. Management, Weltwirtschaft, Unternehmen, Arbeitswelt. Düsseldorf: ECON-Verlag.

Duda, J. (2000) A Decomposition-Based Approach to Linking Strategy, Performance Measurement, and Manufacturing System Design. PhD Thesis. Cambridge, MA.

Dunckel, H. (1999) Handbuch psychologischer Arbeitsanalyseverfahren. Zürich: Vdf Hochschul-Verl. an der ETH.

Eckardt, K. (2001) Geschäftsprozesse gestalten und handhaben. 1. Aufl. Frechen: Datakontext-Fachverlag.

Engelmann, T. (1995) Business process reengineering. Grundlagen - Gestaltungsempfehlungen - Vorgehensmodell. Wiesbaden: Deutscher Universitätsverlag.

Eurostat (2005) Jährliche Unternehmensstatistiken über die Industrie und Baugewerbe nach Größenklassen unterteilt. Europäische Kommission (Hrsg.)

Feggeler, A.; Neuhaus, R. (2002) Was ist neu an Ganzheitlichen Produktionssystemen? In: Feggeler, Andreas; Neuhaus, R. (Hrsg.): Ganzheitliche Produktionssysteme. Gestaltungsprinzipien und deren Verknüpfung. Köln: Wirtschaftsverlag Bachem.

Felfe, J. (2005) Charisma, transformationale Führung und Commitment. Köln: Kölner Studien Verlag.

Fink, C. (2003) Prozessorientierte Unternehmensplanung. Analyse, Konzeption und Praxisbeispiele. Wiesbaden: Deutscher Universitätsverlag.

Franke, J.; Winterstein, H. (1996) Arbeitsbezogenes Transparenzerleben. Ein zentrales Element der Organisationsdiagnose. München, Mering: Hampp.

Fried, Y.; Ferris, G. (1987) The Validity of the Job Characteristics Model: A Review and Meta-Analysis. In: Personnel Psychology 40, H. 2, S. 287–322.

Friedli, T. (2006) Technologiemanagement. Modelle zur Sicherung der Wettbewerbsfähigkeit. Berlin: Springer Verlag.

Füglistaller, U.; Frey, U.; Halter, F. (2003) Strategisches Management für KMU. Eine praxisorientierte Anleitung. St. Gallen: KMU HSG.

Gaitanides, M. (1983) Prozeßorganisation. Entwicklung Ansätze und Programme prozeßorientierter Organisationsgestaltung. München: Vahlen.

Gausemeier, J.; Fink, A.; Schlake, O. (1996) Szenario-Management. Planen und Führen mit Szenarien. 2. Aufl. München: Hanser Verlag.

Geiger, G.; Hering, E.; Kummer, R. (2003) Kanban. Optimale Steuerung von Prozessen. 2. Aufl. München: Hanser Verlag.

Gilbert, D. (2003) Vertrauen in strategischen Unternehmensnetzwerken. Ein strukturationstheoretischer Ansatz. Wiesbaden: Deutscher Universitätsverlag.

Gladen, W. (2005) Performance Measurement. Controlling mit Kennzahlen. 3. Aufl. Wiesbaden: Gabler.

Göbel, E. (1998) Theorie und Gestaltung der Selbstorganisation. Berlin: Duncker und Humblot.

Goltz, S.; Hietapelto, A. (2002) Using the operant and strategic contingencies models of power to understand resistance to change. In: Journal of Organizational Behavior Management, S. 3–22.

Gomez, P. (1978) Die kybernetische Gestaltung des Operations Managements. Eine Systemmethodik zur Entwicklung anpassungsfähiger Organisationsstrukturen. Bern, Stuttgart: Haupt Verlag.

Gomez, P. (1983) Frühwarnung in der Unternehmung. Bern: Paul Haupt.

Gomez, P.; Hahn, D. (1994) Unternehmerischer Wandel. Konzepte zur organisatorischen Erneuerung. Wiesbaden: Gabler.

Gomez, P.; Oeller, K.-H.; Malik, F. (1975) Systemmethodik. Grundlagen einer Methodik zur Erforschung und Gestaltung komplexer soziotechnischer Systeme. Bern Stuttgart: Paul Haupt.

Gomez, P.; Probst, G. (1995) Die Praxis des ganzheitlichen Problemlösens. Vernetzt denken, unternehmerisch handeln, persönlich überzeugen. Bern: Haupt Verlag.

Görmer, M. (2005) Benchmarking für KMU. IPK-Berlin (Hrsg.). Berlin: Informationszentrum Benchmarking. URL: http://www.vdi-bb-sqp.de/Benchmark.pdf (Stand: 19. November 2007).

Greif, S. (1991a) Stress in der Arbeit - Einführung und Grundbegriffe. In: Greif, S.; Bamberg, E.; Semmer, N. (Hrsg.): Psychischer Stress am Arbeitsplatz. Göttingen: Hogrefe, S. 1–28.

Greif, S. (1991b) Psychischer Streß am Arbeitsplatz. Göttingen: Hogrefe.

Greiner, L. (1972) Evolution and Revolution as Organizations Grow. In: Harward Business Review 50 (4/1972), S. 37–46.

Griese, J. (2001) Betriebliche Geschäftsprozesse. 2. Aufl. Grundlagen, Beispiele, Konzepte. Bern, Wien: Haupt Verlag.

Groth, U.; Kammel, A. (1994) Lean-Management. Konzept, kritische Analyse, praktische Lösungsansätze. Wiesbaden: Gabler.

Günther, H.-O.; Tempelmeier, H. (2007) Produktion und Logistik. Berlin: Springer Verlag.

Haake, K. (1987) Strategisches Verhalten in europäischen Klein- und Mittelunternehmen. Berlin: Duncker und Humblot.

Hacker, W. (1995) Arbeitstätigkeitsanalyse. Analyse und Bewertung psychischer Arbeitsanforderungen. Heidelberg: Asanger.

Hackmann, J. (1986) The Psycology of Self-Management in Organizations. In: Pallak, M.S.; Perloff, R.O. (Hrsg.): Psycology and Work. Productivity, Change, and Employment. Washington DC: American Psychological Association.

Hansmann, K.-W. (2001) Industrielles Management. 7. Aufl. München: Oldenbourg.

Hartmann, E. (2007) TPM. Effiziente Instandhaltung und Maschinenmanagement: Stillstandzeiten verringern, Maschinenleistungen steigern, Betriebszeiten erhöhen. 3. Aufl. München: Moderne Industrie Verlag.

Held, H. (2007) Strategische Unternehmensplanung in kleinen und mittleren Unternehmen. Ergebnisse einer bundesweiten Unternehmensbefragung in Zusammenarbeit mit dem Mittelstandsmagazin ProFirma. Aalen: HTW Aalen. URL: http://www.htw-aalen.de/personal/img/publikationen/111_Studie_Planung_in_KMU_2007.pdf (Stand: 09. Dezember 2007).

Herold, D.; Fedor, D.; Caldwell, S. (2007) Beyond change management: A multilevel investigation of contextual and personal influences on employees' commitment to change. In: Journal of Applied Psychology, S. 942–951.

Herrmann, C. (2006) Ganzheitliches Life Cycle Management. In: Herrmann, Christoph (Hrsg.): Nachhaltigkeit in der Elektro(nik)industrie. Als Ms. gedr. Kompetenzzentrum für Elektro(nik)altgeräte-Recycling und Nachhaltige Produktentwicklung. Düsseldorf: VDI-Verlag, S. 1–29.

Herrmann, C.; Bergmann, L. (2007a) Framework for Life Cycle Oriented Production System Design. In: 40th CIRP International Seminar on Manufacturing Systems. May 30 - June 1, 2007. Liverpool.

Herrmann, C.; Bergmann, L. (2007b) Lebenszyklusorientierte Gestaltung von Produktionssystemen in KMU. Ein systematischer Ansatz für die Entwicklung schlanker Produktionssysteme. In: Industrie - Management, H. 3, S. 11–14.

Herrmann, C.; Bergmann, L.; Crespo, I. (2006a) Development of an Integrated Modernization Concept for Small and Medium-Sized Enterprises. In: Butala, P.; Hlebanja, G. (Hrsg.): 39th CIRP International Seminar on Manufacturing Systems. The morphology of innovative maufacturing systems, June 7th - 9th, 2006. Ljubljana, S. 457–463.

Herrmann, C.; Bergmann, L.; Halubek, P. (2008a) Production Management in SME Networks - Evaluation of Potentials and Achievements. In: Mitsuishi, Mamoru; Kimura, Fumihiko; Ueda, Kanji (Hrsg.): Manufacturing Systems and Technologies for the New Frontier. The 41st CIRP Conference on Manufacturing Systems May 26–28, 2008, Tokyo, Japan. London: Springer Verlag, S. 97–102.

Herrmann, C.; Bergmann, L.; Halubek, P.; Stehr, J.; Thiede, S. (2008b) Life Cycle Engineering - State of the Art and Research Perspectives. In: 15th CIRP International Conference on Life Cycle Engineering. Syndey, Australien, 2008, S. 449–454.

Herrmann, C.; Bergmann, L.; Halubek, P.; Thiede, S. (2008c) Lean Production System Design from the Perspective of the Viable System Model. In: Mitsuishi, Mamoru; Kimura, Fumihiko; Ueda, Kanji (Hrsg.): Manufacturing Systems and Technologies for the New Frontier. The 41st CIRP Conference on Manufacturing Systems May 26–28, 2008, Tokyo, Japan. London: Springer Verlag, S. 309–314.

Herrmann, C.; Bergmann, L.; König, C. (2006b) An Interorganizational Network Approach for Lean Production System Improvement. In: Butala, P.; Hlebanja, G. (Hrsg.): 39th CIRP International Seminar on Manufacturing Systems. The morphology of innovative maufacturing systems, June 7th - 9th, 2006. Ljubljana, S. 113–121.

Herrmann, C.; Bergmann, L.; König, C. (2006c) Verbesserung im Netzwerk: Das Lean Production System Network: Von den anderen Lernen. In: Intelligenter Produzieren, H. 6, S. 15–16.

Herrmann, C.; Bergmann, L.; Thiede, S. (2007a) Gestaltungselemente und Erfolgsfaktoren - Ergebnisse einer empirischen Umfrage unter produzierenden Unternehmen. In: Intelligenter Produzieren 2007, H. 4, S. 20–22.

Herrmann, C.; Bergmann, L.; Thiede, S. (2008d) Methodology for Sustainable Production System Design. In: 15th CIRP International Conference on Life Cycle Engineering. Syndey, Australien, 2008, S. 53–58.

Herrmann, C.; Bergmann, L.; Thiede, S.; Halubek, P. (2007b) Total Life Cycle Management - An Integrated Approach Towards Sustainability. In: 3rd International Conference on Life Cycle Management. University of Zurich. Zurich.

Herrmann, C.; Bergmann, L.; Thiede, S.; Zein, A. (2007c) Framework for Integrated Analysis of Production Systems. In: Takata, Shozo; Umeda, Yasushi (Hrsg.): Advances in Life Cycle Engineering for Sustainable Manufacturing Businesses. Proceedings of the 14th CIRP Conference on Life Cycle Engineering, Waseda University, Tokyo, Japan, June 11th-13th, 2007. London: Springer Verlag, S. 195–200.

Herrmann, C.; Bergmann, L.; Thiede, S.; Zein, A. (2007d) Life Cycle Innovations in Extended Supply Chain Networks. In: Takata, Shozo; Umeda, Yasushi (Hrsg.): Advances in Life Cycle Engineering for Sustainable Manufacturing Businesses. Proceedings of the 14th CIRP Conference on Life Cycle Engineering, Waseda University, Tokyo, Japan, June 11th-13th, 2007. London: Springer Verlag, S. 439–444.

Heß, M. (1997) TQM/Kaizen-Praxisbuch. Qualitätszirkel und verwandte Gruppen im Total-Quality-Management. 2. Aufl. Köln: TÜV Rheinland.

Hillek, T.; Nenninger, M. (2000) eSupply Chain Management: Von der traditionellen Wertschöpfungskette zum Management von virtuellen, Internet-basierten Netzwerken. In: Lawrenz, O. Hildebrand K. Nenninger M. (Hrsg.): Supply Chain Management Management: Strategien, Konzepte und Erfahrungen auf dem Weg zu E-Business Networks. Braunschweig, Wiesbaden: Vieweg.

Hinrichsen, S. (2002) Ganzheitliche Produktionssysteme. Begriff, Funktionen, Stand der Technik und Erfahrungen. In: Zeitschrift für Unternehmensentwicklung und Industrial Engineering, S. 251–255.

Hirano, H. (1996) 5 S for Operators. 5 Pillars of the Visual Workplace. New York: Productivity Press.

Holt, D.; Armenakis, A.; Feild H. S.; Harris, S. (2007) Readiness for organizational change: The systematic development of a scale. In: Journal of Applied Behavioral Science, S. 232–255.

Horváth (2000) Balanced Scorecard umsetzen. Stuttgart: Schäffer-Poeschel.

Humphrey, S.; Nahrgang, J.; Morgeson, F. (2007) Integrating motivational, social, and contextual work design features: A meta-analytic summary and theoretical extension of the work design literature. In: Journal of Applied Psychology 92, H. 5, S. 1332–1356.

Imai, M. (1994) Kaizen. Der Schlüssel zum Erfolg der Japaner im Wettbewerb. 6. Aufl. Berlin: Ullstein.

Imai, M. (1997) Gemba Kaizen. Permanente Qualitätsverbesserung, Zeitersparnis und Kostensenkung am Arbeitsplatz. München: Wirtschaftsverlag Langen Müller Herbig.

Institut für Angewandte Arbeitswissenschaft (2003) Methodensammlung zur Unternehmens-Prozess-Optimierung. Köln: Wirtschaftsverlag Bachem.

Jung, R.; Kleine, M. (1993) Management. Personen - Strukturen - Funktionen - Instrumente. München: Hanser Verlag.

Kamiske, G.; Brauer, J.-P. (2006) Qualitätsmanagement von A bis Z. Erläuterungen moderner Begriffe des Qualitätsmanagements. 5. Aufl. München: Hanser Verlag.

Kaplan, R.; Norton, D. (1997) Balanced Scorecard. Strategien erfolgreich umsetzen. Stuttgart: Schäffer-Poeschel.

Kavanagh, M.; Ashkenasy, N.M. (2006) The impact of leadership and change management strategy on organizational culture and individual acceptance of change during a merger. In: British Journal of Management, S. 81–103.

Kayser, G. (2003) Was sind eigentliche kleine und mittlere Unternehmen (KMU)? Vom Sinn und Unsinn der KMU-Definition im Hinblick auf das Innovationsgeschehen. Bonn: Institut für Mittelstandsforschung. URL: URL:http://www.ifm-bonn.org (Stand: 09. Dezember 2005).

Kayser, G. (2006a) Der Mittelstand in Deutschland. Gastvortrag zur Ringvorlesung „Kommunikationsmanagement im Mittelstand“. Institut für Mittelstandsforschung (Hrsg.). Bonn. URL: URL: http://www.ifm-bonn.de/presse/fh-osnabrueck.pdf. (Stand: 22. Mai 2006).

Kayser, G. (2006b) Praxishandbuch des Mittelstands. Daten und Fakten – Wie ist der Mittelstand strukturiert? Institut für Mittelstandsforschung (Hrsg.). Bonn. URL: URL: http://www.ifm-bonn.de/ presse/praxishandbuch-des-mittelstands-kayser.pdf (Stand: 22. Mai 2006).

Kieser, A. (1994) Fremdorganisation, Selbstorganisation und evolutionäres Management. In: Schmalenbachs Zeitschrift für betriebswirtschaftliche Forschung (Zfbf), H. 3, S. 199–228.

Kieser, A.; Kubicek, H. (1992) Organisation. 3. Aufl. Berlin: De Gruyter.

Klein, S. (1996) Interorganisationssysteme und Unternehmensnetzwerke. Wechselwirkungen zwischen organisatorischer und informationstechnischer Entwicklung. Wiesbaden: Deutscher Universitätsverlag.

Kobayashi, I. (1994) Die Japan-Diät. 20 Schlüssel zum schlanken Unternehmen. Landsberg/Lech: Verlag Moderne Industrie.

Kohler, J.; Munz, D.; Grawitch, M. (2006) Test of a dynamic stress model for organisational change: Do males and females require different model? In: Applied Psychology: An International Review, S. 168–191.

Kommission der Europäischen Gemeinschaft (2003) Empfehlung der Kommission vom 6. Mai 2003 betreffend die Definition der Kleinstunternehmen sowie der kleinen und mittleren Unternehmen. 2003/361/EG. Brüssel.

Korge, A.; Lay, G. (2002) Forschungsbedarf im Themenfeld Integrierte Modernisierungskonzepte (IMK) (Stand: 06. November 2007).

Krämer, K. (2000) Automatisierung in Materialfluss und Logistik. Ebenen, Informationsgehalt, Identifikationssysteme, intelligente Geräte. 1. Aufl. Dortmund: Schriftenreihe Informatik.

Kraus, S. (2006) Die Bedeutung der strategischen Planung für den Erfolg junger Unternehmen in Österreich. Wiesbaden: Deutscher Universitätsverlag.

Kreikebaum, H. (1996) Grundlagen der Unternehmensethik. Stuttgart: Schäffer-Poeschel.

Krippner, R. (2003) Wissen, worauf man sich einläßt - Einführung eines ganzheitlichen Produktionssystems in einem mittelständischen Unternehmen. In: Ratio 3, H. 3, S. 14–15.

Kruppke, H.; Otto, M.; Gontard, M. (2006) Human Capital Management. Personalprozesse erfolgreich managen. Berlin, Heidelberg: Springer Verlag.

Kuster, J.; Huber, E.; Lippmann, R.; Schmid, A.; Schneider, E.; Witschi, U.; Wüst, R. (2005) Handbuch Projektmanagement: Springer Verlag.

Läge, K. (2002) Ideenmanagement. Grundlagen, optimale Steuerung und Controlling. Wiesbaden: Deutscher Universitätsverlag.

Lau, C.-M.; Woodman, R. (1995) Understanding organizational change: A schematic perspective. In: Academy of Management Journal, S. 537–554.

Leitner, K.; Volpert, W.; Greiner, B.; Weber, W.; Oesterreich, R. (1987) Analyse psychischer Belastung in der Arbeit. Das RHIA-Verfahren. Köln: TÜV Rheinland.

Liker, J. (2004) The Toyota way. 14 management principles from the world's greatest manufacturer. New York, NY: McGraw-Hill.

Liker, J.; Meier, D. (2006) The Toyota way fieldbook. Apractical guide for implementing Toyota's 4Ps. New York: McGraw-Hill.

Liker, J.; Meier, D. (2007) Der Toyota-Weg. Für jedes Unternehmen ; Praxisbuch. 1. Aufl. München: FinanzBuch-Verlag.

Linß, G. (2005) Qualitätsmanagement für Ingenieure. 2. Aufl. München: Carl Hanser Verlag.

Litke, H.-D. (2005) Projektmanagement. Konzepte - Instrumente - Umsetzung. München, Wien: Hanser Verlag.

Lödding, H.; Wiendahl, H.-P. (2005) Verfahren der Fertigungssteuerung. Grundlagen, Beschreibung, Konfiguration. Berlin: Springer Verlag.

Macharzina, K. (2003) Unternehmensführung. Das internationale Managementwissen. 4. Aufl. Wiesbaden: Gabler.

Mack, D.; Nelson, D.; Quick, J. (1998) The stress of organisational change: A dynamic process model. Applied Psychology. In: Applied Psychology: An International Review, S. 219–232.

Magnusson, K.; Kroslid, D.; Bergman, B. (2004) Six Sigma umsetzen. Die neue Qualitätsstrategie für Unternehmen. 2. Aufl. München: Hanser Verlag.

Mählck, H.; Panskus, G. (1993) Herausforderung Lean Production. Möglichkeiten zur wettbewerbsgerechten Erneuerung von Unternehmen. Düsseldorf: VDI-Verlag.

Malik, F. (2000) Systemisches Management, Evolution, Selbstorganisation. Grundprobleme, Funktionsmechanismen und Lösungsansätze für komplexe Systeme. 2. Aufl. Bern: Haupt Verlag.

Malik, F. (2006) Strategie des Managements komplexer Systeme. Ein Beitrag zur Management-Kybernetik evolutionärer Systeme. 9. Aufl. Bern: Haupt Verlag.

Martin, A.; Jones, E.; Callan, V. (2005) The role of psychological climate in facilitating employee adjustment during organizational change. In: European Journal of Work and Organizational Psychology, S. 263–289.

Mateika, M. (2005) Unterstützung der lebenszyklusorientierten Produktplanung am Beispiel des Maschinen- und Anlagenbaus. Essen: Vulkan-Verlag.

Mayer, A. (2000) Strategische Unternehmensnetzwerke und Marketing. Aufbau und Management von marktorientierten strategischen Interorganisationsbeziehungen. Regensburg: Roderer.

Mcintosh, R.; Culley, S.; Mileham, A.; Owen, G. (2000) A critical evaluation of Shingo's 'SMED' methodology. In: International Journal of Production Research: Tayler & Francis Verlag.

Michel, U. (1996) Wertorientiertes Management strategischer Allianzen. München: Vahlen.

Miller, J. (2005) The Suggestion System is no Suggestion. URL: www.gemba.com/uploadedFiles/The Suggestion System is No Suggestion.pdf.

Mintzberg, H. (1978) Patterns in Strategy Formation. In: Management Science, H. 24(9), S. 934–948.

Mitchell, J. (1969) The Concept and Use of Social Networks. In: Social networks in urban situations, S. 1–50.

Nakajima, S. (1995) Management der Produktionseinrichtungen. Total productive maintenance. Frankfurt: Campus-Verlag.

Nedeß, C. (1995) Die neue Fabrik. 1. Aufl. Berlin: Springer Verlag.

Nickel, T. (1999) Vom betrieblichen Vorschlagswesen zum integrativen Ideenmanagement. Analyse – Organisation – Training. Wiesbaden: Deutscher Universitätsverlag.

Ninck, A.; Bürki, L.; Hungerbühler, R. (2004) Systemik. Vernetztes Denken in komplexen Situationen. 4. Aufl. Zürich: Verlag Industrielle Organisation.

Oakland, J. (1998) Statistical process control. 3. Aufl. Oxford u.a.: Butterworth-Heinemann.

Oeltjenbruns, H. (2000) Organisation der Produktion nach dem Vorbild Toyotas. Analyse Vorteile und detaillierte Voraussetzungen sowie die Vorgehensweise zur erfolgreichen Einführung am Beispiel eines globalen Automobilkonzerns. Aachen: Shaker.

O'Hair, D.; Friedrich, G.; Wiemann, J.; Wiemann, M. (1997) Competent Communication. 2. ed. New York: St. Martin's Press.

Ohno, T. (2005) Das Toyota-Produktionssystem. Frankfurt am Main: Campus-Verlag.

Oreg, S. (2003) Personality, context, and resistance to organizational change. In: Journal of Applied Psychology, S. 587–604.

Oreg, S. (2006) Personality, context, and resistance to organizational change. In: European Journal of Work and Organizational Psychology, S. 73–101.

Parker, S.; Wall, T.; Jackson, P.R. (1997) "that's not my job": Developing flexible employee work orientations. In: Academy of Management Journal, S. 899–929.

Pfohl, H.-C. (2004) Logistiksysteme. Betriebswirtschaftliche Grundlagen. 7. Aufl. Berlin: Springer Verlag.

Pfohl, H.-C.; Arnold, U. (2006) Betriebswirtschaftslehre der Mittel- und Kleinbetriebe. Größenspezifische Probleme und Möglichkeiten zu ihrer Lösung. 4. Aufl. Berlin: Erich Schmidt.

Piderit, S. (2000) Rethinking resistance and recognizing ambivalence: A multidimensional view of attitudes toward an organizational change. In: Academy of Management Review, S. 783–794.

Pleitner, H. (1986) Strategisches Verhalten mittelständischer Unternehmen. In: Internationales Gewerrbearchiv, H. 34, S. 159–171.

Porter, M. (1986) Wettbewerbsvorteile. Spitzenleistungen erreichen u. behaupten. Frankfurt am Main: Campus-Verlag.

Porter, M. (1996) What is Strategy? In: Harvard Business Review, H. 74, S. 61–78.

Porter, M. (2002) Wettbewerbsstrategie. Methoden zur Analyse von Branchen und Konkurrenten. Frankfurt, Main: Campus-Verlag.

Probst, T. (2003) Exploring employee outcomes of organizational restructuring: A solomon four-group study. In: Group and Organizations Management, S. 416–439.

Rafferty, A.; Griffin, M. (2006) Perceptions of organizational change: A stress and coping perspective. In: Journal of Applied Psychology, S. 1154–1162.

REFA (1993) Methodenlehre der Betriebsorganisation. 2. Aufl. München: Hanser Verlag.

Reichmann, T. (2001) Controlling mit Kennzahlen und Managementberichten. Grundlagen einer systemgestützten Controlling-Konzeption. 6. Aufl. München: Vahlen.

Repenning, N.; Sterman, J. (2001) Nobody Ever Gets Credit for Fixing Problems that Never Happened: Creating and Sustaining Process Improvement. In: California Management Review, H. 43.

Repenning, N.; Sterman, J. (2002) Capability Traps and Self-Confirming Attribution, Errors in the Dynamics of Process Improvement. In: Administrative Science Quarterly 2002, H. 47, S. 265–295.

Richter, P.; Hacker, W. (1998) Belastung und Beanspruchung. Streß, Ermüdung und Burnout im Arbeitsleben. Heidelberg: Asanger.

Rischar, K.; Titze, C. (1998) Qualitätszirkel. Effektive Problemlösung durch Gruppen im Betrieb. 4. Aufl. Renningen-Malmsheim: expert-Verlag.

Rois, A. (1999) Kaizen. Verbesserungsprozess in der Automobilindustrie. Wien: Linde Verlag.

Roschmann, K.; Junghanns, J. (1993) Zeit- und Betriebsdatenerfassung. Anforderungen und Lösungskonzepte. Landsberg/Lech: Verlag Moderne Industrie.

Schat, H.-D.; Pierson, K. (2005) Ideen fürs Ideenmanagement betriebliches Vorschlagswesen (BVW) und kontinuierlichen Verbesserungsprozess (KVP) gemeinsam realisieren. 1. Aufl. Köln: Wirtschaftsverlag Bachem.

Scheibeler, A. (2004) Balanced Scorecard für KMU. Kennzahlenermittlung mit ISO 90012000 leicht gemacht. 3. Aufl. Berlin: Springer Verlag.

Schneider, H. (2000) Produktionsmanagement in kleinen und mittleren Unternehmen. Stuttgart: Schäffer-Poeschel.

Schöttner, J. (1999) Produktdatenmanagement in der Fertigungsindustrie. Prinzip, Konzepte, Strategien. München: Hanser Verlag.

Schröer, H. (1997) Unternehmensleitbild. In: Hauser, A.; Neubarth, R.; Obermair, W. (Hrsg.): Management-Praxis. Handbuch sozialer Dienstleistungen. Berlin: Luchterhand (Hermann).

Schubert, K.; Klein, M. (2006) Das Politiklexikon. 4. Aufl. Bonn: Dietz.

Schuh, G.; Wiendahl, H.-P. (1997) Komplexität und Agilität. Steckt die Produktion in der Sackgasse? Berlin: Springer Verlag.

Schultetus, W. (2007) Praxisrelevanz arbeitswissenschaftlicher Erkenntnisse. Anforderungen an die Unternehmen und wirtschaftlicher Nutzen. URL: http://archiv.tu-chemnitz.de/pub/2005/0020/data/Haupt.htm.

Schultz, A. (2002) Methode zur integrierten ökologischen und ökonomischen Bewertung von Produktionsprozessen und -technologien. Dissertation. Fakultät für Maschinenbau. Magdeburg.

Schürrle, L.-H. (1996) Prozeßorientierte Kennzahlen als Analyseinstrument. Aachen: Shaker.

Schwamborn, S. (1994) Strategische Allianzen im internationalen Marketing. Planung und portfolioanalytische Beurteilung. Wiesbaden: Deutscher Universitätsverlag.

Seghezzi, H. (2003) Integriertes Qualitätsmanagement. Das St. Galler Konzept. 2. Aufl. München: Hanser Verlag.

Sekine, K. (1995) Goldgrube Fertigung. Schnelle Steigerung der Produktivität. Landsberg/Lech: Verlag Moderne Industrie.

Semmer, N. (1984) Streßbezogene Tätigkeitsanalyse. Psychologische Untersuchungen zur Analyse von Streß am Arbeitsplatz. Weinheim: Beltz.

Shingo, S. (1993) Das Erfolgsgeheimnis der Toyota Produktion. 2. Aufl. Landsberg/Lech: Moderne Industrie Verlag.

Shingo, S. (1996) Quick changeover for operators. The SMED system. Portland, Or.: Productivity Press.

Siebert, H. (2001) Ökonomische Analyse von Unternehmensnetzwerken. In: Sydow, Jörg (Hrsg.): Management von Netzwerkorganisationen. 2. Aufl. Wiesbaden: Gabler, S. 6–27.

Simchi-Levi, D.; Kaminsky, P.; Simchi-Levi, E. (2004) Managing the supply chain. The definitive guide for the business professional. New York: McGraw-Hill.

Spath, D. (2003) Ganzheitlich produzieren. Innovative Organisation und Führung. Stuttgart: LOG_X Verlag.

Spath, D.; Korge, A.; Scholtz, O. (2003) Ganzheitliche Produktionssysteme - eine neue Chance für produzierende Unternehmen. In: Ratio 3, H. 9, S. 9–11.

Spear, S. (2004) Learning to Lead at Toyota. In: Harvard Business Review 2004, H. 5, S. 78–86.

Spear, S.; Bowen, H. (1999) Decoding the DNA of the Toyota Production System. In: Harvard Business Review, H. 9/10, S. 97–106.

Statistisches Bundesamt (2004) Sonderauswertung der Umsatzsteuerstatistiken 2003 und 2004 im Auftrag des IfM Bonn. Wiesbaden: Institut für Mittelstandsforschung. URL: http://www.ifm-bonn.org/presse/unternehmensregister.pdf (Stand: 19. November 2007).

Statistisches Bundesamt (2006) Auswertung aus dem Unternehmensregister - Stand 31.12.2006. URL: http://www.statistikportal.de/Statistik-Portal/de_enterprise.asp?reg=00 (Stand: 19. November 2007).

Statistisches Bundesamt (2007a) Schlüsselzahlen des Mittelstands in Deutschland. Berechnungen des IfM Bonn. URL: http://www.ifm-bonn.org/index.htm?/dienste/ schluesselzahlen_des_mittelstands.htm (Stand: 19. November 2007).

Statistisches Bundesamt (2007b) Sonderauswertung des Unternehmensregister-Systems 95 im Auftrag des IfM Bonn. Institut für Mittelstandsforschung (Hrsg.). Wiesbaden. URL: http://www.ifm-bonn.org/presse/unternehmensregister.pdf (Stand: 19. November 2007).

Stölzle, W. (1999) Industrial Relationships. München: Oldenbourg.

Suh, N. (1990) The principles of design. New York: Oxford University Press.

Sverke, M.; Hellgren, J. (2002) The nature of job insecurity: Understanding employment uncertainty on the brink of a new millenium. In: Applied Psychology: An International Review, S. 23–42.

Takeda, H. (2006a) Das synchrone Produktionssystem. Just-in-Time für das ganze Unternehmen. 5. Aufl. Landsberg/Lech: Redline.

Takeda, H. (2006b) LCIA – Low Cost intelligent Automation. Produktivitätsvorteile durch Einfachautomatisierung. 2. Aufl. Landsberg/Lech: Redline.

Thaler, K. (1999) Supply chain management. Prozessoptimierung in der logistischen Kette. Köln: Fortis-Verlag.

Thoms, U. (2003) Langfristige Beziehungen zwischen Unternehmen. Zum Wert und zur Stabilität inter-organisationaler Partnerschaften. 1. Aufl. Wiesbaden: Deutscher Universitätsverlag.

Töpfer, A. (2007) Six Sigma. Konzeption und Erfolgsbeispiele für praktizierte Null-Fehler-Qualität. Berlin, Heidelberg.

Töpfer, A.; Caprano, K.-H. (1996) Geschäftsprozesse analysiert & optimiert. Neuwied: Luchterhand.

Ulrich, H.; Krieg, W. (1974) St. Galler Management-Modell. 3. Aufl. Bern: Paul Haupt.

Ulrich, P.; Fluri, E. (1995) Management. Eine konzentrierte Einführung. 7. Aufl. Bern, Stuttgart: Haupt Verlag.

Vohl, H.-J. (2004) Balanced Scorecard im Mittelstand. Veränderungsprozesse in mittelständischen Unternehmen (KMU) mit der Balanced Scorecard (BSC) meistern. 1. Aufl. Hamburg: Murmann.

Wahren, H.-K.; Bälder, K.-H. (1998) Erfolgsfaktor KVP. Mitarbeiter in Prozesse der kontinuierlichen Verbesserung integrieren. Mitarbeiter in Prozesse der kontinuierlichen Verbesserung integrieren. München: Beck.

Wanberg, C.; Banas, J. (2000) Predictors and outcomes of openness to changes in a reorganizing workplace. In: Journal of Applied Psychology, S. 132–142.

Wannenwetsch, H. (2005) Vernetztes Supply Chain Management. SCM-Integration über die gesamte Wertschöpfungskette. Berlin, Heidelberg.

Warnecke, H. (1996) Neue Organisationsformen im Unternehmen. Ein Handbuch für das moderne Management. 1. Aufl. Berlin: Springer Verlag.

Welter, F. (2003) Strategien, KMU und Umfeld. Handlungsmuster und Strategiegenese in kleinen und mittleren Unternehmen. Berlin: Duncker und Humblot.

Wenchel, K. (2001) Psychische Belastungen am Arbeitsplatz. Ursachen, Auswirkungen, Handlungsmöglichkeiten. Berlin: Schmidt.

Werner, H. (2002) Supply chain management. Grundlagen, Strategien, Instrumente und Controlling. 3. Aufl. Wiesbaden: Gabler.

Westkämper, E. (2002) Wandlungsfähigkeit – Herausforderungen und Lösungen im turbulenten Umfeld. In: Sonderforschungsbereich 467 (Hrsg.): Wandlungsfähige Unternehmensstrukturen für die variantenreiche Serienproduktion. Forschungsstrategien, Ergebnisse, Anwendungen - Forschungskolloquium SFB 467, 16. April 2002, Stuttgart. Stuttgart: Fraunhofer IRB Verlag, S. 17–45.

Westkämper, E.; Sihn, W. (1998) Instandhaltungsmanagement in neuen Organisationsformen. Berlin: Springer Verlag.

Wiendahl, H.-P. (1989) Betriebsorganisation für Ingenieure. 3. Aufl. München: Hanser Verlag.

Wild, J. (1982) Grundlagen der Unternehmungsplanung. 4. Aufl. Opladen: Westdeutscher Verlag.

Wildemann, H. (1991) Einführung für eine Just-in-Time-Produktion und -Logistik. In: Zeitschrift für Betriebswirtschaft 1991, H. 03.

Wildemann, H. (2005) Total Productive Maintenance. 10. Aufl. München: TCW-Verlag.

Wildemann, H. (2006) KANBAN-Produktionssteuerung. Einsatz von Karten und elektronischem KANBAN zur Einführung des Hol-Prinzips. 14. Aufl. München: TCW-Verlag.

Zachau, T. (1995) Prozeßgestaltung in industriellen Anlagengeschäften. Wiesbaden, Wiesbaden: Deutscher Universitätsverlag; Gabler.

Zäpfel, G. (2000) Strategisches Produktions-Management. München: Oldenbourg.

Sachverzeichnis

Printing: Krips bv, Meppel, The Netherlands
Binding: Stürtz, Würzburg, Germany